山东特色果茶提质增效新技术

王少敏 主编

中国农业出版社
北 京

主　　编　王少敏

副 主 编　沈广宁　张美勇　李国田　宋鲁彬
魏树伟

编写人员　王少敏　田寿乐　王金平　王海荣
孙晓莉　田丽丽　安　淼　沈广宁
李国田　宋鲁彬　徐　颖　徐秀秀
张坤鹏　张美勇　董　冉　张　勇
王宏伟　冉　昆　董肖昌　魏树伟

FOREWORD 前 言

山东自然条件优越，素有“北方落叶果树王国”之美誉，果树栽培历史悠久，莱阳梨、泰山板栗等特色果品驰名中外。以崂山绿茶、日照绿茶和沂蒙绿茶为代表的山东茶具有“叶片厚、品质好、香气高、耐冲泡”等特点，深受消费者欢迎。

多年来，山东省果品的种植面积、产量、技术和产业化水平均明显高于全国平均水平，同时山东茶作为我国茶叶市场上的一支新生军，在保障产品供给、增加农民收入、出口创汇等方面成效显著，已经成为优势主导产业。但是我们也应清醒地认识到山东省果茶产业整体水平与世界先进国家和地区尚有一定差距，主要表现在标准化生产技术体系不健全、质量和经济效益较低等方面。尤其是随着经济的发展，生产成本不断上升，“高投入、高产出、劳动密集型”的生产模式导致生态环境恶化，污染加剧、品质不高、增收乏力等问题日益突出。

坚持农业农村优先发展、实施乡村振兴战略、坚决打赢脱贫攻坚战是党的十九大提出的战略要求。要达到既定的脱贫目标，加快建设现代农业，就必须紧紧围绕新旧动能转换推进农业供给侧结构性改革这条主线，因地制宜大力发展特色产业，提高农业发展质量效益和竞争力。

山东省果树研究所研究团队在山东省农业科学院农业科技创新工程的支持下，针对山东省果茶产业发展中栽培模式落后、果（茶）园配套设施差、标准化生产技术体系不健全等突出问题，研究推广现代栽培模式和栽培技术，提升果（茶）园配套设施和机械化水平，突破标准化生产重大关键技术，取得了一系列新成果，并在生产实践中广泛应用。本书涉及的树种有梨、核桃、板栗、无花果和茶，重点介绍了主栽优良新品种、新技术与新模式，技术性、实用性较强，为解决山东特色果茶产业中的问题拓展了思路，为山东省特色果茶提质增效及标准化生产奠定了基础，相信本书的出版将有力促进山东省特色果茶产业健康可持续发展。

由于本书编撰工作时间紧，编者知识水平有限，难免存在不妥之处，敬请读者见谅、指正！

本书得到了山东省农业科学院农业科技创新工程——“山东特色果茶提质增效及标准化生产技术研究”项目（CXGC2018F03）的资助。

编　者

2019年1月

CONTENTS 目录

第一章 梨

一、优新品种选择

（一）山东地方梨优良品种

1. 莱阳茌梨 原产山东省，又名莱阳慈梨，在山东省烟台莱阳、栖霞以及江苏省等地有栽培。

单果重 301.3 克，纵径 8.67 厘米，横径 9.73 厘米，卵圆形或纺锤形；果皮黄绿色；果心大小中等，5 心室；果肉白色，肉质细，松脆，汁液多，味甜，有微香；可溶性固形物含量 13.5%；品质上等，常温下可贮藏 60 天。

树势强，树姿直立，萌芽力强，成枝力强，丰产。一年生枝黄褐色；叶片广卵圆形，长 12.3 厘米，宽 7.1 厘米，叶尖急尖，叶基圆形；花蕾白色，边缘粉红色，每花序 4～5 朵花，平均 4.3 朵；雄蕊 19～21 枚，平均 20.2 枚；花冠直径 4.0 厘米。在山东泰安地区，3 月中旬花芽萌动，4 月 1 日初花，4 月 4 日盛花，4 月 12 日谢花，果实 9 月下旬成熟。

果实萼片脱落或宿存，落花后掐萼可提高果实商品价值。幼果期喷施农药会形成严重果锈，影响梨果膨大和果品质量，套袋可减轻或避免这种影响。采前易遭风害。抗病力弱，易感染黑星病。

2. 栖霞大香水梨　原产山东省，又名南宫茌，在山东烟台栖霞、莱阳等地有栽培。

单果重236.8克，纵径7.6厘米，横径7.8厘米，卵圆形；果皮绿黄色或绿色；果心大小中等，5心室；果肉白色，肉质中等粗细，松脆，汁液多，味酸甜，有香味；可溶性固形物含量11.3%；品质中上等，常温下可贮藏90天。

树势中，树姿直立，萌芽力中等，成枝力强，丰产。一年生枝黄褐色；叶片卵圆形，长13.7厘米，宽8.9厘米，叶尖渐尖，叶基圆形；花蕾白色，边缘浅粉红色，每花序4～6朵花，平均4.9朵；雄蕊19～20枚，平均19.8枚；花冠直径3.9厘米。在山东泰安地区，3月中旬花芽萌动，4月1日初花，4月4日盛花，4月12日谢花，果实10月上旬成熟。

抗黑星病，稍易感染轮纹病，易出现缺硼症状，对波尔多液敏感。坐果率高，常有簇生果，应注意疏花疏果。

3. 黄县长把梨　原产山东省，在山东烟台龙口等地有栽培。

单果重262.1克，纵径8.2厘米，横径7.8厘米，倒卵圆形或椭圆形；果皮绿色；果心大小中等，5心室；果肉绿白色，肉质中等粗细，松脆，汁液多，味甜酸，有微香；可溶性固形物含量12.5%；品质中上等，常温下可贮藏180天。

树势强，树姿开张，萌芽力强，成枝力强，丰产。一年生枝红褐色；叶片卵圆形，长12.3厘米，宽8.2厘米，叶尖渐尖，叶基圆形；花蕾白色，边缘浅粉红色，每花序5～8朵花，平均6.3朵；雄蕊19～26枚，平均21.2枚；花冠直径4.0厘米。在山东泰安地区，3月中旬花芽萌动，4月1日初花，4月4日盛花，4月14日谢花，果实9月下旬成熟。

果实极耐贮藏，贮藏后品质转佳；抗旱、抗寒力较强，对肥水要求高。

4. 子母梨 原产山东省，在山东临沂平邑、费县、枣庄滕州及济宁邹城等地有栽培。

单果重 285.4 克，纵径 9.1 厘米，横径 7.8 厘米，卵圆形；果皮浅黄绿色；果心大小中等，5 心室；果肉乳白色，肉质中等粗细，松脆，汁液多，味甜酸，有微香；可溶性固形物含量 11.2%；品质中等，常温下可贮藏 180 天。

树势强，树姿半开张，萌芽力强，成枝力强，丰产。一年生枝浅黄绿色；叶片卵圆形，长 10.6 厘米，宽 6.8 厘米，叶尖急尖，叶基圆形；花蕾白色，边缘浅粉红色，每花序 5～7 朵花，平均 5.5 朵；雄蕊 19～21 枚，平均 19.1 枚；花冠直径 3.9 厘米。在山东泰安地区，3 月中旬花芽萌动，4 月 1 日初花，4 月 4 日盛花，4 月 13 日谢花，果实 10 月上旬成熟。

抗旱、耐涝、耐瘠薄，适宜山地栽植。抗梨黑星病及轮纹病的能力较差。果皮稍经摩擦极易变褐，极耐贮藏。

5. 池梨 原产山东省，在山东淄博沂源、日照莒县等地有栽培。

单果重 170.5 克，纵径 6.9 厘米，横径 6.7 厘米，倒卵圆形；果皮黄绿色；果心中等大小，5 心室；果肉淡黄色，肉质细，松脆，汁液多，味淡甜、微酸，无香味；可溶性固形物含量 12.1%；品质中上等，常温下可贮藏 120 天。

树势强，树姿直立，萌芽力中等，成枝力强，成龄树以短果枝群结果为主，丰产。一年生枝褐色；叶片卵圆形，长 11.7 厘米，宽 8.7 厘米，叶尖急尖，叶基截形；花蕾白色，每花序 5～7 朵花，平均 5.7 朵；雄蕊 19～21 枚，平均 20.0 枚；花冠直径 3.7 厘米。在山东泰安地区，3 月中旬花芽萌动，4 月 1 日初花，4 月 4 日盛花，4 月 12 日谢花，果实 10 月上旬成熟。

耐贮性强，贮后品质尤佳。

6. 金坠子梨 原产山东省，别名大黄金坠子、坠子梨，在山东泰安宁阳以及莱芜等地有栽培。

单果重310.4克，纵径9.1厘米，横径8.3厘米，倒卵圆形；果皮黄色；果心大小中等，5心室；果肉乳白色，肉质中等粗细，松脆，汁液量中等，味酸甜，有微香；可溶性固形物含量11.5%；品质中上等，常温下可贮藏90天。

树势中庸，树姿开张，萌芽力弱，成枝力弱，丰产。一年生枝黄褐色；叶片椭圆形，长12.5厘米，宽7.1厘米，叶尖渐尖，叶基圆形；花蕾白色，每花序5～7朵花，平均6.3朵；雄蕊19～24枚，平均20.2枚；花冠直径4.0厘米。在山东泰安地区，3月中旬花芽萌动，4月1日初花，4月4日盛花，4月12日谢花，果实9月上旬成熟。自花结实率高，不抗梨黑星病。

7. 小白梨　原产山东省，在山东济南、泰安等地有栽培。

单果重224.2克，纵径7.7厘米，横径7.5厘米，长圆形；果皮黄色；果心大小中等，5心室；果肉白色，肉质细，松脆，汁液多，味酸甜，有微香；可溶性固形物含量11.7%；品质中上等，常温下可贮藏90天。

树势强，树姿直立，萌芽力强，成枝力强，丰产。一年生枝黄褐色；叶片卵圆形，长9.9厘米，宽7.8厘米，叶尖渐尖，叶基宽楔形；花蕾白色，边缘浅粉红色，每花序6～9朵花，平均7.2朵；雄蕊19～25枚，平均21.2枚；花冠直径3.8厘米。在山东泰安地区，3月中旬花芽萌动，4月5日初花，4月6日盛花，4月13日谢花，果实9月上旬成熟。

8. 砀山酥梨　原产安徽省，在山东枣庄、泰安、德州等地有栽培。

单果重239.0克，纵径7.6厘米，横径7.7厘米，圆柱形；果皮绿黄色；果心小，5心室；果肉白色，肉质细，松脆，汁液多，味甜，有微香；可溶性固形物含量12.5%；品质上等，常温下可贮藏90天。

树势强，树姿半开张，萌芽力强，成枝力中等，丰产。一年生枝黄褐色；叶片卵圆形，长 10.3 厘米，宽 8.9 厘米，叶尖渐尖，叶基圆形；花蕾白色，每花序 5～7 朵花，平均 6.2 朵；雄蕊 19～25 枚，平均 20.7 枚；花冠直径 4.2 厘米。在山东滕州地区，3 月中旬花芽萌动，4 月 2 日初花，4 月 5 日盛花，4 月 14 日谢花，果实 9 月下旬成熟。

9. 费县红梨 原产山东省，在山东临沂费县等地有栽培。

单果重 206.7 克，纵径 7.2 厘米，横径 7.3 厘米，长圆形；果皮红褐色；果心大小中等，5 心室；果肉白色，肉质粗，紧密，汁液少，味甜，无香味；可溶性固形物含量 11.5%；品质中等，常温下可贮藏 180 天。

树势强，树姿半开张，萌芽力强，成枝力中等，丰产。一年生枝黄褐色；叶片卵圆形，长 11.0 厘米，宽 7.5 厘米，叶尖急尖，叶基圆形；花蕾白色，每花序 5～7 朵花，平均 6.2 朵；雄蕊 19～22 枚，平均 19.8 枚；花冠直径 3.8 厘米。在山东泰安地区，3 月中旬花芽萌动，4 月 1 日初花，4 月 4 日盛花，4 月 13 日谢花，果实 10 月下旬成熟。适宜煮食。

10. 历城木梨 原产山东省，在山东济南历城等地有栽培。

单果重 394.1 克，纵径 9.1 厘米，横径 9.3 厘米，圆形；果皮绿黄色；果心大小中等，5 心室；果肉白色，肉质中等粗细，松脆，汁液多，味甜，无香味；可溶性固形物含量 11.1%；品质中上等，常温下可贮藏 90 天。

树势强，树姿直立，萌芽力强，成枝力弱，丰产。一年生枝黄褐色；叶片卵圆形，长 12.3 厘米，宽 7.5 厘米，叶尖急尖，叶基宽楔形；花蕾白色，每花序 4～7 朵花，平均 6.1 朵；雄蕊 16～21 枚，平均 17.3 枚；花冠直径 3.9 厘米。在山东泰安地区，3 月中旬花芽萌动，4 月 1 日初花，4 月 4 日盛花，4 月 11 日谢花，果实 8 月下旬成熟。

（二）国内新品种

1. 早酥　早酥是中国农业科学院郑州果树研究所以苹果梨×身不知梨杂交培育而成。

果实多呈卵圆形或长卵形，平均单果重约250克，大者可达700克；果皮黄绿或绿黄色，果面光滑，有光泽，并具棱状突起，果皮薄而脆；果点小，不明显；果心较小；果肉白色，质细，酥脆爽口，石细胞少，汁特多，味甜稍淡，可溶性固形物含量11%～14%，可溶性糖含量7.23%，可滴定酸含量0.28%，每100克梨中维生素C含量3.70毫克，品质上等。山东滨州阳信地区7月下旬采收。果实室温下贮藏20～30天，冷藏条件下可贮藏60天以上。

树冠圆锥形，树姿半开张。主干棕褐色，表面光滑。二、三年生枝暗褐色，一年生枝红褐色；幼叶紫红色，成熟叶片绿色，卵圆形，叶缘粗锯齿具刺芒。花白色，有红晕，花粉量大。树势强健，萌芽率达84%，成枝力中等偏弱。以短果枝结果为主，果台连续结果能力中等偏弱，具有早果、早丰特性。适应性强，对土壤条件要求不严格，耐高温多湿，也具有抗旱、抗寒性，较抗黑星病和食心虫。

2. 中梨1号　中梨1号又名绿宝石，是中国农业科学院郑州果树研究所以新世纪为母本、早酥为父本杂交选育的早熟品种。

果实近圆形或扁圆形，单果重250克，果面较光滑，果点中大，果皮绿色。果心中大，果肉乳白色，肉质细，松脆，石细胞少，汁液多，味甜。可溶性固形物含量12.0%～13.5%，可溶性糖含量9.67%，可滴定酸含量0.085%，品质上等。山东泰安地区7月下旬成熟。冷藏条件下可贮藏2～3个月。

树冠为圆头形，幼树树姿直立，成龄树开张，主干灰褐色，表面光滑，一年生枝黄褐色。叶片长卵圆形，叶缘锐锯齿。新梢及幼叶黄色。花冠白色，每花序6～8朵花。树势较强，萌芽率68%，成枝力中等。定植 3 年结果，以短果枝结果为主，腋花芽也可结果。抗旱、耐涝、耐贫瘠，对轮纹病、黑星病、干腐病等均有较强抗性。在前期干旱少雨、果实膨大期多雨的条件下，有裂果现象，套袋可减少裂果。授粉品种可采用早美酥、新世纪等。

3. 翠冠 翠冠是浙江省农业科学院园艺研究所以幸水×（新世纪×杭青）杂交选育而成。

果实近圆形，平均果重 230～350 克，果皮细薄，黄绿色，有少量锈斑。果心较小，果肉白色，肉质细嫩而松脆，汁多味甜，可溶性固形物含量 12%左右，其品质超过日本幸水梨。盛花期为 3 月下旬，成熟期为 7 月上中旬。抗高温能力较强，目前已成为我国南方砂梨栽培区早熟梨主栽品种。

树势强健，树姿较直立。萌芽率和发枝力强，以长果枝、短果枝结果为主，结果性能很好。一年生嫩枝绿色，茸毛中等，多年生枝深褐色。该品种树势强，长果枝结果性能好，坐果率高，种植时可先密后疏，可先选用 2 米×3 米、1 米×4 米等密植方法，成龄后可逐渐变成 3 米×4 米、4 米×4 米。建园需配置 25%的授粉树。采用长放拉枝与短截相结合的整形方式促使树冠形成，提高其早期产量。需进行疏花疏果和套袋以提高果品质量。

4. 翠玉 翠玉是浙江省农业科学院园艺研究所以西子绿为母本、翠冠为父本杂交选育而成的早熟梨品种。

果形圆整、端正，果皮浅绿色，果面光滑，无或少量果锈，果点小，萼片脱落，外形十分美观。果肉白色，肉质细嫩，味甜多汁，品质上等。平均单果重 230 克以上，最大单果重 375 克，无石细胞，果心小，可溶性固形物含量 12%左右，贮藏性好。山东泰安地区 7 月下旬成熟。

树势中庸健壮，树姿半开张，成龄树主干树皮光滑、灰褐色。一年生枝阳面为褐色。叶亮绿色，叶片卵圆形，叶基圆形，叶尖渐尖，叶缘锐锯齿。花白色，花药紫红色，花粉量较多，每花序 5～

8朵花。花芽极易形成，中、短果枝结果能力强。不易裂果，对高温高湿抗性较黄花梨、翠冠梨强，不发生早期落叶现象，对黑星病、炭疽病等抗性较高。选择土层较厚、肥力中上、土质疏松、光照充足的黄壤土或沙壤土栽植，山地株行距4米×4米，平地3米×4米或4米×4米。配置翠冠梨或黄花梨为授粉品种，配置比例为（4～5）∶1。

5. 苏翠1号 苏翠1号是由江苏省农业科学院园艺研究所以华酥为母本、翠冠为父本于2003年杂交选育而成，为优质早熟大果型梨品种。

果实倒卵圆形，平均单果重260克，最大单果重380克。果面平滑，蜡质多，果皮黄绿色，果锈极少或无，果点疏小。梗洼中等深度。果心小，果肉白色，肉质细、脆，石细胞极少或无，汁液多，味甜，可溶性固形物含量13.0%左右。山东泰安地区7月中下旬成熟。

树体生长健壮，枝条较开张，成枝力中等，萌芽率88.56%。一年生枝条青褐色；叶片长椭圆形，叶面平展，绿色，叶尖急尖，叶基圆形，叶缘钝锯齿。每花序5～7朵花，花药浅粉红色，花粉量多。定植第3年开始结果，早果丰产性强，抗锈病、黑斑病。应加强土肥水管理，花后追肥1次，秋后施足基肥，加大疏花疏果力度，需配置20%左右的授粉树。

6. 新梨7号 新梨7号是塔里木大学以库尔勒香梨为母本、早酥为父本杂交育成的早熟新品种。

果实为椭圆形，单果重150～200克，最大单果重310克。底色黄绿色，阳面有红晕。果皮薄，果点中大、圆形。果柄短粗，果梗部木质化。果肉白色，汁多，质地细嫩，酥脆，无石细胞口感，果心小，风味甜爽，清香。新梨7号7月下旬采收的果实平均可溶性固形物含量12.2%，7月底采收。

生长势强，幼树分枝角度大。一年生枝萌芽率高，成枝力强，易发二次分枝，新梢摘心易发生分枝，所以树冠成型快，结果枝组易于培养，早期丰产。高接换头成型快，当年抽生副梢并形成花芽，第2年开始结果，第3年可进入丰产期。由于采收期早，秋芽芽体饱满，树体连年丰产结果力强，无大小年结果现象。

适应性强，树体抗盐碱性、耐旱力强。耐瘠薄，较抗早春低温寒流。凡是香梨、早酥梨、苹果梨、巴梨品种的适栽地域都是其适宜栽培发展区。该品种必须配置授粉树，辅助人工授粉。授粉品种可选用鸭梨、香水梨、雪花梨、砀山酥梨等。由于果实成熟早，溢香，故易受鸟害，应注意保护果实。

7. 早金酥 早金酥是辽宁省农业科学院果树科学研究所以早酥为母本、金水酥为父本杂交选育而成的。

果实纺锤形，平均单果重240克，最大600克；果面绿黄色、光滑、果点中等大小、密；果肉白色，肉质酥脆，汁液多，风味酸甜，石细胞极少，果心小；可溶性固形物含量10.8%，常温贮藏期为22天。在辽宁熊岳地区8月初果实成熟。

树体生长势较强，幼树直立生长，萌芽率高，成枝力强。腋花芽较多，连续结果能力强。成熟后不落果，采收期近2个月。该品种较喜肥水，应选择土壤肥力较好、土层较厚的平地或缓坡建园。株行距3米×4米或2米×4米。宜采用改良纺锤形。早金酥梨对苦痘病抗性强，抗旱能力强，较喜肥水，采收期长达2个月，适于观光旅游园栽培。可选择华酥等早熟品种授粉。

8. 黄冠 黄冠是河北省农林科学院石家庄果树研究所以雪花梨为母本、新世纪为父本杂交选育而成的。

果实椭圆形、端正，个大、整齐，平均单果重278.5克，果面黄色，果点小，光洁无锈，果柄细长，酷似金冠苹果，外观品质明显优于早酥、雪花梨、二十世纪（水晶梨）等品种。果皮薄，果肉洁白、细腻，松脆多汁，果心小，石细胞及残渣少，风味酸甜适口且带蜜香，口感极好，品质上等；可溶性固形物含量

11.6%，总糖含量9.376%、总酸含量0.200 9%、可溶性糖含量8.07%、每100克梨中维生素C的含量2.8毫克，品质上等。8月中旬成熟，自然条件下可贮藏20天，冷藏条件下可贮藏至翌年3～4月。

树冠圆锥形，主干黑褐色；一年生枝暗褐色，皮孔圆形，密度中等；芽体较尖，斜生；叶片渐尖，具刺毛齿，成熟叶片呈暗绿色，嫩叶绛红色；花冠白色，花药浅紫色，一般每花序平均8朵花。幼树健壮，枝条直立，多呈抱头生长；萌芽率高，成枝力中等，剪口下一般可抽生3个15厘米以上的枝条；始果树龄小，以短果枝结果为主，果台副梢连续结果能力较强，幼旺树腋花芽结果现象明显，自然授粉条件下每花序平均坐果3.5个，具有良好的丰产性能。

9. 中香梨　中香梨是莱阳农学院（现青岛农业大学）园艺系以慈梨为母本、栖霞大香水梨为父本杂交选育出的中晚熟品种。

果实卵圆形，平均单果重233克，果皮绿色，果面较粗糙，果点小而密，无果锈。果肉白色，酥脆，肉质细嫩，石细胞少，味甜多汁，可溶性固形物含量12.6%，山东泰安地区9月上旬成熟。

10. 玉露香　玉露香是山西省农业科学院果树研究所以库尔勒香梨为母本、雪花梨为父本杂交选育的中熟梨新品种。

果实近球形，平均单果重236.8克，最大果重450克。果面光洁细腻具蜡质，保水性强。阳面着红晕或暗红色纵向条纹，采收时果皮黄绿色，贮后呈黄色，色泽更鲜艳。果皮薄，果心小，可食率高（90%）。果肉白色，酥脆，无渣，石细胞极少，汁液特多，味甜具清香，口感极佳；可溶性固形物含量12.5%～16.1%，总糖含量8.7%～9.8%，总酸含量0.08%～0.17%，品质极佳。果实8月底至9月初成熟，果实耐贮藏，在自然土窑洞内可贮藏4～6个月，恒温冷库可贮藏6～8个月。

幼树生长势强，结果后树势转中庸。萌芽率高（65.4%），成枝力中等，嫁接苗一般 3～4 年结果，高接树 2～3 年结果，易成花，坐果率高，丰产稳产。树体适应性强，对土壤要求不严。抗腐烂病能力比酥梨、鸭梨和香梨强，比雪花梨和慈梨弱；抗褐斑病能力与酥梨、雪花梨等相同，比鸭梨、金花梨强，比香梨弱；抗白粉病能力比酥梨、雪花梨强；抗黑心病能力中等。主要虫害有梨木虱、黄粉蚜、食心虫，应注意防治。

11. 红香酥 红香酥是中国农业科学院郑州果树研究所以香梨为母本、鹅梨为父本杂交育成的红皮梨。

果实长卵圆形或纺锤形，平均单果重 160 克，最大可达 240 克，个别果实萼端突起，果面 2/3 鲜红色，果皮光滑，蜡质多。果肉白色，肉质较细，酥脆，石细胞少，汁液多，香甜味浓，可溶性固形物含量 13%～14%。郑州地区 9 月中旬成熟，果实耐贮，品质极好。

树势中庸，树形较开张。萌芽力强，成枝力中等。嫩枝黄褐色，老枝棕褐色，皮孔较大、突出、卵圆形。叶芽细圆锥形、花芽圆锥形。叶片卵圆形，叶片深绿色，平展，叶缘细锯齿且整齐，叶基圆形。以短果枝结果为主，花序坐果率较高为 89%。高接树两年即开始结果，采前落果不明显。红香酥梨由于生长势中庸，树姿较开张，坐果率高，适应性强而易于栽培管理，凡能种植库尔勒香梨的果品产区均可栽培。沙荒薄地及灌溉条件差的地区可密植。该品种自花不实，需配备授粉树。以砀山酥梨、雪花梨或库尔勒香梨作为授粉品种为好。

12. 满天红 满天红是中国农业科学院郑州果树研究所以幸水梨为母本、火把梨为父本杂交育成的。

果实近圆形，平均单果质量 280 克。果实阳面着鲜红色晕，占 2/3。果点大且多。果心极小，果肉淡黄白色，肉质细、酥脆化渣，汁液多，无石细胞或很少，风味酸甜可口，香气浓郁，可溶性固形物含量 13.5%～15.5%，品质上等，较耐贮运，贮后风味、口感更好。郑州地区 9 月下旬成熟。

树姿直立，干性强，枝干棕灰色，较光滑，一年生枝红褐色。嫩梢具黄白色毛，幼叶棕红色，两面均有毛。叶阔卵形，浓绿色。每花序有花 7～10 朵，花冠初开放时粉红色，花药深红色。幼树生长势强旺，萌芽率 78%，成枝力中等。结果较早，当年生枝极易形成顶花芽和腋花芽，以短果枝结果为主。丰产稳产，大小年结果和采前落果现象不明显。对梨黑星病、干腐病、早期落叶病和梨木虱、蚜虫有较强的抗性，抗晚霜，耐低温能力强。

（三）国外新品种

1. 大果水晶 大果水晶是韩国 1991 年从新高梨的枝条芽变中选育成的黄色新品种。

果实圆形或扁圆形（酷似苹果），单果重 500 克左右。果前期绿色，近成熟时果皮逐渐变为乳黄色；套袋果表面黄白色，晶莹光亮，有透明感，果点稀小，外观十分诱人。果肉白色，肉质细嫩多汁，无石细胞，果心小，可溶性固形物含量 14%，味蜜甜浓香，口感极佳。在山东省 10 月上中旬成熟，果实生育期 170 天。耐贮藏性突出，在室温下可贮至春节。

树势强，叶片阔卵圆形、极大且厚，抗黑星病、黑斑病能力强。结果早，高接后翌年结果。丰产性好，花序坐果率高达 90% 以上。

2. 黄金梨 黄金梨是韩国农村振兴厅园艺研究所于 1984 年以新高为母本、二十世纪为父本，选育而成的。

果实圆形，果形端正，果肩平，单果重 430 克。果皮黄绿色，贮藏后变为金黄色，套袋果黄白色，果面光洁，无果锈，果点小且均匀。果肉白色，肉质细嫩，石细胞及残渣少，汁液多，味甜，具清香；果心小，可溶性固形物含量 14.9%，品质上等。在 1～5℃条件下，果实可贮藏 6 个月左右。山东泰安地区果实 8 月下旬成熟。

树势强，树姿半开张。主干暗褐色，一年生枝绿褐色。叶片大而厚，卵圆形或长圆形；叶缘锯齿锐而密，嫩梢叶片黄绿色，这是区别于其他品种的重要标志。该品种花器发育不完全，花粉量极少，花粉败育，需配置授粉树。幼树生长势强，萌芽率低，成枝力较弱，有腋花芽结果特性，易形成短果枝和腋花芽，果台较大，不易抽生果台副梢，连续结果能力差。甩放是促进花芽形成的良好措施，一年生枝甩放，其叶芽大部分可形成花芽，但两年甩放树势极易衰弱，要注意更新修剪。对肥水条件要求较高，进入结果期后，需保证肥水供应。果实、叶片抗黑星病、黑斑病。

3. 丰水梨 丰水梨是日本农林省园艺试验场 1972 年命名的优质大果褐皮砂梨品种。母本为幸水，父本为石井早生×二十世纪后代。

果实圆形或近圆形。单果重 253 克，最大单果重 530 克。果皮黄褐色，果点大而多；果肉白色，肉质细，酥脆，汁液多，味甜。可溶性固形物含量 13.6%，品质上等。山东泰安地区 8 月下旬成熟。

树冠纺锤形，树势中庸，树姿半开张。萌芽力强，成枝力较弱。幼树生长势旺盛，进入盛果期后树势趋向中庸；以短果枝结果为主，中长果枝及腋花芽较多，花芽易形成，果台副梢抽枝能力强，连续结果能力强。适应性较强，抗黑星病、黑斑病，成龄树干易感染轮纹病。盛果期应加强肥水管理，预防树势早衰。

4. 若光 若光是日本千叶县农业试验场以新水为母本、丰水梨为父本杂交选育而成的。

果实近圆形，平均单果重 320 克，果皮黄褐色，果面光洁，果点小而稀、无果锈。果心小，石细胞少，汁液多，味甜。可溶性固形物含量 11.6%～13%，品质上等。在南京地区 7 月中旬成熟，采前落果不明显。

树势较强，树姿开张。成枝力较弱，幼树生长势强，萌芽率高，易成花。短果枝及腋花芽结果，连续结果能力强，结果枝易衰弱，需及时更新。抗性较强，抗寒性好，抗旱、抗涝，对黑星病、黑斑病有较强的抗性。

5. 华山　华山是韩国农村振兴厅园艺研究所以丰水梨为母本、晚三吉梨为父本杂交选育而成的。

果实圆形或扁圆形，果皮黄褐色，单果重543克，果肉白色，肉质细，松脆，汁液多，味甜。可溶性固形物含量12.9%，品质上等，果实9月下旬至10月上旬成熟。常温下可贮藏20天左右，冷藏条件下可贮藏6个月。

树势强，树姿开张。萌芽率高，成枝力中等。以中短果枝结果为主，腋花芽可结果。短果枝易形成，维持性和腋花芽的形成能力一般，要不断更新修剪新枝条。高抗黑斑病，黑星病抗性较弱。该品种花粉量大，可作为授粉树。果肉过熟时，果肉内会出现蜜病现象，要适时采摘。

6. 秋月　秋月是日本农林水产省果树实验场用162-29（新高×丰水）×幸水杂交，1998年育成命名。

果形扁圆形，平均单果重450克，最大可达1千克左右。果形端正，果实整齐度极高。果皮黄红褐色，果色纯正；果肉白色，肉质酥脆，石细胞极少，口感清香，可溶性固形物含量14.5%～17%。果核小，可食率可达95%以上，品质上等。耐贮藏，长期贮藏后无异味。山东胶东地区9月中下旬成熟，比丰水晚10天左右。无采前落果现象，采收期长。

生长势强，树姿较开张。一年生枝灰褐色，枝条粗壮，叶片卵圆形或长圆形，大而厚，叶缘有钝锯齿。萌芽率低，成枝力较强。易形成短果枝，一年生枝条可形成腋花芽，结果早，丰产性好。幼树定植后，一般第2年开始结果。适应性较强。抗寒力强，耐干旱。

7. 新高梨　新高梨是1915年日本神奈川农业试验场菊池秋雄以天之川为母本、今秋村为父本育成，1927年命名。

果实近圆形，果实大，单果重 410 克。果皮黄褐色，果面光滑，果点中密，果肉细，松脆，石细胞中等，汁液多，味甜。可溶性固形物含量 13％～14.5％，品质上等。采前落果轻，果实耐贮藏，适当延迟采收能提高果实含糖量。山东地区 9 月中下旬成熟。

树势较强，树姿半开张。萌芽率高，成枝力稍弱。以短果枝结果为主，幼旺树有一定比例的中长果枝结果，并有腋花芽结果。每果台可抽生 1～2 个副梢，但连续结果能力较差。适应性强，抗黑斑病和轮纹病，较抗黑星病。山东地区花期较早，部分地区需注意防止晚霜造成的危害。

8. 新兴 新兴是日本自二十世纪梨实生种选育而成的。

果形圆形，平均单果重 400 克，果皮褐色，套袋后呈黄褐色，果面不光滑。果肉淡黄色，肉质细、脆，味甜，可溶性固形物含量 12％～13％，品质中上等。山东胶东地区 9 月下旬成熟。耐贮藏，可贮藏至翌年 2 月，贮藏后品质更佳。

树势中庸，树姿半开张。萌芽率中等，成枝力低。早果，成苗定植第 3 年开始结果。以短果枝结果为主，中、短枝衰弱快，丰产稳产。对病虫害抗性较强。可选择黄花、西子绿等品种为授粉树，配置比例 3∶1 或 4∶1。幼树适度轻剪长放，拉枝，促进花芽形成。成龄树要重短截，防早期衰老，应注意中、短果枝更新。加强肥水管理，防早期落叶及二次开花。

9. 新世纪 新世纪是日本冈山县农业试验场以二十世纪为母本、长十郎为父本杂交选育而成的。

果实圆形，果实中大，单果重 200 克，最大 350 克以上。果皮绿黄色，果面光滑。萼片脱落。果肉黄白色，肉质松脆，石细胞少，果心小，汁液中多，味甜。可溶性固形物含量 12.5％～13.5％，品质上等。在河南郑州，果实 8 月上旬成熟。

树势中等，树姿半开张。以短果枝结果为主，果台副梢抽生枝条能力强。定植 2～3 年结果。坐果率高，丰产稳产，无大小年结果现象。连续结果能力强。雨水多地区易裂果，有落果现象。对多种病害有较强抗性。

10. 晚秀 晚秀是韩国园艺研究所用单梨与晚三吉梨杂交育成的晚熟新品种。

果实圆形，果实大，单果重 620 克，最大单果重 2 千克。果面光滑，果点大而少，无果锈。果皮为黄褐色，中厚。果肉白色，石细胞极少，肉质细，硬脆，汁液多。可溶性固形物含量 14%～15%，品质极上等。山东胶东地区 10 月上旬成熟。一般条件下可贮藏 4 个月左右，低温冷藏条件下可贮藏 6 个月以上，且贮藏后风味更佳。

树势强健，树姿直立。一年生枝浅青黄色，粗壮，新梢浅红绿色。叶片大，长椭圆形，叶缘锯齿锐，中等大，叶柄浅绿色，叶脉两侧向上卷翘，叶片呈合拢状且下垂。叶芽尖而细长并紧贴枝条为该品种两大特征。花芽饱满，花冠大、白色，每个花序有 5～6 朵花，花粉量大。萌芽率低，成枝力强。高接树枝条甩放 1 年，腋芽形成花芽能力弱，甩放 2 年，容易形成短果枝和花束状果枝。苗木定植后第 3 年开始结果，以腋花芽结果为主，花序自然坐果率 12.5%，人工授粉花序坐果率高达 93.7%。需配置圆黄、新高等品种作为授粉树。该品种黑星病、黑斑病发病极轻。较耐干旱，耐瘠薄，采前不落果。适合在华北地区栽植。

11. 圆黄 圆黄是韩国园艺研究所以早生赤为母本、晚三吉为父本杂交选育而成的。

果形扁圆，平均果重 250 克左右，最大果重可达 800 克。果面光滑平整，果点小而稀，无水锈、黑斑。成熟后金黄色，不套袋果呈暗红色，果肉为透明的纯白色，可溶性固形物含量 12.5%～14.8%，肉质细腻多汁，几乎无石细胞，酥甜可口，并有奇特的香味，品质极上。在山东 8 月中下旬成熟，常温下可贮 15 天左右，冷藏条件下可贮藏 5～6 个月，耐贮性胜于丰水，品质超过丰水。

树势强，枝条开张，粗壮，易形成短果枝和腋花芽，每花序

7～9 朵花。叶片宽椭圆形，浅绿色且有明亮的光泽，叶面向叶背反卷。一年生枝条黄褐色，皮孔大而密集。栽培管理容易，花芽易形成，花粉量大，既是优良的主栽品种又是很好的授粉品种。自然授粉坐果率较高，结果早、丰产性好。抗黑星病能力强，抗黑斑病能力中等，抗旱、抗寒、较耐盐碱。

12. 秋黄梨 秋黄梨是 1967 年韩国园艺研究所以今村秋为母本、二十世纪为父本杂交选育而成的。

果实为扁圆形，平均单果重 395 克，最大果重 590 克。果皮颜色为黄褐色，果面粗糙，果点中大较多。果肉乳白色，果心中等，石细胞少，果肉柔软，致密。汁液多，味浓甜，具香气，可溶性固形物含量 14.1%，品质上等。郑州地区果实成熟期为 9 月中下旬，耐贮藏，常温可贮藏 2 个月。

树势较强，树姿较直立。萌芽力强，成枝力中等。以短果枝结果为主，短果枝和中果枝易形成，结果能力强。花芽易形成，结果树龄比较早。抗黑斑病能力强，但抗黑星病能力较弱。

（四） 西洋梨品种

1. 巴梨 巴梨是 1770 年英国的斯泰尔先生在英国发现的自然实生种，是世界上栽培最广泛的西洋梨品种。1871 年自美国引入山东烟台。

果实粗颈葫芦形，单果重 217 克。果皮黄绿色，阳面有红晕。果心较小，果肉乳白色，肉质细，易溶于口，石细胞极少。采后 1 周左右后熟，汁液多，味甜，有香气。可溶性固形物含量 12.5%～13.5%，可溶性糖含量 9.87%，可滴定酸含量 0.28%，品质极上等。果实不耐贮藏。山东地区 8 月中下旬果实成熟。

树势强，树姿直立，呈扫帚状或圆锥状，盛果期后树势易衰弱。萌芽率 79%，成枝力强。枝干较软，结果负荷可使主枝开张下垂。主干及多年生枝灰褐色，一年生枝淡黄色，阳面红褐色。叶片卵圆形或椭圆形，叶基圆形，叶缘锯齿钝，无刺芒。定植 3～4 年开始结果，以短果枝结果为主，腋花芽可结果，丰产稳产。易受冻害并易感染腐烂病，抗黑星病和锈病。可选择三季梨、长把等品种授粉。

2. 三季梨 三季梨是 1870 年在法国发现的实生种。

果实粗颈葫芦形，单果重 244 克。果皮绿黄色，后熟淡黄色，部分果实阳面有暗红晕。果心较小，果肉白色，肉质细，经后熟变软，汁液多，有香气，味酸甜。可溶性固形物含量 14.5%，可溶性糖含量 7.21%，可滴定酸含量 0.38%，品质上等，果实不耐贮藏。山东胶东地区 8 月中下旬成熟。

树势中庸，树姿半开张，萌芽率 71%，成枝力中等，定植 3～4 年开始结果，幼树以腋花芽结果为主，成龄树以短果枝结果为主，丰产稳产。叶片卵圆形或椭圆形，锯齿钝，无刺芒。多年生枝灰褐色，一年生枝黄褐色。花白色，花粉多。抗旱，有一定抗寒性，易感染腐烂病，采前易落果。

3. 伏茄 伏茄又名伏洋梨，法国品种，为极早熟优良品种。我国山东半岛、辽宁、山西等地有栽培。

果实葫芦形，单果重 147 克。果皮黄绿色，阳面有红晕。果肉白色，肉质细，后熟变软，汁液多，风味酸甜，有微香。可溶性固形物含量 14.6%。

树势中庸，树姿半开张，以短果枝结果为主。抗虫、抗病。北京地区 7 月中旬成熟，采前落果轻，产量中等。

4. 阿巴特 阿巴特是 1866 年法国发现的实生种，为目前欧洲主栽品种之一，20 世纪末期引入中国。

果实长颈葫芦形，单果重 257 克。果皮绿色，经后熟变为黄色。果面光滑，果肉乳白色，果心小，肉质细，石细胞少，采后即可食用，经 10～20 天后熟，芳香味更浓。可溶性固形物含量 12.9%～14.1%，品质上等。在山东烟台地区 9 月上旬成熟。

树势中庸，自然开张。枝条直立生长，多年生枝黄褐色，角度较为开张，一年生枝黄绿色。叶片长圆形，叶尖急尖，幼叶黄绿色。花瓣白色，花粉多。幼树生长旺盛，干性强，进入结果期后，以叶丛枝、短果枝结果为主。萌芽率 82.9%，成枝力中等偏弱。连续结果能力强。抗旱、抗寒性强，抗黑星病、黑斑病性强，抗梨锈病，不抗枝干粗皮病，梨木虱为害较轻。

5. 派克汉姆斯 派克汉姆斯是 1897 年澳大利亚人派克汉姆（Sam Packham）以 Uvedale St. Germain 为母本、Bartlett 为父本杂交育成。1977 年从南斯拉夫引入中国。

果实粗颈葫芦形，平均单果重 184 克。果皮绿黄色，阳面有红晕，果面凹凸不平，有棱突和小锈片，果点小而多，蜡质中多。果心中小，果肉白色，肉质细密、韧，石细胞少，经后熟变软，汁液多，味酸甜，香气浓郁。可溶性固形物含量 12.0%～13.7%，可溶性糖含量 9.60%，可滴定酸含量 0.29%，品质上等。果实不耐贮藏，可贮藏 1 个月左右。

树势中庸，树姿开张，萌芽率和成枝力中等。短果枝结果为主，腋花芽结果能力强，连续结果能力强，丰产稳产。易感染黑星病和火疫病。

6. 康佛伦斯 康佛伦斯是 1894 年英国人自 Leon Leclercde Laval 实生种中选育而成的，是英国主栽品种，同时是德国、法国和保加利亚等国的主栽品种之一。

果实呈细颈葫芦形，单果重 255 克，肩部常向一方歪斜。果皮黄绿色，阳面有部分淡红晕，果面平滑，有光泽，外形美观。果心小，果肉白色，肉质细，紧密，经后熟变软，汁液多，味甜，有香气。可溶性固形物含量 13.5%，可溶性糖含量 9.90%，可滴定酸含量 0.13%，品质极上等。果实不耐贮藏，辽宁兴城地区 9 月中旬成熟。

树势中庸，幼树生长健壮，树姿半开张，枝条直立。叶片椭圆形，叶尖渐尖，叶基圆形。一年生枝浅紫色，新梢紫红色。花白色，每花序5～6朵花，花粉量多。萌芽率78%，成枝力中等。定植3年结果，以短果枝结果为主，果台连续结果能力强，丰产。抗寒力中等，抗病性强。

7. 超红 超红是原产于美国的早熟、优质西洋梨品种。

果实粗颈葫芦形，果个中大，平均单果重190克，大者可达280克。幼果期果实即呈紫红色，果皮薄，成熟期果实果面紫红色，较光滑。阳面果点细小，中密，不明显，蜡质厚；阴面果点大而密，明显，蜡质薄。果柄粗短，基部略肥大，弯曲，锈褐色，梗洼小、浅。宿萼，萼片短小，闭合，萼洼浅，中广，多皱褶，萼筒漏斗状，中长。果肉雪白色，半透明，稍绿，质地较细，硬脆，石细胞少，果心中大，可食率高，果心线明显；经后熟肉质细嫩，易溶，汁液多，具芳香，风味酸甜，品质上等。8月上旬采收，采收时可溶性固形物含量12.0%，后熟1周后达14%，果实在常温下可贮存15天，在5℃左右温度条件下可贮存3个月。

树体健壮，树冠中大，幼树期树姿直立，盛果期半开张。主干灰褐色，一年生枝（阳面）紫红色，二年生枝浅灰色。叶片深绿色，长椭圆形，叶面平整，质厚，具光泽，先端渐尖，基部楔形，叶缘锯齿浅钝。萌芽率高达77.8%～82.8%，成枝力强，一年生枝短截后，平均抽生4.3个长枝。花芽形成容易，早实性强，高接树两年见果。进入结果期以短果枝结果为主，部分中长果枝及腋花芽也易结果。该品种连续结果能力强，大小年结果现象不明显，丰产稳产。该品种适应性较广，抗旱、抗寒、耐盐碱力与普通巴梨相近。较抗轮纹病、炭疽病，抗干枯病。

8. 凯斯凯德 凯斯凯德是美国用大红巴梨（Max Red Bartlett）和考密斯（Comice）杂交育成的。

果实短葫芦形，果个大，平均单果重410克，最大单果重500克。幼果紫红色，成熟果实深红色，果点小且明显，无果锈，果柄粗、短。果肉白色，肉质细软，汁液多，香气浓，风味甜，品质极上。可食率高，可溶性固形物含量15%，总糖含量10.86%，总酸含量0.18%，糖酸比60.33，每100克梨中维生素C含量0.865毫克。采后常温下10天左右完成后熟，后熟果实食用品质最佳。较耐贮藏，0～5℃条件下贮藏2个月仍可保持原有风味，可供应秋冬梨果市场。在山东泰安地区9月上旬成熟。

树势强，树冠中大。幼树树姿直立，盛果期树姿半开张。主干灰褐色，多年生枝灰褐色，二年生枝赤灰色，一年生枝红褐色。叶片浓绿色，叶片平展，先端渐尖，基部楔形，叶缘锯齿渐钝。顶芽大，圆锥形，腋芽小而尖，与枝条夹角大。花序为伞房花序，每个花序有5～8朵花，边花先开。花瓣白色，花药粉红色。萌芽率高，可达80%；成枝力强，改接树前期长势旺盛。以短果枝结果为主，短果枝占75%，中果枝占20%，长果枝占5%，自然授粉坐果率65%左右。易成花，早实性强，丰产稳产，苗木定植后第3年开始结果，每亩* 产量可达600千克。具有较好的适应性，耐旱，耐盐碱。对黑星病、梨褐斑病免疫，对梨锈病和梨炭疽病抗性强。

9. 红考密斯 红考密斯是美国华盛顿州从考密斯梨中选出的浓红型芽变新品种。

果实短葫芦形，平均单果重324克，最大610克。果面光滑，果点极小。果皮厚，完熟时果面呈鲜红色。果肉淡黄色，极细腻，柔滑适口，香气浓郁，品质佳，可溶性固形物含量16.8%。6天完成后熟过程，表现出最佳食用品质。山东地区9月上旬果实成熟。

树势强健，树姿直立。枝条稍软，分枝角度大。萌芽率51.5%，成枝力强。中短果枝结果为主，中果枝上腋花芽多。着生单果极多，几乎无双果。红考密斯属西洋梨中早实性强的品种，定植株第

---

* 亩为非法定计量单位，1亩≈667米^2。——编者注

3年开始见果。高抗黑星病及梨木虱与梨黄粉蚜等。

10. 红巴梨 1938年美国在一株1913年定植的巴梨树上发现的红色芽变。先后由南斯拉夫、美国等引入我国。

果实粗颈葫芦形，单果重225克，果点小、少。幼果期果实整个果面紫红色，迅速膨大期果面阴面红色逐渐退去，开始变绿，阳面仍为紫红色，片红。套袋果和后熟后的果实阳面变为鲜红色，底色变黄。果肉白色，采收时果肉脆，后熟果肉变软，易溶于口，肉质细，汁液多，石细胞极少，果心小。可溶性固形物含量13.8%，可溶性糖含量10.8%，可滴定酸含量0.2%，味甜，香气浓郁，品质极上等。山东地区9月上旬成熟。常温下可贮藏10～15天，0～3℃条件下可贮藏至翌年3月。

树势中庸，幼树树姿直立，成龄树半开张；叶片长卵圆形，嫩叶红色。主干浅褐色，表面光滑，一年生枝红色。每花序6朵花，花冠白色。定植3年结果，萌芽率78%，成枝力强；以短果枝结果为主。采前落果轻，较丰产稳产。幼树有二次生长特点，后期应控制肥水，以提高其抗寒和抗抽条的能力。适合在辽南、胶东半岛、黄河故道等梨产区栽培，适应性较强，抗寒能力弱，抗病性弱，易感染腐烂病；抗风及抗黑星病和锈病能力强。

11. 红安久 红安久是1823年起源于比利时的晚熟、耐贮西洋梨品种，栽培面积在北美居第二位。

果实葫芦形，平均单果重230克，大者可达到500克。果皮全面紫红色，果面平滑，具蜡质光泽，果点中多，小而明显，外观漂亮。梗洼浅狭，萼片宿存或残存，萼洼浅而狭，有皱褶。果肉乳白色，质地细，石细胞少，经1周后熟后变软，易溶于口。汁液多，风味酸甜可口，具有宜人的浓郁芳香，可溶性固形物含量14%以上，品质极上等。果实在室温条件下可贮存40天，在−1℃冷藏条件下可贮存6～7个月，在气调条件下可贮存9个月。在山东泰安9月下旬果实成熟。

树体长势健壮，树体中大，幼龄期树姿直立，盛果期半开张，树冠近纺锤形。主干深灰褐色，粗糙，二年生枝、三年生枝赤褐色，一年生枝紫红色。花瓣粉红色，幼嫩新梢叶片紫红色，其红色性状表现远超过红巴梨和红考密斯，具有极高的观赏价值。当年生新梢较安久梨生长量小。叶片红色，叶面光滑平展，先端渐尖，基部楔形，叶缘锯齿浅钝。萌芽力和成枝力均高，成龄树长势中庸或偏弱。幼树栽植后3～4年见果，高接后大树第3年丰产。成龄大树以短果枝和短果枝群结果为主，中长果枝及腋花芽也容易结果。该品种连续结果能力强，大小年结果现象不明显，高产稳产。

该品种适应性广泛，抗寒性高于巴梨，对细菌性火疫病、梨黑星病的抗性高于巴梨；对食心虫的抗性远高于巴梨，且对螨类特别敏感。

12. 秋洋梨 原名 Alexandrine Douillard，又名好本号，原产法国，由南特的 Douillard 选出，1871 年引入山东烟台。

果实长瓢形或纺锤形，果实中大，平均单果重 262.03 克左右，果面光滑稍有凹凸，鲜黄绿色，阳面有红晕，果点小，果梗斜生稍弯曲，萼片宿存，果肉白色，石细胞极少，后熟后细软，多汁，有浓郁香气，可溶性固形物含量 13.5%～14.8%，总糖含量 9.6%，总酸含量 0.11%，糖酸比 87.27，每 100 克梨中维生素 C 含量 5.61 毫克，品质上等，山东泰安地区 8 月下旬成熟，果实发育期 131 天左右。

树姿半开张，树冠纺锤形，幼树生长旺盛，多年生枝黄褐色，被灰色膜，新梢直立，较粗壮，节多弯曲，采用 30～40 厘米长的夏季新梢，及时摘心 2～3 次，促生分枝。冬季修剪疏除直立枝，对于开张角度小的枝条进行拉枝扩大分枝角度，增加枝量扩大树冠。盛果期树保留壮枝结果。花前、果实膨大期和采收后及时加强肥水管理。四年生树折合每亩产量为 22 801.1 千克。

二、梨园宽行密植建园技术

（一）对环境条件的要求

1. 温度 梨树在我国分布很广，适应性强，但不同品种的梨对温度要求不同。最耐寒的可耐－35～－30℃低温，白梨系统可耐－25～－23℃低温，砂梨及西洋梨可耐－20℃左右低温。不同的品种亦有差异，如日本梨中的明月可耐－28℃低温，比同种梨耐寒。我国秋子梨系统产区生长季节（4～10月）平均气温为14.7～18.0℃，休眠期平均气温为－13.3～－4.9℃；白梨和西洋梨系统产区生长季节平均气温为18.1～22.2℃，休眠期平均气温为－3.0～3.5℃；砂梨系统产区生长季节平均气温为15.8～26.9℃，休眠期平均气温为5～17℃。秋子梨、白梨和西洋梨喜温暖、冷凉气候，大多宜在北方栽培。白梨适应范围较广，西洋梨适应性较差，温度过高亦不适宜其生长，温度高达35℃以上时，即产生生理障碍，因此，白梨、西洋梨在年均温高于15℃地区不宜栽培，秋子梨在年均温高于13℃地区不宜栽培。梨树的需寒期，一般为小于7.2℃的时数为1 400小时，但不同树种品种间差异很大，鸭梨、茌梨需469小时，库尔勒香梨需1 371小时，秋子梨的小香水需1 635小时，砂梨最短，有的甚至无明显的休眠期。

梨树一年当中，生长发育与气温变化的密切关系表现在物候期。梨树日均气温达到5℃时花芽萌动，开花要求10℃以上的气温，14℃以上时开花较快。梨花粉发芽要求10℃以上的气温，24℃左右时花粉管伸长最快，4～5℃时花粉管即受冻。West Edifen认为花蕾期受冻害的温度为－2.2℃，开花期为－1.7℃。有人认为，－3～－1℃时花器即遭受不同程度的伤害。枝叶旺盛生长要求大于15℃以上的日均气温。梨的花芽分化以日均气温在20℃以上为宜。

温度对梨果实成熟期及品质有重要影响，一般在果实成熟过程中，昼夜温差大、夜温较低有利于同化作用以及着色和糖分积累，果实品质优良。我国西北高原、南疆地区夏季昼夜温差多在10～14℃，因此，自东部引进的品种品质均比原产地好。

2. 光照 梨树是喜光性果树，对光照要求较高。一般需要年日照时数在1 600～1 700小时，光合作用随光照度的增强而增加。据研究，肥水条件较好的情况下，阳光充足，梨树叶片可增厚，光合产物增多，果实的产量和质量均得到提高。树高在4米时，树冠下部及内膛光照较好，有效光合面积较大，但上部阳光也很充足，未表现出特殊优异性，这可能与光过剩和枝龄较幼有关。树冠下层的叶片，对光量增加反应迟钝，光合补偿点低（约200勒以下）；树冠上层的叶，对低光反应敏感，光合补偿点高（约800勒）。下层最隐蔽区，虽然光量增加，但是光合效能却不高，这是因为光饱和点亦低，与散射、反射等光谱成分不完全有关。一般以一天内有3小时以上的直射光为好。据日本对二十世纪梨的研究，相对光量越低，果实色泽越差，含糖量也越低；全日照50%以下时，果实品质有明显下降，20%～40%时即很差。以树冠外到内光量递减，内层光照最弱，为非生产区，果个小，质量差。果实产量和质量最好的受光量是自然光量的60%以上，树冠中外层区间，受光最适宜，叶片光合产物增多，是适宜的主要着生部位。梨树通风透光好，花芽分化良好，坐果率高，个大，含糖量高，维生素C含量增加，酸度降低，品质优良，并有利于着色品种着色；另外，光照充足还能使梨果皮蜡质发达和角质层增厚，果面具光泽，增强梨果的贮藏性能。

3. 水分 梨树喜水耐湿，需水量较多。梨形成1克干物质，需水量为353～564毫升，但不同品种间有区别。西洋梨、秋子梨等较耐干旱，砂梨需水量最多。砂梨形成1克干物质需水量约为468毫升，在年降水量1 000～1 800毫米地区，仍生长良好；

而抗旱的西洋梨形成1克干物质仅需水284～354毫升。白梨、西洋梨主要产在500～900毫米降水量地区，秋子梨最耐旱，对水分不敏感。从日出到中午，叶片蒸腾速率超过水分吸收速率，尤其是在雨季的晴天，叶片蒸腾速率更大。从午后到夜间水分吸收速率超过叶片蒸腾速率时，则水分逆境程度减轻，8月下旬水分吸收速率和叶片蒸腾速率的比值比7月上旬和8月上旬要大些。午间的吸收停滞，巴梨表现最明显。在干旱状况下，白天梨果收缩发生皱皮，如果夜间能吸水补足，则可恢复或增长，否则果个小或始终皱皮。如果久旱遇雨，可恢复肥大直至发生角质明显龟裂。

一年中梨树的各物候期对水分的要求也不相同。一般而言，早春树液开始流动，根系即需要一定的水分供应，此期水分供应不足常造成萌芽和开花延迟。花期水分供应不足引起落花落果。如果在新梢旺盛生长期缺水，则新梢和叶片生长衰弱，过早停长，且影响果实发育和花芽分化，此期常被称为“需水临界期”。6月至7月上旬梨树进入花芽分化期，需水量相对减少，如果水分过多，则推迟花芽分化，亦引起新梢旺长。果实采收前要控制灌水，以免影响梨果品质和贮藏性。

梨树比较耐涝，但土壤水分过多也会抑制根系正常呼吸，在高温静水中浸泡1～2天即死树；在缺氧水中9天发生凋萎，在较高氧水中11天凋萎，在浅流水中20天亦不凋萎。在地下水位高、排水不良、空隙率小的黏土中，根系生长不良。久雨、久旱都对梨树生长不利，要及时灌水和排涝。

4. 土壤　梨树对土壤条件要求不很严格，适应范围较广。沙土、壤土、黏土都可栽培，但仍以土层深厚、土质疏松、地下水位较低、排水良好的沙壤土结果质量为最好。我国著名梨区大多是冲积沙地、保水良好的山地或土层深厚的黄土高原。但渤海湾地区、江南地区普遍易缺磷，黄土高原、华北地区易缺铁、锌、钙，西南高原、华中地区易缺硼。梨树适应中性土壤，但要求不严，pH 为 5.8～8.5 均可生长良好。不同砧木对土壤的适应力不同，砂梨、豆梨较耐酸性土壤，在 pH 为 5.4 时亦能正常生长；杜梨可以适应偏碱性土壤，在 pH 8.3～8.5 亦能正常生长结果。梨树亦较耐盐，一般含盐量不超过 0.25％的土壤均能正常生长，而在含盐量超过 0.3％时即受害。杜梨比砂梨、豆梨耐盐力强。

5. 其他 微风与和风有利于梨树的正常生长发育，风速过大、风势过强、超过梨树的忍耐程度就会造成风害。早春大风加重幼树抽条，大风还会损伤树体、花器和造成落果等。

冰雹是北方主要自然灾害之一，特别是山区常受其害，冰雹对梨树造成的危害相当大，由此，是在建园时需要重点考虑的因素。

（二） 园地选择与建园技术

1. 园地选择 梨树比较耐旱、耐涝和耐盐碱，对土壤条件要求不严，在沙地、滩地、丘陵、山区以及盐碱地和微酸性土壤上都能生长，但以在土层深厚、质地疏松、透气性好的肥沃沙壤土上栽植梨树丰产、优质。

一般而言，平原地要求土地平整、土层深厚肥沃。山地要求土层深度在 50 厘米以上，坡度在 5°～10°；坡度越大，水土流失越严重，不利于梨树生长发育，北方梨园适宜在山坡的中、下部栽植，而梨树对坡向要求不很严格。盐碱地土壤含盐量不高于 0.3％，含盐量高，需经过洗碱排盐或排涝进行改良后栽植。沙滩地地下水位应在 1.8 米以下。

2. 园地规划 园地规划主要包括水利系统的配置、栽培小区的划分、防护林的设置以及道路、房屋的建设等。

（1）小区设计 为了便于管理，可根据地形、地势及土地面积确定栽植小区。大型梨园需划分若干小区。平地梨园小区为长方形，面积一般以 50～100 亩为宜，主栽品种 2～3 个。山地和丘陵地可以一面坡或一个山丘为一个小区，其面积因地制宜，长边沿等高线延伸，以利于水土保持工程施工和操作管理。

（2）道路规划 分为干路、支路和小路三级。干路建在大区区界，贯穿全园，外接公路，内联支路，宽 6～8 米。支路设在小区区界，与干路垂直相通，宽 4 米左右。小路为小区内管理作业道，一般宽 2 米左右。平地果园的道路系统，宜与排灌系统、防护林带相结合设置。山地果园的作业路应沿坡修筑，小路可顺坡修筑，多修在分水线上。小型果园可以不设干路与小路，只设支路即可。

（3）水利系统规划 水是建立梨园首先要考虑的问题。要根据水源条件设置好水利系统。有水源的地方要合理利用，节约用水；无水源的地方要设法引水入园，拦蓄雨水，做到能排能灌，并尽量少占土地面积。

（4）栽植防护林 防护林能够降低风速、防风固沙、调节温度与湿度、保持水土，从而改善生态环境，保护果树的正常生长发育。因此，建立梨园时要搞好防风林建设工作。一般每隔 200 米左右设置一条主林带，方向与主风向垂直，宽度 20～30 米，株距1～2 米，行距 2～3 米；在与主林带垂直的方向，每隔 400～500 米设置一条副林带，宽度 5 米左右。小面积的梨园可以仅在外围迎风面设一条 3～5 米宽的林带。

（5）辅助设施 辅助建筑物主要包括果园管理用房、工具和机械用房、农药和肥料仓库、果品包装场和冷库等，一般辅助建筑物应设置在交通方便和有利于作业的地方。

3. 配置授粉树 大多数的梨品种不能自花结果，或者自花坐果率很低，生产中必须配置适宜的授粉树。授粉品种必须具备如下条件：与主栽品种花期一致；花量大，花粉多，与主栽品种授粉亲和力强；最好能与主栽品种互相授粉；本身具有较高的经济价值。几个主栽品种的主要授粉品种见表 1-1。

表 1-1 主栽品种与授粉品种一览表

主栽品种	授粉品种
鸭梨	雪花梨、砀山酥梨、茌梨、胎黄梨、栖霞大香水梨、秋白梨
茌梨	栖霞大香水梨、鸭梨、砀山酥梨、莱阳秋白梨
雪花梨	鸭梨、砀山酥梨、茌梨、秋白梨、胎黄梨、锦丰梨
栖霞大香水梨	茌梨、砀山酥梨、鼓梗梨、锦丰梨
中梨 1 号	黄冠、早美酥、七月酥
砀山酥梨	鸭梨、雪花梨、砀山马蹄黄
黄金梨	丰水梨、红香梨、长十郎
黄冠	早美酥、中梨 1 号、华酥梨
早酥梨	鸭梨、栖霞大香水梨、黄县长把梨、锦丰梨、雪花梨
巴梨	茄梨、伏茄梨、二季梨
秋白梨	鸭梨、雪花梨、蜜梨、香水梨、京白梨、茌梨
园黄梨	丰水梨、中梨 2 号
晚三吉梨	菊水、太白、今村秋梨、长十郎、明月、二宫白

一个果园内最好配置两个授粉品种，以防止授粉品种出现小年时花量不足。主栽品种与授粉树比例一般为（4～5）∶1。定植时将授粉树栽在行中，每隔 4～5 株主栽品种定植一株授粉树，或每隔 4～5 行主栽品种，定植一行授粉品种。

4. 密植栽培技术 梨树栽培经历了由稀植转向密植、粗放管理到精细管理、低产到高产、低品质到高品质的发展过程，并且正在向集约化、矮化密植和无公害栽培方向发展。近些年来，梨树密植栽培和棚架栽培发展很快，已成为当前梨树生产发展的大趋势。

（1）栽植密度 许多国家已推广梨的矮化密植栽培，如目前美国、德国等的梨树均以矮化密植栽培为主。目前，欧洲西洋梨产区，不同梨园栽培密度变化较大，每亩栽 67～800 株，常用行距为 3～4 米。我国梨树栽培发展比较快，生产上常用的果树栽植密度有一定变化，20 世纪 50～60 年代株行距是 5 米×6 米和 4 米×5 米；

70～80 年代是 4 米×4 米和 3 米×4 米；20 世纪 90 年代至 21 世纪初的株行距变得更小，有的为 2 米×3 米和 1 米×3 米。我国梨园栽培密度变化较大，栽植密度要根据品种类型、立地条件、整形方式和管理水平确定。一般长势强旺、分枝多、树冠大的品种，如白梨系统的品种，密度要稍小一些，株距 4～5 米，行距 5～6 米，每亩栽植 22～33 株；长势偏弱、树冠较小的品种要适当密植，株距 3～4 米，行距 4～5 米，每亩栽植 33～55 株；晚三吉、幸水、丰水等日本梨品种，树冠很小，可以更密一些，株距 2～3 米，行距 3～4 米，每亩栽植 55～111 株。在土层深厚、有机质丰富、灌水条件好的土壤上，栽植密度要稍小一些；而在山坡地、沙地等瘠薄土壤上应适当密植。最少每亩栽 22 株，最多每亩栽 296 株。树形也由过去的大冠疏层形、自然圆头形逐渐发展为改良分层形、二层开心形、V 形、纺锤形、柱形等。

（2）栽植方式 应遵循经济利用土地和光能以及操作和梨园管理便利的原则，结合当地梨园自然环境条件来确定。常用栽植方式有长方形栽植、带状栽植和等高栽植等。

长方形栽植是梨树栽培中应用最广泛的一种方式。其特点是行距大于株距，株行距通常为（1.0～3.0）米×（3～5）米，通风透光好，便于行间作业和机械化管理。

带状栽植一般双行为一带，这种方式能增加单位面积株数，适于高密度栽培。但带内管理不便，郁闭较早，后期树冠较难控制。

等高栽植适用于山地和坡地果园，沿等高水平梯田栽植，有利于水土保持和管理。

（3）栽植行向 平地长方形栽植的果园，南北行向优于东西行向，尤其在密植条件下，南北行向光照好，光能利用率高，光照均匀。东西行向上下午太阳光入射角低，顺行穿透力差；中午南面光照过量易发生日灼，但北面光照不足，故平地建立梨园时一般提倡采用南北行向。

(4) 栽植时期 梨树一般从苗木落叶后至第2年发芽前均可定植。具体时期要根据当地的气候条件来决定。冬季没有严寒气候的地区，适宜采用秋栽。落叶后尽早栽植，有利于根系恢复，成活率较高，翌年萌发后能迅速生长。华北地区秋栽时间一般在10月下旬至11月上旬。在冬季寒冷、干旱或风沙较大的地区，秋栽容易发生抽条和干旱，因而最好在春季栽植，一般在土壤解冻后至发芽前进行。

(5) 挖定植穴或定植壕 定植前首先按照计划密度确定好定植穴的位置，挖好定植穴。定植穴的长、宽和深均要达到1.0米左右，山地土层较浅，也要达到60厘米以上。栽植密度较大时，可以挖深、宽各1.0米的定植壕。我国农业行业标准《梨生产技术规程》(NY/T 442—2001) 规定：按株行距挖深、宽0.8～1.0米的栽植穴（沟），穴（沟）底填厚30厘米左右的作物秸秆。将挖出的表土与足量的有机肥、磷肥、钾肥混匀，然后回填沟中。待填至低于地面20厘米后，灌水浇透，使土沉实，然后覆上一层表土保墒。基肥以有机肥料为主。每株应施优质有机肥50～100千克，如猪粪、牛粪等，并在有机肥中混入磷肥1～2千克或混入饼肥2～3千克和磷酸二铵0.5千克。

(6) 苗木的准备 在栽植前，核对品种和苗木分级，剔除劣质苗木，经长途运输的苗木应解包并浸根一昼夜，待充分吸水后再定植。

(7) 栽植方法 按照株行距确定栽植穴位置，挖定植小穴（30厘米×30厘米×30厘米）。然后，将苗木放入中央，砧桩背风，摆正扶直，使根系舒展，一边填土，一边慢慢向上提苗，最后填土踏实，并埋成30厘米高的土堆，浇1次透水。

栽植深度以苗木在苗圃栽植时的土印与地面相平为宜。土质黏重时可略浅，风蚀严重地区可略深。但是无论如何，填土均不可超过嫁接口，栽植过深时缓苗慢。

定植时，要在灌水后立即覆盖地膜，以提高地温、保持土壤墒情、促进根系活动。秋季栽植后要于苗木基部埋土堆防寒，苗干可以套塑料袋以保持水分，到春季去除防寒土后再浇水覆盖地膜。

5. 栽植后的管理

（1）定干与刻芽 栽后应立即定干，以减少水分蒸发，防止“抽条”，同时防止苗木随风摇动，影响根系生长和成活。定干高度为80厘米左右。定干后，在发芽前对剪口下第三芽至第五芽，在芽上方0.5厘米处刻伤，促发长枝。

（2）去萌蘖 苗木发芽后，及时抹除距地面50厘米左右以下的萌芽，以利于新梢生长和树冠扩大。

（3）及时补水保墒 栽后树盘覆盖地膜，以保持良好的土壤墒情，提高成活率和当年的生长量。未覆盖而堆土的，成活后应及时扒开土堆提高地温。旱情严重的地区或年份，需等到雨季再扒开土堆，以利于保墒。有灌溉水源的，土壤干旱时应及时浇水和松土。

（4）补栽 缺株应于雨季带土移栽补齐，栽后灌水。

（5）树盘与追肥 栽植后，应留出直径为1.5～2.0米的树盘，行内间作作物应以豆类等矮秆作物为主。每次灌水或雨后应及时松土除草，以保持树盘土松草净。6月上中旬，要施1次速效性氮肥，每株施尿素或磷酸二铵100克左右。7月下旬以后，以追施磷、钾肥为主，以促进枝条成熟。追肥后应及时浇水。叶面喷肥是幼树生长期的主要补肥形式之一，前期以喷施0.3%尿素溶液为主，后期以喷施0.3%～0.5%磷酸二氢钾溶液为主，全年叶面喷肥4～5次。

（6）病虫害防治 易发生金龟子和大灰象甲的年份和地块，苗木发芽后要严防其啃食嫩芽。在生长期，要注意刺蛾、天幕毛虫、舟形毛虫、梨茎蜂、蚜虫及其他病虫害的发生和防治。

三、提质增效花果管理技术

（一）提高坐果率技术

1. 人工授粉 人工授粉是指把授粉品种的花粉传递到主栽品种花的柱头上，其中最有效、最可靠的方法是人工点授。该法不仅可以提高坐果率，而且果实发育好，果个大，可提高产量与品质。

(1) 采花 在主栽品种开花前 2～3 天，选择适宜的授粉品种，采集含苞待放的铃铛花。此时花药已经成熟，发芽率高，花瓣尚未张开，操作方便，出粉量大。采集的花朵放在干净的小篮中，也可用布兜盛装，带回室内取粉。花朵要随采随用，勿久放，以防止花药僵干，花粉失去活力。另外，采花时注意不要影响授粉树的产量，可按照疏花的要求进行。

采集花朵时要根据授粉面积和授粉品种的花朵出粉率来确定适宜的采花量。梨树不同品种的花朵出粉率有很大差别，白梨系统的品种花朵出粉率较高，新疆梨、秋子梨和杂种梨品种花朵出粉率较低，而砂梨系统的品种出粉率居中。

(2) 取粉 鲜花采回后立即取花药。在桌面上铺一张光滑的纸，两手各拿一朵花，花心相对，轻轻揉搓，使花药脱落，落在纸上，然后去除花瓣和花丝等杂物，准备取粉。也可利用打花机将花擦碎，再筛出花药，一般每千克鲜梨花可采鲜花药 130～150 克，干燥后出带花药壳的干花粉 30～40 克。生产经验表明，15 克带花药壳的干花粉或 5 克纯花粉可供生产 3 000 千克梨果的花朵授粉。

取粉方法有三种，现分别列举如下。

一是阴干取粉，也叫晾粉。将鲜花药均匀地摊在光滑干净的纸上，在通风良好、室温 20～25℃、湿度 50%～70%的房间内阴干，避免阳光直射，每天翻动 2～3 次，一般经过 1～2 天花药即可自行开裂，散出黄色的花粉。

二是火炕增温取粉。在火炕上面铺上厚纸板等，然后放上光滑洁净的纸，将花药均匀地摊在上面，并放上一只温度计，保持温度在 20～25℃，一般 24 小时左右即可散粉。

三是温箱取粉。找一个纸箱或木箱，在箱底铺一张光洁的纸，摊上花粉，放上温度计，上方悬挂一个 60～100 瓦的灯泡，调整灯泡高度，使箱底温度保持在 20～25℃，一般经 24 小时左右即可散出花粉。

干燥好的花粉连同花药壳一起收集在干燥的玻璃瓶中，放在阴凉干燥处备用。保存于干燥容器内，并放在 2～8℃的低温黑暗环境中。

（3）授粉 梨花开放当天或次日授粉坐果率最高，因此，要在有 25%的花开放时，抓紧时间开始授粉，花朵坐果率在 80%～90%；4～5 天后授粉，坐果率为 30%～50%；而开花以后 6 天再授粉，坐果率不足 15%。授粉要在上午 9 时至下午 4 时之间进行，上午 9 时之前露水未干，不宜授粉。要注意分期授粉，一般整个花期授粉 2～3 次效果比较好。

授粉方法有三种，现分别列举如下。

一是点授。用旧报纸卷成铅笔粗细的硬纸棒，一端磨细成削好的铅笔样，用来蘸取花粉。也可以用毛笔或橡皮头蘸取花粉。花粉装在干燥洁净的玻璃小瓶内，授粉时将蘸有花粉的纸棒向初开的花心轻轻一点即可。1 次蘸粉可以点授 3～5 朵花。一般每花序授 1～2 朵边花，优选粗壮的短果枝花授粉。剩余的花粉如果结块，可带回室内晾干散开再用。人工点授可以使坐果率达到 90%以上，并且果实大小均匀、品质好。

二是花粉袋撒粉。将花粉与 50 倍的滑石粉或地瓜面混合均匀，装在两层纱布做成的袋中，绑在长竿上，在树冠上方轻轻震动，使花粉均匀落下。

三是液体授粉。将花粉过筛，筛去花药壳等杂物，然后按每1千克水加花粉2～2.5克、糖50克、硼砂1克、尿素3克的比例配制成花粉悬浮液，用超低量喷雾器对花心喷雾。注意花粉悬浮液要随配随用，最好在1～2小时内喷完。喷雾授粉的坐果率可达到60%以上，如果与0.002%的赤霉素混合喷雾则效果更好，喷施时期以全树有50%～60%花朵刚开花时为宜，结果大树每株喷150～250克即可。

为保持花粉良好的生活力，制粉过程中要注意防止高温伤害，避免阳光直射，干好的花粉要放在阴凉干燥处保存。天气不良时，要突击点授，加大授粉量和授粉次数，以提高授粉效果。

2. 梨园放蜂 梨园花期放蜜蜂，可以大大提高授粉功效，同时可以避免人工授粉对时间掌握不准、对树梢及内膛操作不便等弊端，是一种省时、省力、经济、高效的授粉方法。

梨园放蜂要在开花前2～3天将蜂箱放入，使蜜蜂熟悉梨园环境。一般每箱蜂可以满足1公顷梨园授粉。蜂箱要放在梨园中心地带，使蜂群均匀地散飞在梨园中。

要注意花前及花期不要喷施农药，以免引起蜜蜂中毒，造成损失。

3. 提高梨园管理水平 增加树体贮备营养，改善花器官的发育状况，调节花、果与新梢生长的关系，是提高坐果率的根本途径。梨树花量大，花期集中，萌芽、展叶、开花、坐果需要消耗大量的贮备营养。生产中应重视后期管理，早施基肥；保护叶片，维持叶片功能；改善树体光照条件，促进光合作用，从而提高树体贮备营养水平。同时通过修剪去除密挤、细弱枝条，控制花芽数量，集中营养，保证供应，以满足果实生长发育及花芽分化的需要。

萌芽前及时灌水，并追施速效氮肥，补充前期对氮素的消耗。

4. 配置授粉树 建园时，授粉品种与主栽品种比例一般为1∶(4～5)；而成龄果园授粉树数量不足时，可以采用高接换头的方法改换授粉品种；花期采用人工授粉、梨园放蜂等措施，均可显著提高坐果率。

5. 花期喷施微肥或激素 在30%左右的梨花开放时，喷施0.3%的硼砂，可有效地促进花粉粒萌发；喷1%～2%的糖水，可引诱蜜蜂等昆虫，提高授粉效率；喷施0.3%的尿素，可以提高树体的光合效能，增加养分供应。另外，据青岛农业大学试验，花期喷施0.002%的赤霉素或100～200倍食醋，对提高茌梨坐果率有较好的效果。

（二）疏花疏果与合理负载

合理疏花疏果，可以节省大量养分，使树体负载合理，维持健壮树势，提高果品质量，防止大小年结果，保证丰产稳产。

1. 留果标准 保证适宜的留果量。既要保证当年产量，又不能影响下一年的花量；既要充分发挥生产潜力，又能使树体有一定的营养贮备。因此，留花留果的标准应根据品种、树龄、管理水平及品质要求来确定。一般有以下几种方法。

（1）根据干截面积确定留花留果量 树体的负载能力与其树干粗度密切相关。树干越粗表明地上、地下物质交换量越大，可承担的产量也越高。山东农业大学研究表明，梨树每平方厘米干截面积负担4个梨果，不仅能够实现丰产稳产，而且能够保持树体健壮。按干截面积确定梨树的适宜留花留果量的公式为：

$$Y=4\times 0.08C^2\times A$$

其中，Y 指单株合理留花果数量（个）；C 指树干距地面20厘米处的干周（厘米）；A 为保险系数，以花定果时取1.20，即多保留20%的花量，疏果时取1.05，即多保留5%的幼果。使用时，只要量出距地面20厘米处的干周，带入公式即可计算出该单株适宜的留花留果个数。如某株梨树干周为40厘米，其合理的留花量、留果量为：

合理的留花量＝$4\times0.08\times40^2\times1.20$＝614.4≈614（个）

合理留果量＝$4\times0.08\times40^2\times1.05$＝537.6≈538（个）

（2）根据主枝截面积确定留花留果量 根据主干截面积确定留花留果量在幼树上容易做到，但在成龄大树上，总负载量如何在各主枝上均衡分配难以掌握。为此，可以根据大枝或结果枝组的枝轴粗度确定负载量。计算公式与上式相同。

（3）间距疏果法 按果实之间间隔的距离大小确定留花留果量，是一种经验方法，应用比较方便。一般中型果品种如鸭梨、香水梨和黄县长把梨等品种的留果间距为20～25厘米，大型果品种间距适当加大，小型果品种可略小。

2. 疏花疏果 梨树的开花坐果期是消耗营养最多的时期，从节省营养的角度看，疏花疏果的时间越早，效果越好，所以疏果不如疏花，疏花不如疏芽。

（1）疏芽 修剪时疏除部分花芽，调整结果枝与营养枝的比例在1∶3.5左右，每个果实占有15～20片叶片比较适宜。

（2）疏花 疏花时间要尽量提前，一般在花序分离期即开始进行，至开花前完成。按照确定的负载量选留花序，多余花序全部疏除。疏花时要先上后下，先内后外，先去掉弱枝花、腋花及梢头花，多留短枝花。待开花时，每花序保留2～3朵发育良好的边花，疏除其他花朵。经常遭受晚霜危害的地区，要在晚霜过后再疏花。

（3）疏果 疏果也是越早越好，一般在花后10天开始，20天内完成。一般品种每个花序保留1个果，花少的年份或旺树旺枝可以适当留双果，疏除多余幼果。树势过弱时适当早疏少留，过旺树适当晚疏多留。

如果前期疏花疏果时留果量过大，到后期明显看出负载过量时，要进行后期疏果。后期疏果虽然比早疏果效果差，但相对不疏果来讲，不仅不会降低产量，相反能够提高产量与品质，增加效益。

另外，留果量是否合适，要看采收时果实的平均单果重与本品种应有的标准单果重是否一致。如果二者接近，说明留果量比较适宜；如果平均单果重明显小于标准单果重，则表明留果量偏大，翌年要适当减少；如果平均单果重明显大于标准单果重，则表明留果量偏小，翌年要加大留果量。

（三）果实套袋技术

1. 果实袋介绍

（1）果实袋的构造 梨果实袋由袋口、袋切口、捆扎丝、丝口、袋体、袋底、通气放水口七个部分构成。袋切口位于袋口单面中间部位，宽4厘米，深1厘米，便于撑开纸袋，由此处套入果柄，利于套袋操作，便于使果实位于袋体中央部位。捆扎丝为长2.5～3.0厘米的20号细铁丝，用来捆扎袋口。通气放水口的大小一般为0.5～1.0厘米，它的作用是使袋内空气与外界连通，以避免袋内空气温度过高和湿度过大，对果实尤其是幼果的生长发育造成不利影响；另外，若袋口捆扎不严导致雨水或药水进入袋内，可以由通气放水口流出。

（2）果实袋的标准 纸袋的用纸应为全木浆纸，而不是草浆纸，因为木浆纸机械强度比草浆纸大得多，经风吹、日晒、雨淋后不发脆、不变形、不破损。为防治果实病害和入袋害虫，纸袋用纸需定量涂布特定杀虫剂、杀菌剂，在一定温度条件下产生短期雾化作用，抑制病、虫源进入袋内侵染果实或杀死进入袋内的病、虫源。套袋后对果实质量影响最大的是果实袋的透光光谱和透光率，由纸袋用纸的颜色和层数决定。另外，纸袋用纸还影响袋内温度、湿度状况，透隙度好，外表面颜色浅，反射光较多的果实袋，袋内湿度小，温度不致过高或升温过快，对前期果实生长和发育的不良影响小。为有效增强果实袋的抗雨水能力和减小袋内湿度，外袋和内袋均需用石蜡或防水胶处理。

商品袋是具有一定耐候性、透隙度、干强度和湿强度、一定的透光光谱和透光率及特定涂药配方的定型产品，具有遮光、防水、透气作用，袋内湿度不致过高，温度较为稳定，且具有防虫、杀菌作用。果实在袋内生长可受到保护，避光、透气、防水、防虫、防病，大大提高果实的商品价值。

(3) 果实袋的种类 梨果实袋的种类很多，按照果实袋的层数可分为单层、双层两种。单层袋只有一层原纸，重量轻，可有效防止风刮折断果柄，透光性相对较强，一般用于果皮颜色较浅，果点稀少且浅，不需着色的品种。双层纸袋有两层原纸，分内袋和外袋，遮光性能相对较强，用于果皮颜色较深以及红皮梨品种，防病的效果好于单层袋。按照果实袋的大小有大袋和小袋之分。大袋规格为，宽 140～170 毫米，长 170～200 毫米，套袋后可一直到果实采收不必解除。小袋亦称“防锈袋”，规格一般为 60 毫米×90 毫米或 90 毫米×120 毫米，套袋时期比大袋早，坐果后即可进行套袋，可有效防止果点和锈斑的发生，当幼果体积增大，小袋容不下时即解除（带捆扎丝小袋），带糨糊小袋不必除袋，随果实膨大自行撑破纸袋而脱落。小袋在绝大多数情况下用防水胶粘合，套袋效率高。生产中也有小袋与大袋结合使用的，先套 1 次小袋，然后再套大袋至果实采收。

按涂布的杀虫剂、杀菌剂不同可分为防虫袋、杀菌袋及防虫杀菌袋三类；按袋口形状又可分为平口、凹形口及 V 形口几种，以套袋时便于捆扎、固定为原则；按套用果实分类可分青皮梨果实袋和赤梨果实袋等；其他还有针对不同品种的果实袋以及着色袋、保洁袋、防鸟袋等。

日本研制的梨果实袋主要有以下四种。①二十世纪袋。双层袋，外层为 40～45 克打蜡条纹牛皮纸，内层为白色打蜡小棉纸，规格 165 毫米×143 毫米，防虫、防菌。②赤梨袋。双层袋，外层为 40～45 克打蜡条纹牛皮纸，内层为淡黄色打蜡小棉纸，规格

165 毫米×143 毫米，防虫、防菌。③洋梨袋。双层袋，外层为纯白离水加工纸，内层为透明蜡纸，规格有 142 毫米×172 毫米和 165 毫米×195 毫米两种，防虫、防菌。④单层袋。45 克打蜡条纹牛皮纸，规格为 165 毫米×143 毫米，防虫、防菌。

2. 套袋前的管理 合理土肥水管理，养成丰产稳产、中庸健壮树势，增强树体抗病性，合理整形修剪使梨园通风透光良好，进行疏花疏果、合理负载是套袋梨园的工作基础。

为防止把危害果实的病虫害如轮纹病、黑星病、黄粉蚜、康氏粉蚧套入袋内增加防治难度，套袋前必须严格喷一遍杀虫剂、杀菌剂，这对于防治套袋后的果实病虫害十分关键。

用药种类主要针对危害果实的病虫害，同时注意选用不易产生药害的高效杀虫剂、杀菌剂。忌用油剂、乳剂和标有“F”的复合剂农药，慎用或不用波尔多液、无机硫剂、三唑福美类、硫酸锌、尿素及黄腐酸盐类等对果皮刺激性较强的农药及化肥。高效杀菌剂可选用50%甲基硫菌灵悬浮剂800倍液、70%甲基硫菌灵可湿性粉剂 800 倍液、10%多抗霉素可湿性粉剂 1 500 倍液、1.5%多抗霉素 400 倍液、甲基硫菌灵+代森锰锌、多菌灵+三乙膦酸铝、甲基硫菌灵+多抗霉素等药剂。杀虫剂可选用菊酯类农药。为减少施药次数和梨园用工，杀虫剂和杀菌剂宜混合喷施，如12.5%烯唑醇可湿性粉剂 2 500 倍液+25%溴氰菊酯乳油 3 000 倍液。

3. 果实袋的选择 目前生产中纸袋种类繁多，梨品种资源丰富，各个栽培区气候条件千差万别，栽培技术水平各异，因此，纸袋种类选择的好坏直接影响到套袋的效果和套袋后的经济效益，应根据不同品种、不同气候条件、不同套袋目的及经济条件等选择适宜的纸袋种类。对于一个新袋种应该先做局部试验，确定没有问题后再推广应用。

梨的皮色主要有绿色、褐色、红色三种，其中绿色又有黄绿色、绿黄色、翠绿色、浅绿色等；褐色有深褐色、绿褐色、黄褐色；红色有鲜红色、暗红色等。对于外观不甚美观的褐皮梨而言，套袋显得尤其重要。除皮色外，梨各栽培品种果点和锈斑的发生也不一样，如茌梨品种群果点大而密，颜色深，果面粗糙，西洋梨则果点小而稀，颜色浅，果面较为光滑。因此，以鸭梨为代表的不需着色的绿色品种以套单层袋为宜，如石家庄果树研究所研制的A型和B型梨防虫单层袋应用于鸭梨效果较好，但于不同品种和地区应用时应先试用再推广。雪花梨在夏季高温多雨果园湿度大的地区套袋易生水锈，茌梨和日本梨的某些品种也易发生水锈。对于果点大而密的茌梨、锦丰梨宜选用遮光性强的纸袋。对日本梨品种而言，新水、丰水梨宜用涂布石蜡的牛皮纸单层袋，幸水宜用内层为绿色、外层为外白内黑的纸袋，新兴、新高、晚三吉等宜用内层为红色的双层袋。易感轮纹病的西洋梨宜选用双层袋，可比单层袋更好地起到防治轮纹病的效果。需要着色的西洋梨及其他红皮梨选用内袋为红色的双层袋，不需着色的西洋梨选用内袋为透明的蜡纸袋，可适度减少叶绿素的形成，后熟后形成鲜亮的黄色。

4. 套袋时期 梨果皮的颜色和粗细与果点和锈斑的发育密切相关。果点主要是由幼果期的气孔发育而来的，幼果茸毛脱落部位也形成果点。梨幼果跟叶片一样存在着气孔，能随内部和外部环境条件的变化而开闭，随幼果的发育，气孔的保卫细胞破裂形成孔洞，与此同时，孔洞内的细胞迅速分裂形成大量薄壁细胞填充孔洞，填充细胞逐渐木栓化并突出果面，形成外观上可见的果点。气孔皮孔化的时间一般从花后10～15天开始，最长可达80～100天，以花后10～15天后的幼果期最为集中。因此，要想抑制果点发展获得外观美丽的果实，套袋时期应早一些，一般从落花后10～20天开始套袋，在10天左右时间内套完，落花后25～30天气孔大部分已木栓化变褐，形成果点，达不到套袋保护果实的预期效果。但如果套袋过早，纸袋的遮光性过强，则幼果角质层、表皮层发育不良，果实光泽度降低，果个变小，果实发育后期如果果个增长过快会造成表皮龟裂，形成变褐木栓层。

梨的不同品种套袋时期也有差异。果点大而密、颜色深的锦丰梨、茌梨落花后1周即可进行套袋，落花后15天套完；为有效防止果实轮纹病的发生，西洋梨的套袋也应尽早进行，一般落花后10～15天即可进行套袋；京白梨、南果梨、库尔勒香梨、早酥梨等果点小、颜色淡的品种套袋时期可晚一些。

锈斑的发生是由于外部不良环境条件刺激造成表皮细胞老化坏死或内部生理原因造成表皮与果肉增大不一致而致表皮破损，表皮下的薄壁细胞经过细胞壁加厚和木栓化后，在角质、蜡质及表皮层破裂处露出果面形成锈斑。锈斑也可从果点部位及幼果茸毛脱落部位开始发生，而且幼果期表皮细胞对外界强光、强风、雨、药液等不良刺激敏感，所以，为防止果面锈斑的发生也应尽早套袋。套袋期越长则锈斑面积越小，颜色越浅。因此，适宜的套袋时期对外观品质的改善至关重要，套袋时期越早，套袋期越长，套袋果果面越洁净美观。

5. 套袋操作方法

（1）大袋套袋方法 为提高套袋效率，操作者可在胸前挂一围袋放入果实袋，使果实袋伸手可及。取一叠果实袋，袋口朝向手臂一端，有袋切口的一面朝向左手掌，用无名指和小指按住，使拇指、食指和中指能够自由活动。用右手拇指和食指捏住袋口一端，横向取下一枚果实袋，捻开袋口，一手托袋底，另一只手伸进袋内撑开袋体，捏一下袋底两角，使两底角的通气放水口张开，并使整个袋体鼓起。一手执果柄，一手执果实袋，从下往上把果实套入袋内，果柄置于袋口中间切口处，使果实位于袋内中部。从袋口中间果柄处向两侧纵向折叠，把袋口折叠到果柄处，于丝口上方撕开将捆扎丝反转90°，沿袋口旋转一周于果柄上方2/3处扎紧袋口。最后再托打一下袋底中部，保证袋底两通气放水口张开，果实袋处于直立下垂状态。

（2）小袋套袋方法 套小袋在落花后1周即可进行，落花后15天内必须套完，使幼果渡过果点和果锈发生敏感期，待果实膨大后自行脱落或解除。由于套袋时间短，果实可利用其果皮叶绿素进行光合作用积累碳水化合物，因此套小袋的果实比套大袋的果实含糖量降低幅度小，同时套袋效率高、节省套袋费用，缺点是果皮不如套大袋的细嫩、光滑。梨套袋用小袋分带糨糊小袋和带捆扎丝小袋两种，后者套袋方法基本与大袋套袋方法相同，以下仅介绍带糨糊小袋的套袋方法。

取一叠果实袋，袋口向下，把带糨糊的一面朝向左手掌，用中指、无名指和小指握紧纸袋，使拇指和食指能自由活动；用右手拇指和食指握在袋的中央稍向下的部分，横向取下一枚纸袋；拇指和食指滑动，袋口即开，把果柄置于带糨糊部位的一侧，将果实纳入袋中；用左手压住果柄，再用右手的拇指和食指把带糨糊的部分捏紧向右滑动，贴牢。

6. 摘袋时期与方法 对于在果实成熟期不需着色的梨品种应带袋采收，分级时再除袋，因套袋梨果果皮比较细嫩，带袋采收可防止果实失水、碰伤果皮或污染果面。对于在果实成熟期需要着色的红皮梨，套袋一般用双层袋，且应在采收前15～20天摘袋。为防止日灼，可先除外袋，将外层袋连同捆扎丝一并摘除，靠果实的支撑保留内层袋，过2～3个晴天后再除掉（遇阴雨天需延长保留内袋天数）。保留内袋期间果实能通风和透光，同时又避免了强光直射，使果实迅速适应外界环境而不致于发生日灼。

7. 摘袋后的管理 摘袋后至采收前的着色期要进行摘叶、转果等着色期管理，使着色均匀一致。摘叶重点摘除树冠中上部影响全局的长枝、徒长枝叶片以及覆盖在果实上直接遮光的叶片。摘叶后由于光照条件的改善和全株水分蒸腾量的减少，果实更易发生日灼现象，在着色期高温干旱的地区应注意。转果就是把果实的阴面转到阳面，以增加阴面的着色。可利用透明胶带使果实固定在相邻的枝上。

摘袋后 2～3 天，可喷 1～2 次杀菌剂，以防果面感染病菌。杀菌剂可选用波·锰锌、多菌灵等。

（四）花期防霜技术

梨树休眠期抗寒性比较强，但在花期前后耐寒力比较差。我国北方地区梨树开花多在终霜期之前，很容易发生花期冻害，造成减产甚至绝产。晚霜多危害北方梨区梨树，因为北方梨区梨树的花期多在晚霜期以前。梨树的耐寒能力因种或品种的差异而不尽相同，一般秋子梨的耐寒力较强，白梨、砂梨的耐寒力相对较弱，但均以花期抗冻能力最弱。茌梨在花序分离期若遇到－5℃的低温，可有 15％～25％的花受冻。茌梨边花各物候期受冻的临界温度分别为：现蕾期－5℃，花序分离期－3.5℃，开花前 1～2 天－2～－1.5℃，开花当天－1.5℃。鸭梨比茌梨抗冻性稍强，各物候期受冻的临界温度比茌梨低 0.3～0.5℃。首先受害的是花器中的雌蕊，将直接影响产量，霜冻严重时会因雌蕊、雄蕊和花托全部枯死脱落而绝产。即使在幼果形成后出现霜冻，亦会造成果实畸形，果实外观品质和商品价值受到影响。因此，做好花期防冻十分重要。

1. 调控梨园环境 为防止冻害，建园时要避开风口及低洼地势；在梨园周围营造防护林。

生产中加强梨园田间管理，使树体生长健壮，提高树体营养水平，提高抗冻能力；尽量避免枝条发育不良，修剪时，应适当多留花芽，不要过多疏除花芽枝。秋施基肥，提高树体贮藏营养水平，以增强树体抵抗能力。

萌芽前至花期多次浇水，可起到降低土壤温度、延迟发芽和开花的目的。喷灌亦可起到降低树体及土壤温度和延迟开花的作用。在预报发生霜冻以前果园灌水，可延迟开花期避开霜冻。

树干涂白延迟花期，如在秋末冬初进行树干涂白［生石灰：石硫合剂：食盐：黏土：水＝10：2：2：1：(30～40)］，可以减少对太阳能的吸收，使春季时树体温度变化幅度变缓，减少树体冻害和日灼的发生，延迟萌芽和开花。另外，早春用9％～10％的石灰液喷施树冠，可使花期延迟3～5天。

喷施0.025％～0.05％萘乙酸钾盐溶液，对防止和减轻冻害均有较好的作用。

2. 熏烟 熏烟能形成一个保护罩，减少地面热量散失，阻碍冷空气下降，同时烟粒可以吸收湿气，使水汽凝聚成液体放出热量，提高气温，避免或减轻霜冻。霜冻发生时，可以在梨园点火熏烟，即在园内用柴草、锯末等做成发烟堆，燃烧点设置主要依据燃烧器具的种类、降温程度和防霜面积等来确定。原则上园外围多，园内少；冷空气入口处多，出口处少；地势低处多，地势高处少。

当凌晨3时左右梨园气温降至0℃时点火生烟，可使气温提高1～2℃，减轻冻害。点火过早，浪费资源；点火过晚，防霜冻效果差。点火时，首先确定空气流入方向，外围要早点火，然后依据温度下降程度确定燃烧点数目和调节火势大小，尽量控制园内温度处于危险温度以上。如夜间有风或多云天气，降温缓慢，可熄灭部分燃烧点，节约燃料；反之则应增加燃烧点数目，提高园内温度。常见的燃烧材料有柴油、橡胶（废旧轮胎）、锯末油、麦草秸秆、烟雾剂。

另外，发生冻害后，要认真进行人工授粉，保证未受冻或受冻轻微的花能够开花坐果，尽量减少产量损失。也可以喷施0.005％～0.01％的赤霉素溶液提高坐果率，或者喷施0.0035％～0.005％的吲哚乙酸溶液以诱发单性结实。

（五）鸟害及防控技术

鸟类啄食果实对梨果生产造成一定的伤害，随着环境和生态条件的改善，这一伤害有加重的趋势。危害果实的鸟类主要有喜鹊、灰喜鹊、山雀和麻雀等，预防的方法有人工驱鸟、化学驱鸟、声音驱鸟等，但以果实套袋和设网防鸟效果最好。梨果实套袋是最简便的防鸟害方法，同时还能防止病菌、农药和尘埃对果实的污染。

梨园设网是防止鸟害发生最好的方法。顺树行每隔 15～20 米竖立钢管、竹竿等，在梨园上方 50 厘米处增设 6 号铁丝纵横交织网架，果实开始成熟时，网架上铺设用尼龙或塑料丝制作的专用防鸟网。网的周边垂直地面并用土压实，以防鸟类从旁边飞入。也可在树冠的两侧斜拉尼龙网。果实采收后可将防护网撤除。

（六）适期采收

1. 采收期的确定 梨果采收时期是否适宜，对其产量、品质和耐贮性均有显著影响，同时也影响翌年的产量和果实品质。采收过早，果实发育不完全，果个小，风味差，不耐贮存，严重降低产量和品质；采收过晚，影响翌年产量，果肉衰老快，也不耐贮藏。因此，适期采收是梨果生产中不可忽视的重要环节。一般情况下，适宜的采收期要根据果实的成熟度来确定。判断成熟度的依据是果皮颜色、果肉风味及种子颜色等。梨果充分发育时，种子变褐，果肉具有芳香，果柄与果台容易分离。绿色品种的果皮呈现绿白色或绿黄色，黄色或褐色品种果皮呈现黄色或黄褐色，红色品种的红色发育完全，各品种呈现本品种应有的颜色时，表明果实已经成熟，已到采收期。

另外，确定采收期还要考虑采收后梨果的用途。供应上市的鲜食果，可在果实接近充分成熟时采收；需要长途运输的可适当提前采收；用于加工的要根据加工品对原材料的要求来确定采收期。

由于有些品种的成熟期并不一致，因此在生产中，必须根据果实的成熟度，有先有后地分批采收成熟度最适宜的果实。从适宜采收初期开始，每隔 7～10 天采收 1 次，可采收 2～3 次，这样可显著提高梨果的产量与品质。生产中，早熟品种的采收期在 8 月上中旬，中晚熟品种为 9 月上旬，晚熟品种为 9 月下旬。

2. 采收方法 采收时果筐或果篮等装果器具应当垫有蒲包、旧麻袋片或塑料泡沫等，采果人员应剪短指甲，采果时由外到内、由下往上采摘，摘果时用手握住果实底部，拇指和食指按在果柄上，向上推，果柄即分离。切忌抓住梨果用力拉，以免果柄受损，摘双果时，先用手托住两个果，另一手再分次采下。轻拿轻放，防止果实碰伤压伤，尽量避免损坏枝叶及花芽，同时注意保证果柄完整。采果宜在晴天进行，最好在一天当中果实温度最低的上午采收，而不宜在下雨、有雾和露水未干时进行，因为果实表面附有水滴易引起果实腐烂。为避免果面有水引起腐烂，可在通风处晾干，严防日晒，在阴凉处预冷后分级包装。

四、高光效树形及轻简化修剪技术

梨树冠层为主干以上的枝叶部分，一般由骨干枝、枝组和叶幕组成。冠层是梨树树形结构的主要组成部分，其结构及组成对树体的通风透光有决定性影响。叶幕是果树叶片群体的总称，叶幕结构即叶幕的空间几何结构，包括果树个体大小、形状和群体密度。其主要限定因素是：栽植密度，平面上排列的几何形状，株行间宽度，行向，叶幕的高度、宽度、开张度，叶面积系数和叶面积密度。

生产上人们总是从经济效益的角度考虑，以求尽可能充分利用生态环境资源获得最大的经济效益。一般认为高密度梨园早期结果的关键是在栽植后的前几年快速发展树冠内的枝叶数量，提高果园早期的叶面积。因此近20年来，为了提早结果，增加土地和光热资源的利用，梨树栽培由大冠稀植逐步向小冠密植发展，树形由适合大冠的自然圆头形、扁圆形等向适合密植的小冠疏层形、自然纺锤形、细长纺锤形、篱壁形和开心形等树形转变。小冠形树体发育快、结果早、对土地和光热资源利用率高。

目前生产中采用高光效树形：老梨园采用二层开心形、开心形和水平棚架形等树形；新建梨园多采用圆柱形（细长纺锤形）、自由纺锤形和Y形等树形。

（一）二层开心形

1. 树体的基本结构 树高3.5～4米，冠径4～4.5米，干高50～60厘米。全树分两层，一般有5个主枝。其中第一层3个主枝，开张角度60°～70°，每主枝着生3～4个侧枝，同侧主枝间距要达到80～100厘米，侧枝上着生结果枝组；第二层2个主枝，与第一层距离1.0米左右，两个主枝的平面伸展方向应与第一层3个主枝错开，开张角度50°～60°。该树形透光性好，最适宜喜光的品种。

2. 修剪技术 定植后，留80～100厘米定干。第一次冬剪时选生长旺盛的剪口枝作为中央领导干，剪留50～60厘米，以下3～4个侧生分枝作为第一层主枝。以后每年同样培养上层主枝，直到培养出第三层主枝时，去掉第三层，控制第二层以上的部分，最终落头开心成二层开心形。侧枝要在主枝两侧交错排列，同侧侧枝间距要达到80厘米左右。

（二）开心形

1. 树体的基本结构 树高4～5米，冠径5米左右，干高40～50厘米。树干以上分成三个势力均衡、与主干延伸线呈30°斜伸的中心干，因此也称为“三挺身”树形。三主枝的基角为30°～35°，每主枝上，从基部起培养背后或背斜侧枝1个，作为第一层侧枝，每个主枝上有侧枝6～7个，成层排列，共4～5层，侧枝上着生结果枝组，里侧仅能留中、小枝组。该树形骨架牢固，通风透光，适用于生长旺盛的直立品种，但因幼树整形期间修剪较重，结果较晚。

2. 修剪技术 定植后留70厘米定干。第一次冬剪时选择3个角度、方向均比较适宜的枝条，剪留50～60厘米，培养成为3条中心干。第2年冬剪时，每条中心干上选留一个侧枝，留50～60厘米短截，以后照此培养第二、三层侧枝。主枝上培养外侧侧枝。第3年冬剪时，继续重短截主枝延长枝。整个整形过程中要注意保持3条中心干势力均衡。5年树冠基本形成。

一年生侧枝的修剪应在6月下旬进行，将预备枝延长梢拉枝开角至70°左右，冬季修剪时，仅须剪去枝条顶端弱芽部分，保留腋花芽用于翌年结果。

二年生侧枝的冬季修剪视枝的生长势及短果枝的发育状况而定。如生长势强、短果枝充实，应予以轻剪，短截程度较上一年稍强。

多年生侧枝延长枝短截程度随着枝条结果量的增加而逐年加重。侧枝结果后应及时更新，可采取老枝更新或换枝更新两种方法，老枝更新即多年生侧枝基部选留预备枝，翌年培养成新侧枝，去除原枝段，换枝更新即在原侧枝附近选留预备枝，翌年疏除原来的侧枝。为防止侧枝的衰老，在每个主枝上应保留预备枝和一、二、三年生侧枝各占1/4，逐年淘汰大枝，培养新枝。三年生以上侧枝在主枝上的位置虽逐年变化，但同侧多年生侧枝间隔距离始终保持60～70厘米以上，其间配置一至二年生侧枝，有利于稳定树势和结果。

（三）自由纺锤形

1. 树体的基本结构 树高3米左右，冠径2～2.5米，干高60

厘米。中心干上直接着生大型结果枝组（即主枝）10～12个，中心干上每隔20厘米左右一个，插空排列，无明显层次。主枝角度70°～80°，枝轴粗度不超过中心干的1/2。主枝上不留侧枝，直接着生结果枝组。其特点是只有一级骨干枝，树冠紧凑，通风透光好，成形快，结构简单，修剪量小，生长点多，丰产早，结果质量好。

2. 修剪技术 定干高度80～100厘米，第1年不抹芽，在树干40～50厘米以上，长度在80～100厘米的枝条秋季拉枝，枝角角度90°，其余枝条缓放，冬剪时对所有枝条进行缓放；第2年全部除去拉平的主枝背上萌生的离树干20厘米以内的直立枝，20厘米以外的每间隔25～30厘米扭梢1个，其余除去，中心干发出的长度80厘米左右的枝条可在秋季拉平，疏除过密的枝条，缺枝的部位进行刻芽，促生分枝；第3年控制修剪，以缩剪和疏剪为主，除中心干延长枝过弱不剪，一般缩剪至弱枝处，将其上竞争枝压平或疏除，弱主枝缓放，对向行间伸展太远的下部主枝从弱枝处回缩，疏除或拉平直立枝，疏除下垂枝；第4年或第5年中心干在弱枝处落头，以后中心干每年在弱处修剪保持树体高度稳定。修剪情况应根据树的生长结果状况而定，幼旺树宜轻剪，随树龄的增长，树势渐缓，修剪应适度加重，以便恢复树势，保持丰产稳产、优质的树体结构。

（四）细长纺锤形

1. 树体的基本结构 干高60厘米左右，树高3.0～3.5米，冠径1.5～2.0米。中心干强壮直立，均匀分布10～15个主枝，即结果枝轴，下部主枝略长、上部略短，着生位置呈螺旋式排列，主枝长1.0～1.5米，由下向上逐渐缩短，开张角度80°～90°。主枝上直接培养结果枝组。同侧的主枝间距40～50厘米，相邻的侧枝间距15～20厘米。各主枝直径不大于着生部位中心干的1/3，粗度较大时应及时更新。该树形适合宽行密植栽培，株行距为（1.2～2.0）米×4米，前期投入小，树形简单易管理，长枝少，树冠小，通风透光好，有利于生产优质梨果。

2. 修剪技术 选择优质壮苗在春季萌芽前定植，定干高度80厘米左右。定干后，顶芽下第2个芽抹除，防止形成竞争枝；2～3年时修剪，在距地面60厘米起挑选1～2个间距15厘米左右、螺旋上升的芽进行刻芽促发新梢，除中心干延长头及所选主枝外，其余新梢通过抹芽、摘心控制长势。主枝在春季采用牙签开角，夏末拉枝开张角度80°～90°。冬季修剪时主枝延长头采用轻剪或中剪方式，中心干短截至40～50厘米。疏除过密枝、徒长枝，每年培养2～3个主枝，可保证下层主枝的长势。

第4～5年树形已基本形成，树高达到2.5米以上，此时对中心干延长头可采用拉平的方法换头，或采用去强留弱的方法控制树体高度。多数主枝已结果，对下部已结果2～3年的主枝根据情况逐年回缩，注意培养基部新梢用作主枝更新；及时疏除中心干过密主枝，防止树势衰弱。

（五）Y形

1. 树体的基本结构 无中心干，干高50～60厘米，两主枝呈V形，主枝上无侧枝，其上培养小型侧枝和结果枝组，两主枝夹角为80°～90°。

2. 修剪技术 定干高度70～90厘米，定干后第1～2芽抽发的新枝开张角度小，其下分枝开张角度大，可以培养为开张角度大的主枝，在生长季中，开张角度小的可疏除；第2～3年冬剪时，主枝延长枝剪去1/3，夏季注意疏除主枝延长枝的竞争枝；第4年对主枝进行拉枝开角，并控制其生长势，生长季节，对旺长枝进行疏除或扭枝抑制生长，使短果枝和中果枝形成；第5年树形基本形成，主枝前端直立且生长旺盛，徒长枝少，短果枝形成合理。

（六）水平棚架形

1. 树体的基本结构 水平棚架梨的树形主要有水平形、漏斗形、杯状形等。水平形，干高 180 厘米左右，主枝 2 个，接近水平。漏斗形，干高 50 厘米左右，主枝多个，主枝与主干夹角 30°左右。杯状形，干高 45 厘米左右，主枝 3～4 个，主枝与主干夹角 60°左右，主枝两侧培养出肋骨状排列的侧枝。棚架栽培梨的结果部位主要在架面上，呈平面结果状。

2. 修剪技术 定干高度 80 厘米，用一根竹竿插栽在苗木附近，用麻绳将其与苗木固定。萌芽后，待苗木上端抽生的新梢长 20 厘米左右时，选留 3～4 个生长方向不同的健壮枝梢作为主枝培养，保持其直立生长，落叶后将主枝拉成与主干呈 45°，三主枝间相互呈 120°，四主枝间相互呈 90°，用麻绳将其与竹竿绑定，留壮芽，剪去顶端部分。

第 2 年继续培育主枝，并选留侧枝。继续保持主枝与主干呈 45°，上一年主枝的延长枝直立生长。每主枝上选留 2～3 个侧枝，其背上、背下枝尽早抹除。第一侧枝距主干 60～70 厘米，其下枝、芽要全部抹除，第二侧枝在第一侧枝对侧，二者在主枝上间距50～60 厘米，第三侧枝在第二侧枝对侧，二者在主枝上间距 40～50 厘米。

第 3 年继续培育主枝、侧枝，并选留副侧枝。此时幼树已有一定的花量，但都着生在主枝与侧枝上，应严格控制坐果量，否则影响今后整个树冠的扩大。开花前，将主枝上的花芽全部去除，按每一侧枝上最多保留两个果实去除侧枝上其余的全部花芽。主枝仍未培育好的树，生长期内，将主枝延长枝顶芽下的第四个芽作为第三侧枝培育，对其要及时摘心控制生长势，以防其与主枝延长枝竞争，对顶芽发出的新梢要保持垂直向上生长，对剪口下方其他新梢进行连续摘心控制生长，以防与主枝延长枝竞争。此时树体骨架基本形成，应继续调整主枝、侧枝的主从关系。在每个侧枝上选留2～3个副侧枝，选留副侧枝的方法与选留侧枝的方法基本相同。在6月上中旬，枝梢停长后、硬化前，要及时加大主枝、侧枝、副侧枝的生长角度，以免后期将其引缚到棚面时枝梢折断。副侧枝选留后，树体高度已超过棚面。冬季落叶2周后，将主枝延长枝、侧枝、副侧枝超过棚面的部分引缚在棚面上。用麻绳“8”字形绑定枝梢与网线，将枝梢在其韧性允许的情况下尽可能放平固定。主枝延长枝留壮芽剪去顶端后，将其顶部竖直并用竹竿固定；引缚侧枝时，应考虑不同主枝上的侧枝顶部之间间距不小于1.2米，侧枝与主枝延长枝顶部间距不小于1.2米，尽可能相互错开后再绑定，将侧枝顶端留壮芽短截后，与棚面保持45°，用竹竿固定。副侧枝在其相互错开的情况下进行水平引缚。

成龄树的修剪主要是保持主枝的先端生长优势。主枝先端易衰弱，可以适当回缩。生长势已经下降的树要改变修剪方法，首先确保预备枝以恢复树势，剩下的枝配置长果枝。如果回缩修剪也不能使主枝健壮，可利用基部发生的徒长枝更新主枝。被更新的主枝不要立即剪去，作为侧枝利用，当新的主枝基部长到与被更新主枝同样粗度时再更新。延长头“牵引力”的强弱是维持树势的关键，树不断长大，生长点变远后，必须考虑启用下一条枝做延长头，即先用两个延长头“牵引”，然后进行回缩更新。主枝和侧枝的延长枝继续向外引缚，始终保持主枝和侧枝先端的生长优势，疏除竞争枝，特别要注意疏除主枝和侧枝先端的2～3个强枝。主枝延长枝的顶端保持直立，侧枝延长枝的顶端保持45°。每次冬剪后，整理棚架，修剪留下的结果枝也要全部绑缚诱引。

（七）不同时期修剪特点

1. 幼树期的修剪　幼树整形修剪应以培养骨架、合理整形、迅速扩冠占领空间为目标，在整形的同时兼顾结果。由于幼龄梨树枝条直立，生长旺盛，顶端优势强，很容易出现中心干过强、主枝偏弱的现象。因此，修剪的主要任务是控制中心干过旺生长，平衡树体生长势，开张主枝角度，扶持培养主、侧枝，充分利用树体中的各类枝条，使结果枝组紧凑健壮，早期结果。

苗木定植后，首先依据栽培密度确定树形，根据树形要求选留培养中心干和一层主枝。为了在树体生长发育后期有较大的选择余地，整形初期可多留主枝，主枝上多留侧枝，经 3～4 年后再逐步清理，明确骨干枝。其余的枝条一般尽量保留，轻剪缓放，以增加枝叶量，辅养树体，以后再根据空间大小进行疏、缩调整，培养成为结果枝组。

选定的中心干和主枝，要进行中度短截，促发分枝，以培养下一级骨干枝。同时，短截还能促进骨干枝加粗生长，形成较大的尖削度，保证以后能承担较高的产量。为了防止树冠抱合生长，要及时开张主枝角度，削弱顶端优势，促使中后部芽萌发。一般幼树期一层主枝的角度要求在 40°左右。

修剪时注意幼树期要调整中心干、主枝的生长势力，防止中心干过强、主枝过弱，或者主枝过强、侧枝过弱。对过于强旺的中心干或主枝，可以采用拉枝开角、弱枝换头等方法削弱生长势。

2. 初果期的修剪 梨树进入初结果期后，营养生长逐渐减缓，生殖生长逐渐增强，结果能力逐渐提高。此时要继续培养骨干枝，完成整形任务，促进结果部位的转化，培养结果枝组，充分利用辅养枝结果，提高早期产量。

修剪时首先对已经选定的骨干枝继续培养，调节长势和角度。带头枝仍采用中截向外延伸；中心干延长枝不再中截，缓势结果，均衡树势。辅养枝的任务由扩大枝叶量、辅养树体，变为成花结果、实现早期产量。此时梨树已经具备转化结果的生理基础，只要生长势缓和就可以成花结果。因此要对辅养枝采取轻剪缓放、拉枝转换生长角度、环剥（割）等手段，缓和生长势，促进成花。

培养结果枝组，为梨树丰产打好基础，是该时期的重要工作。长枝周围空间大时，先进行短截，促生分枝，分枝再继续短截，继续扩大，可以培养成大型结果枝组；周围空间小时，可以连续缓放，促生短枝，成花结果，等枝势转弱时再回缩，培养成中、小型结果枝组。中枝一般不短截，成花结果后再回缩定型。大、中、小型结果枝组要合理搭配，均匀分布，使整个树冠圆满紧凑，枝枝见光，立体结果。

3. 盛果期的修剪 梨树进入盛果期，树形基本形成，骨架也已经形成，树势趋于稳定，具备了大量结果和稳产优质的条件。此时修剪的主要任务是：维持中庸健壮的树势和良好的树体结构，改善光照，调节生长与结果的矛盾，更新复壮结果枝组，防止大小年结果，尽量延长盛果年限。

树势中庸健壮是稳产、高产、优质的基础。中庸树势的标准是：外围新梢生长量30～50厘米，长枝占总枝量的10%～15%，中、短枝占85%～90%，短枝花芽量占总花芽量的30%～40%；叶片肥厚，芽体饱满，枝组健壮，布局合理。树势偏旺时，采用缓势修剪手法，多疏少截，去直立留平斜，弱枝带头，多留花果，以果压势。树势偏弱时，采用助势修剪手法，抬高枝条角度，壮枝壮芽带头，疏除过密细弱枝，加强回缩与短截，少留花果，复壮树势。对中庸树的修剪要稳定，不要忽轻忽重，各种修剪手法并用，及时更新复壮结果枝组，维持树势的中庸健壮。

结果枝组中的枝条可以分为结果枝、预备枝和营养枝三类，各占1/3，修剪时区别对待，平衡修剪，维持结果枝组的连续结果能力。对新培养的结果枝组，要抑前促后，使枝组紧凑；衰老枝组及时更新复壮，采用去弱留强、去斜留直、去密留稀、少留花果的方法恢复生长势。对多年长放枝结果后及时回缩，以壮枝壮芽带头，缩短枝轴。去除细弱、密集枝，压缩重叠枝，打开空间及光路。

梨树是喜光树种，维持冠内通风透光是盛果期树修剪的主要任务之一。解决冠内光照问题的方法有：①落头开心，打开上部光路；②疏间和压缩过多过密的辅养枝，打开层间；③清理外围，疏除外围竞争枝以及背上直立大枝，压缩改造成大枝组，解决下部及内膛光照问题。

4. 衰老期的修剪 梨树进入衰老期，生长势减弱，外围新梢生长量减少，主枝后部易光秃，骨干枝先端下垂枯死，结果枝组衰弱而失去结果能力，所结果实果个小、品质差，且产量低。因此，必须进行更新复壮，恢复树势，以延长盛果年限。更新复壮的首要措施是加强土肥水管理，促使根系更新，提高根系活力，在此基础上通过修剪调节。

此期的主要任务是增强树体的生长势，更新复壮骨干枝和结果枝组，延缓骨干枝的衰老死亡。梨树的潜伏芽寿命很长，通过重剪刺激，可以萌发较多的新枝用来重建骨干枝和结果枝组。修剪时将所有主枝和侧枝全部回缩到壮枝壮芽处，结果枝去弱留壮，集中养分。衰老程度较轻时，可以回缩到二至三年生部位，选留生长直立、健壮的枝条作为延长枝，促使后部复壮；严重衰老时加重回缩，刺激隐芽萌发徒长枝，一部分连续中短截，扩大树冠，培养骨干枝，另外一部分截、缓并用，培养成新的结果枝组。一般经过3～5年的调整，即可恢复树势，提高产量。

五、省力化土肥水管理技术

（一）梨园覆盖技术

梨园覆盖是指在梨园地表人工覆盖天然有机物或化学合成物，分为生物覆盖和化学覆盖。生物覆盖材料包括作物秸秆、杂草或其他植物残体。化学覆盖材料包括聚乙烯农用地膜、可降解地膜、有色膜、反光膜等化学合成材料。梨园覆盖具有降低管理成本、提高土壤含水量、节省灌溉开支、增加产量等优点，另外还能改善土壤结构，秸秆覆盖不需中耕除草。梨园覆盖能够改善土壤的通透性，提高土壤孔隙度，减小土壤容重，使土质松软，利于土壤团粒结构形成，减缓土壤内盐碱含量上升，有助于土壤长期保持疏松状态，提高土壤养分的有效性。覆盖的有机物降解后可增加土壤有机质含量，提高土壤肥力，促进土壤微生物活动。连续覆盖3～4年，活土层可增加10厘米左右，土壤有机质含量可增加1%左右。

1. 覆草技术 覆草前，应先浇足水，按每亩10～15千克施用尿素以满足微生物分解有机质时对氮的需要。一年四季均可覆草，以春、夏季最好。春季覆草利于果树整个生育期的生长发育，又可在果树发芽前结合施肥、春灌等农事活动一并进行，省工省时。也可在麦收后进行覆盖。对于洼地、易受晚霜危害的果园，谢花之后覆草为好。不宜进行间作的成龄果园，可采取全园覆草，即果园内裸露土地全部覆草，可掌握在每亩1 500千克左右。幼龄梨园，以树盘覆草为宜，用草1吨左右。覆草量也可按照拍压整理后，10～20厘米的厚度来掌握。梨园覆草应连年进行，每年均需补充一些新草，以保持原有厚度。三四年后可在冬季深翻1次，深度15厘米左右，将地表已腐烂的杂草翻入表土，然后加施新鲜杂草继续覆盖。

2. 覆膜技术 覆膜前必须先追足肥料，地面必须先整细、整平。覆膜时期，在干旱、寒冷、多风地区以早春（3月中下旬至4月上旬）土壤解冻后覆盖为宜。覆膜时应将膜拉展，使之紧贴地面。

一年生幼树采用块状覆膜。树盘以树干为中心做成“浅盘状”，要求外高里低，以利蓄水，四周开10厘米浅沟，然后将膜从树干穿下并把膜缘铺入沟内用土压实。2～3年生幼树采用带状覆膜。顺树行两边相距65厘米处各开一条10厘米浅沟，再将地膜覆上。遇树开一浅口，两边膜缘铺入沟内用土压实。成龄树采取双带状覆膜。在树干周围1/2处用刀划10～20个分布均匀的切口，用土封口，以利降水从切口渗入树盘。两树间压一小土棱，树干基部不要用地膜围紧，应留一定空隙但应用土压实，以免烧伤干基树皮并且有利于透风。

进入夏季高温时节，注意在地膜上覆盖一些草秸等，以防根际土温过高，一般以不超过 30℃ 为宜。此外到冬季应及时拣除已风化破烂无利用价值的碎膜，集中处理，便于土壤耕作。

梨园覆盖为病菌提供了栖息场所，会引起病虫数量增加，在覆盖前要用杀虫剂、杀菌剂喷洒地面和覆盖物。排水不良的地块不宜覆草，以免加重涝害。梨园覆草或秸秆根系分布浅、根颈部易发生冻害和腐烂病。长期覆盖的果园湿度较大，根的抗性差，可在春夏季扒开树盘下的覆盖物，对地面进行晾晒，能有效地预防根腐烂病，并促使根系向土壤深层伸展。此外覆草时根颈周围留出一定的空间，能有效地控制根颈腐烂和冻害。并且冬春树干涂白，幼树培土或用草包干，对预防冻害都有明显的作用。

农膜覆盖也带来了白色污染。聚丙烯、聚乙烯地膜可在田间残留几十年不降解，造成土壤板结、土壤通透性变差、地力下降，严重影响作物的生长发育和产量。残破地膜一定要拣拾干净集中处理，并且应优先选用可降解地膜。

（二）梨园生草新技术

梨园生草适宜在年降水量 500 毫米，最好 800 毫米以上的地区或有良好灌溉条件的地区采用。

梨园生草有人工种植和自然生草两种方式。可进行全园生草或行间生草。土层深厚肥沃、根系分布较深的梨园宜采用全园生草；土壤贫瘠、土层浅薄的梨园宜采用行间生草。无论采取哪种方式，都要掌握一个原则，即与果树的肥、水、光等竞争相对较小，土壤生态效应较佳，且对土地的利用率高。

梨园生草对草的种类有一定的要求。主要标准是适应性强，耐阴，生长快，产草量大，耗水量较少，植株矮小，根系浅，能吸收和固定果树不易吸收的营养物质，地面覆盖时间长，与果树无共同的病虫害，对果树无不良影响，能引诱天敌，生育期比较短。以鼠茅草、黑麦草、白三叶草、紫花苜蓿等为好。另外，还有百脉根、百喜草、草木樨、毛苕子、扁茎黄芪、小冠花、鸭绒草、早熟禾、羊胡子草、野燕麦等。

1. 播种 播前应细致整地，清除园内杂草，每亩撒施磷肥 50 千克，耕翻土壤，深度 20～25 厘米，翻后整平地面，灌水补墒。为减少杂草的干扰，最好在播种前半月灌水 1 次，诱发杂草种子萌发出土，除去杂草后再播种。

播种时间春、夏、秋季均可，多为春、秋季。春播一般在 3 月中下旬至 4 月，气温稳定在 15℃以上时进行。秋季播种一般从 8 月中旬开始，到 9 月中旬结束。最好在雨后或灌溉后趁墒进行。春播后，草坪可在 7 月果园草荒发生前形成；秋播，可避开果园野生杂草的影响，减少剔除杂草的繁重劳动。就果园生草草种的特性而言，白三叶草、多年生黑麦草，春季或秋季均可播种；放牧型苜蓿春季、夏季或秋季均可播种；百喜草只能在春季播种。

白三叶草、紫花苜蓿、田菁等草种用量为每亩 0.5～1.5 千克，黑麦草为每亩 2.0～3.0 千克。可根据土壤墒情适当调整用种量，一般土壤墒情好，播种量宜小些；土坡墒情差，播种量宜大些。

一般情况下，生草带为 1.2～2.0 米，生草带的边缘应根据树冠的大小在 60～200 厘米范围内变动。播种方式有条播和撒播。条播，即开 0.5～1.5 厘米深的沟，将过筛细土与种子以（2～3）∶1 的比例混合均匀，撒入沟内，然后覆土。遇土壤板结时及时划锄破土，以利出苗。7～10 天即可出苗。行距以 15～30 厘米为宜，土质好，土壤肥沃，又有浇水条件，行距可适当放宽；土壤瘠薄，行距要适当缩小。同时播种宜浅不宜深。撒播，即将地整好，把种子拌入一定的沙土撒在地表，然后用耱耱一遍覆土即可。

2. 幼苗期管理 出苗后应及时清除杂草，查苗补苗。生草初期应注意加强肥水管理，干旱时及时灌水补墒，并可结合灌水补施少量氮肥。豆科白三叶草属植物自身有固氮能力，但苗期根瘤尚未生成，需补充少量的氮肥，待成坪后只需补充磷、钾肥即可。白三叶草苗期生长缓慢、抗旱性差，应保持土壤湿润以利苗期生长。成坪后如遇长期干旱也要适当灌水，灌水后应及时松土，清除野生杂草，尤其是恶性杂草。生草最初的几个月不能刈割，要待草根扎深，植株体高达 30 厘米以上时才能开始刈割。春季播种的，进入雨季后灭除杂草是关键。对密度较大的狗尾草、马唐等禾本科杂草，可用 10.8%的吡氟氯禾灵乳油或 5%的禾草杀星乳油 500～700 倍液喷雾。

3. 成坪后管理 果园生草成坪后可保持 3～6 年，生草应适时刈割，既可以缓和春季和果树争肥水的矛盾，又可增加年内草的产量以及增加土壤有机质的含量。一般每年割 2～4 次，灌溉条件好的果园，可以适当多割 1 次。割草的时间掌握在开花期与初结果期，此期草内的营养物质最高。割草的高度，一般的豆科草如白三叶草要留 1～2 个分枝，禾本科草要留有心叶，一般留茬 5～10 厘米，要避免割得过重使草失去再生能力。割草时不要 1 次割完，顺行留一部分草，为天敌保留部分生存环境。割下的草可覆盖于树盘上、就地撒开、开沟深埋或与土混合沤制成肥，也可作为饲料还肥于园。整个生长季节果园植被应在 15～40 厘米交替生长。

刈割之后均应补氮和灌水，结合果树施肥，每年春秋季施用以磷、钾肥为主的肥料。生长期内，叶面喷肥 3～4 次，并在干旱时适量灌水。生草成坪后，有很强的抑制杂草的能力，一般不再人工除草。

果园种草后，既为有益昆虫提供了场所，也为病虫提了庇护场所，果园生草后地下害虫不同程度有所增加，应重视病虫防治。在利用多年后，草层老化，土壤表层板结，应及时采取更新措施。对自繁能力较强的百脉根通过复壮草群进行更新，黑麦草一般在生草4～5年后及时耕翻，白三叶草耕翻在5～7年草群退化后进行，休闲1～2年重新生草。

自然生草是保留梨园里自然长出的各种有益的草，是一种省时省力的生草法。

（三）梨树施肥技术

1. 梨树需肥规律 梨树在一年的生长发育中，主要需肥时期为萌芽生长和开花坐果期、幼果生长发育和花芽分化期、果实膨大和成熟期三个主要时期。在这三个时期中，应按不同器官生长发育的需肥特点，及时供给必要的营养元素和微量元素。

（1）萌芽生长和开花坐果期 春季萌芽生长和开花坐果几乎同时进行，由于多种器官建造和生长，会消耗较多树体养分。通常，前一年树体内贮藏养分充足，翌年春季萌芽整齐，生长势较强，花朵较大，坐果率较高，对果实继续发育和改善品质都有重要影响。如果前一年结果过多，遭受病虫害或未施秋肥，则应于萌芽前后补施以氮为主的速效肥料并配合灌水，有利于肥料溶解和吸收，供给生长和结果的需要，促进新梢生长、开花坐果和为花芽分化创造有利条件。

（2）幼果生长发育和花芽分化期 幼果生长发育和花芽分化期是指坐果以后果实迅速生长发育的时期，北方大约在5月上旬至6月上旬，此时发育枝仍在继续生长，同时果实细胞数量增加，枝叶生长处于高峰，都需要大量营养物质供应。如果营养物质供应不足，果实会因生长受阻而变小，枝叶生长会减弱或被迫停止。这一时期由树体原有贮存养分和当年春季叶片本身制造的养分共同供给幼果生长发育的需要。可见，前一年采果后尽早秋施有机肥，配合混施速效性氮肥和磷肥对翌年春季营养生长、开花坐果和幼果生长发育是很有必要的。此时，也已进入花芽分化期，施肥有利于花芽形成。

(3) 果实膨大和成熟期 果实膨大和成熟期约为8月至9月中旬。由于果实细胞膨大，内含物和水分不断填充，果实体积明显增大，淀粉水解转化为糖和蛋白质分解成氨基酸的速度加快，糖酸比明显增加，同时叶片同化产物源源不断地送至果实，果实品质和风味不断提高，这一时期是改善和增进果实品质的关键时期。此期如果施氮过多或降水、灌水过多，均可降低果实品质和风味。调查结果表明，后期控制氮施用量，果实中可溶性固形物会有较大幅度提高。叶是果实中糖和酸的重要来源，叶面积不足或叶片受损均可因降低果实中糖酸含量和糖酸比而影响果实风味，为获得优质果实和丰产，应特别注意果实膨大期到成熟期前控制过量施氮和灌水，保护好叶片和避免过早采收。

2. 确定施肥量 合理施肥量的确定要依据树龄、土壤状况、立地条件以及肥料种类和利用率等方面，做到既不过剩又能充分满足果树对各种营养元素的需要。叶分析是一种确定果树施肥量的比较科学的方法，当叶分析发现某种营养成分处于缺乏状态时，就要根据缺乏程度及时进行补充。鸭梨的主要叶营养诊断指标见表1-2。另外，还可以用树体的需要量减去土壤的供应量，然后再考虑不同肥料的吸收利用率来确定施肥量。计算公式为：

$$理论施肥量=\frac{树体需要量-土壤供给量}{肥料利用率}$$

表1-2 鸭梨的主要叶营养诊断指标

元素	标准值	变动范围
氮（%）	2.03	1.93～2.12
磷（%）	0.12	0.11～0.13
钾（%）	1.14	0.95～1.33
钙（%）	1.92	1.74～2.09
镁（%）	0.44	0.38～0.49
铁（毫克/千克）	113	95～131

（续）

元素	标准值	变动范围
锰（毫克/千克）	55	48～61
锌（毫克/千克）	21	17～26
硼（毫克/千克）	21	17～26
铜（毫克/千克）	16	6～26

一般而言，每生产 100 千克梨果，需要吸收纯氮 0.47 千克、纯磷 0.23 千克、纯钾 0.47 千克；这三种元素的土壤天然供给比例分别为 1/3、1/2 和 1/2；肥料利用率分别为 50%、30%和 40%。从华北、辽宁梨区高产典型施肥情况看，每生产 100 千克梨果，需要施用优质猪圈粪或土杂肥 100 千克、尿素 0.5 千克、过磷酸钙 2 千克、草木灰 4～5 千克，生产中可以根据产量指标计算施肥量。确定好全年施肥量以后，按照全年施肥量的 50%～60%施用基肥，按总量的 40%～50%施用追肥。

3. 基肥 基肥是一年中较长时期供应梨树养分的基本肥料，通常以迟效性的有机肥料为主，肥效发挥平稳而缓慢，可以不断为果树提供充足的常量元素和微量元素。常用作基肥的有机肥种类有腐殖酸类肥料、圈肥、厩肥、堆肥、粪肥、饼肥、复合肥以及各种绿肥、农作物秸秆、杂草等。基肥也可混施部分速效氮肥，以加快肥效发挥。过磷酸钙等磷肥直接施入土壤中易被土壤固定，不易被果树吸收，为了充分发挥肥效，宜将其与圈肥、人粪尿等有机肥堆积腐熟，然后做基肥施用。

(1) 施用时期 基肥施用的最适宜时期是秋季，一般在果实采收后立即进行。此时正值根的秋季生长高峰，吸收能力较强，伤根容易愈合，新根发生量大。加上秋季光照充足，叶功能尚未衰退，光合能力较强，有利于提高树体贮藏营养水平。同时由于秋施基肥时土壤温度比较高，基肥能够充分腐熟，不仅部分被树体吸收，而且早春可以及时供应树体生长使用。而落叶后施用基肥，由于地温低，伤根不易愈合，肥料也较难分解，效果不如秋施；春季发芽前施用基肥，肥效发挥慢，对果树春季开花坐果和新梢生长的作用较小，而后期又会导致树体生长过旺，影响花芽分化和果实发育。

（2）施用方法　为使根系向深广方向生长，扩大营养吸收面积，一般在距离根系分布层稍深、稍远处施基肥，但距离太远则会影响根系的吸收。基肥的施用方法分为全园施肥和局部施肥。成龄果园，根系已经布满全园，适宜采用全园施肥；幼龄果园宜采用局部施肥。根据施肥的方式不同局部施肥又分为环状施肥、放射沟施肥、条沟施肥等。

4. 追肥　追肥是在施足基肥的基础上，根据梨树各物候期的需肥特点补给肥料。由于基肥肥效发挥平稳而缓慢，当果树急需肥料时，必须及时追肥补充，才能既保证当年壮树、高产、优质，又为翌年的丰产奠定基础。

追肥主要追施速效性化肥。追肥的时期和次数与品种、树龄、土壤及气候有关。早熟品种一般比晚熟品种施肥早，次数少；幼树追肥的数量和次数宜少；高温多雨或沙地及山坡丘陵地养分容易流失，追肥宜少量多次。

（1）花前追肥　发芽开花需要消耗大量的营养物质，主要依靠上年的贮藏营养供给。此时树体对氮肥敏感，若氮肥供应不足，易导致大量落花落果，并影响营养生长。所以要追施以氮为主，氮、磷结合的速效性肥料。一般初结果树每株施尿素 0.5 千克，盛果期树每株施尿素 1～1.5 千克。

（2）花后追肥　落花后坐果期是梨树需肥较多的时期，应及时补充速效性氮、磷肥，促进新梢生长，提高坐果率，促进果实发育。一般初结果树每株施磷酸二铵 0.5 千克，盛果期树每株施 1 千克。

（3）花芽分化期追肥　发芽分化期中、短梢停止生长，花芽开始分化，追肥对花芽分化具有明显促进作用。此期追肥要注意氮、磷、钾肥适当配合，最好追施三元复合肥或全元素肥料。一般每株施三元复合肥1～1.5千克，或果树专用肥1.5～2千克。

(4) 果实膨大期追肥 果实膨大期果实迅速膨大，追肥主要是为了补充果树由于大量结果而造成的树体营养亏缺，增加树体营养积累。此期宜追施氮肥，并配合适当比例的磷、钾肥。

以上只是说明追肥的时期和作用，并不一定各个时期都要追肥，而是要本着经济有效的原则，因树制宜，合理施用。一般弱树要抓住前两次追肥，促进新梢生长，增强树势；而旺树则要避免在新梢旺长期追肥，以缓和树势，促进花芽分化。

土壤追肥一般采用放射状沟施或环状沟施，方法与施基肥相似，但开沟的深度和宽度都要稍小。另外，可以采用灌溉式施肥，即将肥料溶于水中，随灌溉施入土壤。一般与喷灌、滴灌相结合的较多。灌溉式施肥供肥及时而均匀，肥料利用率高，既不伤根，又不破坏土壤结构，省工省力，可以大大提高劳动生产率。

5. 叶面喷肥 就是将肥料直接喷到叶片或枝条上，方法简单易行，肥效快，用肥量小，并且能够避免某些元素在土壤中的固定作用，可及时满足果树的急需。另外由于营养元素在各类新梢中的分布比较均匀，因而有利于弱枝复壮。叶面喷肥不能代替土壤施肥，大部分的肥料还是通过根部施肥供应。各种肥料根外施用时的浓度及时期见表1-3。

表1-3 各种肥料根外施用时的浓度及时期

肥料名称	水溶液浓度（%）	喷施时期	施用目的
尿素（氮）	0.3～0.5	萌芽期至采果后	促进生长，提高叶质，延长叶片寿命，增加光合效能，提高坐果率，增加产量，促进花芽分化
硝酸铵（氮）	0.1～0.3		
硫酸铵（氮）	0.1～0.3		
磷酸铵（磷、氮）	0.3～0.5		

（续）

肥料名称	水溶液浓度（%）	喷施时期	施用目的
过磷酸钙（磷）	1～3	新梢停长、果实膨大至采收前	提高光合能力，促进花芽分化，提高坐果率，提高果实含糖量，增强果实耐藏性和树体抗寒力
氯化钾（钾）	0.3		
硫酸钾（钾）	0.5～1		
草木灰（钾、磷）	2～3		
磷酸二氢钾（磷、钾）	0.2～0.3		
硼砂（硼）	0.1～0.25	萌芽前、盛花期至9月	提高坐果率，防治缩果病
硼酸（硼）	0.1～0.5		
硫酸亚铁（铁）	0.1～0.4	4～9月	防治黄叶病
	1～5	休眠期	
硫酸锌（锌）	0.1～0.4	萌芽后	防治小叶病
	1～5	萌芽前	

叶面喷肥最适宜的气温为18～25℃，湿度稍大效果较好，所以喷施时间一般在晴朗无风天气的上午10时以前和下午4时以后。一般喷前应先做试验，确定不会产生肥害后，再大面积喷施。

（四）水肥一体化新技术

水肥一体化技术的优点主要为节水、节肥、省工、优质、高产、高效、环保等。该技术与常规施肥相比，可节省肥料50%以上；比传统施肥方法节省施肥劳动力90%以上，一人一天可以完成几十公顷土地的施肥，可以灵活、方便、准确地控制施肥时间和数量；可以显著地增加产量和提高品质，通常产量可以增加20%以上，果实增大、饱满，裂果少。应用水肥一体化技术可以减轻病害发生，减少杀菌剂和除草剂的使用，节省成本。由于肥水的协调作用，可以显著减少水的用量，可节水50%以上。

据 2009 年广西壮族自治区平乐县水果生产办公室试验示范结果显示，采用水肥一体化技术后，每亩节约灌水人工 5 个工日，施肥人工 5 个工日，中耕除草人工 2.5 个工日，平均每亩可节省劳力投资 375 元；每亩省电 40 千瓦时，柴油 50 升，折合 350 元。

应用水肥一体化新技术需建立一套灌溉系统，可采用喷灌、微喷灌、滴灌、渗灌等，灌溉系统的建立需要根据地形、土壤质地、作物种植方式、水源特点等基本情况因地制宜。

灌水定额根据种植作物的需水量和作物生育期的降水量确定。露地微灌施肥的灌溉定额应比大水漫灌减少 50%，保护地滴灌施肥的灌水定额应比大棚畦灌减少 30%～40%。灌溉定额确定后，依据作物的需水规律、降水情况及土壤墒情确定灌水时期、灌水次数和每次的灌水量。

施肥制度的确定：微灌施肥技术和传统施肥技术存在显著的差别，应根据种植作物的需肥规律、地块的肥力水平及目标产量确定总施肥量，氮、磷、钾比例及底肥和追肥的比例。做底肥的肥料在整地前施入，追肥则按照不同作物生长期的需肥特性确定次数和数量。实施微灌施肥技术可使肥料利用率提高 40%～50%，故微灌施肥的用肥量为常规施肥的 50%～60%。

选择适宜肥料种类：可选液态肥料，如氨水、沼液、腐殖酸液肥，沼液或腐殖酸液肥必须经过过滤才可使用，以免堵塞管道。固态肥料要求水溶性强、含杂质少，如尿素、硝酸铵、磷酸铵、硫酸钾、硝酸钙、硫酸镁等肥料。

肥料溶解与混匀：施用液态肥料时不需要搅动或混合，一般固态肥料需要与水混合搅拌成液肥，必要时分离，避免出现沉淀等问题。

灌溉施肥的程序：第一阶段，选用不含肥的水湿润灌溉系统；第二阶段，施用肥料溶液灌溉；第三阶段，用不含肥的水清洗灌溉系统。

（五）节水灌溉技术

节水灌溉具有准确、省工、高效，增产增收，节约用水等优点。

1. 沟灌 沟灌是在作物行间挖灌水沟，水从输水沟进入灌水沟后，在流动的过程中主要借毛细管作用湿润土壤。沟灌不会破坏作物根部附近的土壤结构，不会导致田面板结，能减少土壤蒸发损失。但是沟灌时，在重力作用下向下的入渗过大，可能会产生深层渗漏而造成水的浪费。果园小沟节灌技术能增大水平侧渗及加快水流速度，比漫灌节水65%，是省工高效的地面灌溉技术。

果园小沟节灌技术方法介绍如下。①起垄。在树干基部培土，并沿果树种植方向形成高15～30厘米、上部宽40～50厘米、下部宽100～120厘米的“弓背形”土垄。②开挖灌水沟。一般每行树挖两条灌水沟（树行两边一边一条）。在垂直于树冠外缘的下方，向内30厘米处（幼树园距树干50～80厘米，成龄大树园距树干120厘米左右）沿果树种植方向开挖灌水沟，并与配水道相垂直。灌水沟采用倒梯形断面结构，上口宽30～40厘米，下口宽20～30厘米，沟深30厘米。沙壤土果园灌水沟最大长度30～50米；黏重土壤果园灌水沟最大长度50～100米。在果树需水关键期灌水，每次灌水至灌水沟灌满为止。

2. 喷灌 喷灌是利用专门的设备给水加压，并通过管道将有压水送至灌溉地段，通过喷洒器（喷头）喷射到空中散成细小的水滴，均匀地散布在田间进行灌溉的技术。

喷灌所用的设备包括喷灌泵、喷灌机、管道、喷头、动力机械等。

喷灌泵：喷灌用泵要求扬程较高，专用喷灌泵为自吸式离心泵。

喷灌机：喷灌机是将喷头、输水管道、水泵、动力机、机架及移动部件按一定配套方式组合的一种灌水机械。目前喷灌机分定喷式（定点喷洒逐点移动）、行喷式（边行走边喷洒）两大类，中小型农户宜采用轻小型喷灌机。

管道：管道分为移动管道和固定管道。固定管道有塑料管、钢筋混凝土管、铸铁管和钢管；移动管道有软管、半软管、硬管三种。软管用完后可以卷起来移动或收藏，常用的软管有麻布水龙带、锦塑软管、维塑软管等；半软管在放空后横断面基本保持圆形也可以卷成盘状，常用半软管有胶管、高压聚乙烯软管等；硬管，常用硬管有薄壁铝合金管和镀锌薄壁钢管等，为了便于移动每节管子长度适中，需要用接头连接。

喷头：喷头是喷灌系统的主要部件，其功能是把压力水呈雾滴状喷向空中并均匀地洒在灌溉地上。喷头的种类很多，通常按工作压力的大小分类。工作压力在 200～500 千帕，射程在 15.5～42 米为中压喷头，其特点是喷灌强度适中，广泛用于果园、菜地和各类经济作物。

喷灌要根据当地的自然、设备条件、能源供应、技术力量、用户经济负担能力等因素，因地制宜地加以选用。水源的水量、流量、水位等应在灌溉设计保证率内，以满足灌区用水需要。根据土壤特性和地形因素，合理确定喷灌强度，使之等于或小于土壤渗透强度，强度太大会产生积水和径流，强度太小则喷水时间长，降低设备利用率。选用降水特性好的喷头，并根据地形、风向合理布置喷洒作业点，以提高灌溉均匀度。同时观测土壤水分和作物生长变化情况，适时适量灌水。

3. 滴灌 滴灌是滴水灌溉的简称，即将水加压，有压水通过输水管输送，并利用安装在末级管道（称为毛管）上的滴头将输水管内的有压水流消能，以水滴的形式一滴一滴地滴入土壤中。滴灌对土壤冲击力较小，且只湿润作物根系附近的局部土壤。采用滴灌灌溉果树，其灌水所湿润土壤面积的湿润比只有 15%～30%，因此比较省水。

滴灌系统主要由首部枢纽、管路和滴头三部分组成。有的滴灌系统还有肥料罐，装有浓缩营养液，用管子直接联结在控制首部的过滤器前面。

首部枢纽：包括水泵及动力机、控制与测量仪表、过滤器等。其作用是抽水、调节供水压力与供水量、进行水的过滤等。

管路：包括干管、支管、毛管以及必要的调节设备，调节设备包括压力表、闸阀、流量调节器等，其作用是将加压水均匀地输送到滴头。

滴头：安装在塑料毛管上，或与毛管成一体，形成滴灌带，其作用是使水流经过微小的孔道，形成能量损失，减小其压力，以点滴的方式滴入土壤中。滴头通常放在土壤表面，亦可浅埋保护。

滴灌过程中注意以下三个方面。①容易堵塞。一般情况下，滴头水流孔道直径0.5～1.2毫米，极易被水中的各种固体物质所堵塞。因此，滴灌系统对水质要求极严，水中应不含泥沙、杂质、藻类及化学沉淀物。②限制根系生长。由于滴灌只湿润部分土体，而作物根系有向水向肥性，如果湿润土体太小或靠近地表，会影响根系向下扎和发展，导致作物倒伏，严寒地区可能产生冻害，此外也会导致抗旱能力弱。但这一问题可以通过合理设计和正确布设滴头加以解决。③盐分积累。当在含盐量高的土壤上进行滴灌或是利用咸水滴灌时，盐分会积累在湿润区边缘，若遇到小雨，这些盐分可能会被冲到作物根区而引起盐害，这时应继续进行滴灌。在没有充分冲洗条件的地方或是秋季无充足降水的地方，不要在高含盐量的土壤上进行滴灌或利用咸水滴灌。

4. 微喷灌 微喷灌是通过管道系统将有压水送到作物根部附近，用微喷头将灌溉水喷洒在土壤表面进行灌溉的一种新型灌水方法。微喷灌与滴灌一样，也属于局部灌溉。其优缺点与滴灌基本相同，节水增产效果明显，但抗堵塞性能优于滴灌，而且耗能又比喷灌低，同时还具有降温、除尘、防霜冻、调节田间小气候等作用。微喷头是微喷灌的关键部件，单个微喷头的流量一般不超过 250 毫升/时，射程小于 7 米。

整个系统由水源工程、动力装置、输送管道、微喷头四个部分组成。

水源工程：是指为获取水源而进行的基础设施建设，如挖掘水井，修建蓄水池、过滤池等。喷灌水要求干净、无病菌，水质要求 pH 中性、杂质少、不堵管道。

动力装置：是指吸取水源，并产生一定输送喷水压力的装置。包括柴油机（电动机）、水泵、过滤器等。

输送管道：包括主干管道、分支管道、控制开关等，为了节省工程开支，一般用 6 寸* 或 4 寸 PVC 硬管。为不妨碍地面作业和防盗窃，最好将输送管道埋入地下。

微喷头：是微喷装置的终端工作部分，水通过微喷头喷洒到作物的茎叶上实现灌溉目的。

六、主要病虫害防控及农药减施技术

果树病虫害防控要积极贯彻“预防为主，综合防治”的植保方针。以农业防治和物理防治为基础，提倡生物防治，按照病虫害的发生规律和经济阈值，科学使用化学防治技术，有效控制病虫害。改善田间生态系统，创造适宜果树生长而不利于病虫害发生的环境条件，达到生产安全、优质、绿色果品的目的。

梨园生产中病虫害管理的核心是重在保护树体健康而非消灭病虫害，实行果园生态系统群体健康为主导的有害生物生态治理新模式，以达到农药减施的目的。果树病虫害综合防治的技术措施包括

---

* 寸为非法定计量单位，1 寸≈3.3 厘米。——编者注

预测预报、农业防治、物理防治、生物防治、化学防治等。

（一） 综合防治的技术措施

1. 预测预报 准确的病虫害测报，可以增强防治病虫害的预见性和计划性，提高防治工作的经济效益、生态效益，使之更加经济、安全、有效。病虫害测报工作所积累的系统资料，可以为进一步掌握有害生物的动态规律，因地制宜地制订最合理的综合防治方案提供科学依据。根据具体目的预测预报可分为发生期预测、发生量预测、分布预测、为害程度预测。

(1) 发生期预测 预测病虫的发生和为害时间，以便确定防治适期。在发生期预测中常将病虫出现的时间分为始见期、始盛期、高峰期、盛末期和终见期。

(2) 发生量预测 预测害虫在某一时期内单位面积发生数量，以便根据防治指标决定是否需要防治，以及确定需要防治的范围和面积。

(3) 分布预测 预测病虫可能的分布区域或发生面积，对迁飞性害虫和流行性病害还包括预测其蔓延扩散的方向和范围。

(4) 为害程度预测 在发生期预测和发生量预测的基础上结合果树的品种布局和生长发育特性，尤其是感病、感虫品种的种植比例和易受病虫危害的生育期与病虫盛发期的吻合程度，同时结合分析气象资料，预测病虫发生的轻重及为害程度。

2. 农业防治 农业防治是利用先进农业栽培管理措施，有目的地改变某些环境因子，使其有利于果树生长，不利于病虫发生为害，从而避免或减少病虫害的发生，达到保障果树健壮生长的目的。作为病虫防治的基础很多农业防治措施是预防性的，只要认真执行就可大大降低病虫基数，减少化学农药的使用次数。为减少农药的使用量，国外管理有害生物首先选择农业防治措施，同时很重视传统的人工防治法，如采取剪除枯死枝芽的方法防治梨黑星病等。通过实施农业防治措施，可以收到“不施农药，胜施农药”的效果。

（1）选抗逆性强的品种和无病毒苗木 选育和利用抗病、抗虫品种是果树病虫害综合防治的重要途径之一。抗病、抗虫品种不仅有显著的抗、耐病虫的能力，而且还有优质、丰产及其他优良性状。如日本通过γ射线照射产生突变育成的金二十世纪品种高抗梨黑斑病，与普通金二十世纪相比，1年的喷药次数大约减少一半。

梨树是多年生植物，被病毒感染后将终生带毒，树势减弱、坐果率下降，经济结果年数缩短，导致果实产量和品质均降低。此外，病毒侵染还可使植株对干旱、霜冻或真菌病害变得更加敏感。生产中尽量选用抗逆性强的品种和无病毒苗木，使植株生长势强，树体健壮，抗病虫能力强，可以减少病虫害防治的用药次数，为无公害梨生产创造条件。无毒化栽培是当今梨生产发展的主要方向，国外发达国家基本实现了梨的无毒化栽培。

（2）加强栽培管理 病虫害防治与品种布局、管理制度有关。切忌多品种、不同树龄混合栽植，不同品种、树龄的梨树病虫害发生种类和发生时期不尽相同，对病虫的抗性也有差异，不利于统一防治。加强肥水管理、合理负载、疏花疏果可提高果树抗虫抗病能力，采用适当修剪方法可以改善果园通风条件，减轻病虫害发生程度。果实套袋可以把果实与外界隔离，减少病原菌侵染的机会，阻止害虫在果实上为害，也可避免农药与果实直接接触，提高果面光泽度，减少农药残留。梨果套袋后，可有效防治食心虫及轮纹病、炭疽病等病虫害，减少使用农药2～3次，节约用药20%～30%。

（3）清理果园 果园一年四季都要清理，发现病虫果、枝叶虫苞要随时清除。冬季清除树下落叶、落果和其他杂草，集中烧毁，消灭越冬害虫和病菌，减少病虫越冬基数。梨树可剪除梨大食心虫（梨云翅斑螟）、梨瘿华蛾、黄褐天幕毛虫卵块、中国梨木虱、金纹细蛾、黄刺蛾茧、蚱蝉卵以及扫除落叶中越冬黑星病、褐斑病的病原菌。长出新梢后，及时剪除黑星病的病梢、疏除梨实蜂产卵的幼果。将剪下的病虫枝梢和清扫的落叶、落果集中后带出园外烧毁，以防病虫在果园中再次扩散。

利用冬季低温和冬灌的自然条件，通过深翻果园，将在土壤中越冬的害虫如蝼蛄、蛴螬、金针虫、地老虎、食心虫、红蜘蛛、舟形毛虫、铜绿丽金龟、棉铃虫等的蛹及成虫翻于土壤表面，冻死或被有益动物捕食。

果树树皮裂缝中隐藏着多种害虫和病菌。刮树皮是消灭病虫的有效措施，故应及时刮除老翘皮，刮皮前在树下铺塑料布，将刮除物质集中烧毁。刮皮应以秋末、初冬效果最好，最好选无风天气，以免风大把刮下的病虫吹散。刮皮的程度应掌握小树和弱树宜轻，大树和旺树宜重的原则，轻者刮去枯死的粗皮，重者应刮至皮层微露黄绿色为宜，刮皮要彻底。

对果树主干主枝进行涂白，既可以杀死隐藏在树缝中的越冬害虫虫卵及病菌，又可以防止冻害、日灼，还可以延迟果树萌芽和开花，使果树免遭春季晚霜的危害。涂白剂的配制：生石灰 10 份，石硫合剂原液 2 份，水 40 份，黏土 2 份，食盐 1～2 份，加入适量杀虫剂，将以上物质溶解混匀后，倒入石硫合剂和黏土，搅拌均匀涂抹树干，涂白次数以 2 次为宜。第 1 次在落叶后到土壤封冻前，第 2 次在早春。涂白部位以主干基部为主直到主、侧枝的分杈处，树干南面及树杈向阳处重点涂，涂抹时要由上而下，力求均匀。

（4）果园种草和营造防护林　果园行间种植绿肥（包括豆类和十字花科植物），既可固氮，提高土壤有机质含量，又可为害虫天敌提供食物和活动场所，减轻虫害的发生。如种植紫花苜蓿的果园可以招引草蛉、食虫蜘蛛、瓢虫、食虫螨等多种天敌。有条件的果园，可营造防护林，改善果园的生态条件，建造良好的小气候环境。

（5）提高采果质量　果实采收要轻采轻放，避免机械损害，采后必须进行商品化处理，防止有害物质对果实产生污染，贮藏保鲜和运输销售过程中要保持清洁卫生，减少病虫侵染。

3. 物理防治 在梨树病虫害管理过程中，许多物理因素的改变对病虫害均有较好的控制作用，包括温度、湿度、光照、颜色等。物理防治主要包括捕杀法、诱杀法、阻隔法、汰选法、热力法等。

（1）捕杀法 可根据某些害虫（甲虫、黏虫、天牛等）的假死性，人工震落或挖除害虫并集中捕杀。

（2）诱杀法 诱杀法即根据害虫的特殊趋性诱杀害虫。

①灯光诱杀。利用黑光灯、频振灯诱杀蛾类、某些叶蝉及金龟子等具有趋光性的害虫。将杀虫灯架设于果园树冠顶部，可诱杀各种趋光性较强的果树害虫，降低虫口基数，并且对天敌伤害小，可达到防治的目的。相关研究表明，每台频振式杀虫灯可以控制13～15 亩果园。

②草把诱杀。秋季树干上绑草把，可诱杀美国白蛾、潜叶蛾、卷叶蛾、螨类、康氏粉蚧、蚜虫、食心虫、网蝽等越冬害虫。在害虫越冬之前，把草把固定在靶标害虫寻找越冬场所的分枝下部，能诱集绝大多数个体潜藏在其中越冬，一般可获得理想的诱虫效果。待害虫完全越冬后到出蛰前解下集中销毁或深埋，消灭越冬虫源。

③糖醋液诱杀。糖醋液配制：1 份糖、4 份醋、1 份酒、16 份水配制并加少许敌百虫。许多害虫如苹果小卷叶蛾、食心虫、金龟子、小地老虎、棉铃虫等，对糖醋液有很强的趋性，将糖醋液放置在果园中，每亩 3～4 盆，盆高一般为 1～1.5 米，于生长季节使用可以诱杀多种害虫。

④毒饵诱杀。利用吃剩的西瓜皮加敌百虫放于果园中，可捕获各类金龟子。将麦麸和豆饼粉碎炒香成饵料，加入敌百虫拌匀，放于树下，每亩用 1.5～3 千克，每株树干周围放置一堆，可诱杀金龟子、象鼻虫、地老虎等。特别应提倡在新植果园中使用此法。

⑤黄板诱杀。购买或自制黄板，在板上均匀涂抹机油或黄油等黏着剂，悬挂于果园中，利用害虫对黄色的趋性诱杀。一般每亩挂20～30块，高度一般为1～1.5米，当粘满害虫时（7～10天）清理并移动1次。利用黄板可以诱杀蚜虫、梨茎蜂等害虫。

⑥性诱剂诱杀。性外激素于果树鳞翅目害虫防治中应用较多。其防治作用有害虫监测、诱杀防治和迷向防治三个方面。性诱剂一般是专用的，有苹小卷叶蛾、桃小食心虫、梨小食心虫、棉铃虫等种类性诱剂。用性诱芯制成水碗诱捕器诱蛾，碗内放少许洗衣粉，诱芯距水面约1厘米，将诱捕器悬挂于距地面1.5米的树冠内膛，每果园设置5个诱捕器，逐日统计诱蛾量，当诱捕到第一头雄蛾时为地面防治适期，即可地面喷洒杀虫剂。当诱蛾量达到高峰，田间卵果量达到1%时即是树上防治适期，可树冠喷洒杀虫剂。

(3) 阻隔法 阻隔法则是设法隔离病虫与植物的接触以防止受害，如设置防虫网，不仅可以防虫还能阻碍蚜虫等昆虫迁飞传毒；果实套袋可防止几种食心虫、轮纹病等发生；树干涂白可防止冻害并可阻止星天牛等害虫产卵为害；早春铺设反光膜或树干覆草，防止病原菌和害虫上树侵染，可将病虫阻隔、集中诱杀。

4. 生物防治 利用有益生物或其代谢产物防治有害生物的方法即生物防治，包括以虫治虫、以菌治虫、以菌治菌等。生物防治对环境污染小，对非靶标生物无作用，是今后果树病虫害防治的发展方向。生物防治强调树立果园生态学的观点，从当年与长远利益出发，通过各种手段培育天敌，应用天敌控制害虫。如在果树行间种植油菜、豆类、苜蓿等覆盖作物，可给果园内草蛉、七星瓢虫等捕食性天敌提供丰富的食物资源及栖息庇护场所，可增加果树主要害虫天敌的种群数量。使用生物药剂防治病虫可在天敌盛发期避免使用广谱性杀虫剂，既保护天敌又补充天敌控害的局限性。保护和利用自然界害虫天敌是生物治虫的有效措施，成本低、效果好、节省农药、保护环境。

5. 化学防治 化学防治是一种高效、速效、特效的果树病虫害防治技术，但存在严重的副作用，如病虫易产生抗性、对人畜不安全、杀伤天敌等。因此化学农药只能作为病虫严重发生时的应急措施，在其他防治措施效果不明显时才可采用，进行化学防治要慎重。在化学农药使用中必须严格执行农药安全使用标准，减少化学农药的使用量，合理使用农药增效剂，适时打药、均匀喷药、轮换用药、安全施药。

根据防治对象的不同，化学农药可以分为杀虫剂、杀菌剂、杀螨剂、杀线虫剂等。化学农药的施用要遵循以下原则。

（1）精准选用农药 全面了解农药性能、保护对象、防治对象、施用范围。正确选用农药品种、浓度和用药量，避免盲目用药。

①禁止使用剧毒、高毒、高残留农药和致畸、致癌、致突变农药。国家明令禁止使用六六六、滴滴涕、毒杀芬、二溴氯丙烷、二溴乙烷、杀虫脒、除草醚、艾氏剂、狄氏剂、甘氟、毒鼠强、氟乙酸钠、毒鼠硅、砷类、铅类、甲胺磷、甲基对硫磷、对硫磷、三氯杀螨醇、久效磷、磷胺、特丁硫磷、甲基硫环磷、治螟磷、蝇毒磷、地虫硫磷、苯线磷、福美胂等农药，内吸磷、克百威、涕灭威、灭线磷、硫环磷、甲拌磷、甲基异柳磷、氯唑磷等农药不得在果树上使用。

②允许使用生物源农药，矿物源农药及低毒、低残留的化学农药。允许使用的杀虫杀螨剂有 Bt 制剂（苏云金杆菌）、白僵菌制剂、烟碱、苦参碱、阿维菌素、浏阳霉素、敌百虫、辛硫磷、螨死净、吡虫啉、啶虫脒、灭幼脲、氟啶脲、噻嗪酮、氟虫脲、马拉硫磷、噻螨酮等；允许使用的杀菌剂有中生菌素、多抗霉素、硫酸链霉素、波尔多液、石硫合剂、菌毒清、腐必清、抗霉菌素 120、甲基硫菌灵、多菌灵、扑海因（异菌脲）、三唑啊、代森锰锌（大生 M-45、喷克）、百菌清、氟硅唑、三乙膦酸铝、噁唑菌酮、戊唑

醇、苯醚甲环唑、腈菌唑等。

③限制使用的中等毒性农药品种。氯氟氰菊酯、甲氰菊酯、S-氰戊菊酯、氰戊菊酯、氯氰菊酯、敌敌畏、哒螨灵、抗蚜威、毒死蜱、杀螟硫磷等为限制使用的中等毒性农药。限制使用的农药每种每年最多使用1次，安全间隔期在30天以上。

（2）适时用药 正确选择用药时机可以既有效地防治病虫害，又不杀伤或少杀伤天敌。梨树病虫害化学防治的最佳时期如下。

①病虫害发生初期。化学防治应在病虫害初发阶段或尚未蔓延流行之前进行，此时害虫发生量小，尚未开始大量取食为害，此时防治对压低病虫基数，提高防治效果有事半功倍的效果。

②病虫生命活动最弱期。在三龄前的害虫幼龄阶段，虫体小、体壁薄、食量小、活动比较集中、抗药性差。如防治介壳虫，可在幼虫分泌蜡质前进行。于芽鳞片内越冬的梨黑星病病菌，随鳞片开张而散发进行初侵染，防治时，应把握这一时期。

③害虫隐蔽为害前。在钻蛀性害虫尚未钻蛀时进行防治，在卷叶蛾类害虫卷叶之前，食心虫类入果之前以及蛀干害虫蛀干之前或刚蛀干时进行防治。

④树体抗药性较强期。果树在花期、萌芽期、幼果期最易发生药害，应尽量不施药或少施药。而在生长停止期和休眠期，尤其是病虫越冬期，病虫潜伏场所比较集中，害虫虫龄也比较一致，有利于集中消灭，且这时果树抗药性强。

⑤避开天敌高峰期。利用天敌防治害虫是既经济又有效的方法，因此在喷药时，应尽量避开天敌发生高峰期，以免伤害害虫天敌。

防治病虫害应选好天气和时间，不宜在大风天气用药，也不能在雨天用药，以免影响药效。同时也不应在晴天中午用药，以免温度过高产生药害、灼伤叶片。宜选晴天下午4时以后至傍晚用药防治，此时叶片吸水力强，吸收药液多，防治效果好。按不同病虫的防治指标防治，如山楂叶螨麦收前 2 头/叶，蚜虫 20%虫梢率时进行防治最为经济有效。

（3）使用方法

①使用浓度。用液剂喷雾往往需用水将药剂配成或稀释成适当的浓度，浓度过高会造成药害和浪费，浓度过低则无效。有些非可湿性的或难以湿润的粉剂，应先加入少许水，将药粉调成糊状后再加水配制，也可以在配制时添加一些湿润剂。

②喷药时间。喷药的时间过早会造成浪费或降低药效，过迟则大量病原物已经侵入寄主，即使喷内吸治疗剂，也收效不大。应根据发病规律和当时情况或根据短期预测及时在尚未发病或刚刚发病时就喷药保护。

③喷药次数。喷药次数主要根据药剂残效期的长短和气象条件来确定，一般隔 10～15 天喷 1 次，雨前抢喷，雨后补喷，应考虑成本，节约用药。

④喷药质量。采用先进的施药技术及高效喷药器械，提高雾化效果，实行精准施药，防止药剂浪费和对生态环境的污染，是综合防控的关键环节。国外报道在喷雾机上采用了少飘喷头，可使飘移污染减少 33%～60%；在喷雾机的喷杆上安装防风屏，可使常规喷杆的雾滴飘移减少 65%～81%。根据我国地貌地形、农业区域特点，应用适用于平原地区、旱塬区及高山梯田区的专用高效施药器械，如低量静电喷雾机（可节约用药 30%～40%）、自动对靶喷雾机（可节约用药 50%）、防飘喷雾机（可节约用药 70%）、循环喷雾机（可节约用药 90%）等。同时，要不断改进施药技术，通过示范引导，逐渐使农民改高容量、大雾滴喷洒为低容量、细雾滴喷洒，提高防治效果和农药利用率。

⑤药害。喷药对植物造成药害有多种原因，不同作物对药剂的敏感性不同，作物的不同发育阶段对药剂的反应也不同，一般幼果和花期容易产生药害。另外药害发生与气象条件也有关系，一般以

气温和日照的影响较为明显，高温、日照强烈或雾重、高湿都容易引起药害。如果施药浓度过高造成药害，可喷清水以冲去残留在叶片表面的农药。喷高锰酸钾能有效地缓解药害；结合浇水，补施一些速效化肥，同时中耕松土，能有效地促进果树尽快恢复生长发育。在药害未完全解除之前，尽量减少使用农药。

⑥抗药性。是指由于长期使用农药，导致的使病虫具有耐受一定农药剂量即可杀死正常种群大部分个体的药量的能力。为避免抗药性的产生，一是在防治过程中采取综合防治，不要单纯依靠化学农药，应将农业、物理、生物等防治措施相互配合，取长补短。尽量减少化学农药的使用量和使用次数，降低对害虫的选择压力。二是要科学地使用农药，首先加强预测预报工作，选好对口农药，抓住关键时期用药。同时采取隐蔽施药、局部施药、挑治等施药方法，保护天敌和小量敏感害虫，使抗药性种群不易形成。三是选用不同作用机制的药剂交替使用、轮换用药，避免单一药剂连续使用。四是不同作用机制的药剂混合使用，现混现用或加工成制剂使用。五是注意增效剂的利用。

（二） 主要病害防治

1. 腐烂病 腐烂病又名臭皮病，是梨树重要的枝干病害。主要危害树干、主枝和侧枝，使感病部位树皮腐烂。发病初期病部肿起，水渍状。呈红褐色至褐色，常有酒糟味，用手压有汁液流出。后渐凹陷变干，产生黑色小疣状物，树皮随即开裂。

一年有春季、秋季两个发病高峰，春季是病菌侵染和病斑扩展最快的时期，秋季次之。由于病原菌的寄生性较弱，具有潜伏侵染的现象，侵染和繁殖一般发生在生长活力低或近死亡的组织上。各种导致树势衰弱的因素都可诱发腐烂病的发生。肥水管理得当，生长势旺盛，结构良好的树发病轻。

防治方法：加强土肥水管理，防止冻害和日灼，合理负载，增强树势，提高树体抗病能力，是防治腐烂病的关键措施。秋季树干涂白，防止冻害；春季发芽前全树喷 2%抗霉菌素 120 水剂 100～200 倍液、5 波美度石硫合剂铲除树体上的潜伏病菌。

早春和晚秋发现病斑及时刮治，病斑应刮净、刮平，或者用刀顺病斑纵向划道，间隔 5 毫米左右，然后涂抹 843 康复剂原液、5%安素菌毒清可湿性粉剂 100～200 倍液、2%抗霉菌素 120 水剂 10～30 倍液或腐必清原液等药剂，以防止复发。另外要随时剪除病枝并烧毁，减少病原菌数量。

2. 黑星病 黑星病又名疮痂病。主要使果实、果梗、叶片、嫩梢、叶柄、芽和花等部位受害。在叶片上最初表现为近圆形或不规则形的淡黄色病斑，一般沿叶脉的病斑较长，随病情发展首先在叶背面沿支脉的病斑上长出黑色霉层，发生严重时许多病斑连成一片，使整个叶背布满黑霉，造成早期落叶。在新梢上是从基部开始形成病斑，初期褐色，随病斑扩大产生一层黑色霉层，病斑凹陷、龟裂，发生严重可导致新梢枯死。在果实上最初为黄色近圆形的病斑，病斑大小不等，病健部界限清晰，随病斑扩大，病斑凹陷并在其上形成黑色霉层。处于发育期的果实发病，因病部组织木栓化而在果实上形成龟裂的疮痂，从而造成果实畸形。

病菌以分生孢子和菌丝在芽鳞片、病果、病叶和病梢上或以未成熟的子囊壳在落地病叶中越冬。春季由病芽抽生的新梢、花器官先发病，成为感染中心，靠风雨传播给附近的叶片、果实等。梨黑星病病原菌寄生性强，病害流行性强。一年中可以多次侵染，高温、多湿是发病的有利条件。降水在 800 毫米以上，空气湿度过大时，容易引起该病害流行。华北地区 4 月下旬开始发病，7～8 月是发病盛期。另外，树冠郁闭，通风透光不良，树势衰弱，或地势低洼的梨园发病严重。梨品种间抗病性有差异，中国梨最感病，日本梨次之，西洋梨较抗病。

防治方法：梨黑星病高发地区，注意选择抗病品种栽植；合理修剪，改善冠内通风透光条件；从新梢生长之初就开始寻找并及时剪除发病新梢，对上年发病重的区域和单株更要注意。剪除病芽病梢加上及时喷药保护是目前控制梨黑星病流行最有效的方法。另外还可通过套袋来保护梨果实。

结合降水情况，从发病初期开始，每隔 10～15 天喷施 1 次杀菌剂。常用药剂有波尔多液（硫酸铜：生石灰：水＝1：2：240）、50％多菌灵可湿性粉剂 600～800 倍液、70％甲基硫菌灵可湿性粉剂 800 倍液、40％氟硅唑乳剂 4 000～5 000 倍液、80％代森锰锌可湿性粉剂 800 倍液、12.5％烯唑醇可湿性粉剂 2 000 倍液等。波尔多液与其他杀菌剂交替使用效果更好。

3. 轮纹病 轮纹病又名粗皮病，分布遍及全国各梨产区。病菌可侵染枝干、果实和叶片。在枝干上通常以皮孔为中心形成深褐色病斑，单个病斑圆形，直径 5～15 毫米，初期病斑略隆起，后边缘下陷，从病健交界处裂开。一般在果实近成熟期发病，首先表现为以皮孔为中心呈现水渍状褐色圆形斑点，后病斑逐渐扩大呈深褐色并表现明显的同心轮纹，病果很快腐烂。

病菌以菌丝体和分生孢子器或子囊壳在病枝干上越冬。翌年春季从病组织产生孢子，成为初侵染源。分生孢子借雨水传播造成枝干、果实和叶片的侵染。梨轮纹病在枝干和果实上有潜伏侵染的特性，尤其侵染果实时，很多都是早期侵染成熟期发病，其潜育期的长短主要受果实发育和温度的影响。一般落花后每一次降水，即有一次侵袭，树体生长势弱的树发病重。

防治方法：加强栽培管理，增强树势，提高抗病能力。彻底清理梨园，春季刮除粗皮，集中烧毁，消灭病原；铲除初侵染源。

春季发芽前刮除病瘤，全树喷洒 5％安素菌毒清可湿性粉剂 100～200 倍液或 40％氟硅唑乳剂 2 000～3 000 倍液。生长季节于谢花后每半月左右喷一次杀菌剂，50％多菌灵可湿性粉剂 600～800 倍液、70％甲基硫菌灵可湿性粉剂 800 倍液、40％氟硅唑乳剂

4 000～5 000 倍液、80％代森锰锌可湿性粉剂 800 倍液等与石灰倍量式波尔多液交替使用。

4. 白粉病 白粉病发生时主要是老叶受害，先在树冠下部老叶上发生，再向上蔓延。7 月开始发病，秋季为发病盛期。最初在叶背面产生圆形的白色霉点，继续扩展成不规则白色粉状霉斑，严重时布满整个叶片。生白色霉斑的叶片正面组织初呈黄绿色至黄色不规则病斑，严重时病叶萎缩、变褐枯死或脱落。后期白粉状物上产生黄褐色至黑色的小颗粒。

白粉病菌以闭囊壳在落叶上或黏附在枝梢上越冬。子囊孢子通过雨水传播侵入梨叶，病叶上产生的分生孢子进行再侵染，秋季进入发病盛期。

防治方法：秋后彻底清扫落叶，并进行土壤耕翻，合理施肥，适当修剪，发芽前喷一次 3～5 波美度石硫合剂。加强栽培管理，增施有机肥，防止偏施氮肥，合理修剪，使树冠通风透光。

发病前或发病初期喷药防治。药剂可选用 0.2～0.3 波美度石硫合剂、70％甲基硫菌灵可湿性粉剂 800 倍液、15％三唑酮乳油 1 500～2 000 倍液、12.5％腈菌唑乳油 2 500 倍液。

5. 梨锈病 梨锈病又名赤星病、羊胡子。侵染叶片也危害果实、叶柄和果柄。侵染叶片后，在叶片正面表现为橙色近圆形病斑，病斑略凹陷，斑上密生黄色针头状小点，叶背面病斑略突起，后期长出黄褐色毛状物。果实和果柄上的症状与叶背症状相似，幼果发病能造成果实畸形和早落。

病菌以多年生菌丝体在桧柏类植物的发病部位越冬，春天形成冬孢子角，冬孢子角在梨树发芽展叶期吸水膨胀，萌发产生担孢子，随风传播造成侵染。桧柏类植物的多少和远近是影响梨锈病发生的重要因素。在梨树发芽展叶期，多雨有利于冬孢子角的吸水膨胀和冬孢子的萌发、担孢子的形成，风向和风力影响担孢子的传播。白梨和砂梨系统的品种都不同程度地感病，西洋梨较抗病。

防治方法：彻底铲除梨园周围5.0千米以内的桧柏类植物。对不能铲除的桧柏类植物要在春季冬孢子萌发前及时剪除病枝并销毁，或者喷1次石硫合剂或80%五氯酚钠，消灭桧柏上的病原菌。

从梨树萌芽至展叶后25天内喷药保护。一般萌芽期喷施第一次药剂，以后每10天左右喷施一次。早期药剂使用65%代森锌可湿性粉剂400～600倍液；花后用石灰倍量式波尔多液200倍液、20%三唑酮乳油1 500倍液、80%代森锰锌可湿性粉剂800倍液、12.5%腈菌唑可湿性粉剂2 000～3 000倍液。

6. 西洋梨干枯病　西洋梨干枯病一般危害主干和主枝。首先在枝组的基部表现为红褐色病斑，随病斑的扩大，开始干枯凹陷，病健交界处裂开，病斑也形成纵裂，最后枝组枯死。其上的花、叶、果也随之萎蔫并干枯。病斑上形成黑色凸起。

病菌以菌丝体或分生孢子、子囊壳在病组织上越冬，翌年春天病斑上形成分生孢子，借雨水传播，一般从修剪和其他的机械伤口侵入，也能直接侵染芽体。此病往往发生在主干或主枝基部。发生腐烂病或干腐病后，树体或主枝生长势衰弱，其上的中小枝组发病较重。以秋子梨和西洋梨系统品种发生重，白梨系统品种发病较轻，生长势衰弱的树发病较重。

防治方法：加强栽培管理，增强树势。加强树体保护，减少伤口。对修剪后的大伤口，及时涂抹油漆或动物油，以防止伤口水分散发过快而影响愈合。从幼树期开始，坚持每年树干涂白，防止冻伤和日灼。每年芽前喷石硫合剂，生长期喷施杀菌剂时要注意全树各枝上均匀着药。

7. 黄叶病　梨黄叶病属于生理病害，其中以东部沿海地区和内陆低洼盐碱区发生较重，往往是成片发生。症状都是从新梢叶片开始，叶色由淡绿色变成黄色，仅叶脉保持绿色，严重发生时整个叶片是黄白色，在叶缘形成焦枯坏死斑。发病新梢枝条细弱，节间延长，腋芽不充实。最终造成树势下降，发病枝条不充实，抗寒性和萌芽率降低。形成这种黄化的原因是缺铁，因此又称为缺铁性黄叶。

防治方法：改土施肥，在盐碱地定植梨树，除大坑定植外，还应进行改土施肥。方法是从定植的当年开始，每年秋天挖沟，将优质土壤和杂草、树叶、秸秆等加上适量的碳酸氢铵和过磷酸钙混合后回填。第 1 年改良株间的土壤，第 2 年沿行间从一侧开沟，第 3 年改造另一侧。平衡施肥，尤其要注意增施磷、钾肥，并增施有机肥、微肥。

根据黄化程度叶面喷施 300 倍硫酸亚铁，每间隔 7～10 天喷 1 次，连喷 2～3 次。也可根据历年黄化发生的程度，对重病株芽前喷施 80～100 倍的硫酸亚铁。

8. 缩果病 梨缩果病是由缺硼引发的一种生理性病害。缩果病在偏碱性土壤的梨园和地区发生较重，在干旱贫瘠的山坡地和低洼易涝地容易发生。不同品种上的缩果病症状差异也很大。在鸭梨上，严重发生的单株自幼果期就显现症状，果实上形成数个凹陷病斑，严重影响果实发育，最终形成猴头果。在砂梨和秋子梨的某些品种上凹陷斑变褐色，斑下组织亦变褐木栓化甚至病斑龟裂。

防治方法：干旱年份注意及时浇水，低洼易涝地注意及时排涝，维持适中的土壤水分状况，保证梨树正常生长发育；对有缺硼症状的单株和梨园，从幼果期开始，每隔 7～10 天喷施 300 倍硼酸或硼砂溶液，连喷 2～3 次，一般能收到较好的防治效果，也可以结合春季施肥，根据植株的大小和缺硼发生的程度，单株根施100～150 克硼酸或硼砂。

9. 褐斑病 褐斑病在叶片上单个病斑圆形，严重发生时多个病斑相连成不规则形，褐色边缘清晰，后从病斑中心起变成白色至灰色，边缘褐色，严重发生能造成提前落叶。后期斑上密生黑色小点为病原菌分生孢子器。

以分生孢子器或子囊壳在落地病叶上越冬，春天形成分生孢子或子囊孢子，借风雨传播造成初侵染。初侵染病斑上形成的分生孢子进行再侵染。再侵染的次数因降水的多少和持续时间而异，5～7月阴雨潮湿有利于发病。一般在6月中旬前后初显症状，7～8月进入盛发期。地势低洼潮湿的梨园发病重，修剪不当、通风透光不良和交叉郁闭严重的梨园发病重，在品种上以白梨系雪花梨发病最重。

防治方法：冬季集中清理落叶，烧毁或深埋，以减少越冬病原；加强肥水管理，合理修剪，避免郁蔽，低洼果园注意及时排涝。

适时喷药保护。一般在雨季来临之前，结合轮纹病和黑星病的防治喷施杀菌剂。药剂可选用波尔多液（1∶2∶200）、25%戊唑醇乳剂2 000倍液、70%甲基硫菌灵可湿性粉剂800倍液、50%异菌脲可湿性粉剂1 500倍液、80%代森锰锌可湿性粉剂800倍液，交替使用。

10. 黑点病　黑点病主要发生在套袋梨果的萼洼处及果柄附近。黑点呈米粒大小到绿豆粒大小不等，常常几个连在一起，形成大的黑褐色病斑，中间略凹陷。黑点病仅发生在果实的表皮，不引起果肉溃烂，贮藏期也不扩展和蔓延。

该病是由半知菌类的弱寄生菌——粉红聚端孢和细交链孢菌侵染引起的。该病病原菌喜欢高温高湿的环境，梨果套袋后袋内湿度大，特别是果柄附近、萼洼处容易积水，加上果肉细嫩，容易引起病菌的侵染。雨水多的年份黑点病发生严重；通风条件差、土壤湿度大、排水不良的果园以及果实袋通透性差的果园，黑点病发生较重。

防治技术：选取建园标准高、地势平整、排灌设施完善、土壤肥沃且通透性好、树势强壮、树形合理的稀植大冠形梨园实施套袋；应选择防水、隔热和透气性能好的优质复色梨袋，不用通透性差的塑膜袋或单色劣质梨袋；冬、夏季修剪时，疏除交叉重叠枝条，回缩过密冗长枝条，调整树体结构，改善梨园群体和个体光照条件，保证树冠内通风透光条件良好；宜选择树冠外围的梨果套袋，尽量减少内膛梨果的套袋量，操作时要使梨袋充分膨胀避免纸袋紧贴果面，卡口时可用棉球或剥掉外包纸的香烟过滤烟嘴包裹果柄，严密封堵袋口，防止病菌、害虫或雨水侵入；结合秋季深耕，增施有机肥，控制氮肥用量；土壤黏重梨园，可进行掺沙改土；7～8 月，降水量大时，注意及时排水和中耕散墒，降低梨园湿度。

套袋前喷施杀菌剂、杀虫剂，喷药时选用优质高效的安全剂型如代森锰锌、噁唑菌酮、氟硅唑、甲基硫菌灵、烯唑醇、多抗霉素、吡虫啉、阿维菌素等，并注意选用雾化程度高的药械，待药液完全干后再套袋。

11. 果实日灼和蜡害 高温干旱地区套袋梨果易发生日灼和蜡害现象，如涂蜡纸袋在强日光照射下，纸袋内外温差 5～10℃，袋内最高温可达 55℃以上，内袋出现蜡化，灼烧幼果表面，表现为褐色烫伤，最后变成黑膏药状，幼果干缩。应根据当地气候条件，适当稍晚一些套袋，预计在套袋后 15 天内不会出现高温天气时进行。套袋后及除袋前梨园浇一遍透水可有效防止日灼病及蜡害的发生，有日灼现象发生时应立即在田间灌水或树体喷水防除。

（三） 主要虫害防治

1. 梨木虱 梨木虱是当前梨树的最主要害虫之一。主要寄主为梨树，以成虫、若虫刺吸芽、叶、嫩枝梢汁液进行直接为害；分泌黏液，招引杂菌，造成叶片间接受害，出现褐斑而造成早期落叶，同时污染果实，影响品质。

在山东一年发生 4～6 代。以冬型成虫在落叶、杂草、土石缝隙及树皮缝内越冬，在早春 2～3 月出蛰，3 月中旬为出蛰盛期。在梨树发芽前即开始产卵于枝叶痕处，发芽展叶期将卵产于幼嫩组织茸毛内、叶缘锯齿间、叶片主脉沟内等处。若虫多群集为害，有分泌黏液的习性，在黏液中生活、取食及为害。直接为害盛期为6～7月，此时世代交替。到7～8月雨季，由于梨木虱分泌的黏液招引杂菌，致使叶片产生褐斑并霉变坏死，引起早期落叶，造成严重间接为害。

防治方法：彻底清除树下的枯枝落叶杂草、刮老树皮，消灭越冬成虫。

在3月中旬越冬成虫出蛰盛期喷洒菊酯类药剂控制出蛰成虫基数。在梨落花80%～90%时，即第一代若虫较集中孵化期，也就是梨木虱防治的最关键时期，选用20%螨克（双甲脒）乳油1 200～1 500倍液、10%双甲脒高渗乳油1 500倍液、10%吡虫啉可湿性粉剂3 000倍液、1.8%阿维菌素乳油2 000～3 000倍液等药剂防治，发生严重的梨园可加入洗衣粉等助剂以提高药效。

2. 梨二叉蚜 梨二叉蚜又名梨蚜，是梨树的主要害虫。以成虫、幼虫群居于叶片正面为害，受害叶片向正面纵向卷曲呈筒状，受害后的叶片大都不能再伸展开，易脱落，且易招引梨木虱潜入。严重时造成大批早期落叶，影响树势。

梨蚜一年发生10多代，以卵在梨树芽腋或小枝裂缝中越冬，翌年梨花萌动时孵化为若蚜，群集在露白的芽上为害，展叶期集中到嫩叶正面为害并繁殖，5～6月转移到其他寄主上为害，到秋季9～10月产生有翅蚜由夏寄主返回梨树上为害，11月产生有性蚜，交尾产卵于枝条皮缝和芽腋间越冬。

防治方法：在发生数量不太大时，早期摘除被害叶，集中处理，消灭蚜虫。春季花芽萌动后，初孵若虫群集在梨芽上为害或群集叶面为害而尚未卷叶时喷药防治，可以压低春季虫口基数并控制前期危害。可选用10%吡虫啉可湿性粉剂3 000倍液、20%氰戊菊酯乳油2 000～3 000倍液、2.5%氯氟氰菊酯乳油3 000倍液等药剂进行防治。

3. 山楂叶螨 山楂叶螨又名山楂红蜘蛛，在我国梨和苹果产区均有发生。成螨、若螨和幼螨刺吸芽、叶和果的汁液，叶受害之初呈现很多失绿小斑点，逐渐扩大成片，严重时全叶苍白易焦枯变褐，叶面拉丝结网，导致早期落叶，削弱树势。

北方梨区一年发生 5～9 代，均以受精的雌成螨在树体各种缝隙内及树干附近的土缝中群集越冬。果树萌芽期开始出蛰，出蛰后一般多集中于树冠内膛局部为害，以后逐渐向外膛扩散。常群集叶背为害，有吐丝拉网习性。山楂叶螨第一代发生较为整齐，以后各代重叠发生。6～7 月高温干旱，最适宜山楂叶螨的发生，此时期虫口数量急剧上升，形成全年为害高峰期。进入 8 月，降水量增多，湿度增大，其种群数量逐渐减少。一般于 10 月即进入越冬场所越冬。

防治方法：结合果树冬季修剪，刮除枝干上的老翘皮，并耕翻树盘，可消灭越冬雌成螨。保护利用天敌是控制叶螨的有效途径之一。

药剂防治关键时期在越冬雌成螨出蛰期和第一代卵和幼（若）螨期。药剂可选用 50％硫悬浮剂 200～400 倍液、20％螨死净悬浮剂 2 000～2 500 倍液、5％噻螨酮乳油 2 000 倍液、15％哒螨灵乳油 2 000～2 500 倍液、25％三唑锡可湿性粉剂 1 500 倍液。喷药要细致周到。

4. 茶翅蝽 茶翅蝽在东北、华北、华东和西北地区均有分布，以成虫和若虫为害梨、苹果、桃、杏、李等果树及部分林木和农作物，近年来危害日趋严重。叶和梢被害后症状不明显，果实被害后被害处木栓化、变硬，发育停止而下陷，果肉微苦，严重时形成疙瘩梨或畸形果，失去经济价值。

此虫在北方一年发生 1 代，以成虫在果园附近建筑物上的缝隙、树洞、土缝、石缝等处越冬，一般 5 月上旬开始出蛰活动，6 月开始产卵于叶背，卵多集中成块。6 月中下旬孵化为若虫，8 月中旬为成虫盛期，8 月下旬开始寻找越冬场所，到 10 月上旬达到入蛰高峰。成虫或若虫受到惊扰或触动即分泌臭液，并逃逸。

防治方法：在春季越冬成虫出蛰时和 9 月、10 月成虫越冬时，可在房屋的门窗缝、屋檐下、向阳背风处收集成虫；成虫产卵期，收集卵块和初孵若虫，集中销毁；实行套袋栽培，自幼果期进行套袋，防止其为害。

在越冬成虫出蛰期和低龄若虫期喷药防治。可选用 50%杀螟硫磷乳油 1 000 倍液，48%毒死蜱乳油 1 500 倍液，20%氰戊菊酯乳油 2 000 倍液等药剂，连喷 2～3 次，均能取得较好的防治效果。

5. 康氏粉蚧 康氏粉蚧一年发生 3 代，以卵及少数若虫、成虫在被害树树干、枝条、粗皮裂缝、剪锯口或土块、石缝中越冬。翌年春季果树发芽时，越冬卵孵化成若虫，食害寄主植物的幼嫩部分。第一代若虫发生盛期在 5 月中下旬，第二代若虫在 7 月中下旬，第三代若虫发生在 8 月下旬。9 月产生越冬卵，早期产的卵也有的孵化成若虫、成虫越冬。雌雄成虫交尾后，雌虫爬到枝干、粗皮裂缝或袋内果实的萼洼、梗洼处产卵。产卵时，雌成虫分泌大量棉絮状蜡质卵囊，将卵产于囊内，每一雌成虫可产卵 200～400 粒。

防治技术：冬春季结合清园，细致刮皮或用硬毛刷刷除越冬卵集中烧毁，或在有害虫的树干上，于 9 月绑缚草把，翌年 3 月将草把解下烧毁。

喷药防治要抓住以下三个关键时期。

①3 月上旬。先喷 35%硫丹 600 倍液混合机油乳剂 80 倍液，3 月下旬至 4 月上旬喷 3～5 波美度的石硫合剂。在梨树上这两遍药最重要，可兼治多种害虫的越冬虫卵，减少病虫的越冬基数。

②5 月下旬至 6 月上旬。此时期是第一代若虫盛发期及 7 月下旬至 8 月上旬第二代若虫盛发期。使用 25%噻嗪酮粉剂 2 000 倍液、50%敌敌畏乳油 800～1 000 倍液、20%害扑威乳油 300～500 倍液、20%氰戊菊酯乳油 2 000 倍液、25%噻虫嗪水分散粒剂5 000倍

液、48%毒死蜱乳油 1 200 倍液、52.25%氯氰·毒死蜱乳油 1 500 倍液效果都很好。

③10 月下旬。在树盘距树干 50 厘米半径内喷 52.25%氯氰·毒死蜱乳油 1 000 倍液。

6. 绿盲蝽 绿盲蝽寄主植物种类广泛，以成虫、若虫的口器刺吸梨、葡萄、苹果、桃、石榴、枣树、棉花、苜蓿等为害，幼芽、嫩叶、花蕾及幼果等是其主要为害部位。幼叶受害后，先出现红褐色或散生的黑色斑点，斑点随叶片生长变成不规则孔洞，俗称"破叶疯"；花蕾被害后即停止发育而枯死；幼果被害后，先出现黑褐色水渍状斑点，然后造成果面木栓化，甚至僵化脱落，严重影响果实的产量和质量。

一年发生 4～5 代，主要以卵在树皮缝内、顶芽鳞片间、断枝和剪口处以及苜蓿、蒿类等杂草上或浅层土壤中越冬。翌年 3～4 月，月均温达 10℃以上，相对湿度高于 60%时，卵开始孵化，第一代绿盲蝽的卵孵化期较为整齐，梨树发芽后即开始上树为害，孵化的若虫集中为害幼叶。绿盲蝽从早期叶芽生长开始为害到 6 月中旬，其中展叶期和幼果期为害最重。成虫寿命 30～40 天，飞行力极强，白天潜伏，稍受惊动，迅速爬迁，不易发现。清晨和夜晚爬到叶芽及幼果上刺吸为害。以春秋两季受害重。成虫羽化后六七天开始产卵，10 月上旬产卵越冬。

防治方法：冬季或早春刮除树上的老皮、翘皮，铲除枣园及附近的杂草和枯枝落叶，集中烧毁或深埋，可减少越冬虫卵；萌芽前喷 3～5 波美度石硫合剂，可杀死部分越冬虫卵。

选择最佳时间、合适药剂进行化学防治，应注意在各代若虫期集中统一用药，此时用药，若虫抗药性弱，且容易接触药液，防治效果较好。药剂可选择 2.5%溴氰菊酯乳油 2 000 倍液或 48%毒死蜱乳油 1 000～1 500 倍液、52.25%氯氰·毒死蜱乳油 1 500～2 000倍液、10%吡虫啉可湿性粉剂 2 000 倍液等交替使用，喷药应选择无风天气，在早晨或傍晚进行，要对树干、树冠、地上杂草、行间作物全面喷药，喷雾时药液量要足，做到里外打透，上下不漏，同时注意群防群治，集中时间统一进行喷药，以确保防治效果。

7. 梨茎蜂 梨茎蜂又名折梢虫、截芽虫等，主要为害梨。成虫产卵于新梢嫩皮下刚形成的木质部，从产卵点上 3～10 毫米处锯掉春梢，幼虫于新梢内向下取食，致使受害部枯死，是为害梨树春梢的重要害虫，影响幼树整形和树冠扩大。

梨茎蜂一年发生 1 代，以老熟幼虫及蛹在被害枝条内越冬，3 月上中旬化蛹，梨树开花时羽化，花谢时成虫开始产卵，花后新梢大量抽出时进入产卵盛期，幼虫孵化后向下蛀食幼嫩木质部而留下皮层。成虫羽化后在枝内停留 3～6 天才于被害枝近基部咬一圆形羽化孔，于天气晴朗的中午前后从羽化孔飞出。成虫白天活跃，飞翔于寄主枝梢间；早晚及夜间停息于梨叶背面，阴雨天活动甚差。梨茎蜂成虫有假死性，但无趋光性和趋化性。

防治方法：结合冬季修剪剪除被害虫梢，成虫产卵期从被害梢断口下 1 厘米处剪除有卵枝段，可基本消灭虫源。生长季节发现枝梢枯死时及时剪掉并集中烧毁，杀灭幼虫；发病重的梨园，在成虫发生期，利用其假死性及早晚在叶背静伏的特性，震树使成虫落地进行捕杀。喷药防治抓住花后成虫发生高峰期，在新梢长至 5～6 厘米时可喷施 20%氰戊菊酯乳油 3 000 倍液或 80%敌敌畏乳油 1 000～1 500 倍液等。

8. 黄粉蚜 黄粉蚜以成虫、若虫群集于果实萼洼处为害，被害部位开始时变黄，稍微凹陷，后期逐渐变黑，表皮硬化，龟裂成大黑疤，或者导致落果。有时也刺吸枝干嫩皮汁液。

一年 8～10 代左右，以卵在果台、树皮裂缝、老翘皮下、枝干上的附着物上越冬，春季梨开花时卵孵化为干母，若蚜在翘皮下嫩皮处刺吸汁液，羽化后繁殖。6 月中旬开始向果转移，7 月集中于果实萼洼处为害，8 月中旬果实近成熟期为害更为严重，8 月、9

月出现有性蚜，雌雄交配后陆续转移到果台、裂缝等处产卵越冬。梨黄粉蚜喜欢隐蔽环境，其发生数量和降水有关，持续降水不利于其发生，而温暖干旱对其发生有利。黄粉蚜近距离传播靠人工，远距离传播靠苗木和梨果调运。

防治技术：冬季刮除粗皮和树体上的残留物，清洁枝干裂缝，以消灭越冬卵；注意清理落地梨袋，尽量烧毁深埋；剪除秋梢，秋冬季树干刷白；梨树萌动前，喷 5 波美度石硫合剂 1 次，可大量杀死黄粉蚜越冬卵。

4 月下旬至 5 月上旬，黄粉蚜陆续出蛰转枝，但此期也是大量天敌上树定居时期，慎重用药，最好用选择性杀虫剂如 50%抗蚜威水分散粒剂 3 000 倍液。5 月中下旬以及 7～8 月做好药剂防治，常用药剂及浓度：80%敌敌畏乳油 2 000 倍液、2.5%溴氰菊酯乳油 3 000～4 000 倍液、90%敌百虫原药 1 000 倍液、20%氰戊菊酯乳油 3 000～4 000 倍液、10%吡虫啉乳油 3 000 倍液等。

主要参考文献

陈晓浪，卢洋海，陈超俊，等，2009. 翠冠梨树自然开心形整形修剪［J］. 中国果树（4）：58-59.

李世强，陈霞，曹佩燕，等，2003. 库尔勒香梨开心形树形修剪技术［J］. 林业科技通讯（11）：47-48.

齐开杰，蔡少帅，张虎平，等，2017. 沙梨细长纺锤形整形修剪技术［J］. 中国南方果树，46（1）：137-139.

王金政，王少敏，2010. 果树高效栽培 10 项关键技术［M］. 北京：金盾出版社.

王少敏，王宏伟，董放，2018. 梨栽培新品种新技术［M］. 济南：山东科学技术出版社.

王少敏，魏树伟，2017. 梨实用栽培技术［M］. 北京：中国科学技术出版社.

杨健，2007. 梨标准化生产技术［M］. 北京：金盾出版社.

尹晶晶，2018. 秋月梨网架形整形修剪技术要点［J］. 现代农村科技，8：36.

第二章 核 桃

一、 标准化建园技术

随着科学不断进步，越来越多的新型技术应用到核桃树种植过程中，这为核桃产业提供了强有力的科技支撑。只有以核桃提质增效为切入点，坚持国际化视野、绿色化理念、特色化定位、产业化布局和科技化支撑的发展要求，通过转变果农传统种植观念，深入理解精细化果业的要点，进一步提高果农核桃树种植的管理技术，引导群众转变粗放式管理手段，大力实施核桃产业提质增效工程，才能提高核桃生产的效率，达到增产增收目的。

（一） 严把园地选择标准

一般情况，果农对果树种植地点没有太多要求，他们通常认为只要土地肥沃、有充足的光照条件即可，但是科学研究表明，这种观点是不全面的。核桃园建设是核桃产业中的一项基础工作，因此必须全面规划、合理安排。虽然核桃属植物对自然条件的适应能力很强，但是只有做到适地适树适品种、科学栽培，核桃树才能健壮生长、丰产稳产，产出品质优良的坚果。

核桃树具有生长周期长、喜光、喜温等特性。建园时，应以适地适树和品种区域化为原则，从园址的选择、规划设计、品种选择到苗木定植，都要严格谨慎。建园前应对当地气候、土壤、降水量、自然灾害和附近核桃树的生长发育状况及以往出现过的问题等进行全面的调查研究。在确定建园地点时，应重点考虑以下几个方面。

1. 适宜生长结果的气温　核桃树属于喜温树种。通常核桃苗木或大树适宜生长在年均温 9～16℃，极端最低温度不低于－30℃，极端最高温度不高于 38℃，无霜期 150 天以上的地区。幼树在－20℃条件下出现冻害；成龄树虽能耐－30℃的低温，但在低于－26℃的地区，枝条、雄花芽及叶芽易受冻害。泡核桃适应于亚热带气候条件，年平均气温应为 12.7～16.9℃，极端最低温度应为－5.8℃。

核桃树和泡核桃树最忌讳晚霜危害，从展叶到开花期间的温度低于－2℃，持续时间在 12 小时以上，会造成当年坚果绝收；核桃展叶后，如遇－2～4℃低温，新梢会受到冻害；花期和幼果期气温降到－1～2℃时则受冻减产。但生长温度超过 38℃时，果实易被灼伤，核桃仁发育不良，形成空苞。

2. 适宜的光照　核桃树是喜光树种，适合于山地的阳坡或平地栽培，进入结果期后更需要充足的光照。光照对核桃生长发育、花芽分化及开花结果均具有重要的影响。全年日照量最好大于 2 000小时，如少于 1 000 小时，则结果不良，影响核桃壳、核桃仁发育，降低坚果品质。特别是在雌花开花期，如遇阴雨低温天气，极易造成大量落花落果。郁闭状态下的核桃园结实差、产量低，只有边缘树结实好。

3. 适宜的水分　不同品种核桃对水分条件的要求有较大差异。泡核桃喜欢较湿润的条件，其栽培主产区年降水量为 800～1 200 毫米；在降水量 500～700 毫米的地区种植核桃，只要搞好水土保持工程，即使不灌溉也可基本满足核桃树对水分的要求，保证核桃树正常生长和核桃产量。

核桃能忍受较干燥的空气条件，而对土壤水分状况却较敏感，土壤过干或过湿都不利于核桃生长发育。一般土壤含水量为田间最大持水量的60%～80%时比较适合核桃生长发育。长期晴朗而干燥的天气、充足的日照和较大的昼夜温差，有利于促进开花结果。新疆早实核桃的一些优良性状正是在这样的条件下历经长期系统发育而形成的。土壤太过干旱有碍根系吸收作用和地上部枝叶的水分蒸腾作用，影响生理代谢过程，甚至造成提早落叶。当土壤含水量低于绝对含水量的8%～12%（田间最大持水量的60%）时核桃生长发育会受到影响，造成落花落果，叶片枯萎。幼壮树遇前期干旱和后期多雨的气候时易引起后期徒长，导致越冬后抽条干梢。土壤水分过多，通气不良，会使根系生理机能减弱而生长不良，核桃园的地下水位应在地表2米以下。在坡地上栽植核桃必须修筑梯田撩壕等，搞好水土保持工程，在易积水的地方需解决排水问题。

4. 对地形及土壤的要求 地形和海拔不同，小气候各异。核桃适宜于坡度平缓、土层深厚而湿润、背风向阳的环境条件下栽培。种植在阴坡，尤其坡度过大或是迎风坡，往往生长不良，产量很低，甚至成为“小老树”，坡位以中下部为宜。

海拔高度对核桃的生长和产量也有一定影响。在北方地区核桃多分布在海拔1 000米以下。秦岭以南核桃多生长在海拔500～2 500米。在云贵高原上核桃多生长在海拔1 500～2 500米，其中云南省漾濞彝族自治县海拔1 800～2 000米，为铁核桃分布区，在该地区海拔低于1 400米的地方铁核桃生长不正常，病虫害严重。在辽宁省西南部核桃适宜生长在海拔500米以下，高于500米的地方气候寒冷，生长期短，核桃树不能正常生长结果。

核桃树为深根性树种，对土壤的适应性较强，无论在丘陵、山地还是平原都能生长。土层厚度在1米以上时生长良好，土层过薄影响树体发育，容易焦梢，且不能正常结果。核桃在含钙的微碱性土壤上生长良好，土壤 pH 适应范围为 6.2～8.2，最适宜范围为 6.5～7.5。土壤含盐量宜在 0.25％以下，超过 0.25％即影响生长和产量，含盐量过高会导致植株死亡，氯酸盐比硫酸盐危害更大。

5. 风力对生长结果的影响　核桃花是风媒花。花粉传播的距离与风速、地势等有关。相关研究表明，最佳授粉距离在 100 米以内，超过 300 米几乎不能授粉，需要进行人工授粉。在一定范围内，花粉的散布量随风速增加而增加，但随距离的增加而减少，在核桃授粉期间经常有大风的地区应该进行人工授粉或选择单性结实率高的品种。由于核桃树一年生枝髓心较大，在冬季、春季多风地区，生长在迎风坡面的树易抽条、干梢，影响树体发育和开花结实，栽培中应加以注意，最好建防风林。

（二）周密规划核桃园

选定核桃园地之后，就要作出具体的规划设计。园地规划设计是一项综合性工作，在规划时应按照核桃的生长发育特性选择适当的栽培条件。对于条件较差的地区，要充分研究当地土壤、肥水、气候等方面的特点，在设计的过程中，采取相应措施，改善环境，逐步加以解决问题和完善不足。

1. 规划设计的原则和步骤　我国的核桃多在山地栽植，山地具有空气流通、日照充足、排水良好等特点，但是山地地形多变、土壤贫瘠、交通和灌溉不方便。以前，核桃都是零星栽植。近年来，随着机械化程度提高，成片栽培逐渐增加。园地的选择和规划成为一项十分重要的工作。因此，在建园时应该提前进行规划。

（1）规划设计的原则

①因地制宜，统一规划。核桃园的规划设计应根据建园方针、经营方向和要求，充分考虑当地自然条件、物质条件、技术条件等因素，进行整体规划。要因地制宜选择良种，依品种特性

确定品种配置及栽植方式。优良品种应具有丰产、优质和抗性强的特点。

②有利于机械化的管理和操作。核桃园中有关交通运输、排灌、栽植、施肥等的规划设计，必须保证有利于实行机械化管理。平原地可以采取宽行密植的栽培方式，这样有利于机械化操作。

③合理布局，便于管理。规划设计中应把小区、路、林、排灌等协调起来，节约用地，使核桃树的占地面积不少于85%。为便于管理，平原果园应将园地划分为若干个生产小区；山地果园则以自然沟、渠或道路划分。为了获得较好的光照，小区最好南北走向。果园道路系统的配置，应以方便机械化管理和田间管理为原则。全园各个小区都要用道路相互连接。道路宽度以能通过汽车或小型拖拉机为准。主防护林要与有害风向垂直，栽3～7行乔木。林带与核桃树要有一定间隔，一般不少于15米。

④设计好排灌系统，旱能灌、涝能排。在山坡、丘陵地建园，要多利用水库、池塘、水窖和水坝来拦截地面径流储蓄水源。还可以利用地下水或河流的水进行灌溉。为节约水资源，生产上应大力推广滴灌、喷灌等节水设施，这样还可以节约劳动力。核桃树不耐涝，在平原建园时，要建好排水系统。

（2）规划设计的步骤

①深入调查研究。为了解建园地的概况，规划前必须对建园地点的基本情况进行详细调查，为园地的规划设计提供依据，以防止因规划设计不合理造成生产上的损失。参加调查的人员中应有从事果树栽培、植物保护、气象、土壤、水利、测绘等方面经验的技术人员以及农业经济管理人员。调查内容包括以下几个方面。

社会情况：包括建园地区的人口、土地资源、经济状况、劳力情况、技术力量、机械化程度、交通能源、管理体制、市场销售、干鲜果比价、农业区划情况以及有无污染源等。

果树生产情况：当地果树及核桃的栽培历史，主要树种、品种，果园总面积、总产量。历史上果树的兴衰及原因。各种果树和核桃树的单位面积产量。经营管理水平及存在的主要病虫害等。

气候条件：包括年平均温度、极端最高和最低温度、生长期积温、无霜期、年降水量等。常年气候的变化情况，应特别注意对核桃危害较严重的灾害性天气，如冻害、晚霜、雹灾、涝害等。

土壤调查：包括土层厚度，土壤质地，酸碱度，有机质含量，氮、磷、钾及微量元素的含量以及园地的前茬树种或作物等。

水利条件：包括水源情况、水利设施等。

②现场测量制图。建园面积较大或山地建园，需进行面积、地形、水土保持工程的测量工作。平地测量较简单，常用罗盘仪、小平板仪或经纬仪，以导线法或放射线法将平面图绘出，标明突出的地形变化和地物。山地建园需要进行等高测量，以便修筑梯田、撩壕、鱼鳞坑等水土保持工程。

③规划设计。园地测绘完成以后，按核桃园规划的要求，根据园地的实际情况，对作业区、防护林、道路、排灌系统、建筑用地、品种的选择和配置等进行规划，并按比例绘制核桃园平面规划设计图。

2. 园地规划设计　核桃主要有三种传统栽培方式。第一种是集约化园片式栽培，无论幼树期是否间作，到成龄树时均成为纯核桃园。第二种是间作式栽培，即核桃与农作物或其他果树、药用植物等长期间作，此种栽培方式能充分利用空间和光能，且有利于核桃的生长和结果，经济效益高。第三种栽培方式是利用沟边、路旁或庭院等闲散土地的零星栽培，也是我国发展核桃生产不可忽视的重要方面。

只要园地符合要求，并进行适当的品种配置即可进行零星栽培。而其他两种栽培方式，在定植前，均要根据具体情况进行详细的调查和规划设计。主要内容包括：小区划分、防护林的设置、道路系统的规划、排灌系统的设置、辅助设施的规划等。

（1）小区划分 小区是核桃园的基本生产单位。形状、大小、方向都应与当地的地形、土壤条件及气候特点相适应，要与园内道路系统、排灌系统及水土保持工程的规划设计相互配合协调。为保证作业区内实施技术的一致性，小区内的土壤及气候条件应基本一致，地形变化不宜太大，要求耕作比较方便，小区面积可定为30 000～70 000 米^2。地形复杂的山地核桃园中，为了不破坏自然环境，防止水土流失，依自然地形划定小区。小区的形状多设计为带状长方形，方向最好为南北向。平地核桃园，作业区的长边应与当地风害的方向垂直，以减少风害。同时保持作业区内的土壤、光照、气候条件的相对一致，更有利于水土保持工程的施工及排灌系统的规划。

（2）防护林的设置 防护林主要作用是降低风速，提高局部空气温度，增加湿度等。防护林树种选择应尽量就地取材，选用适应性强、生长速度快、寿命长，与核桃无共同病虫害，并有一定经济价值的树种。核桃园常选用树冠上下均匀透风的疏透林带或上部不透风、下部透风的透风林带。为加强对主要有害风的防护，通常采用较宽的主林带，一般宽约 20 米。另外设 10 米宽的副林带，以防护其他方向的有害风。

防护林常以乔木、小乔木和灌木组成。行距 2～2.5 米，株距1～1.5 米。为防止林带遮阳和树根伸入核桃园影响核桃树生长，一般要求南面林带距核桃树 20～30 米，北面林带距核桃树 10～15 米。

（3）道路系统的规划 为使核桃园生产管理高效方便，应根据需要设置宽度不同的道路。一般大中型核桃园由主路（或干路）、支路和作业道三级道路组成。主路贯穿全园，需要能通过汽车、大型拖拉机等，便于运输农资、果品等，宽度要求 6～8 米。支路是连接主路通向作业区的道路，需要能通过小型拖拉机便于机械化作业，宽度要求达到 4～6 米。作业道是作业区内从事生产活动的要道，宽度要求达到 2～3 米。小型核桃园可不设主路和作业道，只设支路。山地核桃园的道路应根据地形修建，避免道路过多占用土地。

(4) 排灌系统的设置　排灌系统是核桃园科学、高效、安全生产的重要组成部分，要做到旱能灌，涝能排。生产上主要有渠道灌溉、滴灌和喷灌。

渠道灌溉系统包括干渠、支渠和园内灌水沟。干渠将水引至园中，纵贯全园。支渠将水从干渠引至作业区。灌水沟将支渠的水引至行间，直接灌溉树盘。渠道的深浅和宽窄应根据水的流量而定。平地核桃园的干渠与支渠呈“非”字形，干渠和支渠可采用地下管网。山地核桃园干渠与支渠呈 T 形，干渠位置要高些，应设在分水岭或坡面上方，以利扩大灌溉面积。山地核桃园的灌水渠道应与等高线走向一致，配合水土保持工程，按一定的比降修成，可以排灌兼用。大水漫灌浪费水资源，肥水流失严重，易引起土壤板结。

滴灌系统由主管、支管、分支管和毛管组成。分支管按树行排列，每行树一条，毛管每棵树沿树冠边缘环绕一周。滴灌用水比渠道灌溉节约 75%，比喷灌可节约 50%。

水肥一体化技术就是通过灌溉系统施肥，核桃在吸收水分的同时也可吸收养分。灌溉同时进行的施肥一般是在压力作用下将肥料溶液注入灌溉输水管道，溶有肥料的水通过灌水器注入根区，果树根系一边吸水一边吸肥，显著提高了肥料的利用率，是现代核桃生产管理的一项重要技术。目前，以滴灌施肥最普遍，具有显著的节水节肥、省工省时、增产增效作用。

核桃多为山地、丘陵栽培，这些地区一般灌溉比较困难。因此，山地、丘陵和干旱地区建核桃园时，可结合水土保持、修水库、开塘堰、挖涝池，尽量保蓄雨水，以满足核桃树生长发育的需求。平地核桃园，除了打井修渠满足灌溉以外，对于易涝的低洼地带，要设置排水系统。

核桃树属深根树种，忌水位过高，地下水位距地表小于2米，核桃的生长发育即受抑制。因此，排水问题不可忽视，特别是起伏较大的山地核桃园和地下水位较高的下湿地，都应重视排水系统的设计。山地核桃园多采用明沟法排水，主要排除地表径流，排水系统由梯田内的等高集水沟和总排水沟组成。等高集水沟可修在梯田内沿，而总排水沟应设在集水线上。平地核桃园的排水系统是由小区以内的集水沟和小区边沿的支沟与干沟三部分组成，干沟的末端为出水口。集水沟的间距要根据平时地面积水情况而定，一般间隔2～4行挖一条。支沟和干沟通常是按排灌兼用的要求设计，如果地下水位过高，需要结合降低水位的要求加大深度。

（5）辅助设施的规划 辅助设施主要包括管理用房、农用机械仓库、配药池、有机肥堆放场等。管理用房、农用机械仓库要靠近主路，交通方便。配药池、有机肥堆放场最好位于核桃园中心，便于运输。

（三）高效栽植技术

1. 平整改良园地与挖穴 核桃树属于深根性植物。因此，要求土壤土层深厚、较肥沃。不论山地或平地栽植，均应提前进行土壤熟化和增加肥料等准备工作。土壤准备主要包括平整土地、修筑梯田及水土保持工程的建设等，在此基础上还要进行深翻熟化和改良土壤、贮备肥料、定点挖穴等各项工作。整地挖穴一般在秋季土壤封冻前或春季土壤解冻后进行。

（1）深翻熟化和改良土壤 通过深翻可以使土壤熟化，同时改善表土层以下淋溶层、淀积层的土壤结构。核桃多栽培在山地、丘陵区，少部分栽培在平原上。对于活土层浅、理化性质差的土壤，深翻显得更为重要。深翻的深度为80～100厘米。深翻的同时可以进行土壤改良，包括增施有机肥、绿肥，使用土壤改良剂等。沙地栽植，应混合适量黏土或腐熟秸秆以改良土壤结构；在黏重土壤或下层为砾石的土壤上栽植，应扩大定植穴，并采用客土法、掺沙、增施有机肥、填充草皮土或表面土的方法来改良土壤。

(2) 贮备肥料　肥料是核桃生长发育良好的物质基础。特别是有机肥中，所含的营养比较全面，不仅含核桃生长所需的营养元素，而且含有激素、维生素、氨基酸、葡萄糖、DNA、RNA、酶等多种活性物质，可提高土壤腐殖质，增加土壤孔隙度，改善土壤结构，提高土壤的保水和保肥能力。在栽植核桃时，施入适量有机底肥，能有效促进核桃的生长发育，提高树体的抗逆性和适应性。如果同时加入适量的磷肥和氮肥作为底肥，效果更显著。为此，在苗木定植前，应做好肥料的准备工作，可按每株 20～30 千克准备有机肥，按每株 1～2 千克准备磷肥。如果以秸秆为底肥，应施入适量的氮肥。

(3) 定点挖穴　在完成以上工作的基础上，按预定的栽植设计，测量出核桃的栽植点，并按点挖栽植穴或栽植沟。栽植穴或栽植沟应于栽植前一年的秋季挖好，使心土有一定熟化的时间。

地势平坦的园区挖栽植沟，整地时以南北为行挖通沟，并且以与排水沟垂直为最好，有利于排涝，沟宽与沟深为 1 米。挖沟时，将表土与生土分别堆放。栽植沟挖好后，先将作物秸秆回填于沟底，厚度 30 厘米左右；再将表土、有机肥和化肥混合后进行回填，一般每亩施有机肥 2 000 千克以上，无机复合肥 50 千克；最后将生土摊平，灌水沉实。

丘陵地区，按等高线整地挖栽植穴。坡度为 5°～15°的缓坡地，修整成梯田，在梯田内挖大穴；坡度 16°～25°的山地，挖大穴修整成鱼鳞坑。穴深与穴宽 1 米，将表土、有机肥和化肥混合后进行回填，每定植穴施优质农家肥 30～50 千克，磷肥 3～5 千克，然后浇水压实。梯田外高内低，梯田内侧留排水沟；修整鱼鳞坑要以栽植点为中心，修成外高内低的半月形土坑。

2. 栽植苗木

(1) 苗木规格要求 苗木质量优劣直接关系到建园的成败。苗木要求通过省级以上审定；品种纯正，无病虫害；二至三年生，主干充实，主根发达，侧根完整，嫁接部位愈合良好，苗高 1 米以上，干径不小于 1.2 厘米。《苹果苗木》(GB 9487—2003) 见表 2-1。苗木长途运输时应注意保湿、避免风吹、日晒、冻害及霉烂。

表 2-1 嫁接苗的质量等级

项 目	一 级	二 级
苗高（厘米）	大于 60	30～60
基径（厘米）	大于 1.2	1.0～1.2
主根长度（厘米）	大于 20	15～20
侧根数（条）	多于 15	多于 15

(2) 授粉树配置 选择栽植的授粉树品种，应具有良好的商品性状和较强的适应能力。核桃具有雌雄异熟、风媒传粉、传粉距离短及坐果率差异较大等特性，为了提供良好的授粉条件，最好选用 2～3 个主栽品种，而且能互相授粉（表 2-2）。专门配置授粉树时，可按每 4～5 行主栽品种配置 1 行授粉品种的比例。山地梯田栽植时，可以根据梯田面的宽度，配置一定比例的授粉树，原则上主栽品种与授粉品种比例不低于 8∶1 为宜。授粉品种也应具有较高的商品价值。

表 2-2 核桃授粉品种配置参考表

品种类群	雌雄异熟性	品种
早实核桃	雌先型	鲁丰、中林 5 号、鲁果 3 号、鲁果 6 号、绿波、辽宁 5 号、辽宁 10 号、中林 1 号、中林 3 号、中林 5 号、陕核 1 号
	雄先型	香玲、岱丰、岱辉、岱香、鲁光、鲁果 1 号、鲁果 2 号、鲁果 4 号、鲁果 5 号、鲁果 7 号、鲁果 8 号、鲁核 1 号、薄丰、辽宁 1 号、辽宁 3 号、辽宁 7 号、寒丰、西扶 1 号

（续）

品种类群	雌雄异熟性	品种
晚实核桃	雌先型	礼品 2 号、京香 3 号
	雄先型	晋龙 1 号、晋龙 2 号、礼品 1 号、西洛 2 号、西洛 3 号、北京 746、京香 2 号

(3) 栽植密度　核桃树喜光，栽植密度过大，果园郁闭，影响产量；栽植密度过小，土地利用率低。因此，核桃栽植密度应根据立地条件、栽培品种和管理水平不同确定，以单位面积高产、稳产、便于管理为原则。在土层深厚、肥力较高的条件下栽培，树冠较大，株行距也应大些，晚实核桃可采用 6 米×8 米或 8 米×9 米的株行距，早实核桃可采用 4 米×5 米或 4 米×6 米的株行距，也可采用 3 米×3 米或 4 米×4 米的密植形式，当树冠郁闭光照不良时，可有计划地间伐成 6 米×6 米或 8 米×8 米的株行距。

对于栽植在耕地田埂、坝堰，以种植作物为主，实行果粮间作的核桃园，间作密度不宜硬性规定，一般株行距为 6 米×12 米或 8 米×9 米。山地栽植以梯田宽度为准，一般一个台面一行，台面宽于 20 米的可栽植两行，台面宽度小于 8 米时，隔台一行，株距一般晚实核桃为 5～8 米，早实核桃为 4～6 米。

(4) 栽植　核桃的栽植时间分为春季和秋季两季。北方核桃以春季栽植为宜，特别是芽接苗，一定要在春天定植，时间在土壤解冻至发芽前。北方春季干旱，应注意灌水和栽后管理。冬季寒冷多风，秋季栽植幼树容易受冻害或抽条，因此，秋季栽植时应注意幼树防寒。冬季较温暖、秋季栽植不易发生抽条的地区，落叶后秋季栽植或萌芽前春季栽植均可。

栽植以前，将苗木的伤根、烂根剪除后，将根系放在 500～1 000毫克/升的 ABT 生根粉 3 号溶液中浸泡 1 小时以上，或用泥浆蘸根，使根系吸足水分，以利成活。栽植前还要先按设计的株行距画线定点，然后挖40厘米×40厘米×40厘米的定植穴，把树苗放入定植穴中央、扶正，舒展根系，分层填土，边填边提边踏，根系与土充分接触，培土至与地面相平，栽植深度可略超过原苗木根颈5厘米，全面踏实后，打出树盘，充分灌水，待水渗下后，用高40厘米以上的大土墩封好苗木颈部，以保湿保温，防止抽干。

提高核桃栽植成活率的措施。第一，严把苗木质量关，选择主根及侧根完整，芽饱满粗壮，无病虫害的苗木。第二，修剪根系，将苗木的过长根、伤根、烂根剪除，露出新茬。第三，栽前浸水，修剪完根系后，清水浸泡根系4小时以上，使苗木充分吸水，以利苗木的萌发和生根。第四，ABT生根粉处理，苗木吸足水后，用500～1 000毫克/升的ABT生根粉3号溶液浸泡根系1小时，促进愈合生根。第五，挖大穴，保证苗木根系舒展；在灌溉困难的园地，大土墩封好苗木不仅可防旱保墒，而且可保持地温，促进根系再生恢复；土墩以上苗干涂刷15倍聚乙烯醇胶液［聚乙烯醇：水＝1：(15～20)］，以防苗木失水抽干，聚乙烯醇胶液的制作方法为先将水烧至50℃左右，然后加入聚乙烯醇，随加随搅拌，直至沸腾，然后用文火熬制20～30分钟后即可。第六，防治病虫害，早春金龟子吃嫩叶、芽，故应特别注意。

（四）强化当年苗木栽植管理

1. 除草施肥灌水 为了保证苗木栽植成活，促进幼树的生长发育，应及时进行人工除草、施肥灌水及加强土壤管理等。

栽植后应根据土壤干湿状况及时浇水，以提高栽植成活率，促进幼树生长。栽植灌水后，也可地膜覆盖树盘，以减少土壤蒸发。在生长季，可结合灌水追施适量化肥，前期以追施氮肥为主，后期以磷、钾肥为主，也可进行叶面喷肥。

2. 苗木成活情况检查及补栽 春季萌芽展叶后，应及时检查苗木的成活情况，对未成活的植株，应及时补栽同一品种的苗木。

3. 定干与重短截　春季萌芽后定干，对于达到定干高度的幼树，要及时进行定干。定干高度要依据品种特性、栽培方式及土壤和环境等条件而确定，立地条件好的核桃树定干可以高一点，平原密植园，定干要适当低一些。一般来讲，早实核桃的树冠较小，定干高度一般以 1.0～1.2 米为宜；晚实核桃的树冠较大，定干高度一般为 1.2～1.5 米；有间作物时，定干高度为 1.5～2.0 米。栽植于山地或坡地的晚实核桃，由于土层较薄，肥力较差，定干高度可在 1.0～1.2 米。果材兼用型品种，为了提高木材的利用率，干高可定在 3 米以上。

苗木高度达不到当年定干要求的，也可翌年定干。但当年可在嫁接部位以上 1～2 个芽处进行重短截，在发芽后保留一个壮芽萌发抽枝，只要加强管理，一般第 2 年就可达到定干高度。

4. 及时除萌，合理间作　嫁接苗建园，由于定干等措施的使用，嫁接部位以下砧木易萌发新芽，要及时检查和除萌，避免浪费营养，抑制嫁接部位以上生长。

在不影响核桃树正常生长的前提下，适时适当合理间作。可在行间种植花生、甘薯、豆类等矮秆作物，但要在树行间留足 1.5 米营养带，避免间作物与核桃争水、争肥、争光。

5. 冬季防抽干　我国华北和西北地区冬季寒冷干旱，栽后 2～3 年的核桃幼树经常发生抽条现象。因此，要根据当地具体情况，进行幼树防寒和防抽条工作。

防止核桃幼树抽条的根本措施是提高树体自身的抗冻性和抗抽条能力。加强肥水管理，按照前促后控的原则，7 月以前以施氮肥为主，7 月以后以施磷、钾肥为主，并适当控制灌水。在 8 月中旬以后，对正在生长的新梢进行多次摘心并开张角度或喷施 1 000～1 500毫克/千克的多效唑，可有效控制枝条旺长，增加树体的营养贮藏和增强抗性。入冬前灌一次冻水，提高土壤的含水量，减少抽条现象的发生。

幼树防抽条，最安全的方法是在土壤封冻前，将苗木弯倒全部埋入土中，覆土30～40厘米，第2年萌芽前再把幼树扶出扶直。不易弯倒的幼树，涂刷15倍聚乙烯醇胶液，也可树干绑秸秆、涂白，减少核桃枝条水分的损失，避免抽条。

二、新优特品种

（一）早实核桃优良品种的特性

优良品种应在丰产、优质的基础上能降低管理成本，适应生产和消费的需要，如抗（耐）性好（抗病性、抗虫性、抗寒性、耐土壤盐碱、耐瘠薄等），核桃仁品质优良（耐贮性、蛋白质含量、脂肪含量、矿质营养、风味等），材质好等，可以收获更好的效益。早实核桃优良品种是由其生物学特性决定的。

1. 幼龄期短，开始结果较早　对于多年生果树来说，缩短幼龄期是提高经济效益的重要方法之一。以前我国各地栽培的核桃大多为晚实核桃，通常8～10年开始结果。从20世纪50年代开始，在各地进行果树资源调查中，发现结果早的资源。首先，在陕西扶风发现隔年核桃，即播种后第2年开始结果，后来，又在新疆发现早实核桃。从60年代开始，各地相继开始引种和栽培早实核桃。由于早实核桃结果早，且产量高，经济效益高，因此，各地科研人员以结果早作为优良品种的重要特性进行选种育种，已选育出早实品种几十个。

2. 分枝力强　分枝力强是不断扩大树冠和增加产量的基础。早实核桃的早期大量分枝是区别于晚实核桃的主要生物学特性之一。早实核桃从第2年就开始分枝，其发枝率为30%～43%，单株分枝量最多达18个。二年生晚实核桃分枝率只有6.5%，其余只有顶芽抽生1个延长枝。四年生早实核桃平均分枝数为32个左右，最多的达95个。而晚实核桃平均分枝6个左右，最多9个。

二次分枝是早实核桃区别于晚实核桃的又一特性。所谓二次分枝是指春季一次枝生长封顶以后，由近顶部 1～3 个芽再次抽生新枝，而晚实核桃一年只抽生一次枝。

3. 坚果经济性状好　坚果经济性状主要指坚果的品质和产量。坚果品质是衡量核桃品种优劣的主要条件之一。坚果品质由许多性状构成，通常包括：大小、形状、外部特征、壳厚薄、取仁难易、种仁饱满度、出仁率高低、种仁风味、内种皮颜色、脉络、核桃仁含油量、耐贮运程度等。

坚果果形端正，中等大小，壳面光滑、色泽浅亮为优良。当带壳销售时，缝合线紧而平，耐漂洗也是优点之一。仁用品种的核桃壳厚度以及内褶壁质地也是影响品质的因素。优良品种的壳厚应在 1.3 毫米左右，内隔膜延伸较窄且为纸质，内褶壁不发达或退化。核桃仁充实、饱满、乳黄色或浅琥珀色。出仁率 50%～60%为好，出仁率过高，往往壳薄或核桃仁过于充实，紧贴核桃壳，易砸碎核桃仁。因此，核桃仁与核桃壳之间应有一定空隙，这在机械加工取仁时尤为重要。

根据国内外研究资料，实生繁殖的后代，其坚果大小、壳皮颜色及形状等方面变化明显而不稳定，但是坚果皮的厚薄和出仁率以及取仁难易等方面则是相对稳定的。中国林业科学院林业研究所研究认为，核桃在自然授粉的实生后代中，大部分优良品种能保持母树的坚果皮厚度、取仁难易的性状，单坚果大小、坚果重量却表现出较大变异，这种变异与遗传因素、环境条件、栽培管理、结实量多少以及采种部位等都有很大联系。

坚果产量的高低，除受立地条件和栽培管理技术制约外，不同品种产量往往差异较大。根据辽宁经济林研究所的调查材料，在相同条件下栽培的七年生不同品种早实核桃产量可相差约 2 倍。这种差异是由核桃品种的内在因素，即生长与开花结实特性决定的，受遗传性制约。核桃坚果产量的构成因素，主要包括结果母枝数、侧生果枝率、坐果率、坚果单果重等。具有丰产特性的品种，结果母枝上混合芽数量多，发芽率也高，特别是侧生花芽发芽率高是重要的丰产性状。

4. 适应性好 耐寒性是指核桃品种在生命周期和年周期中，适应或抵御0℃以下低温和早春晚霜的能力。有的品种春季开花较早，常受晚霜的危害而造成大量减产；而有的开花较晚，能够避开晚霜的危害。有的品种当气温降到－2℃以下即发生冻害，而有的能在－25℃，甚至－30℃的低温条件下安全越冬。

抗风是指核桃品种抵御大风的能力。大风可以造成核桃果实大量脱落，特别是果实开始硬核以后，有的品种遇到8级以上的大风，常造成大量果实脱落；而有的品种遇到11级以上的风也很少发生果实脱落。果实大、果柄长的品种落果严重；果实较小而且果柄较短的品种落果少，甚至不落果，抗风能力强。

抗病性强是指核桃品种对主要核桃病害的免疫力强。我国各地严重危害核桃的病害主要是细菌性黑斑病和炭疽病，常造成果实的大量霉烂而减产甚至绝收。因此，选择优良品种时，应将抗病性作为一个重要因素加以考虑。

（二）选择良种的标准

在我国核桃生产中，大部分核桃为实生繁殖。后代分离广泛，果实良莠不齐，多数果壳较厚、出仁率低、取仁较难，产量、品质差异很大，缺乏市场竞争力。这也是造成我国核桃出口量和出口价格较低的主要原因。良种是建园的基础，也是丰产稳产的保证。因此，建园品种的选择是核桃生产的关键。目前，通过国家级和省级鉴定的核桃品种100余个，但不一定都适合当地种植。选择品种前应对当地气候、土壤、降水量等自然条件和待选核桃品种的生长习性等进行全面的调查研究。在确定品种上，应重点考虑以下几个方面。

1. 充分考虑良种的生态适应性　品种的生态适应性是指经过引种驯化栽培后，完全适应当地气候环境，园艺性状和经济特性等符合当地推广要求。因此，选择品种时一定要选择经过省级以上鉴定且在本地引种试验中表现良好，适宜在本地推广的品种。确定品种前，应该先咨询专家，查阅引种报告，实地考察当地品种示范园。如以上信息均没有，也可以先少量引种栽植，观察该品种是否适宜本地栽培，切勿盲目大量栽植。一般来讲，北方品种引种到南方能正常生长，南方品种引种到北方则需要慎重，必须经过严格的区域试验。

2. 适地适品种选择主栽品种　优良品种是核桃优质、丰产、高效栽培的物质基础，除具有丰产性、优质性及安全性等基本属性外，还具有地域性、时限性和目的性，良种的适应性再广也受地域限制，在甲地栽培为良种，引种到乙地栽培不一定是良种，昨天的良种不等于今天的良种，今天的良种不等于今后的良种。因此，适宜的良种才是保证核桃优质高产的前提和基础。

经过多年努力，我国已选出了一批优良品种，如薄壳香、香玲等，但这些品种大多是从新疆核桃实生后代中选出的，也存在不同程度的问题。如新疆核桃具有早实丰产性，但也普遍存在抗病性较差的问题，尤其是果实成熟期的炭疽病、黑斑病及树势衰弱后的枝枯病等危害较重；华北核桃具有结果晚、内种皮颜色较深等不足。选择主栽品种时一定要根据当地的土壤、气候、灌溉等条件结合品种特性来决定。

选择主栽品种时一定要注意适地适树。目前，通过国家级、省级鉴定的核桃品种从结果时间上分为早实品种和晚实品种。早实品种一般结果较早，嫁接后 2～3 年内开始结果，早期产量高，适于矮化密植，但是有的早实品种抗病性、抗逆性较差，适宜肥水条件好、管理良好的平原栽培。晚实品种早期丰产性相对较差，嫁接后 3～5 年才开始结果，但是树势健壮，丰产期长，抗病性、抗逆性相对较强，可在立地条件较差、管理粗放的山地、丘陵地区栽植。

3. 选择雌雄花期一致的授粉品种 每个核桃园都应该根据各个品种的主要特性、当地的立地条件和管理水平，选择1～2个主栽品种。品种不宜过多，以免管理不便，提高生产成本。核桃花是风媒花，花粉传播的距离与风速、地势等相关，在一定距离内，花粉的散布量随风速增加而加大，但随距离的增加而减少。一定要选择1～2个雌雄花期一致的授粉品种，按（5～8）∶1的比例，呈带状或交叉状种植。

（三）新特优核桃品种

1. 早实品种 播种后二至三年生开始开花结果的核桃树称为早实核桃。早实核桃比晚实核桃根系发达，幼树表现更为明显，一年生早实核桃比晚实核桃根系总数多1.9倍，根系总长度是晚实核桃根系总长度的1.8倍。

早实核桃产生侧枝较早，一年生植株可有10%产生侧枝；一般二至三年生晚实核桃才分生侧枝。早实核桃分枝力强，从第2年就开始分枝，其分枝率30%～43%，单株分枝量最多达18个；二年生晚实核桃分枝率只有6.5%，其余只有顶芽抽生1个延长枝。二次分枝是早实核桃区别于晚实核桃的又一特性，所谓二次分枝是指春季一次枝生长封顶以后，由近顶部1～3个芽再次抽生新枝，而晚实核桃一年只抽生一次枝条。

早实核桃的侧芽多为混合芽，高达90%以上，甚至基部潜伏芽也能萌发出混合芽来开花结果。而晚实核桃的混合芽着生于结果母枝顶端及以下1～3节。早实核桃具有二次开花结果的特性，二次花一般呈穗状花序。二次花序有的雌雄同序，基部着生雌花，上部为雄花；有的为单性花；有的雌雄同花，呈过渡状态；也有的全花序皆为两性花，中间为雌花，柱头较细弱，外围着生几对花药。

二次花结果多呈串状，二次果果形较小，但开花早的可成熟并具有发芽力。

(1) 岱香　山东省果树研究所以辽宁1号和香玲为亲本杂交育成，2012年通过国家林业局林木品种审定委员会审定。

矮化紧凑型品种，树姿开张，树冠圆形。嫁接苗定植后，第1年开花，第2年开始结果，坐果率70%，多双果和三果。坚果圆形，浅黄色，果基圆，果顶微尖，单果重13～15.6克。壳面较光滑，缝合线紧，宽而稍凸。壳厚0.9～1.2毫米，核仁饱满，易取整仁，出仁率55%～60%。

在山东泰安地区3月下旬发芽，4月中旬雄花开放，4月下旬为雌花期，雄先型。9月上旬坚果成熟，11月上旬落叶。其雌花期与辽宁5号、鲁果6号等雌先型品种的雄花期基本一致，可互为授粉品种。

(2) 秋香　山东省果树研究所以泰勒为母本杂交育成，2004年定为优株，2015年通过山东省林木品种审定委员会审定。

树姿直立，生长势强。树干灰白色，光滑，有浅纵裂。当年生新枝绿褐色，光滑，粗壮。侧花芽率75.0%以上，多双果和三果，坐果率85.0%以上。坚果平均单果重13.0克，壳面较光滑，有网络状沟纹，缝合线紧、平，壳厚1.0毫米，易取整仁，出仁率53%。

萌芽晚，在泰安地区一般3月底萌动，4月10日左右萌芽，雌花期4月20日左右，比香玲晚2周，可有效避开晚霜的危害，果实9月上旬成熟。

(3) 鲁果2号　山东省果树研究所从新疆早实核桃实生后代中选出，2012年通过国家林业局林木品种审定委员会审定。

树姿较直立，母枝分枝力强，树冠呈圆锥形。嫁接苗定植后第2年开花，第3年结果，坐果率68%，多双果和三果。坚果圆柱形，基部一侧微隆，另一侧平圆，果顶圆形，单果重14～16克。

壳面较光滑，有浅刻纹，淡黄色，缝合线平，结合紧密。壳厚0.8～1.0毫米，内褶壁退化，横隔膜膜质，核仁充实饱满，易取整仁，出仁率56%～60%。

在山东泰安地区3月下旬萌发，4月上旬为雄花期，4月10日左右为雄花盛期，4月中旬雌花开放，雄先型。8月下旬坚果成熟。

（4）鲁果4号 山东省果树研究所实生选出的大果型核桃品种，2007年通过山东省林木品种审定委员会审定。

树姿较直立，树冠长圆头形。嫁接苗定植后第1年开花，坐果率70%，多双果和三果。坚果长圆形，果基、果顶均平圆，单果重16.5～23.2克。壳面较光滑，缝合线紧密，稍凸，不易开裂。壳厚1.0～1.2毫米，内褶壁膜质，纵隔膜不发达，核仁饱满，可取整仁，出仁率52%～56%。综合坚果品质上等。

在山东泰安地区3月下旬萌发，4月中旬雄花开放，4月下旬为雌花期，雄先型。9月上旬坚果成熟，11月上旬落叶。

（5）鲁果7号 山东省果树研究所以香玲和华北晚实核桃优株为亲本杂交育成的早实核桃品种，2009年通过山东省林木品种审定委员会审定。

树势较强，树姿较直立，树冠呈半圆形，分枝力较强。坐果率70%。坚果圆形，果基、果顶均圆，单果重13.2克。壳面较光滑，缝合线平，结合紧密，不易开裂。壳厚0.9～1.1毫米，内褶壁膜质，纵隔不发达，核仁饱满，易取整仁，出仁率56.9%。

在山东泰安地区3月下旬萌发，4月中旬雄花、雌花均开放，雌雄花期极为相近，但为雄先型。9月上旬坚果成熟，11月上旬落叶。

（6）鲁果11 山东省果树研究所从早实核桃实生后代中选出，2012年定名。2012年通过山东省林木品种审定委员会审定。

坚果长椭圆形，单果重17.2克，壳面光滑，缝合线紧、平。壳厚1.3毫米，易取整仁。核桃仁饱满，浅黄色，味香，出仁率

52.9%，脂肪含量67.4%，蛋白质含量18.1%，品质优良。

树势强健，树姿直立。枝条粗壮，分枝力强，坐果率72.7%，侧花芽率81.6%，多双果和三果，以中短果枝结果为主。在山东泰安地区，3月下旬发芽，4月中上旬雄花开放，4月中下旬雌花开放，雄先型。8月下旬果实成熟，11月上旬落叶。

(7) 鲁核1号　山东省果树研究所从早实核桃实生后代中选出。1996年定为优系，1997—2001年进行复选、决选，2002年定名。2012年通过国家林业局林木品种审定委员会审定。

坚果圆锥形，壳面光滑，缝合线紧，不易开裂，耐清洗、漂白及运输；单果重13.2克，壳厚1.2毫米，可取整仁。内种皮浅黄色，无涩味，核仁饱满，有香味，出仁率55.0%，脂肪含量67.3%，蛋白质含量17.5%，坚果综合品质优良。

树势强，生长快，树姿直立。母枝分枝力强，坐果率68.7%，侧花芽率73.6%，多双果，以中长果枝结果为主。在山东泰安地区，3月下旬发芽，4月初展叶，雄花期4月中旬，雌花期4月下旬，雄先型。8月下旬果实成熟，11月上旬落叶。

该品种表现速生、早实、优质，抗逆性强，坚果光滑美观，核桃仁饱满、色浅、味香不涩，坚果品质优良，是一个优良的果材兼用型核桃新品种。

(8) 辽宁1号　1980年辽宁省经济林研究所以河北昌黎大薄皮10103优株和新疆纸皮11001优株为亲本杂交育成。

树势强，树姿直立或半开张，分枝力强，枝条粗壮密集。结果枝为短枝型果枝，坐果率60%左右，多双果。坚果圆形，果基平或圆，果顶略呈肩形，单果重10克左右。壳面较光滑，缝合线微隆起，结合紧密。壳厚0.9毫米左右，内褶壁退化，核桃仁充实饱满，黄白色，出仁率59.6%。

在辽宁大连地区4月中旬萌动，5月上旬雄花散粉，5月中旬雌花盛花期，雄先型。9月下旬坚果成熟，11月上旬落叶。

该品种较耐旱、抗寒，适应性强，丰产，适宜在我国北方地区种植。

(9) 辽宁3号 1989年辽宁省经济林研究所以河北昌黎大薄皮10103优株和新疆纸皮11001优株为亲本杂交育成。

树势中等，树姿开张，分枝力强，枝条多密集。坐果率60%左右，多双果或三果。坚果椭圆形，果基圆，果顶圆并突尖，单果重10克左右。壳面较光滑，色浅，缝合线微隆起，结合紧密。壳厚1.1毫米左右，内褶壁退化，核桃仁充实饱满，黄白色，出仁率59.6%。

在辽宁大连地区4月中旬萌动，5月上旬雄花散粉，5月中旬雌花盛花期，雄先型。9月下旬坚果成熟，11月上旬落叶。

该品种较耐旱、抗寒，适应性强，丰产，适宜在我国北方地区种植。

(10) 野香 山东省果树研究所以野核桃（*Juglans cathayensis* Dode）为母本，与早实核桃（*J. regia*. L）品种香玲、丰辉等品种，开放授粉杂交育成，2018年获得植物新品种权。

坚果圆形，单果重13～15克，壳面光滑，缝合线紧、凸。壳厚1.6毫米，易取整仁。核桃仁饱满，浅黄色，味香，出仁率38%左右，脂肪含量65.5%，蛋白质含量22.6%，品质优良。

树势强健，树姿直立。枝条粗壮，分枝力强，坐果率82.3%，侧花芽率95%，多双果和三果，以中短果枝结果为主。在山东泰安地区，3月下旬发芽，4月中上旬雄花开放，4月中下旬雌花开放，雄先型。8月下旬果实成熟，11月上旬落叶。

该品种早实、优质、抗逆性强，坚果光滑美观，核桃仁饱满、色浅、味细香不涩，坚果品质优良，是一个优良的野杂核桃新品种。

2. 晚实品种 核桃属于异花授粉植物，自然授粉的实生后代多为异交系，变异类型复杂，且受不同环境条件的影响，致使种内类型多样。晚实核桃一般 8～10 年开始结果，而且有一些外壳也很薄，有些地方称为纸皮核桃；早实核桃比晚实核桃分枝力强，二年生植株就开始大量分枝，具有二次分枝和二次开花特性，核桃壳也厚薄不一。也就是说薄壳核桃不一定是晚实核桃。

(1) 礼品 1 号　1989 年辽宁省经济林研究所从新疆晚实核桃 A2 号实生后代中选育而成，1995 年通过省级鉴定。

树势中庸，树姿开张，分枝力中等，树冠半圆形，中长枝结果为主。坐果率 50%。坚果长圆形，果基圆，果顶圆且微尖，坚果重 9.7 克。果壳表面刻沟少而浅，光滑美观，缝合线窄而平，结合紧密。壳厚 0.6 毫米，手捏即开，内褶壁退化，极易取整仁，出仁率为 70%左右。

在辽宁大连地区 4 月中旬萌动，5 月上旬雄花散粉，5 月中旬雌花盛花期，雄先型。9 月中旬坚果成熟，11 月上旬落叶。

该品种适宜在我国北方核桃产区栽培。目前，北京、河南、山西、陕西、山东、河北、辽宁等地有较多栽培。

(2) 礼品 2 号　1989 年辽宁省经济林研究所从新疆晚实核桃 A2 号实生后代中选育而成，1995 年通过省级鉴定。

树势中庸，树姿开张，分枝力较强，长枝结果为主。坐果率 70%，多双果。坚果长圆形，果基圆，果顶圆微尖，坚果重 13.5 克。壳面光滑，缝合线窄而平，结合紧密。壳厚 0.7 毫米，内褶壁退化，易取整仁，出仁率为 67.4%左右。

在辽宁大连地区 4 月中旬萌动，5 月上旬雌花盛花期，5 月中旬雄花散粉，雌先型。9 月中旬坚果成熟，11 月上旬落叶。

该品种抗病、丰产，适宜在我国北方核桃产区栽培。目前，北京、河北、山西、河南、辽宁等地有栽培。

(3) 青林　2007 年山东省林业科学研究院从核桃实生后代中选出，是一个优质晚实型材果兼用核桃新品种，树干通直、速生、丰产。

树势强，生长旺盛，干性强，树姿直立。树干通直，银褐色，当年生枝条浅褐色，多年生枝银白色，光滑，枝条粗壮。每个雌花序多着生 2～3 朵雌花，以中长结果枝为主，每结果母枝可抽生2～3 条结果枝。果实绿色，长卵圆形，果点较密，果面茸毛较多，青皮厚度 0.3～0.4 厘米，成熟后青皮容易脱落。坚果长椭圆形，果基圆，果顶微尖。壳面有条状刻沟，较光滑；壳皮黄褐色，缝合线窄凸，结合紧密，壳厚 2.18 毫米。内褶壁退化，横隔膜膜质，取仁易，可取半仁或整仁。核桃仁浅黄色充实饱满，内种皮淡黄色，浓香无涩味，品质上等，出仁率 40.12%左右。

在山东省泰安地区，萌芽期为 3 月下旬，新梢生长期为 4 月初，雌花期 4 月上旬，雄芽膨大期为 4 月中下旬，为雌先型品种。生理落果期 6 月上旬，硬核期 6 月下旬；种仁充实期 7 月下旬，果实成熟期 9 月上中旬，落叶期 11 月中旬，果实生育期 160 天左右。

三、土肥水管理技术

在核桃树生长发育过程中，根系要不间断地从土壤中吸收各种营养和水分。为了使核桃树生长发育良好，达到优质高产，地下管理非常重要。加强土肥水管理、改善土壤结构、减少水土流失、加深熟土层厚度、提高土壤肥力，为核桃树根系生长创造良好的条件，是核桃树高产、稳产、优质的重要措施。

目前，新发展的良种核桃园也普遍存在着重栽轻管甚至不管的现象。新品种需要新的栽培管理技术，否则，新品种的优势很难发挥。一般来讲，早实品种丰产性较强，但需要较好的立地条件和栽培管理水平。如果结果后缺乏土肥水管理，容易形成小老树，产量低、品质差、无经济效益。只有做到良种良法配套才能使核桃园整洁，树体健壮，经济效益增加。

（一）强化土壤管理

土壤管理是核桃栽培技术重要工作之一。良好的土壤管理可以改善土壤的理化性质，促进土壤微生物活动，平衡土壤中的水、肥、气、热四大因子的良好关系，能促进核桃幼树快速生长，提早结果，也能使盛果期核桃树高产稳产，是核桃园实现可持续发展的保障。土壤管理的主要内容有深翻改良土壤、压土与掺沙改良土壤、中耕除草、生草栽培、核桃园覆盖与核桃园间作等工作。

1. 深翻改良土壤　深翻是土壤管理的一项基本措施。经过深翻可以改善土壤结构，提高保水、保肥能力，改善根系生长环境，达到增强树势、提高产量的目的。核桃园四季均可深翻，但应根据具体情况与要求因地制宜适时进行，并采用相适应的措施，才能收到良好效果。秋季深翻一般在果实采收前后结合秋施基肥进行。土壤深翻最好在采果后至落叶前进行，此时被打断的根系容易愈合并发出大量新根，如果结合施基肥，有利于树体吸收、积累养分，提高树体耐寒力，也为来年生长和结果打下基础。春季深翻应在解冻后及早进行，此时地上部尚处于休眠期，根系刚开始活动，生长较缓慢，但伤根容易愈合和再生。从土壤水分季节变化规律看，春季土壤解冻后，土壤水分向上移动，土质疏松，操作省工。北方多春旱，翻后需及时灌水。早春多风地区，蒸发量大，深翻过程中应及时覆盖根系，以免遭受旱害。风大、干旱缺水和寒冷地区不宜春翻。夏季深翻最好在根系前期生长高峰过后，北方雨季来临前后进行。深翻后，降水可使土粒与根系密接，不致发生根失水现象。夏季深翻伤根容易愈合。雨后深翻，可减少灌水，土壤松软操作省工。但夏季深翻如果伤根过多，易引起落果，故一般结果多的大树不宜在夏季深翻。冬季深翻在入冬后至土壤封冻前进行，操作时间较长。但要及时盖土以免冻根。如果墒情不好，应及时灌水，使土壤下沉，防止冷风冻根。北方寒冷地区一般不进行冬翻。

深翻深度以稍深于核桃树主要根系分布层为度，并考虑土壤结构和土质。如山地土层薄，下部为半风化的岩石，或滩地在浅层有砾石层或黏土夹层，或土质较黏重等，深翻的深度一般要求达到80～100厘米。

深翻方式较多，应根据果园的具体情况灵活运用。一般小树根量较少，一次深翻伤根不多，对树体影响不大；成龄树根系已布满全园，以采用隔行深翻为宜。深翻要结合灌水，也要注意排水。山地果园应根据坡度及面积大小等决定深翻方式，以便于操作、有利于核桃生长为原则。常用的深翻方式主要有全园深翻和行间深翻两种。全园深翻，一般应在建园前或幼树期进行一次全园深翻，深度在80～100厘米，全园深翻用工量大，但深翻后便于平整土地和以后的操作；行间深翻，对核桃根系伤害较小，每年在每行树冠投影以外开深度在60～80厘米的沟，埋入秸秆等有机肥，也可隔行深翻，即隔一行翻一行，翌年再翻另一行，行间深翻工作量相对于全园深翻要小。山地和平地果园因栽植方式不同，深翻方式也有差别。等高撩壕的坡地果园和里高外低梯田果园，第一次先在下半行给以较浅的深翻施肥，下一次在上半行深翻把土压在下半行上，同时施用有机肥料，这种深翻应与修整梯田等操作相结合。平地果园可随机隔行深翻，分两次完成，每次只伤一侧根系，对核桃生育的影响较小。幼树栽植后，根据根系生长情况，逐年向外深翻，扩大定植穴，直至株行间全部翻遍为止。每次深翻范围小，需3～4次才能完成全园深翻。每次深翻可结合于沟底施用有机肥料，这样用工少，适合劳力较少的果园，但需要几年才能完成。

2. 压土与掺沙改良土壤　压土与掺沙是常用的土壤改良方法，具有改良土壤结构、改善根际环境、增厚土层等作用。压土的方法是把土块均匀分布于全园，经晾晒打碎后，通过耕作把所压的土与原来的土壤逐步混合起来。压土量视植株大小、土源、劳动力等条件而定。但一次压土不宜太厚，以免影响根系生长。

北方寒冷地区一般在晚秋初冬进行，可起到保温防冻的作用。压土掺沙后，土壤熟化、沉实，有利核桃生长发育。

压土厚度要适宜，过薄起不到压土作用，过厚对核桃生育不利。“沙压黏”或“黏压沙”时一定要薄一些，不要超过 10 厘米；压半风化石块可厚些，但不要超过 15 厘米。连续多年压土，土层过厚会抑制核桃根系呼吸，从而影响核桃生长和发育，造成根颈腐烂，树势衰弱。压土、掺沙应结合增施有机肥，并进行深翻，使新旧土、沙土混匀。

3. 中耕除草 中耕和除草是核桃园土壤管理中经常采用的两项紧密结合的技术措施，中耕是除草的一种方式，除草也是一种较为简单的中耕。

中耕的主要作用是改善土壤温度和通气状况，消灭杂草，减少养分、水分竞争，造就深、松、软、透气和保水保肥的土壤环境，以促进根系生长，提高核桃园的生产能力。中耕在整个生长季中可进行多次。中耕次数应根据当地气候特点、杂草多少而定，在杂草出苗期和结籽前进行除草效果较好，能消灭大量杂草，减少除草次数。在早春解冻后，及时耕耙或浅刨全园，并结合镇压，以保持土壤水分，提高土温，促进根系活动。秋季可进行深中耕，使干旱地核桃园多蓄雨水，涝洼地核桃园可散墒，防止土壤湿度过大及通气不良。中耕的深度，一般 6～10 厘米，过深伤根，对核桃树生长不利，过浅起不到中耕应有的作用。

在不需要进行中耕的果园，也可单独进行除草。杂草不但与核桃树竞争养分和阳光，还可能是病菌的中间寄主和害虫的栖息地，容易导致病虫害蔓延。因此，需要经常进行除草工作，除草宜选择晴天进行。

4. 生草栽培 除树盘外，在核桃树行间播种禾本科、豆科等草种的土壤管理方法称为生草法。可以在土壤水分条件较好的果园采用生草法，种植优良草种，关键时期补充肥水，刈割覆于地面。

在缺乏有机质、土层较深厚、水土易流失的果园，生草法是一种较好的土壤管理方法。

生草后土壤不进行耕锄，土壤管理较省工。生草可以减少土壤冲刷，遗留在土壤中的草根，增加了土壤有机质，改善了土壤理化性状，使土壤能保持良好的团粒结构。在雨季草类用掉土壤中过多水分、养分；冬季，草类枯死腐烂后又将养分释放到土壤中供核桃树利用，因此生草可提高核桃树肥料利用率，促进果实成熟和枝条充实，提高果实品质。生草还可提高核桃树对钾和磷的吸收，减少核桃缺钾、缺铁症的发生。

长期生草的果园易造成表层土板结，影响通气。草根系强大，且在土壤上层分布密度大，会截取渗透水分并消耗表土层氮素，与核桃争夺肥水的矛盾加大，导致核桃根系上浮，因此要加以控制。果园采用生草法管理，可通过调节割草周期和增施矿质肥料等措施，如一年内割草4～6次，每亩增施5～10千克硫酸铵，并酌情灌水，则可缓解草类与核桃争夺肥水的矛盾。

果园常用草种有三叶草、紫云英、大豆、苕子、苦豆子、山绿豆、山扁豆、地丁草、鸡眼草、草木樨、鹅冠草、黑麦草、野燕麦等。豆科和禾本科草种混合播种，对改良土壤有良好的作用。选用窄叶草可节省水分，一般在年降水量500毫米以上且分布不十分集中的地区可试种。在生草管理中，当出现有害草种时，需耕翻重播。

5. 核桃园覆盖　在核桃需肥水最多的生长前期保持清耕，后期或雨季种植覆盖作物，待覆盖作物长成后，适时翻入土壤中作绿肥，这种方法称为清耕覆盖法。清耕覆盖法是一种比较好的土壤管理办法，兼有清耕法与生草法的优点，且同时减轻了两者的缺点。如前期清耕可熟化土壤，保蓄水分养分，供给核桃需要，具有清耕法管理土壤的优点；后期播种间作物，可吸收利用土壤中过多的肥水，有利于果实成熟和提高果实品质，并可以防止水土流失，增加有机质，具有生草法的优点。

果园覆盖，就是用秸秆（小麦秆、油菜秆、玉米秆）、稻草等农副作物、野草或薄膜覆盖果园的方法。在果园进行覆盖，能增加土壤中的有机质含量，调节土壤温度（冬季升温、夏季降温），减少水分的蒸发与径流，提高肥料利用率，控制杂草生长，避免秸秆燃烧对环境造成的污染，提高果品品质。

覆草，一年四季都可进行，但以夏末秋初为好。覆草前应适量追施氮肥，随后及时浇水或趁降水追肥后覆盖。覆草厚度以15～20厘米为宜，为了防止大风吹散草或引起火灾，覆草后要斑点状压土，但切勿全面压土，以防造成通气不畅。覆草后逐年腐烂减少，要不断补充新草。平地和山地果园均可采用。

地膜覆盖，具有增温保温、保墒提墒、抑制杂草等功能，有利于核桃树的生长发育。尤其是新栽幼树，覆膜后成活率提高，缓苗期缩短，越冬抗寒能力增强。覆膜时期一般选择在早春，最好春季追肥、整地时进行。浇水或降水后趁墒覆膜，覆膜时膜的四周用土压实，膜上斑斑点点的压一些土，以防风吹和水分蒸发。

6. 核桃园间作　在适宜的范围内间作套种可充分利用土地、光能，从而增加产值。在间作物的耕作过程中，可增加土壤肥力和改善土壤性能，给果树创造良好的生长发育条件，达到以园养园、以短养长、果粮双丰收的目的。

合理间作既可充分利用光能，又可增加土壤有机质，改良土壤理化性状。如间作大豆，除收获大豆外，遗留在土壤中的根、叶可使每亩地增加有机质约17.5千克。利用间作物覆盖地面，可抑制杂草生长，减少蒸发和水土流失，还有防风固沙作用，缩小地面变温幅度，改善生态条件，有利于核桃的生长发育。

果粮间作的核桃园地，应留足核桃树生长的营养带，在设计范围内进行耕作和种植。如山地果粮间作，可沿着梯田埂边，每隔4～6米栽植1株，梯田面宽的每台1行，梯田面窄的，可隔1台栽1行，在行间空地种植间作物。梯田地的果粮间作可使作物增产，获得果、粮双丰收。核桃树可充分利用埂边优越的自然条件生产优质果，除此之外核桃树强大的根系可以保护梯田壁，树冠具有降低风速、改变农田小气候的防护林作用。

幼龄核桃园树体间空地较多可间作。间作可形成生物群体，群体间可互相依存，还可改善微区气候，有利于幼树生长，并可增加收入，提高土地利用率。

盛果期核桃园，在不影响核桃树生长发育的前提下，也可种植间作物。种植间作物，应加强树盘肥水管理。尤其是在作物与核桃树竞争养分剧烈的时期，要及时施肥灌水。

间作物要与核桃树保持一定距离，播种多年生牧草时，更应注意这个问题。因多年生牧草根系强大，应避免其根系与核桃树根系交叉，加剧争肥争水的矛盾。间作物应具有植株矮小、生育期较短、适应性强等特点，另外与核桃树需水临界期最好能错开。在北方没有灌溉条件的果园，耗水量多的宽叶作物（如大豆）可适当推迟播种期。间作物还应与核桃树没有共同病虫害、耐阴、收获早。

无论哪种间作物，都不宜连续种植，以免造成土壤中某种营养元素缺乏，导致树体缺素症的发生，或者招致某种病虫害流行，危害核桃树的生长和结果。为了避免间作物连作所带来的不良影响，需根据各地具体条件制定间作物的轮作制度。轮作制度因地而异，以选中耕作物轮作较好。间作物的种植要适度，不可贪图眼前利益而影响整园核桃树的生长和发育。

（二）提高施肥技术

核桃树定植后，终生要在一个固定的土壤范围内生长，完成它的生命周期，并从这些土壤中吸收生长发育所必需的各种营养元素。这些营养元素主要来源于土壤本身和人为施肥，而土壤本身的营养元素逐年减少，所以核桃树生长发育所必需的各种营养元素主要依靠施肥而获得。在实际的核桃生产管理中经验施肥、参照施肥、随意施肥及不施肥等施肥不合理的问题普遍存在，造成施肥不足或过量，达不到精准施肥标准，严重制约了核桃产业的健康发展。造成这一现象的重要原因之一是尚未制定出全面有效、统一的施肥标准。氮、磷、钾是果树生长发育过程中所必需的大量元素。目前，国内外已经在苹果、柑橘、桃等主要果树上进行了施肥量与果树生长和果实品质相关性的研究，发现施用适量的氮、磷、钾肥具有促进果树花芽分化，提高坐果率，增加平均单果重等作用。

1. 施肥时期　肥料的施用时期与肥料的种类和性质、肥料的施用方法、土壤条件、气候条件、果树种类和生理状况有关。一般原则是及时满足果树需要，提高肥料利用率，尽量减少施肥次数而节省劳动力。

（1）有机肥的施用时期　有机肥施用最适宜时期是秋季（采果后至落叶前1个月），其次是落叶至封冻前以及春季解冻至发芽前。秋施有机肥能有充足的时间腐熟，并使断根愈合发出新根，因为此时正是根的生长高峰期，根的吸收能力较强，吸收后可以提高树体的贮藏营养水平。树体较高的营养贮备和早春土壤中养分的及时供应，可以满足春季发芽、展叶、开花、坐果和新梢生长的需要。而落叶后和春季施有机肥，肥效发挥作用的时间晚，对果树早春生长发育的作用很小，往往等到新梢的旺长期肥料才能被大量吸收利用。山区干旱又无浇水条件的果园，因施用有机肥后不能立即灌水，所以可在雨季趁墒施用有机肥。但有机肥一定要充分腐熟，施肥速度要快，并注意避免伤粗根。

（2）化肥的施用时期　核桃树为多年生植物，贮藏营养水平的高低对其生长发育特别重要，因此应重视基肥，施肥时间是在9月下旬。施肥种类以有机肥为主，配合施氮、磷、钾肥，有微量元素缺乏症的核桃园可在此时补充。此期化肥施用量占全年施用量的2/5。

追肥一般每年进行2～3次，第一次在核桃开花前或展叶初期进行，以速效氮为主，主要作用是促进开花坐果和新梢生长，追肥量应占全年追肥量的50%。第二次在幼果发育期（6月）进行，仍以速效氮为主，盛果期树也可追施氮、磷、钾的复合肥料，此期追肥的主要作用是促进果实发育，减少落果，促进新梢的生长、花芽分化和提高木质化程度，追肥量占全年追肥量的30%。第三次在坚果硬核期（7月）进行，以磷、钾复合肥为主，主要作用是供给核桃仁发育所需的养分，保证坚果充实饱满。此期追肥量占全年追肥量的20%。

2. 施肥标准 适宜施肥量的确定是一个十分复杂的问题，牵涉到计划产量、土壤类型和养分含量、肥料种类及利用率、气候因素等。平衡施肥是果树发展的方向，平衡施肥的关键是估算施肥量。施肥量的估算方法有地力分区（分级）法、目标产量法和肥料效应函数法等。

（1）地力分区（分级）法 这一方法是按土壤肥力高低分成若干等级，或划出一个肥力均等的田块作为一个配方区，利用土壤普查资料和过去的田间试验结果结合群众经验，估算出这一配方区内比较适宜的肥料种类和施用量。

这一方法的特点是比较简单粗放，便于应用，但有一定的地域局限性，只适用于那些生产水平差异小、基础较差的地区。

（2）目标产量法 这一方法是根据核桃产量，由土壤和肥料两个方面供给养分的原理来计算施肥量，这一方法应用最为广泛，其基本估算方法如下：

计划施肥量(千克)=[果树计划产量所需养分总量(千克)－土壤供肥量(千克)]/[肥料养分含量(%)×肥料利用率(%)]

果树计划产量所需养分总量(千克)=(果树计划产量/100)×形成100千克经济产量所需养分的数量

肥料利用率＝(施肥区果树体内该元素的吸收量
－不施肥区果树体内该元素的吸收量)/
所施肥料中该元素的总量×100％

土壤养分供给量(千克)＝土壤测定值(毫克/千克)
×0.15×矫正系数

0.15 为土壤测定值(毫克/千克)换算成每亩土壤养分含量的(千克)的换算系数

矫正系数(即果树对土壤养分的利用率)＝(空白区产量
×果树单位产量的吸收量)/
[土壤养分测定值(毫克/千克)×0.15)]

在应用计划施肥量计算公式时，应从实际出发，按产供肥，不能以肥定产；还需指出应加强其他管理措施，使施肥与水分管理、病虫害防治等农业措施应用相互配套；肥料利用率受施肥时期、施肥量、释放方法和肥料种类的影响，在目前一般的栽培管理水平下，果园化学肥料中氮肥的利用率一般为 15％～30％，磷肥的利用率为 10％～15％，钾肥的利用率为 40％～70％，有机肥料的利用率较低，一般腐熟较好的厩肥或泥肥利用率在 10％以下。

确定施肥量的主要依据是土壤的肥力水平、核桃生长状况以及不同时期核桃对养分的需求变化等。一般幼树需氮较多，对磷、钾肥的需求量较少。进入结果期后，对磷、钾肥的需求量增加。所以，幼树以施氮肥为主，成龄树在施氮肥的同时，注意增施磷、钾肥。早实核桃一般从第 2 年开始结果，为确保营养生长与产量的同步增长，施肥量应高于晚实核桃。根据近年来早实核桃密植丰产园的施肥经验，初步提出一至十年生树每平方米冠幅面积年施肥量为：氮肥 50 克，磷、钾肥各 20 克，有机肥 5 千克。成龄树的施肥量可根据具体情况，并参照幼树的施肥量决定，注意适当增加有机肥和磷、钾肥的用量。具体施肥量可参照表 2-3。

表 2-3　晚实核桃树施肥量标准

时期	树龄（年）	每株树平均施肥量（有效成分）			
		氮（克）	磷（克）	钾（克）	有机肥（千克）
幼树期	1～3	50	20	20	5
	4～6	100	40	50	5
结果初期	7～10	200	100	100	10
	11～15	400	200	200	20
盛果期	16～20	600	400	400	30
	21～30	800	600	600	40
	>30	1 200	1 000	1 000	>50

3. 土壤施肥方法

（1）环状沟施肥　特别适用于幼树施基肥，方法为在树冠外沿20～30 厘米处挖宽 40～50 厘米、深 50～60 厘米（追肥时深度为20～30 厘米）的环状沟，把有机肥与土按 1∶3 的比例及一定数量的化肥掺匀后填入（图 2-1）。随树冠扩大，环状沟逐年向外扩展。此法操作简便，但易挖断水平根，且施肥范围小，适用于四年生以下的幼树。

（2）条状沟施肥　在树的行间、株间或隔行开沟施肥，沟宽40～50 厘米、沟深 30～40 厘米，此法适于密植园施基肥。如在树冠外沿相对两侧开沟，沟长随树冠大小而定，第 2 年的挖沟位置可调换到另两侧（图 2-1）。

（3）辐射状施肥　从树冠边缘处向内开 50 厘米深、30～40 厘米宽的沟（行间或株间），或从距树干 50 厘米处开始挖成放射沟，距树干近的沟窄、浅些（约 20 厘米深、20 厘米宽），冠边缘处宽些、深些（约 40 厘米深、40 厘米宽），每株 3～6 条沟，依树体大小而定。然后将有机肥、轧碎的秸秆、土（最好沙土地填充一些黏土，黏土园填一些沙或砾石）混合，根据树体大小可再向沟中追入适量尿素（一般 50～100 克，或浇人粪尿）、磷肥，根据土壤养分状况可再向沟中选择性加入适量的硫酸亚铁、硫酸锌、硼砂等元素，然后灌水，最好再结合覆草或覆膜（图 2-1）。沟中透气性好，养分充足且平衡，而且在大量有机质存在的前提下，微量元素、磷的有效率高，有机质、秸秆还可以作为肥水的载体，使沟保肥保水、供水供肥力增强，肥水稳定，就好像形成了一个大的团粒，为沟中根系创造了最佳的环境条件。在追肥时也可开浅沟，沟长度与树的枝展相同，深度 10～15 厘米，将肥料均匀撒入沟中并与土掺匀，切忌施用大块化肥，以免烧根，然后覆土浇水，也可雨后趁墒情好时追化肥。

(4) 地膜覆盖、穴贮肥水　3 月上中旬至 4 月上旬整好树盘后在树冠外沿挖深 35 厘米、直径 30 厘米的穴，穴中加一直径 20 厘米的草把，玉米秸、麦秸、稻秸、高粱秸均可，高度低于地面 5 厘米（即长 30 厘米），先用水泡透，放入穴内，填上土与有机肥的混合物，然后灌营养液 4 千克。穴的数量视树冠大小而定，一般五至十年生树挖 2～4 个穴，成龄树 6～8 个穴。然后覆膜，将穴中心的地膜戳一个洞，平时用石块封住防止蒸发，由于穴低于地面 5 厘米，降水时可使雨水循孔流入穴中，如不下雨，每隔半个月左右浇 4 千克水，进入雨季后停止灌水，在花芽生理分化期可再灌一次营养液。

这种追肥方法断根少，肥料施用集中，减少了土壤的固定作用，并且草把可将一部分肥料吸附在上逐渐释放，从而加长了肥料作用时间，而且腐烂后又可增加土壤有机质。再加上覆膜可以提高土温促使根系活动，有利于及早发挥肥效。因此这种施肥方法可以节省肥水，比一般的土壤追肥可少用一半的肥料，增产效应大，是经济有效的施肥方法。施肥穴每隔 1～2 年改动一次位置。

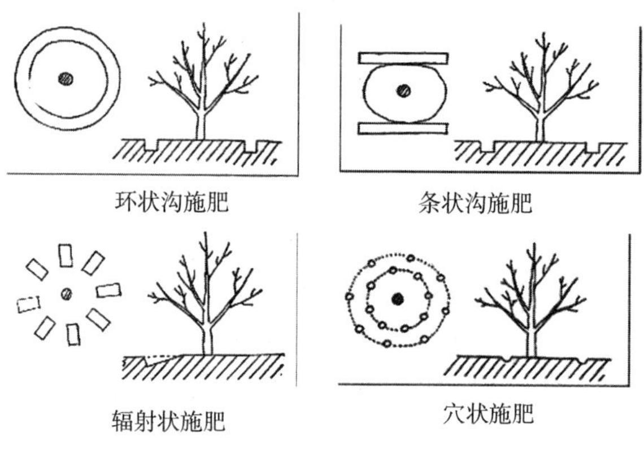

图 2-1 四种施肥方法示意图

(5) 全园施肥 此法适于根系已布满全园的成龄树或密植园。将肥料均匀地撒入果园，再翻入土中，此法因施肥浅（20 厘米左右），易导致根系上浮，降低根系对不良环境的抗性。最好与辐射状施肥交替使用。

采用连年覆草法的果园，因为草每年可腐烂一部分形成腐殖质，增加了土壤有机质含量，可以不必考虑施用有机肥，仅追施些氮、磷、钾肥即可，但有缺素症的要补充该元素的肥料。

4. 根外追肥 果树除了通过根系吸收养分外，还可通过枝条、叶片等吸收养分，这种于枝条或叶面施肥的方式称根外追肥。采取根外追肥，把握好施肥种类、浓度、时期、次数、部位等环节，可以弥补根系吸肥不足，取得较好的增产效果。

果树根外追肥是将肥料直接喷施在树体地上部枝叶上，可以弥补根系吸收的不足或作为应急措施。根外追肥不受新根数量多少和土壤理化特性等因素的干扰，直接进入枝叶中，有利于更快的改变树体营养状况。而且根外追肥后，养分分配均衡，不受生长中心的限制，有利于树势的缓和及弱势部位的促壮。另外，根外追肥还常用于锌、铁、硼等微量元素缺素症的矫正。但根外追肥不能代替根际追肥，二者各具特点，应互为补充。

果树根外追肥不仅可在生长季进行，也可在休眠期进行。休眠期根外追肥的浓度可高一些，生长季的浓度要低一些。

（1）选用适宜的肥料种类　根据核桃树的生长发育及营养状况，选择根外追肥的适宜肥料种类。在核桃幼树或生长季的初期或前期，为促进生长发育喷施的肥料主要有尿素、硝酸钾、硝酸钙等氮肥。在核桃盛果期或生长季的中期或后期，为改善果树的营养状况，叶面喷施的肥料主要有尿素、磷酸二氢钾、过磷酸钙、硫酸钾、草木灰、硝酸铵、硫酸铵及一些微量元素。

（2）选择适宜的喷施浓度　根外追肥应浓度适宜，才能收到良好的效果，浓度高不但无益反而有害，通常各种微肥溶液的适宜喷施浓度为：尿素0.3%～0.5%、硝酸铵0.1%～0.3%、磷酸二氢钾0.2%～0.5%、草木灰3%～5%的浸出液、腐熟人粪尿1%～3%、硼酸或硼砂0.2%～0.3%、硫酸锌0.1%～0.4%、硫酸亚铁0.1%～0.4%、硝酸钙0.3%～0.4%、氯化钾0.3%，如果确需要高浓度喷施，以不超过规定浓度的20%为标准（应进行小面积试验后再喷施）。

（3）选择适宜的喷施时期　根外追肥的时期，必须根据树体状况和肥料的用途不同而定，一般根外追肥在生长季节进行，而草木灰在果实膨大期施用为好，为防治小叶病在萌芽前喷施硫酸锌，为提高坐果率在开花期喷施硼酸、硼砂。为减少肥料在喷施过程的损失，最好选择在阴天喷施，晴天则选择在下午至傍晚无风时喷洒，以尽可能延长肥料溶液在果树枝叶上的湿润时间，增强植株的吸肥效果。有露水的早晨喷肥会降低溶液的浓度，影响施肥效果。若喷后3小时遇雨，待晴天时补喷一次，但浓度要适当减低。

（4）确定适宜的喷施次数　因受浓度和用量的限制，根外施1次肥料，难以满足树体1年中生长发育对营养元素的要求。一般1年喷施2～4次，每次喷施间隔期至少在1周以上。土壤中缺乏的微量元素、果树严重缺乏的肥料，可多次喷施，并注意与土壤施肥相结合。至于在树体内移动性小或不移动的养分（如铁、硼、钙、磷等），更应注意适当增加喷施次数。

5. 施肥与水分管理 果树营养状况与土壤水分含量关系密切。果园土壤中的矿质元素只有溶解在水中，才能扩散到根系表面；进入到果树根系的养分很大部分是随着蒸腾作用被运输到地上部发挥作用的。多数矿质元素的有效性与土壤水分关系密切，在干旱条件下其有效性大大降低，如硼、钙等元素；但若土壤水分过多，不仅制约根系的生长，而且造成土壤养分流失，特别是水溶性强的氮、钾等元素，在土壤水分过多的情况下，随水积聚在较深的土层中，而由于积水这一层次的核桃树根系吸收功能极差，核桃树会因此表现出暂时性缺素症。因此，加强果园水分管理，不仅对根系生长有利，而且与养分有效利用关系密切，施肥与水分管理密不可分。

水肥一体化技术就是通过灌溉系统施肥，核桃在吸收水分的同时也可吸收养分。灌溉同时进行的施肥一般是在压力作用下将肥料溶液注入灌溉输水管道，溶有肥料的水通过灌水器注入根区，核桃树根系一边吸水一边吸肥，显著提高了肥料的利用率，是现代核桃生产管理的一项重要技术。目前，以滴灌施肥最普遍，具有显著的节水节肥、省工省时、增产增效作用。

6. 核桃幼树与结果树施肥

(1) 幼树施肥 以氮肥为主，配合施用磷、钾肥。全年施肥4～6次，春、秋梢抽生前10～15天各施一次促梢肥；每次新梢夏剪后，追施1～2次壮梢肥，并加以根外追肥，8月下旬以后应停止施用速效氮肥，秋冬季节深施一次基肥。

具体施肥量是新梢萌发前每株施尿素0.1～0.2千克，复合肥0.1～0.2千克；新梢夏剪时每株施复合肥0.1～0.15千克，再进行1～2次叶面施肥。秋冬季节深施基肥，每株施饼肥1～2.5千克或人畜粪肥10～20千克，钙、镁、磷肥0.5～1千克，钾肥0.15～

0.25 千克。一至三年生幼树单株年施纯氮 100～400 克，氮、磷、钾比例 1∶(0.25～0.3)∶0.5 为宜。施肥量应随树体增大，由少至多逐年增加。

(2) 结果树施肥 成年结果核桃园，全年土施 3～4 次肥。在核桃开花前或展叶初期进行，以速效氮为主。主要作用是促进开花坐果和新梢生长，追肥量应占全年追肥量的 50%。壮果肥以氮、钾为主，配合施用磷肥，于 5 月初至 6 月上旬（幼果发育期）施入，配合灌水防旱，此期追肥主要作用是促进果实发育、减少落果、促进新梢的生长和木质化程度的提高以及花芽分化，追肥量占全年追肥量的 30%。硬核期肥，在 6 月初至 7 月初施速效性磷、钾肥和少量氮肥（复合肥），主要作用是供给核桃仁发育所需的养分，保证坚果充实饱满，此期追肥量占全年追肥量的 20%。秋施基肥，以迟效性有机肥为主，以提高土壤有机质含量，结合深翻改土进行。其他季节（5～8 月）根据结果量和树势适量补肥，微量元素肥宜在春梢生长期施用。

（三） 水分精细化管理

核桃喜湿润、耐涝、抗旱力弱，灌水是增产的一项有效措施。在生长期间若土壤干旱缺水，则成果率低，果皮厚，种仁发育不饱满；施肥后如不灌水，也不能充分发挥肥效。因此，遇到干旱时要及时灌水。

1. 灌水时期 确定果园的灌溉时期，一要根据土壤含水量，二要根据核桃物候期及需水特点。依物候期灌溉，主要是春季萌芽前后、坐果后及采收后三次。除物候期指标外，还应参考土壤实际含水量而确定灌溉期。生长期一般要求在土壤含水量低于 60%时灌溉，当超过 80%时，则需及时中耕散湿或开沟排水。具体实施灌溉时，要分析当时当地的降水状况、核桃的生育时期和生长发育状况，灌溉还应结合施肥进行。核桃应灌顶凌水和促萌水，并在硬核期、种仁充实期及封冻前灌水。

2. 灌水方法 根据输水方式，果园灌溉可分为地面灌溉、地下灌溉（管道灌溉）、喷灌和滴灌。目前大部分果园仍采用地面灌溉，干旱山区多采用穴灌或沟灌，少数果园用喷灌、滴灌，个别果园采用地下管道渗灌。

（1）地面灌溉 地面灌溉最常用的是漫灌法。在水源充足，靠近河流、水库、塘坝、机井的果园中，园边或几行树间修筑较高的畦埂，通过明沟把水引入果园。地面灌溉灌水量大，湿润程度不匀。这种方法灌水过多，加剧了土壤中的水、气矛盾，对土壤结构也有破坏作用。在低洼及盐碱地，还有抬高地下水位、使土壤泛碱的弊端。与漫灌相似的是畦灌，以单株或一行树为单位筑畦，通过多级水沟把水引入树盘进行灌溉。畦灌用水量较少，也比较好管理，有漫灌的缺点，只是程度较轻。在山区梯田、坡地，树盘灌溉普遍采用。穴灌是节水灌溉，即根据树冠大小，在树冠投影范围内开6～8个直径25～30厘米、深20～30厘米的穴，将水注入穴中，待水渗后埋土保墒。在灌过水的穴上覆盖地膜或杂草，保墒效果更好。沟灌是地面灌溉中较好的方法，即在核桃行间开沟，把水引入沟中，靠渗透湿润根际土壤，节省灌溉用水，又不破坏土壤结构。灌水沟的多少以栽植密度而定，在稀植条件下，每隔1～1.5米开一条沟，宽50厘米、深30厘米左右；密植园可在两行树之间只开一条沟，灌水后平沟整地。

（2）地下灌溉（管道灌溉） 地下灌溉（管道灌溉）是借助于地下管道，把水引入深层土壤，通过毛细管作用逐渐湿润根系周围的灌水方法。用水经济，节省土地，不影响地面耕作。整个管道系统包括干管、支管和毛管，控水枢纽，水塔（水池）。各级管道在园中交织排列成网状，管道埋于地下50厘米处。通过干管、支管把水引入果园，毛管铺设在行间或株间，管上每隔一段距离留有出水小孔（或采用其他渗透水的新材料），灌溉时水从小孔渗出湿润土壤。控水枢纽处设有严密的过滤装置，防止泥沙、杂物进入管道。山地果园可把供水池建在高处，依靠自压灌溉；平地果园则需修建水塔，通过机械扬水加压。针对干旱缺水的山区，可使用果树皿灌器。以当地的红黏土为主，配合适量的褐、黄、黑土及耐高温的特异土，烧成三层复合结构的陶罐。陶罐的口径及底径均为 20 厘米，罐径及高皆为 35 厘米，壁厚 0.8～1.0 厘米，容水量约 20 千克。应用时将陶罐埋于果树根系集中分布区，两罐之间相距 2 米。罐口略低于地平面，注水后用塑膜封口。一般情况下，每年 4 月上旬、5 月上旬、5 月末至 6 月初及 7 月末至 8 月初各灌水 1 次，共 4 次。陶罐渗灌可改良土壤理化性状，有利于果树生长结果。在水中加入铁、锌等微量元素还能防治缺素症，适合在山地、丘陵及水源紧缺的果园推广。

（3）喷灌　喷灌的整个系统包括水源、进水管、水泵站、输水管道、竖管和喷头几部分。应用时可根据土壤质地、湿润程度、风力大小等调节压力、选用喷头及确定喷灌强度，以达到无渗漏、无径流损失、不破坏土壤结构，同时能均匀湿润土壤的目的。喷灌节约用水，用水量是地面灌溉的 1/4，可保护土壤结构，调节果园小气候，清洁叶面，霜冻时还可减轻冻害，炎夏喷灌可降低叶温、气温和土温，防止高温、日灼伤害。

（4）滴灌　滴灌的整个系统包括控制设备（水泵、水表、压力表、过滤器、混肥罐等）、干管、支管、毛管和滴头。具有一定压力的水，从水源经严格过滤后流入干管和支管，把水输送到果树行间，围绕树的毛管与支管连接，毛管上安有 4～6 个滴头（滴头流量一般为 2～4 升/时）。水通过滴头源源不断地滴入土壤，使果树根系分布层的土壤一直保持最适宜的湿度状态。滴灌是一种用水经济、省工、省力的灌溉方法，特别适用于缺少水源的干旱山区及沙地。应用滴灌比喷灌节水 36%～50%，比漫灌节水 80%～92%。由于供水均匀、持久，根系周围环境稳定，十分有利于果树的生长发育。但滴头易发生堵塞，更换及维修困难。昼夜不停使用滴灌时，使土壤水分过饱和，易造成湿害。滴灌时间应以湿润根系集中分布层为度，滴灌间隔期应以核桃生育进程的需求而定。通常，在不出现萎蔫现象时，无须过频灌水。

3. 抗旱保墒方法 土壤含水量适宜且稳定可以促进各种矿物质的均匀转化和吸收，提高肥效。实行穴状施肥，地膜覆盖，是保持土壤含水量、充分利用水源、提高肥效的有效措施。

在贫瘠干旱的山地果园，地膜覆盖与穴状施肥相结合效果比较好。在树盘根系集中分布区挖深 40～50 厘米、直径 40 厘米的穴，将优质有机肥约 50 千克与穴土拌匀填入穴中。也可填入一个浸过尿液的草把，浇水后盖上地膜，地膜中心戳一个小洞，用石板盖住，追肥灌水时可于洞口灌入 30 千克左右肥水，水深入穴中再封严。施肥穴每隔 1～2 年改动一次位置。

覆盖地膜后，大大减少地面水分蒸发消耗，使土壤中形成一个长期稳定的水分环境，有利于微生物活动和肥料的分解利用，起到以水济肥的作用。

4. 排水防涝 果园排水系统由小区内的排水沟、小区边缘的排水支沟和排水干沟三部分组成。

排水沟挖在果园行间，把地里的水排到排水支沟中去。排水沟的大小、坡降以及沟与沟之间的距离，要根据地下水位的高低、雨季降水量的多少而定。

排水支沟位于果园小区的边缘，主要作用是把排水沟中的水排到排水干沟中去。排水支沟要比排水沟略深，沟的宽度可以根据小区面积大小而定，小区面积大的可适当宽些，小区面积小的可以窄些。

排水干沟挖在果园边缘，与排水支沟、自然河沟连通，把水排出果园。排水干沟比排水支沟要宽些、深些。

有泉水的涝洼地，或上一层梯田渗水汇集到果园而形成的涝洼地，可以在涝洼地的上方开一条截水沟，将水排出果园。也可以在涝洼地里面用石头砌一条排水暗沟，使水由地下排出果园。对于因树盘低洼而积涝的，则结合土壤管理，在整地时加高树盘土壤，使之稍高出地面，以解除树盘低洼积涝。

四、高光效树形与合理修剪

（一）核桃树的修剪时期及方法

1. 核桃伤流发生的特点　植物的枝干受伤或被折断，伤口会溢出汁液，这种现象称为伤流，溢出的汁液称为伤流液。一般认为，高等植物在一定生育期内都会出现伤流。核桃与绝大多数具有春季伤流的树不同，它们不仅有春季伤流，而且存在秋季伤流，并在土壤封冻期间还会出现冬季伤流。

核桃伤流在一年中均可发生，且以秋季落叶和春季萌芽前后强度最大。秋季伤流一般从落叶后期（约 10 月下旬）开始，并逐渐增强；之后随气温降低，逐渐下降，可延续到冬季深休眠期（约 12 月下旬）；春季伤流始于芽萌动期（约 3 月中旬），伤流随气温升高而加强，到展叶后期（约 4 月中下旬），随蒸腾加强而减弱。冬季也可发生伤流，但相关研究对其强度说法不一，多认为核桃冬季伤流很弱。核桃夏季伤流也有报道，其主要受蒸腾强度调控，发生时间不固定，与树体生活力、土壤水分和空气湿度有关。

2. 适宜的修剪时期　核桃具有明显的秋季、冬季和春季伤流，为避开伤流，提倡在秋季采收后到落叶前或春季展叶后修剪（杨文衡等，1983 年）。但是，采收后到落叶前是贮藏营养积累时期，修剪会造成养分损失，春季展叶后修剪同样会造成养分损失，20 世纪 90 年代以来，根据对核桃伤流规律的研究和掌握，提出了改变核桃树修剪时期的意见。

张志华等（1997 年）认为，休眠期修剪较秋剪或春剪营养损失最少，有利于增强树势和增加产量；核桃冬剪不仅对生长和结果没有不良影响，而且在新梢生长量、坐果率和树体营养等方面的效果都优于春、秋剪。在休眠期修剪，主要是水分和少量矿质影响的损失，秋剪则有光合作用和叶片营养尚未回流的损失，春剪有呼吸消耗和新器官形成的损失。相比之下，春剪营养损失最多，秋剪次之，休眠期修剪损失最少。美国核桃幼树整形的大量工作是在休眠期进行的，且近 20 年优种核桃园，大多在休眠期采集接穗与修剪同时进行，也均未出现对树体的生长和结果有不良影响的情况，所以核桃可以进行冬剪。

另一方面，从伤流发生的情况看，只要在休眠期造成伤口，就一直有伤流，直至萌芽展叶为止。核桃休眠期（冬剪）伤流有两个高峰，主峰出现在 11 月中下旬，次峰出现在 4 月上旬。因此，就休眠期修剪而言，以避开前一伤流高峰期（11 月中下旬至 2 月上旬）为宜，最好在核桃 3 月下旬芽萌动前完成。

3. 整形修剪的主要方法

（1）短截　短截是指剪去一年生枝条的一部分。短截的对象是从一级和二级侧枝上抽生的生长旺盛的发育枝，剪掉 1/4～1/2，短截后一般可萌发 3 个左右较长的枝条。在核桃树上，中等长枝或弱枝不宜短截，否则刺激下部发出细弱短枝，髓心较大，组织不充实，冬季易发生日灼而干枯，影响树势。

（2）疏枝　将枝条从基部疏除叫疏枝。疏除对象一般为雄花枝、病虫枝、干枯枝、无用的徒长枝、过密的交叉枝和重叠枝等。当树冠内部枝条密度过大时，及时疏除过密枝，以利于通风透光。疏枝时，应紧贴枝条基部剪除，切不可留橛，以利剪口愈合。

（3）缓放　缓放也是修剪的一种手法，即抛放不剪截，任枝上的芽自由萌发。其作用是缓和生长势，增加中短枝数量，有利于营养物质的积累，促进幼旺树结果。除背上直立旺枝不宜缓放外，其余枝条缓放效果均较好。

（4）回缩　对多年生枝剪截叫回缩，这是核桃修剪中最常用的一种方法。回缩的作用因回缩的部位不同而异。一是复壮作用，二是抑制作用。生产中复壮作用的运用有两个方面，一是局部复壮，例如回缩更新结果枝组，多年生冗长下垂的缓放枝等。二是全树复壮，主要是衰老树回缩更新。生产中运用抑制作用主要是控制旺树辅养枝、抑制树势不平衡中的强壮骨干枝等。

（5）摘心　生长季摘除当年生枝条先端一部分，称为摘心。摘心有利于控制一年生枝条的生长，可充实枝条，有利于枝条越冬。对早实核桃树摘心，有利于侧芽成花。

（6）抹芽　抹芽是指在核桃树春季萌芽后，将不适宜的萌芽抹掉，减少无效消耗，有利于枝条的生长发育。

（二）核桃树树形及其整形技术

1. 主干分层形

（1）树形特点　有明显的中心干，早实核桃干高 0.8～1.2 米，平原地干高可为 1.2～1.5 米；晚实核桃干高 1.5～2.0 米。中心干上着生主枝 5～7 个，分为 2～3 层。第一层 3 大主枝，层内距20～40 厘米（主枝要邻近形，不要邻接，防止“掐脖”现象）主枝基角为 70°，每个主枝上有 3～4 个一级侧枝。第二层 2 大主枝，第三层 1 个主枝。第一至二层主枝相距 80～120 厘米，树高 5～6 米。此树形适于稀植大冠晚实品种和果粮间作栽培方式。成形后，树冠为半圆形，枝条多，结果面积大，通风透光良好，产量高，寿命长。缺点是结果稍晚，前期产量低。

（2）定干方法　由于晚实核桃与早实核桃在生长发育特性方面有所不同，其定干方法也不完全一样。在正常情况下，二年生晚实核桃很少发生分枝，三至四年生后开始少量分枝，干高一般可达 2 米以上。达到定干高度时，可通过选留主枝的方法进行定干。春季发芽后，在定干高度的上方选留一个壮芽或健壮的枝条，选做第一个主枝，并将该枝或萌发芽以下的枝芽全部剪除。如果幼树生长过旺，分枝时间延迟，为了控制干高，可在要求干高的上方适当部位进行短截，促使剪口芽萌发，然后选留第一主枝。对于分枝力强的品系，只要栽培条件较好，也可采用短截的方法定干。

早实核桃定干可在定植当年发芽后进行抹芽作业，即定干高度以下的侧芽全部抹除。若幼树生长未达定干高度，翌年再进行定干。遇顶芽坏死，可选留靠近顶芽的健壮侧芽，使之向上生长，待达到定干高度以上时再进行定干。

(3) 树形培养 培养树形主要靠选留主、侧枝和处理各级枝条的从属关系来实现。树体结构是树形的基础，而树体结构是由主干和主、侧枝所构成。因此，培养树形主要是配备好各级骨干枝或者叫搭好树冠骨架。培养过程大致可分四步（图 2-2）。

第一步，定干当年或第 2 年，在主干定干高度以上，选留三个不同方位、水平夹角约 120°且生长健壮的枝或已萌发的壮芽培养为第一层主枝，层内距离大于 20 厘米。1～2 年完成选定第一层主枝。如果选留的最上一个主干接近主干延长枝顶部或第一层主枝的层内距过小，都容易削弱中央领导干的生长，甚至出现“掐脖”现象，影响主干的形成。当第一层预选为主枝的枝或芽确定后，只保留中央领导干延长枝的顶枝或芽，其余枝、芽全部剪除或抹掉。

第二步，早实核桃一、二层的层间距为 60～80 厘米，晚实核桃为 80～100 厘米。在一、二层间距以上位置已有壮枝时，可选留第二层主枝，一般为 1～2 个。同时，可在第一层主枝上选留侧枝，早实核桃第一个侧枝距主枝基部的长度为 40～60 厘米，晚实核桃 60～80 厘米。选留 1～2 个主枝两侧向斜上方生长的枝条作为一级侧枝，各主枝间的侧枝方向要互相错落，避免交叉重叠。如果只留两层主枝，则第二层与第一层主枝间的层间距要加大，第二层主枝的选留适当推迟。

第三步，继续培养第一层主、侧枝和选留第二层主枝上的侧枝。由于第二层与第三层间的层间距要求大一些，可延迟选留第三层主枝。

第四步，如果只留两层主枝，第二层主枝为 2～3 个，则晚实核桃两层主枝的层间距要在 2 米左右，早实核桃 1.5 米左右，并从最上一个主枝的上方落头开心。至此，主干形树冠骨架基本形成。

在选留和培养主、侧枝的过程中，对晚实核桃要注意促其增加分枝，以培养结果枝和结果枝组。早实核桃要控制和利用好二次枝，以加速结果枝组的形成并防止结果部位的迅速外移。还要注意非目的性枝条对树形成的干扰，及时剪除主干、主枝、侧枝上的萌蘖、过密枝、重叠枝、细弱枝、病虫枝等。

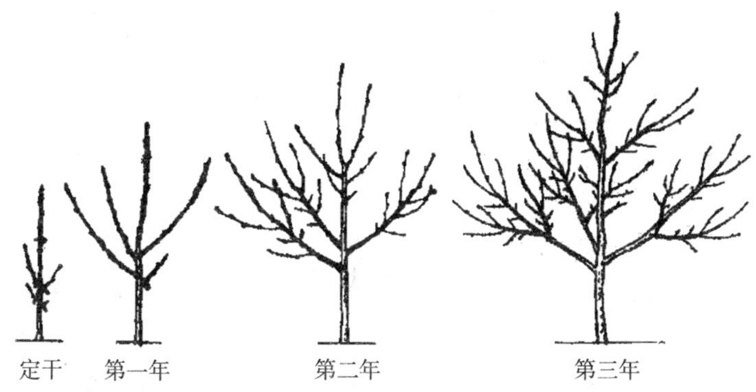

图 2-2　主干分层形整形过程

2. 主干形

(1) 树形特点　以中心干为中心，其上螺旋向上排列 8～10 个主枝，向四周伸展，下部侧枝略长。干高 1.0～1.5 米，邻近主枝距离 20～30 厘米，主枝基角 90°，主枝顶端梢角大于 90°，一年生主枝长放，隔年短截，树高 4 米左右。其特点是中心干保持绝对优势，主枝可随时更新以保持年轻状态。这种树形通风透光好，结果能力强，树体紧凑，丰产性强，适于早实核桃（图 2-3）。

图 2-3　主干形树形

(2) 树形培养

①定干。要依据苗木情况而定。核桃苗定植后，苗高 1.5 米以上，长势较强的苗木在距地面 1.2～1.5 米处定干；生长太弱的苗当年不定干，嫁接部位以上保留 3 个芽重截，培养 1 年后再定干。

②第 1 年冬剪。中央领导枝长势中等或偏强者一般仍留原头，中央领导枝选定后在 2/3 处打头，所留的主枝要一律拉平，弱者从饱满芽处短截，强者不短截。

③第 2 年冬剪。与第 1 年基本相同，但修剪要轻，低部位的主枝如果强于中央领导干者均要去除，始终保持中央领导干的优势。中央领导枝过强者，用弱枝换头。主枝要拉平，过旺直立枝剪除。主枝延长头弱者仍可从饱满芽处短截，强者长放不剪。

④第 3 年冬剪。中央领导枝应保持中庸生长，主枝逐渐增多，过密的要疏除，直立枝要去掉，要注意及时消除掐脖现象并应平衡主枝长势，主枝新梢可以不短截，保留花芽结果后回缩。

⑤第 4 年冬剪。树高已达 4 米，主干延长枝也应选择较弱的新梢，控制树高和长势，防止上部生长过旺。同一方向的重叠主枝要

保持50厘米以上的间距，主枝长度保持2米左右，低部主枝过密者，应疏除一部分。对生长势过旺的主枝，要及时削弱或去除。每年应回缩30%左右的主枝，回缩轻重依据主枝后部结果枝的强弱而定，使其交替生长结果。

根据树形和群体结构要求，随时对方位、角度不当的各类枝通过拿枝、拉枝、扭枝等修剪方法调整，使之分布合理。随着树体生长，一般每隔15～20天，调整1次枝条，直至停长。进行定枝修剪时，疏除细弱枝、密生枝、直立强旺枝，徒长枝回缩或疏除，每株留100～150个新梢，其中优质结果枝应在50%以上。

（三）不同年龄树的修剪

1. 幼树的整形修剪　核桃幼树期修剪的主要目的是培养适宜的树形，调节主、侧枝的分布，使各个枝条有充分的生长发育空间，促进树冠形成，为早果、丰产稳产打下良好的基础。幼树修剪的主要任务包括定干和主、侧枝的培养等，修剪的关键是做好发育枝、徒长枝和二次枝等的处理工作。核桃树干性强，芽的顶端优势特别明显，顶芽发育比侧芽充实肥大，树冠层明显，树形可根据管理方式、品种、地形和栽植密度来确定，可以采用主干分层形和主干形。树干的高低应该根据品种、地形、栽培管理方法和间作与否来确定，晚实核桃树结果晚、树体高大，主干应留得高一些，在1.5～2.0米。如果株行距较大，长期进行间作，为了便于作业，干高可留在2.0米以上；如考虑到果材兼用，提高干材的利用率，干高可留在3.0米以上。早实核桃由于结果早，树体较小，干高可留得矮一些。拟进行短期间作或机械化管理的核桃园，干高可留1.2～1.5米；早期密植丰产园主干高度可定为0.8～1.2米。

幼树的修剪是在整形的基础上继续培养和维持良好的树形，是保持丰产的重要措施。对三至四年生以前的幼树，原则上多留枝少短截，只对影响中央领导干生长的竞争枝进行剪除。当苗干达到一定高度时，可按树形要求进行修剪，促使在一定的部位分生主枝，形成丰产树形。在幼树时期，应及时控制背下枝、过密枝和徒长枝，增强主枝。对幼树的非骨干枝、强枝和徒长枝要及时疏除，以防与主枝竞争。

（1）主枝和中央领导干的处理 为防止出现光秃带和促进树冠扩大，主枝和侧枝延长头可每年适当截留 60～80 厘米，剪口芽可留背上芽或侧芽。应根据整形的需要每年短截中央领导干，剪口留在饱满芽的上方这样可以刺激中央领导干翌年的萌发，使其保持领导地位。

（2）处理好背下枝 核桃背下枝春季萌发早，生长旺盛，竞争力强，容易使原枝头变弱而形成“倒拉”现象，如不加以控制，会影响枝头发育，甚至造成原枝头枯死，导致树形紊乱。背下枝处理方法可根据具体情况而定，如果原母枝变弱或分枝角度较小，可利用背下枝或斜上枝代替原枝头，将原枝头剪除或培养成结果枝组；如果背下枝生长势中等，则可保留使其结果；如果背下枝生长健壮，结果后可在适当分枝处回缩，将其培养成小型结果枝；如果背下枝已经影响上部枝条的生长，应疏除或回缩，抬高枝头，促进上部枝的发育。

（3）疏除过密枝 早实核桃分枝时间早，枝量大，容易造成树冠内部的枝条密度过大，不利于通风透光。因此，对树冠内各类枝条，修剪时应去强去弱留中庸枝。疏枝时，应紧贴枝条基部剪除，切不可留橛，以防止抽生徒长枝，并利于剪口的愈合。

（4）徒长枝的利用 早实核桃结果早，果枝率高，坐果率高，会造成养分的过度消耗，枝条容易干枯，从而刺激基部的隐芽萌发形成徒长枝。早实核桃徒长枝的突出特点是第 2 年都能抽枝结果，果枝率高。这些结果枝的长势，由顶部至基部逐渐变弱，中、下部的小枝结果后第 3 年多数干枯死亡，出现光秃带，造成结果部位外移，容易造成枝条下垂。为了克服这一弊病，利用徒长枝粗壮、结果早的特点，通过短截或者夏季摘心等方法，将其培养成结果枝组，以充实树冠空间，更新衰弱的结果枝组。但是如果不及时控制枝量大的部位，会扰乱树形，影响通风透光，这时应该从基部疏除。

（5）控制和利用二次枝　早实核桃具有分枝能力强，易抽生二次枝等特点。分枝能力强是早果、丰产的基础，对提高产量非常有利。但是早实核桃二次枝抽生晚，生长旺，组织不充实，在北方冬季易发生失水、抽条现象，导致母枝内膛光秃，结果部位外移。因此，如何控制和利用二次枝是一项非常重要的内容。对二次枝的处理方法有如下几种：第一种，若二次枝生长过旺，对其余枝生长构成威胁，可在其未木质化之前，从基部剪除；第二种，凡在 1 个结果枝上抽生 3 个以上的二次枝，可选留早期的 1～2 个健壮枝，其余全部疏除；第三种，在夏季，若选留的二次枝生长过旺，可进行摘心，以促其尽早木质化，并控制其向外伸展；第四种，如果 1 个结果枝只抽生 1 个二次枝，且长势较强，可于春季或夏季对其实行短截，以促发分枝，并培养成结果枝组。春、夏季短截效果不同，夏季短截分枝数量多，春季短截发枝粗壮，短截强度以中、轻度为宜。

（6）短截发育枝　晚实核桃分枝能力差，枝条较少，常用短截发育枝的方法增加枝量。早实核桃通过短截，可有效增加枝条数量，加快整形过程。短截对象是从一级和二级侧枝上抽生的生长旺盛的发育枝，作用是促进新梢生长，增加分枝，但短截数量不宜过多，一般占总枝量的 1/3 左右，并使短截的枝条在树冠内部均匀分布。短截根据程度可分为轻短截（剪去枝条的 1/3 左右）、中短截（剪去枝条的 1/2 左右）和重短截（剪去枝条的 2/3 以上），一般不采用重短截。短截枝长的 1/4～1/2，短截后一般可萌发 3 个左右较长的枝条。通过短截，改变了剪口芽的顶端优势，剪口部位新梢生长旺盛，能促进分枝，提高成枝力。对核桃树上中等长枝或弱枝不宜短截，否则刺激下部发出细弱短枝，组织不充实，冬季易发生日灼而干枯，影响树势。

2. 成龄树的修剪

(1) 结果初期树的修剪 结果初期是指从开始结果到大量结果前的一段时间。早实核桃 2～4 年进入结果初期，晚实核桃 5～6 年进入结果初期。初果期树的修剪任务是继续培养好各级主干枝，充分利用辅养枝早期结果，调节各级主、侧枝的主从关系，平衡树势，积极培养结果枝组，增加结果部位。修剪时应去强留弱，或先放后缩，放缩结合，防止结果部位外移。对已影响主、侧枝的辅养枝，以缩代疏或逐渐疏除，给主、侧枝让路。对徒长枝，可采用留、疏、改相结合的方法加以处理。可用摘心和短截的方法促使早实核桃二次枝形成结果枝组，对过密的二次枝则去弱留强。同时应注意疏除干枯枝、病虫枝、过密枝、重叠枝和细弱枝。

①控制二次枝。二次枝抽生晚，生长旺，组织不充实，二次枝过多时消耗养分多，不利于结果。控制的方法与幼树二次枝的修剪方法基本相同。

②利用徒长枝及旺盛营养枝。早实核桃由于结果早，果枝率高，消耗养分多而无法抽生新枝，但基部易萌发徒长枝，这种徒长枝的特点是第 2 年也能抽生 7～15 个结果枝，要充分利用。但抽生的结果枝由上而下生长势逐渐减弱、变短，第 3 年中、下部的小果枝多干枯脱落，出现光秃带，致使结果部位外移。为此，对徒长枝可采取抑前促后的办法，即春季发芽后短截或春季摘心，即可培养成结果枝组并充分利用。对直径 3 厘米左右的旺盛的营养枝，于发芽前后拉成水平状，可增加果枝量。

③短截发育枝。短截发育枝即对较旺的发育枝进行短截，促进多分枝。但短截数量不宜过多，一般每棵树短截枝的数量占总枝量的 1/3 左右。短截可根据枝条的发育状况而定，长枝中截剪去1/2，较短枝轻截剪去 1/3，一般不采用重截。

④培养结果枝组。结果初期应该加强结果枝组的培养，扩大结果部位。培养结果枝组的原则是大、中、小配备适当，分布均匀。培养的途径是对骨干枝上的大、中型辅养枝除短截一部分外，对部分直立旺长的枝采取拉平缓放、夏季摘心等方法促生分枝形成结果枝组；对树冠内的健壮发育枝，可去直立留平斜，先放后缩培养成中、小型结果枝组，达到尽快扩大结果部位，提高产量的目的。

（2）盛果期的修剪 核桃进入结果盛期，树冠仍在继续扩大，结果部位不断增加，容易出现生长与结果之间的矛盾，有些还会出现郁闭和大小年的现象，这一时期保障核桃高产稳产是修剪的主要任务。此时修剪以保果增产延长盛果期为主。对冠内外密生的细弱枝、干枯枝、重叠枝、下垂枝、病虫枝要从基部剪除，改善通风和光照条件，促生健壮的结果母枝和发育枝。对内膛抽生的健壮枝条应适当控制保留，以利内膛结果。对过密大枝，要逐年疏除或回缩，剪时削平伤口，以促进良好愈合。在修剪上应注意培养良好的结果枝组，利用好辅养枝和徒长枝，及时处理背下枝与下垂枝。

①调整骨干枝和外围枝。核桃树进入盛果期后，由于树体结构已经基本形成，树冠扩大明显减缓，开始大量结果，常出现大、中型骨干枝密集和前部下垂现象。尤其是晚实核桃，由于腋花芽结果较少，结果部位主要在枝条先端，随着结果量的逐渐增多，特别是在丰产年份，常出现大、中型骨干枝下垂现象，外围枝伸展过长，下垂得更严重。因此，此期对骨干枝和外围枝的修剪要点是及时回缩过弱的骨干枝，回缩部位可在向斜上生长侧枝的前部。按去弱留强的原则疏除过密的外围枝，对有可利用空间的外围枝可适当短截，从而改善树冠的通风透光条件，促进保留枝芽的健康生长。

②结果枝组的培养与更新。加强结果枝组的培养，扩大结果部位，防止结果部位外移是保证盛果期核桃园丰产稳产的重要措施，特别是晚实核桃，结果枝组的培养尤为重要。培养结果枝组的原则是大、中、小配置适当，均匀地分布在各级主、侧枝上，在树冠内

的总体分布是里大外小，下多上少，使内部不空，外部不密，通透性良好，枝组间保持0.6～1.0米的距离。培养结果枝组的途径主要有三条：第一，对着生在骨干枝上的大、中型辅养枝，经回缩改造成大、中型结果枝组；第二，对树冠内的健壮发育枝，采用去直立留平斜，先放后缩的方法培养成中、小型结果枝组；第三，对部分留用的徒长枝，应首先开张角度，控制旺长，配合夏季摘心和秋季于盲节处短截，促生分枝，形成结果枝组。结果枝组经多年结果后，会逐渐衰弱，应及时更新复壮。其方法有：第一，对二至三年生的小型结果枝组，可视树冠内的可利用空间情况，按去弱留强的原则，疏除一些弱小或结果不良的枝条；第二，对于中型结果枝组，可及时回缩更新，使其内部交替结果，同时控制枝组内旺枝；第三，对大型结果枝组，应注意控制其高度和长度，以防“树上长树”，如属于已无延长能力或下部枝条过弱的大型枝组，则应进行回缩修剪，以保证其下部中、小型枝组的正常生长结果。

③辅养枝的利用与修剪。辅养枝是指着生于骨干枝上，不属于所留分枝级次的辅助性枝条。这些枝条多数是在幼树期为加大叶面积，充分占有空间，提早结果而保留下来的，属临时性枝条。对其修剪的要点为当与骨干枝不发生矛盾时可保留不动，如果影响主、侧枝的生长，就应及时去除或回缩。辅养枝应小且短于邻近的主、侧枝，当其过旺时，应去强留弱或回缩到弱分枝处。对长势中等，分枝良好，又有可利用空间者，可剪去枝头，将其改造成结果枝组。

④徒长枝的利用和修剪。成龄树随着树龄和结果量的增加，外围枝长势变弱，加上修剪和病虫害等原因，易造成内膛骨干枝上的潜伏芽萌发形成徒长枝，早实核桃更易发生徒长枝。处理方法可视树势及内膛枝条的分布情况而定。如内膛枝条较多，结果枝组又生长正常，可从基部疏除徒长枝；如内膛有空间，或其附近结果枝组已衰弱，则可将徒长枝培养成结果枝组，促成结果枝组及时更新。

尤其在盛果末期，树势逐渐衰弱，产量开始下降，枯枝增多，更应注意对徒长枝的选留与利用。

⑤背下枝的处理。核桃树倾斜着生的骨干枝的背下枝生长势多强于原骨干枝，形成“倒流水”现象，这是核桃区别于其他果树的特点之一，也称之为核桃的背下优势。如果不及时处理核桃的背下枝，往往造成主、仆关系颠倒，严重的造成原枝头枯死。第一层主、侧枝上的背下枝要及时从基部疏除，而且越早越好，宜早不宜迟，以防影响骨干枝的生长。根据主、侧枝的着生角度及生长势决定去留。如果背下枝生长势强于原枝头，方向角度又合适，可用背下枝取代原枝头，将原枝头剪除，如果有空间也可把原枝头培养成结果枝组，但必须注意抬高背下枝的角度，以防下垂。如果背下枝角度过大，方向不理想，可疏除背下枝，保留原枝头，如果有空间也可把背下枝培养成结果枝组，但必须控制背下枝头的生长势。如果背下枝与原枝头生长势相差不大，应及早疏除背下枝，保留原枝头；如果背下枝生长势较弱，可先放后回缩，培养成结果枝组。

⑥清理无用枝条。应及时把长度在6厘米以下，粗度不足0.8厘米的细弱枝条疏除，原因是这类枝条坐果率极低。内膛过密、重叠、交叉、病虫枝和干枯枝等也应剪除，以减少不必要的养分消耗和改善树冠内部的通风透光条件。

此外，对早实核桃的二次枝处理方法与幼树阶段基本相同，只是要特别强调防止结果部位迅速外移，对外围生长旺的二次枝应及时短截或疏除。

3. 衰老树的修剪　核桃树寿命长，在良好的环境和栽培管理条件下，生长结果可达数百年。在管理粗放的条件下，早实核桃40～60年、晚实核桃80～100年以后就进入衰老期。当核桃树的长势衰退时，应有计划的重剪更新，以恢复树势，延长结果年限。着重对多年生枝进行回缩修剪，在回缩处选留一个辅养枝，促进伤口愈合和隐芽萌芽，使其成为强壮新枝，复壮树势。对过于衰弱的老树，可逐年进行对多年生骨干枝的更新，利用隐芽萌发的强壮徒长枝，重新形成树冠，使树体生长健旺。将修剪与施肥、浇水、防治病虫害等管理结合起来，效果更好。

(1) 主干更新 主干更新又称为大更新，即将主枝全部锯掉，使其重新发枝并形成主枝。这种更新修剪量大，树势恢复慢，对产量影响也大，是在不得已的情况下进行的挽救措施。具体做法有两种：一种是对主干过高的植株，可从主干的适当部位将树冠全部锯掉，使锯口下的潜伏芽萌发新枝，核桃树潜伏芽的寿命较长，数量较多，回缩后潜伏芽容易萌发成枝，然后从新枝中选留位置适宜、生长健壮的2～4个枝，培养成主枝；另一种是对主干高度适宜的开心形植株，可在每个主枝的基部将其锯掉，主干形植株，可先从第一层主枝的上部锯掉树冠，再从各主枝的基部锯掉，使主枝基部的潜伏芽萌芽发枝。

(2) 主枝更新 主枝更新也称为中度更新，即在主枝的适当部位进行回缩，使其形成新的侧枝。具体做法：选择健壮的主枝，保留50～100厘米长，将其余部分锯掉，使其在主枝锯口附近发枝，发枝后在每个主枝上选留位置适宜的2～3个健壮的枝条，将其培养成一级侧枝。

(3) 枝组更新 枝组更新是对衰弱明显的大、中型结果枝组进行重回缩，短截到健壮分枝处，促其发生新枝；小型枝组去弱留壮、去老留新；树冠内出现的健壮枝和徒长枝，尽量保留培养成各类枝组，以代替老枝组。另外应疏去多余的雄花序，以节约养分增强树势。

(4) 侧枝更新 侧枝更新也称为小更新，即将一级侧枝在适当的部位进行回缩，使之形成新的二级侧枝。这种更新方法的优点主要是新树冠形成和产量增加均较快。具体做法是在计划保留的每个主枝上，选择2～3个位置适宜的侧枝，在每个侧枝中下部长有强旺分枝的前端或上部剪截。对枯梢枝要重剪，促其从下部或基部发枝，以代替原枝头。疏除所有的枯枝、病枝、单轴延长枝和下垂枝。

对更新的核桃树，必须加强土、肥、水和病虫害防治等综合管理，以防当年发不出新枝，造成更新失败。

4. 放任树的修剪 核桃放任生长的树是指管理粗放、很少修剪的树。目前，我国放任生长的核桃树仍占相当大的比例，这类树具体表现为：枝干直立生长，侧生分枝少，枝条分布不合理，多交叉重叠，且长势弱，层次不清，枝条紊乱，从属关系不明；主枝多轮生、叠生、并生，“掐脖”现象严重；内膛郁闭，由于主枝延伸过长，先端密挤，基部秃裸，造成树冠郁闭，通风透光不良，内膛空虚，结果部位外移；结果枝细弱，落果严重，坐果率一般只有20%，且品质差；衰老树外围“焦梢”，结果能力低，甚至不能形成花芽；从大枝的中下部萌生大量徒长枝，重新构成树冠，形成自然更新。一部分幼旺树可通过高接换优的方法加以改造。对大部分进入盛果期的核桃大树，在加强地下管理的同时可进行修剪改造，以迅速提高核桃的产量和品质。

(1) 树形改造 根据核桃树生长特点，一般可改造为主干分层形、自然开心形或主干形等，要灵活掌握，因树造型，以达到尽早结果的目的。如果中心领导干明显，可改造成主干分层形或主干形；如果中心领导干已很衰弱或无中心领导干，可改造成自然开心形。

(2) 因树修剪 衰老树修剪时，首先疏除多年生密挤大枝，去弱枝留壮枝；其次疏除所有干枯病虫枝，回缩下垂枝，收缩树冠，充分利用旺枝、壮枝，更新复壮树势。旺树修剪时，首先应注意对全树统一安排，除去无效枝，达到通风透光，调整配备好骨干枝，使枝条营养集中，健壮充实，提前形成混合芽；其次要保护内膛斜生枝和外围已形成混合芽的枝条，采用一放、二放（待分枝后，回缩到分枝处）、三回缩的方法，促使形成结果枝组。

(3) 大枝的选留 大枝过多是一般放任生长树的主要矛盾，应首先解决主要矛盾，因树造型，按主干分层形或自然开心形的标准选留5～7个主枝，第一层要根据生长方向，选3～4个主枝，重点疏除密挤的重叠枝、并生枝、交叉枝和病虫枝。为避免一次疏除大枝过多，可以对一部分交叉重叠的大枝先行回缩，分年处理。有些生长直立、主从不分、主枝过多的品种（如新丰、纸皮等）由于每年趋向于极性生长，下部枝条大量枯死，各级延长头过强过旺形成抱握生长态势，较难处理。对这种树，除疏除多余大枝消除竞争外，对各级主枝延长头的处理分级次处理，要分年度，不可过重，以免内膛太空或内膛枝徒长，并要结合夏季修剪，去除剪口和锯口部位萌发的直立枝条，以促进下部枝条复壮，均衡营养，逐步复壮。还有些品种，中心干明显，主枝级次较乱，树冠开张（如新光、扎343等），由于体现了中心干优势，易上强下弱，下部主枝衰弱甚至枯死，内膛郁闭，造成大量结果枝枯死，结果部位外移，主枝顶端因结果而下垂衰弱，背上枝重叠，严重影响负载量。对于这类树的修剪，应视情况落头，对中型枝组要根据生长空间选留一定数量的侧枝，多余的要进行疏除、回缩，对于各级主枝要疏除下垂衰弱枝组，选健壮枝组留头，背上着生的大枝组和一年生直立枝条要疏除，使生长势逐步恢复。对于结果枝组要选留生长健壮、着生位置好的枝条，疏除衰弱枝使结果枝组稳定健壮。

(4) 外围枝条的调整 对于冗长细弱的下垂枝，必须适时回缩，抬高角度，衰老树的外围枝大部分是中短果枝和雄花枝，应适当回缩，用粗壮的枝带头。

(5) 结果枝组的培养和更新 选侧斜生枝及无二次生长的粗壮枝，多采用先放后缩或先缩后放的方法培养结果枝组。处理好过密枝、瘦弱枝、背下枝、背上直立枝，使整个枝组大、中、小配备适当，粗壮、短而结果紧凑。结果枝组的更新复壮，一般压前促后，缩短枝量，增加分枝级数，本着去弱留壮、疏除干枯枝、减少消耗、集中营养、促使更新复壮、保持健壮结果枝组的原则。

以上修剪的修剪量均应根据立地条件、树龄、树势、枝量灵活掌握，各大、中、小枝的处理也必须全面考虑，做到因树修剪，随枝做形。另外，应与加强土肥水管理结合，否则，难以收到良好的效果。

（四）早实核桃和晚实核桃修剪特点

1. 早实核桃修剪特点　早实核桃幼龄期短，开花结果较早，嫁接当年或第 2 年基本都能开花，比晚实核桃提早结果 3～5 年。早实核桃的花枝率极高。早实核桃萌芽力、成枝力都较晚实核桃强，二次分枝是早实核桃区别于晚实核桃的又一特性。所谓二次分枝是指春季一次枝生长封顶以后，由近顶部 1～3 个芽再次抽生新枝；而晚实核桃一年只抽生一次枝。如不及时合理地修剪，极易造成树形紊乱，结果部位外移，既影响产量又影响核桃质量。

鉴于早实核桃的生长发育特性，拟在幼树阶段培养良好的树形和牢固的骨架，需用修剪手段来调整树冠与结果的关系，以达到既丰产又稳产的目的。所以在幼树阶段应本着以养树为主，在保证不断扩展树冠的前提下逐年增加产量。其整形修剪措施如下。

(1) 抹芽　为了集中养分，促进当年长高，定植当年对幼树进行抹芽，即保留顶部的健壮芽，其余抹掉。

(2) 定干　矮化密植园一般定干高度为 0.8～1.2 米；乔化稀植园一般定干高度 1.2～1.5 米。推广当年不定干，嫁接部位以上保留 3 个芽重截，培养 1 年后再定干。以自然开心形为主，保留 2～3 个主枝，在剪截定干时，按不同方位选 3～4 个健壮的芽，其余的芽抹掉，一般在萌芽后。

(3) 背下枝的修剪处理　核桃背下枝是指从主、侧枝和各级分枝的背下芽抽生的一种竞争力很强的枝条，这种枝常易徒长、下垂，如不及时修剪处理，极易使主、侧枝角度加大，产生“倒拉”

现象，2～3 年便使上部枝条生长势减弱或枯死，是造成树形紊乱的特殊枝。在树冠下部，主、侧枝背下抽生的竞争枝一律从基部剪除，以保持正常树形。在树冠中、上部，为了开张主、侧枝的角度可以短截或保留抽生的背下枝。

(4) 二次枝的修剪处理 由于早实核桃具有抽生二次枝的特性，修剪时也应重视，二次枝抽生得晚，生长快，枝条往往不充实，寒冷地区易出现抽条现象。二次枝的修剪处理应去弱留强扩大树冠，直立生长过旺的二次枝，长到 30～50 厘米时应摘心或短截 1/3～1/2，以促进分枝和增加结果部位。对内膛抽生的二次枝，有生长空间的短截 1/3 以上，无生长空间的从根部剪除。

(5) 徒长枝的修剪 潜伏芽受到刺激后萌发徒长枝，早实核桃萌发的徒长枝第 2 年均能大量结果，是更新结果枝组极好的枝条，根据树形和生长空间来调整需求，疏除、短截或长放徒长枝。早实核桃连续结果 2 年后，特别是肥水条件差的地方，结果母枝很易衰老，甚至死亡，因此对 2～3 年连续结果的母枝，要及早回缩到基部潜伏芽处，这样可促使抽生较长的徒长枝，当年可形成混合芽，再经轻度短截后，又可发生 3～4 个结果母枝，形成新的结果枝组。

(6) 疏除细弱无效枝 早实核桃侧生枝结果率高，为节约营养，应及时把长度在 6 厘米以下、粗度不足 0.8 厘米的细弱枝疏掉，剪除内膛过密枝、重叠枝、交叉枝、干枯枝、病虫枝，减少弱芽弱枝的营养消耗。

(7) 早实核桃的大更新 对严重衰老树，除积极培肥地力外，要采取大更新的办法，选择有生命力的地方一次性剪截至主、侧枝的基部，促其重发新枝，达到早期更新和恢复树势的目的。

2. 晚实核桃修剪特点 晚实核桃结果晚，6～8 年开始结果；分枝力弱，二年生晚实核桃分枝率只有 6.5%，只有顶芽抽生 1 个延长枝，四年生晚实核桃平均分枝 6 个左右，最多 9 个，晚实核桃一年只抽生一次枝；树体高大，树高 10～30 米。定干可高些，一般为 1.5～3.0 米，山地或园片式栽培为 1.5～2.0 米，如为了提高干材利用率，干高可定为 3.0 米左右。晚实核桃分枝能力差，枝条较少，常用短截发育枝的方法增加枝量。

(1) 幼树　为了充分利用顶端优势，采用高截低留的定干整形法，即达到定干高度时剪截，低于定干高度时留下顶芽，待达到高度时采用破顶芽或短截手法促使幼树多发枝，加快分枝，扩大营养面积。在 5～6 年内选留出各级主、侧枝，尽快形成骨架，为丰产打下坚实的基础，达到早成形、早结果的目的。

(2) 初果期树　此期树体结构初步形成，应保持树势平衡，疏除或改造直立向上的徒长枝，疏除间伐外围的密挤枝及节间的无效枝，保留充足的有效枝（粗、短、壮），控制强枝向缓势发展（夏季和秋季拿枝、拉枝、换头），充分利用一切可以利用的结果枝（包括下垂枝），达到早结果、早丰产的目的。

①短截发育枝。晚实核桃分枝能力差，枝条较少，常用短截发育枝的方法增加枝量。将从一级和二级侧枝上抽生的生长旺盛的发育枝短截，促进新梢生长，增加分枝。剪截长为枝长的 1/4～1/2，短截后一般可萌发 3 个左右较长的枝条。通过短截，改变了剪口芽的顶端优势，剪口部位新梢生长旺盛，能促进分枝，提高成枝力。对核桃树上中等长枝或弱枝不宜短截，否则刺激下部发出细弱短枝，组织不充实，冬季易发生日灼而干枯，影响树势。

②利用徒长枝及旺盛营养枝。随树龄和结果量的增加，外围枝长势变弱，加之修剪等外界刺激，极易造成内膛骨干枝背上潜伏芽萌发成为徒长枝，消耗营养，影响通风透光。因此，对于徒长枝，应采取“有空就留，无空就疏”的原则，充实内膛，增加结果部位，也可作为更新复壮的主要枝条。

③培养结果枝组。同成龄树。

(3) 盛果期树　骨架已形成，树冠极易郁闭，无效枝增多，内膛光照不良，主从关系大小不均，往往出现下垂、光腿、横生、倒拉，致使结果母枝早衰，结果部位外移，造成顶端结果，产量不高。盛果期树主要修剪要点是疏病枝、透阳光，缩外围、促内膛，抬角度、节营养，养枝组、增产量。特别是要做好抬、留的科学运用，绝对不能一次处理下垂枝，要本着三抬一、五抬二的手法；下垂枝连续三年生的可疏去一年生枝，五年生的缩至二年生处，留向上枝；抬高枝角度，复壮枝势，充实结果母枝，达到稳产、高产的目的。

（4）衰老树更新 首先疏除病虫枯枝、密挤无效枝，回缩外围枯枝至有生长能力的部位，促其萌发新枝。其次，要充分利用好一切可利用的徒长枝，尽快恢复树势，继续结果。对严重衰老树，要采取大更新，即在主干及主枝上截去衰老部分的1/3～2/5，保证一次性重发新枝，3年后可重新形成新树冠。衰老树的更新方法请参照衰老树的修剪方法。

五、精准减量综合生态病虫害防控

在核桃病虫害防治过程中，应当全面贯彻“预防为主，综合防治”的植保方针，以改善生态环境、加强栽培管理为基础，合理采用物理防治、农业防治等综合措施，保护利用害虫天敌，充分发挥天敌对病虫害的自然控制作用，将病虫害控制在经济阈值之下。在核桃安全生产过程中，使用农药防治病虫害是必要的，但应科学合理地选择和使用农药，最大限度地控制农药的污染和危害。

加强对病虫害预测预报工作，做到对症下药，适时防治。合理使用绿色无公害果品生产中允许使用的药剂。混合和交替地使用不同的药剂以防止产生抗药性并保护害虫的天敌。严格控制药剂的使用浓度和剂量，并按农药安全间隔期进行施药。改进农药的使用性能，如在农药中加入展着剂、渗透剂、缓释剂等，既节省农药又提高药效。尽可能使用低量或超低量的喷药机械。

（一）主要病害防治技术

1. 核桃炭疽病　核桃炭疽病是生产中危害最为严重的病害之一，潜伏期长、发病时间短、暴发性强，主要危害果实、叶、芽及嫩梢。一般果实感病率可达 20%～40%，病重年份可高达 95%以上，在收果前 10～20 天迅速使果实发黑变烂，引起果实早落、核仁干瘪，严重影响核桃产量和品质，造成严重的经济损失。

核桃炭疽病的发生与栽培管理水平有关，管理水平差，株行距小，过于密植，通风透光不良，则发病重。病菌在病枝、叶痕、残留病果、芽鳞中越冬，成为翌年初次侵染源。病菌借风、雨、昆虫传播。在适宜的条件下萌发，从伤口、自然孔口侵入。在 25～28℃下，潜育期 3～7 天。

农业防治：清除病枝、落叶，集中烧毁，减少初次侵染源；加强栽培管理，增施有机肥，保持树体健壮生长；提高树体抗病能力，合理修剪，改善园内通风透光条件，有利于控制病害；选育丰产、优质、抗病的新品种。

化学防治：发芽前喷 3～5 波美度石硫合剂；用 50%多菌灵可湿性粉剂 1 000 倍液，75%百菌清可湿性粉剂 600 倍液，50%甲基硫菌灵可湿性粉剂 500～1 000 倍液，在核桃开花前、幼果期、果实迅速生长期各喷 1 次。喷药时注意均匀。同时对核桃园周围 50 米以内的刺槐树、果树也要进行喷药，防止其他树上的病菌传入核桃园。

2. 核桃细菌性黑斑病　该病主要危害核桃幼果、叶片和嫩梢。一般植株被害率 70%～100%，果实被害率 10%～40%，严重时可达 95%以上，造成果实变黑、腐烂、早落，使核仁干瘪减重，出油率降低，甚至不能食用。

细菌在病枝、溃疡斑内、芽鳞和残留病果等组织内越冬。翌年春季借雨水或昆虫将带菌花粉传播到叶和果实上，并多次进行再侵染。细菌从伤口、皮孔或柱头侵入。病菌的潜育期一般为10～15天。该病发病早晚及发病程度与降水关系密切，在多雨年份和季节，发病早且严重。在山东、河南等省一般5月中下旬开始发生，6～7月为发病盛期，核桃树冠稠密，通风透光不良，发病重。一般本地核桃比新疆核桃发病轻，弱树发病重于健壮树，老树重于成龄树、幼树，目前，山东省已选育出一些较抗病的优良株系。

农业防治：选育抗病品种是防治核桃黑斑病的主要途径之一，选择核桃品种时要把抗病性作为主要标准之一，当地实生良种核桃、黑核桃抗病性强，引进的薄壳核桃抗性差，应加强薄壳核桃抗性选育工作；加强田间管理，保持园内通风透光，砍去近地枝条，减轻潮湿和互相感病，结合修剪，除去病枝和病果，减少初侵染源；重视有机土杂肥的施用，秋季施土杂肥，花前追施速效氮肥，夏季追施磷、钾肥，山区注意刨树盘，蓄水保墒，增强树势，保持树体健壮生长，提高抗病能力。

化学防治：发芽前喷3～5波美度石硫合剂，消灭越冬病菌，兼治介壳虫等其他病虫害；展叶前喷1～3次1∶1∶200的波尔多液；5～6月喷70%甲基硫菌灵可湿性粉剂1 000～1 500倍液效果也较好，或每半个月喷一次50微克/克硫酸链霉素加2%硫酸铜。

3. 核桃溃疡病 核桃溃疡病是一种真菌性病害，多发生在树干及侧枝基部，最初出现黑褐色近圆形病斑，直径0.1～2.0厘米，有的扩展成梭形或长条病斑。在幼嫩及光滑树皮上，病斑呈水渍状或形成明显的水泡，破裂后流出褐色黏液，遇光全变成黑褐色，随后患处形成明显圆斑。后期病斑干缩下陷，中央开裂，病部散生许多小黑点，即病菌的分生孢子器。严重时，病斑迅速扩展或数个相连，形成大小不等梭形的长条形病斑，当病部不断扩大，环绕枝干一周时，则出现枯梢、枯枝或整株死亡。

病菌以菌丝体在病部越冬。翌春气温回升，雨量适中，可形成分生孢子，从枝干皮孔或伤口侵入，形成新的溃疡病。该病与温度、雨水、大风等关系密切，温度高，潜育期短。一般从侵入到症状出现需 1～2 个月。该病由一种弱寄生菌从冻害、日灼和机械伤口侵入造成，一切使树势衰弱的因素都有利于该病发生，如管理水平不高，树势衰弱或林地干旱、土质差、树木伤口多的园地易感病。

农业防治：加强田间管理，搞好保水工程，增强树势，提高树体抗病能力；防旱排涝，增施有机肥，改良土壤，合理修枝整形改善树冠结构；树干涂白，防止日灼和冻害，涂白剂配制为生石灰 5 千克、食盐 2 千克、油 0.1 千克、水 20 千克。

化学防治：将病斑树皮刮至木质部，涂刷 3～5 波美度石硫合剂。

（二） 主要虫害防治技术

1. 核桃云斑天牛　核桃云斑天牛俗称铁炮虫，核桃天牛、钻木虫等，是核桃树的一种毁灭性害虫。主要为害枝干，有的受害树主枝及中心干死亡，有的整株死亡。该虫广泛分布于河北、安徽、江苏、山东等地。

该虫因地域不同，每年发生 1 代或 2～3 年发生 1 代，以幼虫或成虫越冬，越冬幼虫翌年春季开始活动为害皮层和木质部，并在蛀食的隧道内老熟化蛹，蛹羽化后从蛀孔飞出，5～6 月交配产卵，6 月中下旬为产卵盛期。卵期为 10～15 天，卵孵化后，幼虫先为害皮层，受害处变黑，树皮逐渐胀裂，流出褐色液体。随着虫体增长，逐渐深入木质部为害，虫道弯曲，不断由蛀孔向外排出虫粪，堆积在树干周围。第 1 年，幼虫在虫道内越冬，来年继续为害。第 2 年，老熟幼虫在虫道顶端做蛹室，9 月下旬羽化，然后在蛹室越冬。第 3 年核桃树发枝时，成虫爬出，成虫取食叶片及新梢嫩皮，昼夜飞翔，以晚间活动多，有趋光性。产卵前将树干表皮咬一个月牙形伤口，将卵产于皮层中间。卵多产在主干或粗的主枝上。每头雌虫产卵40粒左右。

防治方法：于5～6月的傍晚，利用成虫的趋光性持灯到树下捕杀成虫；在成虫产卵期间或产卵后，重点检查核桃树主干2米以下，发现产卵刻槽可用锤敲击，人工杀死卵或幼虫，发现排粪孔后用铁丝将虫粪除净，然后堵塞毒签或药棉球，并用泥土封好虫孔以毒杀幼虫；涂白，秋冬季至成虫产卵前可将生石灰、硫黄粉、食盐、水按10：1：0.5：40的比例充分混匀后涂于核桃树干基部2米以下，以阻止成虫产卵或杀死幼虫。

2. 刺蛾类 又名洋拉子、八角等，属鳞翅目刺蛾科。幼虫取食叶片，仅留上表皮，叶片出现透明斑。三龄后幼虫把叶片吃成许多小洞、缺刻，影响树势。幼虫虫体上有毒毛，触及人体会刺激皮肤使皮肤发痒发痛。刺蛾的种类有主要有黄刺蛾、绿刺蛾、褐刺蛾和扁刺蛾等，在全国均有发生。

防治方法：秋季结合修剪铲出虫茧并深埋，成虫出现期根据其趋光特性每天用杀虫灯诱杀，摘除群集受害的虫叶并立即埋掉或将幼虫踩死，当初孵幼虫群聚未散时摘除虫较集中的叶子并消灭，喷8 000单位/微升苏云金杆菌悬浮剂300倍液或25%灭幼脲胶悬剂1 000倍液。

3. 核桃举肢蛾 核桃举肢蛾俗称核桃黑，属鳞翅目举肢蛾科。主要为害果实，是造成核桃产量低、质量差的主要害虫。以幼虫蛀入幼果，使幼果皱缩、发黑，核桃仁发育不良、干缩。蛀蚀果柄，引起落果，造成核桃树产量大幅度下降，使经济效益大大受损，在我国山东、四川、贵州、山西、陕西、河南、河北等核桃产区普遍发生。

该虫每年发生1～2代，以老熟幼虫在树冠下的土内或在杂草、石缝、树皮缝中结茧越冬。翌年5月中旬至6月中旬化蛹，成虫发生期在6月上旬至7月上旬，羽化盛期在6月下旬至7月上旬。成虫交尾后，每头雌蛾能产卵35～40粒，卵4～5天孵化。孵化后幼虫即在果面爬行，寻找适当部位蛀果。初蛀入果时，孔外出现白色透明胶珠，后变为琥珀色，隧道内充满虫粪。被害果青皮皱缩，逐渐变黑，造成早期脱落。幼虫在果内为害 30～45 天，老熟后出果坠地，入土结茧越冬。早春干旱的年份发生较轻，羽化时，若多雨潮湿则发生严重，管理粗放、树势较弱、较潮湿的环境发生较严重。

人工防治：封冻前彻底清除树冠下部枯枝落叶和杂草，刮掉树干基部老皮集中烧掉，对树下土壤进行耕翻可消灭部分越冬幼虫；在幼果脱果前及时收埋或烧毁，提前采收被害果，减少下一年虫源；核桃举肢蛾对短波光趋性较强，可用黑光灯对核桃举肢蛾成虫进行诱杀。

药剂防治：5 月下旬至 6 月上旬和 6 月中旬至 7 月上旬为两个防治关键期，可选择 5%高效氯氰菊酯乳油 2 000～3 000 倍液、2.5%溴氰菊酯乳油 2 000～3 000 倍液、50%杀螟硫磷乳油 1 000～2 000 倍液每隔 10 天喷 1 次，连续喷 3 次，效果较好。

4. 草履蚧　草履蚧又名草鞋蚧。我国大部分地区都有分布。该虫吸食汁液，致使树势衰弱甚至枝条枯死，影响产量。被害枝干上有一层黑霉，受害越重黑霉越多。

每年发生 1 代，以卵在树干基部土中越冬，卵的孵化早晚受温度影响。初龄若虫行动迟缓，天暖上树，天冷回到树洞或树皮缝隙中隐蔽群居，最后到一二年生枝条上吸食为害。雌虫经三次蜕皮变成成虫，雄虫第二次蜕皮后不再取食，下树在树皮缝、土缝、杂草中化蛹。蛹期 10 天左右，4 月下旬至 5 月下旬羽化，雄虫与雌虫交配后死亡。雌成虫 6 月前后下树，在根颈部土中产卵后死亡。

人工防治：在若虫未上树前于 3 月初将树干基部老皮刮除，涂宽约 15 厘米的黏虫胶带，黏胶一般配法为废机油和石油沥青各一份，加热融化后搅匀即成，如在胶带上再包一层塑料布，下端呈喇叭状，防治效果更好；若虫上树前，用 6%的柴油乳剂喷洒根颈部周围土壤，采果至土壤封冻前或翌年早春进行树下耕翻，可将草履蚧消灭在出土前，耕翻深度约15厘米，范围稍大于树冠投影面积；5月下旬雌虫下树期间，在树基处挖2～3尺*的圆坑，放入树叶杂草，雌虫下树钻入草内产卵，集中消灭成虫。

药剂防治：草履蚧若虫上树后，可在其若虫大多处于一龄期时，用4.5%高效氯氰菊酯乳油1 500倍液或10%吡虫啉可湿性粉剂1 500倍液均匀喷洒树体与地面进行防治，同时对发生区以外500米范围内喷药防止害虫扩散蔓延。

（三） 植物检疫防治

植物检疫就是一个国家或地方政府通过立法手段和先进的科技手段防止危险性病、虫、杂草的传播蔓延。危险性病、虫、杂草是指主要通过人类的经济活动和社会活动进行传播，传入后一旦蔓延将给整个生态系统带来严重后患并且极难防治的病、虫、杂草。根据《中华人民共和国进出境动植物检疫法实施条例》规定，进出境动植物检疫的范围包括五个方面，第一，进境、出境、过境的动植物、动植物产品和其他检疫物；第二，装载动植物、动植物产品和其他检疫物的容器、包装物、铺垫材料；第三，来自动植物疫区的运输工具；第四，进境拆解的废旧船舶；第五，有关法律、行政法规、国际条约或者贸易合同约定应当实施进出境动植物检疫的其他货物、物品。

按《中华人民共和国进出境动植物检疫法》（以下简称《检疫法》）规定，不论是入境的还是出境的植物、植物产品及其他检疫物，都要进行审批和报检。检疫方法分为产地检疫、现场检疫、室内检疫、隔离检疫等，检疫结果的处理包括检疫放行、除害处理、销毁或退回、检疫特许审批等。

---

* 尺为非法定计量单位，1尺≈33厘米。——编者注

1. 植物检疫的意义　由于受到地理条件，如高山、海洋、沙漠等的阻隔，植物病、虫、杂草的自然传播距离有限，而人的活动如植物繁殖材料、产品的远距离调运为危险性病、虫、杂草的远距离传播提供了机会，从而给调入地农业生产带来了潜在威胁。检疫性有害生物一旦传入新的地区，倘若遇到适宜的发生条件，往往造成比原产地更大的危害，因为新疫区的生态系统中还没有对新传入有害生物的控制因素。植物检疫是通过法律、行政和技术的手段，防止危险性植物病、虫、杂草及其他有害生物的人为传播，保障农业生产安全，促进贸易发展的有效措施，也是当今世界各国政府普遍实行的一项制度。一旦发现危险性植物病、虫、杂草及其他有害生物就要积极组织开展疫情监测调查及销毁控制和扑灭铲除工作。

2. 植物检疫的主要任务　第一，禁止危险性病虫害随着植物及其产品由国外传入或国内输出，这是对外检疫的任务。对外检疫一般是在口岸、港口、国际机场等场所设立机构，对进出口货物、旅客携带的植物及邮件等进行检查。对外检疫工作也可以在产地设立机构进行。

第二，将在国内局部地区已发生的危险性病、虫、杂草封锁，使其不能传到无病区，并在疫区将其消灭，这就是对内检疫。对内检疫工作由地方设立机构进行检查。

第三，一旦危险性病、虫、杂草到新的地区，应立即采取彻底消灭的措施。危害植物的病、虫、杂草种类很多，分布甚广，而植物及植物产品很多，调运情况又极其复杂，所以植物检疫不可能也不必要把所有病、虫、杂草都作为实施检疫的对象。而检疫对象是根据以下原则确定的：国内尚未发生的或局部发生的病、虫及杂草，危害严重、传入后可给农林生产造成重大损失的；可以人为远距离传播的，即随种子、苗木、其他繁殖材料、加工产品或包装物传播的病、虫及杂草。

3. 植物检疫的措施

（1）禁止入境 禁止入境是针对危险性极大的有害生物，严格禁止可传带该有害生物的活植物、种子、无性繁殖材料和植物产品入境。土壤可传带多种危险性病原物，也被禁止入境。

（2）限制入境 限制入境是提出允许入境的条件，要求出具检疫证书，说明入境植物和植物产品不带有规定的有害生物，其生产、检疫检验和除害处理状况符合入境条件。此外，还常限制入境时间、地点，入境植物种类及数量等。

（3）调运检疫 调运检疫是对于在国家间和国内不同地区间调运的应行检疫的植物、植物产品、包装材料和运载工具等，在指定的地点和场所包括码头、车站、机场、公路、市场、仓库等由检疫人员进行检疫检验和处理。凡检疫合格的签发检疫证书准予调运，不合格的必须进行除害处理或退货。

（4）产地检疫 产地检疫是指种子、无性繁殖材料在其原产地，农产品在其产地或加工地实施检疫和处理。这是国际和国内检疫中最重要和最有效的一项措施。

（5）国外引种检疫 国外引种检疫是指对引进种子、苗木或其他繁殖材料，事先需经审批同意，检疫机构提出具体检疫要求，限制引进数量，引进后除施行常规检疫外，还必须在特定的隔离苗圃中试种。

（6）旅客携带物、邮寄和托运物检疫 国际旅客入境时携带的植物和植物产品需按规定进行检疫。国际和国内通过邮政、民航、铁路和交通运输部门邮寄、托运的种子、苗木等植物繁殖材料以及应施检疫的植物和植物产品等需按规定进行检疫。

（7）紧急防治 对新侵入和核定的病原物与其他有害生物，必须利用一切有效的防治手段尽快扑灭。我国国内植物检疫规定，已发生检疫对象的局部地区，可由行政部门按法定程序建立疫区，采取封锁、扑灭措施。还可将未发生检疫对象的地区依法划定为保护区，采取严格保护措施，防止检疫对象传入。

（四） 农业防治

农业防治是为了防治病、虫、草害所采取的农业技术综合措施，调整和改善果树的生态环境，以增强果树对病、虫、草害的抵抗力，创造不利于病原物、害虫和杂草生长发育或传播的条件，以控制、避免或减轻病、虫、草的危害。主要措施有选用抗病、抗虫品种，调整品种布局，选留健康种苗，轮作，深耕灭茬，调节播种期，合理施肥，及时灌溉排水，适度整枝打杈，搞好田园卫生和安全运输贮藏等。农业防治如能同物理、化学防治等配合进行，可取得更好的效果。

1. 培养健康苗木　苗木是核桃树生产的物质基础。没有核桃苗木，核桃生产就无从谈起，核桃苗木的质量直接影响到核桃园的建园速度与质量以及以后核桃园的丰产性能及经济效益，只有品种优良、生长健壮、规格一致的良种壮苗才能保证核桃树生产的需要。有些病害是通过核桃苗木、接穗、种子等传播的，对于这些病害的防治主要是通过培育健壮的苗木。

2. 搞好果园卫生　果园卫生包括清除病株残余、深耕除草、铲除转主寄主等措施。果园内的枯枝落叶、病虫果和杂草等中带有大量的病菌和虫卵，这些病菌和虫卵随枝叶落入土中，如不及时清理，翌年会继续危害果树。因此，要及时清扫处理果园中的枯枝落叶、病虫果和杂草等。主要措施有：第一，清除残枝落叶及杂草并集中烧毁；第二，及时清理地面、树体上的病虫果，集中埋入土中30 厘米以下；第三，清除因病虫害而死的植株。

3. 合理修剪　树体修剪是核桃栽培管理中的重要环节，也是病虫害防治的主要措施之一。合理修剪，可以调节树势，优化树体营养分配，促进树体生长发育，改善通风透光条件，增强树体抗病力，从而达到防止病菌侵害的目的。修剪还可以去除病枝、减少病原数量，但是剪口也是病菌侵入的途径，如果剪刀上沾有病菌，很容易使健康的核桃树受侵染。因此，每次修剪完毕要对剪刀进行消毒，除去修剪过程中沾染的病菌。

4. 科学施肥和排灌 加强肥水管理，可以提高核桃树的营养状况，提高树体抗病能力，达到壮树抗病的目的。核桃园施肥时，结合秋季核桃园深翻施肥，以施腐熟的有机肥为主。6 月以后以追施磷、钾肥为主，配方施适量氮肥，在 8 月喷施 0.2%～0.3%的磷酸二氢钾溶液，以提高木质化程度。

土壤含水量为田间持水量的 60%～80%时最有利于核桃树生长，若土壤水分不足应适时灌水，以浸湿土层 0.8～1.0 米厚为宜。夏季降水较多，应做好排涝工作。秋季要尽量少灌水，使土壤适当干旱，促进枝条木质化，以增强其越冬能力。另外，在土壤封冻前要灌足封冻水，使树体吸足水分，减少抽条。特别是秋季降水多，核桃园易积水，造成核桃树烂根和落果，枝条徒长，木质化程度差，且易抽条。核桃园中要规划明暗沟排水系统，及时排水，可避免因涝灾造成的核桃树抽条以致核桃树死亡。

5. 适时采收和合理贮运脱青皮 收获果实是核桃栽培的主要目的，如不适时采收不仅影响核桃果实的产量，还会影响种仁质量。采收过早，青皮不易剥离，种仁不饱满，出仁率低，加工时出油率低，而且不耐贮藏。提前 10 天以上采收时，坚果和核仁的产量分别降低 12%及 34%以上，脂肪含量降低 10%以上。过晚采收则果实易脱落，同时果实青皮开裂后停留在树上时间过长，也会增加受霉菌感染的机会，导致坚果品质下降，增加深色核桃仁比例，影响种仁品质。脱青皮容易造成坚果破裂，直接影响贮存和运输过程中坚果病害的发生和危害程度。

6. 科学安全使用农药 农药在核桃生产上必不可少，施用农药是防控农业有害生物的主要方法，目前农产品质量安全已受到所有消费者越来越多的关注。农药是重要的农业生产资料，但同时又是有毒有害物质。科学、合理、安全使用农药不仅关系到农业生产的稳定发展，也关系到广大人民群众的身体健康，关系到人类赖以生存的自然环境。

（1）防治病虫，科学用药　对病、虫、草等要采用综合防治（IPM）技术，充分了解病虫害发生规律，做到提前预防。病虫害的发生都需要一个过程，应该在发生初期进行防治，不要等到危害严重了才开始重视，应以不受经济损失或不影响产量为防治标准。要使用植保技术部门的推荐用药，在适宜施药时期，使用经济有效的农药剂量，采用正确施药方法，不得随意加大施药剂量和改变施药方法。

（2）适时适量用药，避免残留　要掌握好农药的使用剂量，严格按照使用说明提供的剂量使用农药。有的人为了达到效果增加用药量，不但造成农药浪费，而且容易产生药害，增加核桃中的农药残留量，污染环境，影响食用者的身体健康；减少用药量，则达不到预期的效果，不但浪费农药，而且误工误时。使用农药时要几种农药交替使用，不要长期使用单一品种的农药，要尽量使用复配农药。长期使用单一药剂，容易引起病虫群体抗药性，造成核桃园病虫害的发生与药剂用量增加的恶性循环，最终导致核桃果实中的农药残留超标。

农药安全间隔期是指最后一次施药至作物收获时的间隔天数。施用农药前，必须了解所用农药的安全间隔期，施药时间必须在农作物的安全间隔期内，保证农产品采收上市时农药残留不超标。

（3）保护天敌，减少用药　田间瓢虫、草蛉、蜘蛛等天敌数量较大时，可充分利用其自然控制害虫的作用。应选择合适农药品种，控制用药次数或改进施药方法，避免大量杀伤天敌。

（4）禁止使用剧毒农药　根据中华人民共和国农业部第199号公告，国家明令禁止使用六六六、滴滴涕、毒杀芬、二溴氯丙烷、二溴乙烷、杀虫脒、除草醚、艾氏剂、狄氏剂、甘氟、毒鼠强、氟乙酸钠、毒鼠硅、砷类、铅类等18种农药，并规定甲胺磷、甲基对硫磷、对硫磷、氧化乐果、三氯杀螨醇、久效磷、磷胺、甲拌磷、甲基异柳磷、特丁硫磷、甲基硫环磷、治螟磷、内吸磷、克百威、涕灭威、灭线磷、硫环磷、蝇毒磷、地虫硫磷、氯唑磷、苯线磷、福美砷等农药不得在果树上使用。

7. 核桃病虫害的生物防治 生物防治是指利用有益生物或生物制剂来防治害虫。通俗地讲就是以虫治虫，以菌治虫，以鸟治虫。比如利用鸟防治森林害虫，利用赤眼蜂来防治棉铃虫。采用生物防治比化学防治优点更多。原因是不使用农药，防治效果好，不污染环境，因此具有广阔的应用前景。

（1）保护和利用天敌 核桃园中的害虫天敌有200多种，常见的也有10多种。在果园生态系统中，物种之间存在着既相互制约又相互依存的关系。由于害虫自然天敌的存在，一些潜在的害虫受到抑制，能使果园害虫种群数量维持在发生危害的种群数量水平之下，不表现或无明显的虫害特征。因此，害虫的天敌在果园中对害虫起到降低密度和抑制蔓延的作用。在无公害果品生产中，应尽量发挥天敌的自然控制作用，避免采取对天敌有伤害的病虫害防治措施，尤其要限制广谱有机合成农药的使用。同时，要改善果园生态环境，保持生物多样性，为天敌提供转换寄主和良好的繁衍场所。在使用化学农药时，要尽量选择对天敌伤害小的选择性农药。秋季天敌越冬前，在枝干上绑草把、旧报纸等，为天敌创造一个良好的越冬场所，诱集果园周围作物上的天敌来果园越冬。冬季刮树皮时，注意保护翘皮内的天敌，生长季节将刮掉的树皮妥善保存，放进天敌释放箱内，让寄生天敌自然飞出，增加果园中天敌的数量。

（2）利用微生物或其代谢产物防治病虫 在自然界害虫常因感染真菌、细菌、病毒而死亡，人们利用这一特性，将这些微生物经过人工培养，制成菌剂防治害虫，可以收到显著的效果。从当前核桃苗害虫防治工作中的生物防治来看，其内容包括了自然界天敌对害虫的控制和人为释放天敌消灭害虫以及使用菌剂防治害虫。核桃苗产区自然界的天敌资源非常丰富，从而抑制了很多害虫大发生，或是使一些害虫形成周期性大发生。这对核桃苗害虫起到了非常好的生物防治作用。生物防治往往不需要任何开支，利用自然界的天敌即可把害虫控制在不致为害的程度，是综合防治措施中较为理想的一种方法。利用真菌、细菌、放线菌、病毒和线虫等有害微生物或其代谢产物防治果树病虫，喷洒 Bt 乳剂或青虫菌对防治核桃刺蛾、尺蠖、潜叶蛾、毒蛾和天幕毛虫等多种鳞翅目初孵幼虫有较好的防效。用抗霉菌素 120 防治核桃树腐烂病，具有复发率低、愈合快、用药少和成本低等优点。

(3) 利用昆虫激素防治害虫　利用昆虫激素防治核桃害虫在果树生产中应用广泛，昆虫激素可分为外激素和内激素两种。外激素是昆虫分泌出的一种挥发性物质，如性外激素和告警外激素；内激素是昆虫分泌在体内的化学物质，用来调节发育和变态的进程，如保幼激素、蜕皮激素和脑激素。性外激素在果树害虫防治工作中比内激素的使用范围更为广泛，昆虫主要是通过嗅觉和听觉来求得配偶的。人为地采用性外激素，大量诱集雌虫使雌虫失去配偶机会从而不能繁殖，达到防治害虫的目的。

8. 核桃烂果病综合防治措施　目前，我国核桃栽培面积 555 万公顷左右。由于大多管理较为粗放，导致核桃病虫害逐年加重，而多采用单一的药剂防治措施，效果甚微，尤其核桃炭疽病和黑斑病引起的烂果严重影响了坚果品质和产量，大大减少了果农的经济收入。

核桃黑斑病属细菌性病害，是一种世界性病害。核桃炭疽病属真菌性病害。病菌在病果及病叶上越冬，翌年借风、雨、昆虫传播，从伤口、气孔、皮孔侵入。7 月上旬至 8 月中旬开始发病，一般表现为幼果期侵入，中后期发病。当年雨季早，降水多、湿度大则发病早且重；在平地或地下水位高、株行距小、树冠郁密、通风透光不良条件下，发病较重。针对我国核桃生产现状和烂果病的发病规律，应采取如下烂果病综合防治措施。

(1) 合理间伐，合理密度，改善光照 栽培密度应根据立地条件、栽培品种和管理水平不同而定。土层深厚，肥力较高的平原、丘陵，株行距大一些，晚实核桃6米×8米或8米×9米，早实核桃4米×5米或4米×6米。

(2) 适时修剪，合理修剪，因种造型，通风透光 长期以来，修剪多在春季萌芽后（春剪）和采收后至落叶前（秋剪）进行。但是，多年的实践经验表明，核桃冬剪不仅对生长和结果没有不良影响，而且在新梢生长量、坐果率和树体营养等方面的效果都优于春、秋剪。

晚实核桃树形常为主干分层形，干高1.5～2.0米，层间距1.0～2.0米，层内距大于20厘米。早实核桃树形现推主干形，干高1.0～1.5米，邻近主枝距离20～30厘米，主枝基角90°，梢角大于90°。一年生主枝长放，隔年短截。8～10个主枝，树高4米左右。

(3) 深翻扩穴，增施有机肥，合理追肥 深翻扩穴的深度为80～100厘米。深翻的同时可以增施有机肥、绿肥、土壤改良剂等。早实核桃施足发芽花前肥，以速效氮为主，每株施尿素0.5～1.0千克；重视幼果膨大肥（6月），株施氮、磷、钾复合肥1.5～2.5千克；施好硬核肥（7月），每株施氮、磷、钾复合肥0.5～1.0千克。

(4) 谨防蛀果害虫，搞好果园卫生 及时防治核桃举肢蛾、长足象等害虫，采果时避免损伤枝条，从而减少伤口和传带病菌介体，达到防病的目的。清除病叶、病果，核桃采收后脱下的果皮集中烧毁或深埋，剪除病、枯枝，彻底清园，减少越冬菌源。

(5) 药剂防治 发芽前，喷3～5波美度石硫合剂，消灭越冬病菌；落花后喷100%硫酸链霉素可溶性粉剂3 000倍液；5月下旬和6月中旬，各喷一次100%硫酸链霉素可湿性粉剂3 000倍液+70%甲基硫菌灵可湿性粉剂1 000倍液；7月上中旬喷100%硫酸链霉素可湿性粉剂3 000倍液+80%戊唑醇可湿性粉剂4 000倍液；8月上旬喷25%咪鲜胺乳油1 000倍液+70%甲基硫菌灵可湿性粉剂1 000倍液。

六、适时采收与省力化处理技术

（一）核桃果实成熟与采收时期

1. 成熟核桃果实的特征 核桃果实的适时采收非常重要，过早过晚都降低核桃坚果品质。采收过早，青皮不易剥离，种仁不饱满，出仁率低，脂肪含量降低，影响坚果产量，而且不耐贮藏；采收过晚，果实易脱落，同时青皮开裂后停留在树上的时间过长，会增加感染霉菌的机会，导致坚果品质下降。因此，为保证核桃坚果的产量和品质，应在坚果充分成熟且产量和品质最佳时采收。

核桃为假核果类，其可食部分为核仁，故成熟期与桃、杏等不同，其成熟过程包括青果皮及核仁两个部分，这两部分常存在不同时成熟的现象。核桃从坐果到果实成熟需要130～140天。核桃果实成熟期因品种、地区和气候不同而异，早熟品种与晚熟品种间成熟期可相差半月以上。气候及土壤水分状况对核桃成熟期影响也很大。在初秋气候温暖，夜间冷凉而土壤湿润时，青果皮与核仁的成熟期趋向一致；而当气温高，土壤干旱时，核仁成熟早而青果皮成熟则推迟，最多可相差几周。一般地说，北方地区的成熟期在9月上中旬，南方相对早些。同一地区内的成熟期也不同，平原较山区成熟早，低山区比高山区成熟早，阳坡较阴坡成熟早，干旱年份比阴雨年份成熟早。青果皮的成熟特征为由深绿色或绿色变为黄绿色或淡黄色，茸毛稀少，果实顶部出现裂缝，与核桃壳分离，为青皮。核仁的成熟特征为内隔膜由浅黄色转为棕色。

2. 果实成熟期内含物的变化

（1）果实干重的变化 核桃果实成熟期间单果干重仍有明显增加，单果干重的13.04%左右是成熟期间增加的；且单果干重变化主要表现在种仁干重的增加，种仁质量的24.08%是成熟期间积累的；青皮及硬壳干重在成熟期间几乎没有变化。

（2）种仁中有机营养的变化 研究结果表明，核桃果实成熟期间核仁中的有机营养以脂肪含量最高，平均达71.04%，其变化呈指数型积累；蛋白质含量次之，平均为18.63%，其变化呈下降趋势；水溶性糖含量较低，平均为2.52%，变化不大；淀粉含量很低，平均为0.13%，变化不明显。

（3）果实青皮矿质元素的变化 有研究表明，早实核桃辽宁1号和晚实核桃清香果实成熟过程中，青皮中矿质元素含量是不同的。清香青皮中钾的含量平均为3.4%，是氮平均含量的4.04倍，是磷平均含量的21.82倍。辽宁1号中钾的含量平均为3.3%，是氮平均含量的3.17倍，是磷平均含量的25.56倍。在核桃果实生长发育阶段，青皮中钾含量最高，并呈现先增加后降低的趋势，氮、磷和锌含量较低，变化比较平稳。早实核桃辽宁1号和晚实核桃清香青皮中钾含量变化趋势不同。

（4）种仁中矿质元素的变化 果实成熟过程中，种仁中钾的含量呈明显下降趋势，磷和锌的变化比较平稳。清香种仁中氮含量基本是先增加后下降趋势，辽宁1号种仁中氮的含量逐渐下降。在同一时期，早实核桃种仁中氮含量比晚实核桃种仁中氮含量要高。在果实生长发育阶段，氮和钾平均含量比磷的平均含量高，而且核桃种仁中氮和钾的波动性比磷和锌大。

3. 适时采收的意义 核桃果实适时采收，是一个非常重要的环节，只有适时采收才能保证核桃优质高产。提早采收也是近年来我国核桃坚果品质下降的主要原因之一，据调查目前核桃的采收期一般提前 10～15 天，产量损失 8%左右，按我国 2010 年产量 106.6 万吨统计，每年因早采收损失约 8.5 万吨。过早采收的原因可能有两种：一是消费者盲目购买，由于有些市民只知道核桃的营养价值高，但不知道核桃成熟时间，只要市场上有销售就去购买；二是利益的驱使，核桃产区的群众，看到未成熟的青皮核桃价格高，改变了以往成熟时收获的习惯。

提前 10 天以上采收时，坚果和核仁的产量分别降低 12%及 34%以上，脂肪含量降低 10%以上。过晚采收，也会影响种仁品质。

4. 采收时期的确定　除个别早实品种在处暑以后（8 月下旬）采收外，绝大部分品种采收时间应在 9 月上中旬，即白露前后（最好是白露后）。采收期推迟 10 天，产量可增加 10%，出仁率可增加 18%。

核仁成熟期为采收适期。一般认为青皮由深绿色变为浅黄色，30%果顶部开裂，80%的坚果果柄处已经形成离层，且其中部分果实顶部出现裂缝，青果皮容易剥离时期为适宜采收期，此时的核桃种仁饱满，幼胚成熟，子叶变硬，风味浓香。

（二） 采后加工处理

目前，我国采收核桃的方法主要是人工采收法。人工采收法是在核桃成熟时，用带弹性的长木杆或竹竿敲击果实。敲打时应该自上而下，从内向外顺枝进行。如由外向内敲打，容易损失枝芽，影响翌年产量。

也可采用机械振动法，在采收前半月喷 1～2 次浓度为 500～2 000毫克/千克的乙烯利催熟，然后，用机械环抱震动树干，将果实震落于地面，可有效促使脱除青果皮，大大节省采果及脱青皮的劳动力，也可提高坚果品质，国外核桃采收多采用此类方法。喷洒乙烯利必须使药液遍布全树冠，接触到所有的果实，才能取得良好的效果。使用乙烯利会引起轻度叶子变黄或少量落叶，属正常反应，但树势衰弱的树会发生大量落叶，故不宜采用。

为了提高坚果外观品质、方便青皮处理，也可采用单个核桃手工采摘的方法，或用带铁钩的竹竿或木杆顺枝钩取，避免损伤青皮。采收装袋时把青皮有损伤的和无损伤的分开装。

人工打落采收的核桃，70%以上的坚果带青果皮，故一旦开始采收，必须随采收、随脱青皮、随干燥，这是保证坚果品质优良的重要措施。带有青皮的核桃，由于青皮具有绝热和防止水分散失的性能，使坚果热量积累，当气温在37℃以上时，核仁很易达到40℃以上而受高温危害，在炎日下采收时，更须加快拣拾。核桃果实采收后，将其及时运到室内或室外阴凉处，不能放在阳光下暴晒，否则会使种仁颜色变深，降低坚果品质。

由于堆沤去皮法需要的时间较长，工作效率较低，果实污染率高，对坚果品质影响较大，可采用乙烯利脱皮法。果实采收后，在浓度为3 000～5 000毫克/千克乙烯利溶液中浸蘸约30秒，再按50厘米左右的厚度堆在阴凉处或室内，温度维持在30℃左右、相对湿度80%～90%的条件下，再加盖一层厚10厘米左右的湿秸秆、湿袋或湿杂草等，经3～4天，离皮率达95%以上。此法不仅时间短、工效高，而且还能显著提高果品质量。注意在应用乙烯利催熟过程中，忌用塑料薄膜之类不透气材料覆盖，也不能装入密闭的容器中。

机械脱皮法是将采后的果实放在3 000～5 000毫克/千克的乙烯利溶液中浸蘸约30秒，或随堆积随喷洒，再按40厘米左右的厚度堆在阴凉处或室内，经3天左右即可机械脱青皮。相比传统的堆沤法手工剥青皮，核桃脱青皮机械大大减轻了人工劳动强度，提高了脱青皮效率，自动化程度高、效率高，这对于今后核桃初加工产业迈向规模化、现代化具有重要意义。

核桃脱去青皮后，应及时洗去坚果表面上残留的烂皮、泥土及其他污染物，这可采用干果加工机械化生产线完成。干果加工机械化生产线包括分级、去杂、气泡清洗、高压喷淋清洗、毛刷清洗、脱水、烘干、杀菌等工序。机械化生产线包括分级机、刮板提升机、去杂机、气泡清洗机、高压喷淋清洗机、多功能高效清洗机、斗式提升机、连续式脱水机、紫外线杀菌系统等组成。对核桃坚果进行分级、去杂、清洗、脱水、烘干、杀菌等，最后得到高品质的产品。从根本上解决了人工加工生产效率低、劳动强度大、干果等级混杂、清洗不彻底的问题。坚果干燥方法如下。

1. 晒干法 北方地区秋季天气晴朗、凉爽，多采用晒干法。漂洗干净的坚果，不能立即放在阳光下暴晒，应先摊放在竹箔或高粱箔上，在避光通风处晾半天左右，待大部分水分蒸发后再摊开晾晒。湿核桃在日光下暴晒会使核桃壳翘裂，影响坚果品质。晾晒时，坚果厚度以不超过两层果为宜。晾晒过程中要经常翻动，以达到干燥均匀、色泽一致，一般经过 10 天左右即可晾干。

2. 烘干法 在多雨潮湿地区，可在干燥室内将核桃摊在架子上，然后在屋内用火炉烘干。干燥室要通风，炉火不宜过旺，室内温度不宜超过 40℃。

3. 热风干燥法 用鼓风机将干热风吹入干燥箱内，使箱内堆放的核桃很快干燥。吹入热风的温度应以 40℃为宜。温度过高会使核桃仁内脂肪变质，当时不易发现，贮藏几周后即腐败不能食用。

4. 坚果干燥的指标 坚果相互碰撞时，声音脆响，砸开检查时，横隔膜极易折断，核桃仁酥脆。在常温下，相对湿度 60%的坚果平均含水量为 8%，核桃仁约 4%，便达到干燥标准。

（三）坚果分级与包装

1. 坚果质量分级标准 在国际市场上，核桃商品坚果的价格与坚果的大小有关。根据核桃外贸出口要求，坚果依直径大小分为三等，一等为横径30毫米以上，二等为28～30毫米，三等为26～28毫米。美国现在推出大号和特大号商品核桃，我国也开始组织出口32毫米商品核桃。出口核桃除要求坚果大小指标外，还要求果面光滑、洁白、干燥（核仁含水量不得超过4%），成品内不允许夹带其他杂果，不完善果（欠熟果、虫蛀果、霉烂果及破裂果）总计不得超过10%。根据国家标准《核桃坚果质量等级》（GB/T 20398—2006），将核桃坚果分为以下四级。

（1）特级果的标准 要求坚果充分成熟，壳面洁净，大小均匀，横径不小于30毫米，平均单果重不小于12克。形状一致，外壳自然黄白色，缝合线紧密，易取整仁，出仁率不小于53%。空壳率不大于1%，黑斑果率为0，含水率不大于8%。种仁黄白色，饱满，味香，涩味淡，无露仁、虫蛀、出油、霉变、异味等果。无杂质，未经有害化学物质漂白处理。种仁粗脂肪含量不小于65%，蛋白质含量不小于14%。

（2）一级果的标准 要求坚果充分成熟，壳面洁净，大小均匀，横径不小于30毫米，平均单果重不小于12克。形状基本一致，外壳自然黄白色，缝合线紧密，易取整仁，出仁率不小于48%。空壳率不大于2%，黑斑果率为0.1%，含水率不大于8%。种仁黄白色，饱满，味香，涩味淡，无露仁、虫蛀、出油、霉变、异味等果。无杂质，未经有害化学物质漂白处理。种仁粗脂肪含量不小于65%，蛋白质含量不小于14%。

（3）二级果的标准 要求坚果充分成熟，壳面洁净，大小均匀，横径不小于28毫米，平均单果重不小于10克。形状基本一致，外壳自然黄白色，缝合线紧密，易取半仁，出仁率不小于

43%。空壳率不大于2%，黑斑果率为0.2%，含水率不大于8%。种仁黄白色，较饱满，味香，涩味淡，无露仁、虫蛀、出油、霉变、异味等果。无杂质，未经有害化学物质漂白处理。种仁粗脂肪含量不小于60%，蛋白质含量不小于12%。

（4）三级果的标准 要求坚果充分成熟，壳面洁净，横径不小于26毫米，平均单果重不小于8克。外壳自然黄白色或黄褐色，缝合线紧密，易取1/4仁，出仁率不小于38%。空壳率不大于3%，黑斑果率为0.3%，含水率不大于8%。种仁黄白色或淡琥珀色，较饱满，味香，略涩，无露仁、虫蛀、出油、霉变、异味等果。无杂质，未经有害化学物质漂白处理。种仁粗脂肪含量不小于60%，蛋白质含量不小于10%。

2. 无公害安全核桃坚果的要求

（1）感官要求 根据《核桃仁》（LY/T 1922—2010），将核桃仁的质量规格进行了分级（表2-4）。

（2）安全指标 无公害核桃坚果除了满足上述感官要求外，坚果中的有害物质残留也不能超标。

表2-4 核桃仁质量分级指标（LY/T 1922—2010）

<table>
<tr><th colspan="2">等级</th><th>规格</th><th>不完善仁（%）≤</th><th>杂质（%）≤</th><th>不符合本等级仁允许量（%）≤</th><th>异色仁允许量（%）≤</th></tr>
<tr><td rowspan="2">一等</td><td>一级</td><td>半仁，淡黄</td><td>0.5</td><td>0.05</td><td rowspan="2">总量8，其中碎仁1</td><td>10</td></tr>
<tr><td>二级</td><td>半仁，浅琥珀</td><td>1.0</td><td>0.05</td><td>10</td></tr>
<tr><td rowspan="2">二等</td><td>一级</td><td>四分仁，淡黄</td><td>1.0</td><td>0.05</td><td rowspan="2">大三角仁及碎仁总量30，其中碎仁5</td><td>10</td></tr>
<tr><td>二级</td><td>四分仁，浅琥珀</td><td>1.0</td><td>0.05</td><td>10</td></tr>
<tr><td rowspan="2">三等</td><td>一级</td><td>碎仁，淡黄</td><td>2.0</td><td>0.05</td><td rowspan="2">直径10毫米圆孔筛下仁总量30，其中直径8毫米圆孔筛下仁3、四分仁5</td><td>15</td></tr>
<tr><td>二级</td><td>碎仁，浅琥珀</td><td>2.0</td><td>0.05</td><td>15</td></tr>
</table>

（续）

等级		规格	不完善仁（%）≤	杂质（%）≤	不符合本等级仁允许量（%）≤	异色仁允许量（%）≤
四等	一级	碎仁，琥珀	3.0	0.05	直径8毫米圆孔筛上仁5，直径2毫米圆孔筛下仁3	15
	二级	米仁，淡黄	2.0	0.05		—

3. 包装与标志 核桃坚果包装一般使用麻袋或纸箱。出口商品可根据客商要求，每袋装45千克左右或20～25千克，装核桃的麻袋要结实、干燥、完整、整洁卫生、无毒、无污染、无异味，提倡用纸箱包装。装袋外应系挂卡片，纸箱上要贴标签。卡片和标签上要写明产品名、产品编号、品种、等级、净重、产地、包装日期、保质期、封装人员姓名或代号。

（四）坚果贮藏

1. 坚果贮藏要求 核桃仁含油脂量高，可达60%以上，而其中90%以上为不饱和脂肪酸，有70%左右为亚油酸及亚麻酸，这些不饱和脂肪酸极易被氧化而酸败，俗称“哈喇”。核桃壳及核桃仁种皮的理化性质对抗氧化有重要作用。一是隔离空气，二是内含类抗氧化剂的化合物，但核桃壳及核桃仁种皮的保护作用是有限的，而且在抗氧化过程中种皮的单宁物质因氧化而颜色变深，虽然不影响核桃仁的风味，但是影响外观。核桃适宜的贮藏温度为1～3℃，相对湿度75%～80%。核桃坚果的贮藏方法因贮藏数量与贮藏时间而异，一般分为普通室内贮藏法和低温贮藏法。普通室内贮藏法又分为干藏法和湿藏法。

2. 坚果贮藏方法

（1）常温贮藏 常温条件下贮藏的核桃，必须达到一定的干燥程度，所以在脱去青皮后，马上翻晒，以免水分过多，引起霉烂。但也不要晒得过干，晒得过干容易造成出油现象，降低品质。核桃以晒到仁、壳由白色变为金黄色，隔膜易于折断，内种皮不易和种仁分离、种仁切面色泽一致时为宜。在常温贮藏过程中，有时会发生虫害和“返油”现象，因此，贮藏必须冷凉干燥，并注意通风，定期检查。如果贮藏时间不超过翌年夏季则可用尼龙网袋或布袋装好，进行室内挂藏。对于数量较大的，用麻袋贮藏或堆放在干燥的地上贮藏。

(2) 塑料薄膜袋贮藏　北方地区，冬季由于气温低，空气干燥，在一般条件下，果实不至于发生明显的变质现象。所以，用塑料薄膜袋密封贮藏核桃，秋季核桃入袋时，不需要立即密封，从翌年2月下旬开始，气温逐渐回升时，用塑料薄膜袋进行密封保存，密封时应保持低温，使核桃不易发霉。秋末冬初，若气温较高，空气潮湿，核桃入袋必须加干燥剂，以保持干燥，并通风降低贮藏室的温度。采用塑料袋密封黑暗贮藏，可有效降低种皮氧化反应，抑制酸败，在室温25℃以下可贮藏1年。如果袋内通入二氧化碳，则有利于核桃贮藏，若二氧化碳浓度达到50%以上，可有效防止油脂氧化而产生酸败及虫害发生；袋内通入氮气，也有较好效果。

(3) 低温贮藏　若贮藏数量不大，而时间要求较长，可采用聚乙烯袋包装，在冰箱内0～5℃条件下贮藏2年以上品质仍然良好。对于数量较多、贮藏时间较长的，最好用麻袋包装，放于1℃左右冷库中进行低温贮藏。

在贮藏核桃时，常发生鼠害和虫害。一般可用溴甲烷（40克/米^3）熏蒸库房3.5～10个小时，或用二硫化碳（40.5克/米^3）密闭封存18～24小时，防治效果显著。

尽可能带壳贮藏核桃，如要贮藏核桃仁，核仁因破碎而使种皮不能将仁包严，极易氧化，故应用塑料袋密封，再在1℃左右的冷库内贮藏，保藏期可达2年。低温与黑暗环境可有效抑制核仁酸败。

核桃仁在1.1～1.7℃条件下，可贮藏2年而不腐烂。此外，采用合成的抗氧化材料包装核桃仁，也可抑制因脂肪酸氧化而引起的腐败现象。

主要参考文献

曹彦清，2014. 我国核桃产业发展现状分析［J］. 山西果树（5）：46-49.

房加帅，2016. 美国家庭农场经营管理模式的经验研究［J］. 世界农业（1）：46-50.

高英，董宁光，张志宏，等，2010. 早实核桃雌花芽分化外部形态与内部结构关系的研究［J］. 林业科学研究，23（2）：241-245.

侯宇，惠军涛，张培利，等，2011. 核桃黑斑病的发生特点与防治方法［J］. 农技服务，28（1）：40.

黄有文，史妮妮，2012. 核桃小吉丁虫的生物学特性及其防治［J］. 农技服务，29（4）：424.

冷志明，2004. 我国农产品营销渠道的现状及其发展趋势［J］. 生产力研究（1）：70-71.

鲁定伟，于德强，李自兴，等，2016. 核桃新品种'昌宁细香核桃'的选育［J］. 中国果树（6）：81-83.

庞永华，张艳红，2011. 核桃主要病虫害防治技术［J］. 农技服务，28（9）：1318.

裴东，鲁新政，等，2011. 中国核桃种质资源［M］. 北京：中国林业出版社.

商靖，王刚，努热曼·克比尔，等，2010. 核桃基腐病发病环境调查及防治试验初报［J］. 新疆农业大学学报，33（4）：329-334.

宋金东，王渭农，张宏建，2010. 核桃举肢蛾药剂防治关键时期及综合测报技术［J］. 北方园艺（16）：161-162.

王贵芳，相昆，徐颖，等，2017. 核桃硬枝生根无性繁殖技术研究［J］. 安徽农业科学，45（27）：52-54.

王海平，2011. 核桃树栽植及幼园管理技术［J］. 西北园艺（果树）（4）：15-16.

王玉兰，唐丽，岳朝阳，等，2011. 核桃树冻害发生原因及冻害预防对策

[J]. 北方园艺（5）：75-76.
吴玉洲，范国锋，郭燕超，等，2011. 核桃育苗及栽培技术［J］. 中国园艺文摘，27（10）：162-163.
郗荣庭，张毅萍，1996. 中国果树志：核桃卷［M］. 北京：中国林业出版社.
杨国，高传光，丁立群，2016. 农产品市场营销策略［M］. 北京：中国农业科学技术出版社.
张美勇，徐颖，相昆，等，2016. 北方早实核桃品种育苗技术［J］. 落叶果树，48（5）：48-50.
张美勇，徐颖，相昆，等，2015. 山东省核桃产业发展的问题与对策［J］. 落叶果树，47（5）：1-3.
张天勇，2012. 核桃腐烂病发生规律及防治技术［J］. 陕西林业科技（3）：78-79.
张志华，王红霞，赵书岗，2009. 核桃安全优质高效生产配套技术［M］. 北京：中国农业出版社.

第三章　板　栗

板栗（*Castanea mollissima*）是原产于我国的古老果树树种之一，为壳斗科栗属植物，因起源于我国且在我国分布最为广泛，也称为中国板栗。板栗栽培历史悠久，适应性强，山地、丘陵、沙荒地等酸性至微酸性土壤均可栽植，栽培管理容易且寿命长，投资少、见效快、效益高，一直是支撑山区农业经济发展、增加农民收入的先锋树种，有“铁杆庄稼、木本粮食”之称。

一、优质高效标准化板栗生产园建设

板栗多分布在我国的山区、丘陵和河滩地区，起到重要的退耕还林的作用。进行板栗标准化生产园建设，应做好优良品种选择和板栗园址的选择及规划，做好板栗园的基础建设，形成科学的建园体系，协调好板栗园与周边环境的关系，既可以达到优质高效生产的目标，还可以涵养水源、保持水土、改善生态环境。

（一）优良品种的选择

1. 选择标准　良种是实现板栗生产提质增效的首要条件。选择优良品种应按照适地适树原则，充分考虑生长地的气候、土壤、栽培模式、灌溉条件及产品市场、用途等影响，尽量选择适应当地生产条件、优质丰产稳产、产品商品价值高或针对某一特殊用途的品种。同时，良种的选择还要兼顾品种的综合性状，需要重点考查品种的早实性、丰产性、适应性、抗逆性、耐贮性以及其他的优良性状等。在长期传统栽培板栗中，我国已形成各具地方特色的品种类群，同一类群的品种往往具有相似的生态适应性，如果盲目选择生态跨度大的品种则有可能造成难以克服的栽培障碍，如徒长、低产、冻害、病害等。优良的板栗品种通常具备以下几个要求。

（1）坚果品质好　北方和南方产区生态特点差异较大，所产板栗食用方式也不同，评判标准应有所区别。北方栗产区（丹东栗除外）和西南部分栗产区，坚果主要用于炒食，要求外果皮油亮美观，颗粒饱满，肉质细腻，糯性强，风味香甜，果粒稍小，单粒重一般在7～12克，大粒品种有15克左右的，干物质含糖量在16%以上，炒食后涩皮容易剥离。南方栗主要作为菜用或加工，坚果偏大，单粒重一般在16克以上，大粒型品种可达20克，整齐度高，淀粉含量高，含糖量较北方栗低，果肉质地偏粳性，产量高。

（2）丰产和稳产　单位树冠投影面积产量在0.5千克/米^{2}以上，早实性强，幼树嫁接3年形成产量，4～5年进入盛果期，盛果期每亩产量在250千克以上，大小年现象不明显；发枝力强，其中结果枝占50%以上；雄花数量少，雌花形成容易，每条混合花序着生雌花2个以上；总苞皮较薄，出实率高，应在40%以上，空苞率低，一般在8%以下。

（3）抗逆性　抗逆性指对生长发育不利的环境条件的抵抗能力，如旱、涝、冷、热、病虫害、大气污染等。不同产区对板栗抗逆性的要求有所不同，如北方产区易发生春旱，要求品种有较强的抗旱性，坐果率高；东北适栽区则要选择抗寒品种，防止发生冻害。南方产区高温高湿，需要选择抗栗疫病的品种。近年部分产区坚果内腐病、透翅蛾等病虫害的发生呈严重趋势，建园时应考虑选用抗病、虫品种。

(4) 坚果耐贮性 充分成熟的板栗，在冷库贮藏条件下，4 个月后好果率应在 95%以上，内腐病轻或不感病。

(5) 其他优良性状 具备一些其他优良性状，如成熟期早，树冠自然开张，树体矮化，短枝型，耐短截，苞皮极薄，无雄花序或少雄花序（节约营养），观赏性强（红色、垂枝等）。

2. 主要优良品种

(1) 黄棚 山东省果树研究所通过实生选种途径选育的中熟新品种，2004 年通过山东省林木品种审定委员会审定。

树冠圆头形，幼树期直立生长，进入盛果期后，树势开张呈开心形。枝条灰绿色，果前梢混合芽数量多，混合芽近圆形，大而饱满，形成雌花比较容易。结果母枝长而粗，平均抽生结果枝 2.1 条，结果枝平均着生刺苞 3.1 个。刺苞椭圆形，苞皮较薄，单苞质量 50～80 克；苞刺略稀，中长，分枝角度稍大，黄色；平均每苞含坚果 2.9 粒，出实率 50%以上，成熟时苞皮不开裂或很少有开裂。坚果近圆形，深褐色，光亮美观，充实饱满，平均单粒质量 11 克，整齐度高，底座较小，接线呈月牙形；果肉黄色，细糯香甜，涩皮易剥离，含水 51.37%，干物质含淀粉 57.35%、糖 27.25%、蛋白质 7.67%、脂肪 1.78%。耐贮藏，适宜炒食，商品性优。

在山东泰安地区 4 月上旬萌芽，4 月中下旬展叶，6 月上旬盛花，9 月上中旬成熟。早实、丰产性强，幼树改接第 2 年结果，四至五年生树每亩产量可达 300 千克以上。中熟，抗逆性强，适应性广，耐瘠薄。

(2) 鲁岳早丰 山东省果树研究所于 20 世纪 90 年代末在泰安选育出的实生变异优株，2005 年通过山东省林木品种审定委员会审定。

树冠圆头形，主枝分枝角度 40°～60°。多年生枝灰白色，一年生枝灰绿色，混合芽大而饱满，近圆形，结果母枝粗壮，抽生结果枝能力强，果前梢混合芽数量多，花芽形成容易。刺苞椭圆形，苞柄较短，成熟时“一”字形开裂，出实率 55%，刺束较硬，分枝角度小。坚果椭圆形，红褐色，光亮美观，平均单粒质量 11.0 克，饱满整齐，果肉黄色，细糯香甜，涩皮易剥离，底座中等，接线呈月牙，含水量 51.5%，含淀粉 67.8%、糖 21.0%，耐贮藏，适宜炒食。在山东泰安地区 4 月初萌芽，雄花盛花期在 5 月底至 6 月初，成熟期在 8 月 30 日左右。幼树嫁接第 2 年即能结果，4～5 年进入盛果期，五年生树每亩产量可达 300 千克以上。早熟品种，丰产稳产，抗逆性强，耐瘠薄。

(3) 东岳早丰　山东省果树研究所通过实生选种途径选育的优质早熟新品种，2013 年通过国家林业局林木品种审定委员会审定。

树冠圆头形，多年生枝灰白色，一年生枝黄绿色，皮孔扁圆形，白色，大小中等，中密，混合芽三角形，芽鳞黄褐色，芽体饱满。每结果母枝平均抽生结果枝 2.3 条，占发枝量的 59.0%。结果枝长 25.5 厘米，粗 0.6 厘米，果前梢长 4～9 厘米，混合芽 2～8 个，每结果枝平均着生刺苞 2.4 个，出实率 48.1%，空苞率 0.97%。叶片长椭圆形，叶表面深绿色，背面灰绿色，光滑，叶尖渐尖。刺苞椭圆形，苞皮厚 0.2 厘米，单苞质量 60.0 克左右，刺束中密，偏硬，刺束长 1.1 厘米，分枝角度大，苞柄长 0.55 厘米，较短，平均每苞含坚果 2.7 粒，成熟时“一”字形开裂。坚果椭圆形，红棕色，充实饱满，整齐一致，光亮美观，平均单粒质量 10.5 克，底座中等大小，接线呈月牙形，果肉黄色，细糯香甜，涩皮易剥离，平均含水量 33.7%，干物质中含淀粉 52.6%、总糖 31.7%、脂肪 1.7%、蛋白质 8.7%。耐贮藏，适宜炒食，商品性优。在山东泰安地区 4 月初萌芽，6 月初盛花，8 月下旬成熟。早实丰产，利用二年生砧木嫁接后 3～5 年进入盛果期，盛果期树每亩平均产量 304.8 千克。

(4) 岱岳早丰　山东省果树研究所通过实生选种途径选育的早熟新品种，2013 年通过国家林业局林木品种审定委员会审定。

树冠松散，树姿开张，树干灰褐色。结果母枝健壮，长 29.5 厘米，粗 0.6 厘米，每结果枝平均着生刺苞 2.4 个，翌年平均抽生结果枝 2.9 条。混合芽大，饱满，三角形。叶片长椭圆形，叶表面深绿色，背面灰绿色，叶尖渐尖，锯齿斜向，两边叶缘向表面微曲，叶姿褶皱波状，斜向。雄花序长 24.6 厘米，花形下垂。刺苞椭圆形，黄绿色，成熟时“一”字形开裂，苞皮厚度中等，单苞质量 50～60 克，刺束中密而硬，黄色，分枝角度大，刺长 1.3 厘米，平均每苞含坚果 2.7 粒，出实率 48.0%，空苞率 2%。坚果椭圆形，红褐色，油亮，茸毛较少，筋线不明显，底座中等，接线平滑，整齐度高，平均单粒质量 10.0 克，果肉黄色，质地细糯，风味香甜，含水量 51.5%，干物质中含可溶性糖 28.9%、淀粉 55.0%、蛋白质 10.2%。耐贮藏，适宜炒食。在山东鲁中山区，4 月初萌芽，5 月底至 6 月初雄花盛花期，果实成熟期为 8 月底。幼树嫁接第 2 年结果，4～5 年丰产，幼砧嫁接后第 2 年每亩产量达到 50 千克以上，大树改接后第 3 年每亩产量可达 250 千克以上。抗逆性强，适应范围广，在丘陵、山地及河滩地均适宜栽植。5 月下旬至 6 月中旬须加强对板栗红蜘蛛的防控。

（5）红栗 2 号 山东省果树研究所通过实生选种途径选育的生产绿化兼用新品种，2013 年通过国家林业局林木品种审定委员会审定。

树冠高圆头形，主枝分枝角度 40°～60°。多年生枝深褐色，一年生枝紫红色，皮孔近圆形，灰白色，密小，混合芽圆形，大而饱满。叶长椭圆形，长 16.9 厘米，宽 6.4 厘米，叶表面深绿色，背面灰绿色，叶尖渐尖，锯齿斜向，两边叶缘向表面微曲，叶柄橘红色，长 1.8 厘米。每结果母枝平均抽生结果枝 4.5 条，发育枝 1.8 条，细弱枝 1.7 条，结果枝长 30.2 厘米，粗 0.6 厘米，每结果枝平均着生刺苞 2.0 个，果前梢长 4～7 厘米，混合芽数 6.1 个。刺苞椭圆形，苞柄粗短，刺束红色，中密，较硬，分枝角度中等，苞皮厚 0.18 厘米，平均每苞含坚果 2.5 粒，出实率 50.8%，空苞率 4.0%。坚果椭圆形，红褐色，光亮美观，充实饱满，平均单粒质量 10.3 克，大小整齐，底座大小中等，接线月牙形，果肉黄色，细糯香甜，涩皮易剥离，含水量 51.1%，干样品中含淀粉 69.7%、总糖 18.6%、脂肪 1.3%、蛋白质 7.4%。耐贮藏，适宜炒食，商品性优。在山东泰安地区 4 月初萌芽，6 月初盛花，9 月中下旬成熟。早实、丰产，利用二年生幼砧嫁接后第 4 年，株行距 2 米×2 米，平均单株结苞 80 个，株产 1.97 千克，平均每亩产量达 328.5 千克。

(6) 鲁栗 1 号　山东省果树研究所通过实生选种途径选出，2014 年通过山东省林木品种审定委员会审定。

树冠扁圆头形，树势中庸，盛果期较开张，主枝分枝角度 40°～60°，多年生枝黄绿色，一年生枝灰绿色。皮孔椭圆形、白色、小、稍稀，纵向排列。混合芽大，饱满，长三角形。叶片披针形，长 21.4 厘米，宽 7.3 厘米，叶柄长 1.8 厘米，叶面灰绿色，平展，密被灰白色茸毛，叶尖急尖，锯齿斜向。刺苞椭圆形，平均单苞质量 54.4 克，苞皮较薄，厚 1.05 毫米，苞柄长 0.6 厘米，苞刺中密、硬、较细、分角小，平均每苞含坚果 2.8 粒，成熟时“一”字形开裂，空苞率为 3.8%，出实率 47.9%。坚果椭圆形，红棕色，茸毛极少，具光泽，充实饱满，大小整齐，果肉黄色，细糯香甜，涩皮易剥离，底座中等，接线呈月牙形；平均单粒质量 10.03 克，干物质平均含总糖 21.8%、淀粉 58.37%、蛋白质 8.69%、脂肪 1.3%，耐贮藏。

果实发育期 105 天，在山东泰安地区 9 月中旬成熟，属中熟品种。高接 4 年平均单株产量 3.5 千克，折合每亩产量 271.6 千克，丰产稳产性强，无明显大小年现象，耐旱、耐瘠薄，对板栗红蜘蛛抗性强。喜肥水，土质肥沃时增产显著。

(7) 鲁栗 2 号　山东省果树研究所通过实生选种途径选出，

2014 年通过山东省林木品种审定委员会审定。

树冠圆头形，树势中庸，盛果期树形开张，主枝分枝角度 50°～60°，多年生枝黄绿色，一年生枝灰绿色，皮孔椭圆形、白色、小、密、纵向排列。混合芽三角形，大而饱满。叶片椭圆形，较厚，深绿色，叶尖渐尖，锯齿斜向，叶面平展，向内卷曲呈舟状。刺苞椭圆形，平均单苞质量 74.9 克，苞柄长 0.5 厘米，苞皮厚 1.21 毫米，苞刺中密、硬、粗度中等、分角小，刺长 1.51 厘米，平均每苞含坚果 2.7 粒，出实率 45.1%，空苞率 4.0%，成熟时“一”字形开裂，此时刺苞刺束仍为绿色是其显著特征。坚果圆至椭圆形，深褐色，果顶与果肩齐平，果面有深褐色纵线，茸毛极少，光亮美观，充实饱满，平均单粒质量 11.23 克，整齐一致，底座小，接线呈月牙形，果肉黄色，细糯香甜，涩皮易剥离，干样品含总糖 18.51%、淀粉 61.0%、蛋白质 9.25%、脂肪 1.6%。适宜炒食，耐贮藏，0～4℃冷藏 120 天腐烂率仅 5.3%，商品性优。在山东泰安地区 9 月下旬成熟，属中晚熟品种。高接 4 年平均单株产量 3.9 千克，折合每亩产量 283.5 千克，丰产稳产，抗逆性强，适栽范围广。

(8) 鲁栗 3 号 山东省果树研究所通过实生选种途径选出，2014 年通过山东省林木品种审定委员会审定。

树冠扁圆头形，树势中庸，树姿较直立，主枝分枝角度 40°～50°，多年生枝灰白色，一年生枝灰绿色，皮孔椭圆形、小而突出、白色、中密、纵向排列有序。混合芽大，饱满，钝三角形。结果母枝短粗，长 20～30 厘米。叶片披针形，叶面深绿色，锯齿粗大，叶尖渐尖，叶面较平展。刺苞椭圆形，苞柄长 0.6 厘米，苞刺长 1.45 厘米，中密、硬、分角一般，平均单苞质量 62.0 克，苞皮厚 1.21 毫米，平均每苞含坚果 2.7 粒，成熟时“十”字形开裂，出实率 45.7%～48.0%，空苞率仅 4.5%。坚果椭圆形，红褐色，果面色泽均匀，茸毛极少，光亮美观，充实饱满，果顶稍低于果肩，果实平均重 11～13 克，整齐一致，果肉黄色，细糯香甜，涩皮易剥离，底座中等平滑，无突起，接线呈月牙形，含总糖 20.5%、淀粉 61.9%、蛋白质 10.54、脂肪 0.6%，耐贮藏。在山东泰安地区 9 月上旬成熟，属早熟品种，适宜炒食，商品性优。丰产性好，高接 4 年平均单株产量 2.57 千克，折合每亩产量 257.2 千克。

(9) 红光　红光原名二麻子栗。原产于山东省莱西市店埠乡东庄头村，20 世纪 60 年代初由莱阳农学院报道，后经山东省果树研究所组织鉴定和推广，是山东省最早通过嫁接繁殖的品种。因果皮红褐色、油亮，故称红光栗。

树冠圆头形至半圆头形，幼树生长势强，树姿直立，成龄树树势中等，盛果期树冠开张。结果母枝灰绿色，皮孔大而明显，生长较直立，叶下垂，叶背茸毛厚。每结果母枝平均抽生结果枝占发枝量的 71%，发育枝占 7%。每结果枝平均着生刺苞 1.5 个，平均每苞含坚果 2.8 粒，出实率 45%。刺苞椭圆形，单苞质量 60 克左右，苞刺较稀，粗而硬。坚果扁圆形，红褐色，油亮，整齐美观，平均单粒质量 9.5 克。果肉质地糯性，细腻香甜，平均含水量 50.8%，干物质含糖 14.4%、淀粉 64.2%、脂肪 3.1%、蛋白质 9.2%，炒食品质优，耐贮藏。果实成熟期在 9 月下旬至 10 月上旬。幼树始果期晚，嫁接后 3～4 年开始结果，连续结果能力强。经密植丰产试验，每亩栽 74 株，第 6 年每亩产量 318 千克，抗病虫害能力强，桃蛀螟等果实害虫为害较轻。

(10) 泰栗 1 号　山东省果树研究所经芽变选种途径从粘底板品种中选出。2000 年通过山东省农作物品种审定委员会审定。

树势强壮，树冠较开张，多呈开心形。枝条灰褐色。叶长椭圆形，叶面深绿色，较厚。结果母枝粗壮，抽生结果枝较多，结果枝长 32 厘米左右，粗 0.67 厘米，果前梢长而粗壮，芽量多，混合芽椭圆形。雄花序斜生，每结果母枝平均着生结果枝 12 条。刺苞椭圆形，单苞质量 100～120 克，苞皮厚，平均每苞含坚果 2.8 粒，空苞率低。坚果椭圆形，红褐色，光亮美观，腹面稍凹，有暗褐色条纹，大小整齐饱满，平均单粒质量 18 克，果型大。果肉黄色，质地细糯香甜，涩皮易剥离，平均含水量 59.5%，干物质含糖 22.5%、含淀粉 65.6%、蛋白质 7.3%。丰产稳产，短截修剪效果好。利用嫁接苗定植，第 2 年开花结果，4～5 年产量可达 5 878 千克/公顷。喜肥水，在土质肥厚的土壤中栽培增产效果更明显。在山东泰安地区 4 月上旬萌芽，6 月上旬盛花，8 月底至 9 月初成熟，11 月上旬落叶，果实发育期近 100 天，为早熟大粒型品种。

(11) 金丰 原名徐家 1 号，从实生树中选出，母树位于山东省烟台市招远市张星镇徐家村。

幼树生长旺盛，树姿直立，结果后树势中庸，渐趋开张。结果母枝抽生结果枝占 48%，发育枝占 3%，每结果母枝平均抽生结果枝 2.2 条，每结果枝平均着生刺苞 2.4 个，平均每苞含坚果 2.7 粒，出实率 38%。刺苞椭圆形，单苞质量 55 克左右，刺束中密、硬。坚果近圆形，红褐色，富光泽，果顶茸毛较多，接线月牙形，底座中小，平均单粒重 8 克左右。果肉质地细腻甜糯，含水量 50.5%，干物质中含糖 16.8%、脂肪 5.2%、蛋白质 9.8%、淀粉 61.2%，较耐贮藏，适于炒食。始果期早，嫁接第 2 年结果株率达 90%以上，第 3 年正常结果，在立地条件较好时，表现丰产稳产。大量结果后，如肥水管理不当，树势易衰弱，出现大小年现象，且空苞率高，坚果不整齐。

(12) 海丰 1975 年山东海阳的栗农在嫁接树中选出，种源来自莱西，1981 年正式鉴定命名。

树冠圆头形，成龄树树势中等，母枝粗壮，较矮化。结果母枝长 23 厘米，节间长 1.2 厘米，皮孔小而密。混合芽圆锥形稍歪，黄绿色。叶呈船形，叶缘略上卷。每结果母枝平均抽生结果枝 2.3 个，每结果枝平均着生刺苞 1.6 个，出实率 46%。刺苞椭圆形，刺束较稀，中长而硬，苞皮较薄，平均每苞含坚果 2.5 粒。坚果椭圆形，红棕色，大小整齐，果肉甜糯，平均单粒质量 7.8 克。鲜重含水量 42.0%，干物质中含糖 18%、淀粉 57.5%、脂肪 4.7%、蛋白质 8.7%，适于炒食，较耐贮藏。在山东海阳萌芽期 4 月21 日，盛花期 6 月 23 日，果实成熟期在 10 月上旬。早果丰产，嫁接后第 2 年结果株率达 67%，第 3 年全部结果，盛果期树每平方米树冠投影面积产量 0.5 千克。

(13) 宋家早　山东省果树研究所于 1966 年从山东泰安黄前镇宋家庄实生树中选出，因成熟早而取名为宋家早。

树冠高圆头形，生长势强。结果母枝长，每结果母枝抽生结果枝 2.9 条，每结果枝平均着生刺苞 2.6 个。枝条分枝角度小，节间长 2.6 厘米，皮棕色，皮孔密、椭圆形。叶椭圆形，浅绿或黄绿色，长 18.3 厘米，叶姿平展略下垂，薄而光亮，叶柄长 2.4 厘米。雄花序长 15.5 厘米，每结果枝着生 10 条左右。刺苞椭圆形至圆形，成熟时“十”字形裂或三裂，苞皮厚度 0.4～0.5 厘米，苞柄粗而长，平均单苞质量 60 克，刺束密而较长。坚果椭圆形，黑褐色，明亮，筋线较明显，底座中等，接线月牙形或波状，整齐度稍低，单粒质量 8～10 克，出实率 38%。果肉细糯甜香，平均含水量 56.5%，干物质含可溶性糖 14%、淀粉 50.6%、蛋白质 11.1%。果实成熟期为 9 月上旬。早实，丰产。肥水条件较差时空苞率高，在较好的土壤和肥水管理条件下，表现丰产。易受桃蛀螟、皮夜蛾等为害，嫁接亲和力较差。

(14) 郯城 207　1964 年山东省果树研究所从山东郯城归义乡茅茨村选出，母树为“郯城大油栗”地方类型中的实生优株。山东省各地区均有分布，主产区为郯城、费县、泰安等地。

树冠高圆头形，成龄树树势中庸。结果母枝健壮，平均抽生结果枝 2.4 条，每结果枝平均着生刺苞 2 个。叶片绿色，椭圆形，叶姿较平展，斜生，长 20.8 厘米，锯齿直、略大，叶柄中等长。每结果枝平均着生雄花序 11 条，雄花序平均长 19 厘米。刺苞椭圆形，苞皮厚 0.4 厘米，平均单苞质量 80 克，平均每苞含坚果 2.6 粒，出实率 35%～39%。坚果椭圆形，红褐色，筋线明显，接线处突起，似不饱满；底座中大，接线月牙形，单粒质量 9～14 克，果肉风味甜香，含水量 53.5%，干物质中含可溶性糖 11.9%、淀粉 69%、蛋白质 10.5%。果实成熟期为 9 月下旬。嫁接苗栽植第 3 年可进入正常结果期。桃蛀螟、皮夜蛾等蛀果性害虫为害较重。

（15）石丰 石丰别名中石现 1 号，山东省果树研究所于 1971 年实生选出，1977 年后改名石丰。母树位于山东海阳中石现村，广泛分布于山东各板栗产区。

树冠开张，呈圆头形，成龄树树势中等，树冠较小。结果母枝粗壮，平均长 25 厘米，粗 0.5 厘米，节间长 1.5 厘米，每结果枝平均着生刺苞 1.9 个，翌年平均抽生结果新梢 1.9 条。叶片灰绿色，长椭圆形，背面密被灰白色星状毛，刺针内向，叶柄黄绿色。叶姿下垂，果前梢部分叶片下垂更明显，向内纵卷，灰白茸毛密布于叶脉周围。刺苞椭圆形，黄绿色，成熟时“十”字形开裂，苞皮厚 2.2 厘米，平均单苞质量 59 克，平均每苞含坚果 2.4 粒，出实率 40%左右，刺束较疏、硬，分枝角度中等；刺束黄色，刺长 1.5 厘米。坚果椭圆形，深褐色，明亮，茸毛少，筋线明显，底座大小中等，接线如意状，整齐度高，平均单粒质量 9.5 克，果肉黄色，细糯香甜，涩皮不易剥离，含水量 54.3%，干物质中含可溶性糖 15.8%、淀粉 63.3%、蛋白质 10.1%。在山东鲁中山区 4 月上旬萌芽，雄花盛花期为 6 月中旬，果实成熟期为 9 月下旬。早实性强，丰产稳产，10 年以上的树，连续 5 年平均亩产 230 千克。抗逆性强，适应范围广。

（16）华丰 山东省果树研究所于 1993 年经人工杂交育种途径选育。

树冠圆头形，树势强健，树姿较开张。每结果母枝抽生结果枝近 3 条，每结果枝着生刺苞 2.6 个。刺苞椭圆形，单苞质量 41 克左右，苞皮薄，刺束稀而硬，分枝角度大，出实率56%，空苞率1%左右，平均每苞含坚果2.9粒。坚果椭圆形，果皮红棕色，腹面较平，常有1～2条线状波纹，平均单粒质量7.9克，大小整齐，果肉细糯香甜，品质上等，含水量46.92%，干物质中含总糖19.7%、淀粉49.29%、蛋白质8.5%、脂肪3.33%，品质优良，适于炒食，耐贮藏。果实9月上中旬成熟。枝粗芽大，雌花容易形成，尤其枝条中下部甚至基部芽大而饱满，适于短截控冠修剪和密植栽培。结果早，丰产稳产性强，幼树嫁接3～7年平均每亩产310千克，第7年每亩产量达到427千克。抗逆性强，适应性广，在丘陵、山区、河滩与平地均适于发展栽培。

(17) 泰林2号　山东泰安泰山林业科学研究院从泰山板栗实生资源中选出，母树位于岱岳区下港乡上港村。2012年通过山东省林木品种审定委员会审定。

树体生长旺盛，幼树树冠直立，半圆头形，一年生枝条灰色，长27.88厘米，粗0.60厘米，皮孔圆形，稀。每结果母枝平均发枝3.89条。果前梢10.64厘米，节间长3.51厘米。混合芽三角形，每果前梢平均着生3.05个混合芽。叶片椭圆形，锯齿小，深绿色，有光泽，平展。雄花序平均长15.6厘米，每结果枝平均着生雄花序7.8条，雌花簇2.8个，乳黄色。刺苞扁椭圆形，平均单苞质量75.2克，刺束稀，短硬，直立，黄绿色，苞皮厚0.25厘米，多"十"字形开裂，平均每苞含坚果2.41粒，出实率45.9%。坚果红褐色，明亮，茸毛少，有光泽，平均单粒质量9.50克，涩皮易剥离，果肉黄色，质地细腻，风味香甜，糯性强，含水率55.33%，干样品中含糖量16.98%、淀粉66.55%、粗蛋白9.98%。在山东泰安地区萌动期4月8日，雄花盛花期在6月5日，果实成熟期9月1日。在河滩地、山地、丘陵表现早熟、丰产稳产、生长结果良好，有很强的适应性，对板栗红蜘蛛、栗瘿蜂有较强抗性。

（18）莲花栗 山东农业大学从山东泗水县山地板栗园选出的实生变异炒食加工兼用型大粒优株，成熟时刺苞有5片开裂，呈莲花状，得名莲花栗。2001年通过山东省林木品种审定委员会审定。

树冠自然圆头形，幼树期生长旺盛，结果后树势趋于缓和，呈短枝性状。一年生枝灰绿色，结果母枝粗短，平均长19.1厘米，粗0.84厘米，节间长1.6厘米。每结果枝平均着生刺苞1.4个，刺苞椭圆形，特大，成熟时多呈“十”字形开裂，也有5片开裂；平均每苞含坚果2.6粒，出实率43%，空苞率4.7%。坚果紫褐色，明亮，平均单粒质量19.5克，整齐，果肉黄色，质地细糯香甜，含水率52.1%，淀粉含量占干重的68.9%，可溶性固形物15.1%。品质上等，适宜炒食、加工和菜用。在原产地泗水县正常年份9月18～22日成熟，中晚熟。早实丰产性强，三年生砧嫁接树第2年结果株率达58.3%，第3年全部结果，第6年每亩产量440.3千克，山地和平原均可栽植。

（19）沂蒙短枝 山东省莒南县林业局于1994年实生选出，母树为自然杂交种，位于山东省莒南县崖头乡东相沟村，原代号莒南03，1994年定名沂蒙短枝。

沂蒙短枝为国内极短枝型品种，树冠紧凑，树体矮小，幼树生长健壮。结果母枝粗而短，长12.2厘米，粗0.57厘米，果前梢细而短，仅为枝粗的一半左右。叶片大而厚，枝条前部叶片向上反卷呈舟状。自花不结实，异花授粉坐果率高。每结果母枝抽生结果枝2.5条，每结果枝着生刺苞2个，平均每苞含坚果2.3粒，出实率40.8%，空苞率在3%以下。基部芽抽生果枝率高，适于短截修剪。坚果椭圆形，平均单粒质量8克左右，果皮红褐色，光亮。果肉黄白色，质地细糯，风味香甜，含水量53.0%，含糖5.6%、淀粉34.5%、蛋白质3.9%，品质优良，适宜炒食。果实9月下旬成熟。丰产稳产性强，嫁接苗建园3年投产，5年达盛果期，每亩产量在500千克以上。该品种不耐粗放管理，如肥水不足、结果母枝留果过多、不及时严格疏苞，易导致空苞率高，坚果变小。密植栽培时，对管理水平要求较高。

(20) 烟泉　1975 年山东省烟台市林业科学院从实生板栗树中选出，为烟台板栗产区主栽品种之一。

树冠较开张，圆头状，树姿较直立，成龄树长势中庸。树干灰褐色，结果枝长 30 厘米，皮孔锈黄色，每结果母枝平均抽生结果枝 2.3 条，每结果枝平均着生刺苞 1.5 个，结果枝连续结果能力强，有较强的基部结实能力。叶长椭圆形，叶缘被细锯齿，灰绿色。每果枝上着生雄花序 10 条左右。刺苞扁椭圆形，黄色，“十”字形裂，刺束中长较稀，平均每苞含坚果 2.4 粒，出实率 38%。坚果大小均匀，深褐色，富光泽，平均单果质量 8.3 克，果肉质地糯性，风味香甜爽口，品质优良，耐贮藏。果实成熟期为 9 月下旬。早实丰产性较好，品质优良，适应性强。

(21) 燕山早丰　燕山早丰原名杨家峪 3113。原产河北省迁西县汉儿庄乡杨家峪村，河北省农林科学院昌黎果树研究所于 1973 年实生选出。因果实成熟期早且丰产而得名，是河北主栽品种之一。

树冠高圆头形，树姿半开张。幼树生长势强，成龄树树势中等。树干皮色为深褐色，皮孔小而不规则，每结果母枝平均抽生结果枝 1.8 条，每结果枝平均着生刺苞 2.4 个。叶片长椭圆形，波状，叶厚，浓绿有光泽。雄花序较短，长 10.3 厘米，斜生，每结果枝平均着生 3.4 条。刺苞小，椭圆形，重 47.2 克，平均每苞含坚果 2.7 粒，出实率 40.1%。坚果扁椭圆形，果皮深褐色，大小整齐，平均单粒质量 7.6 克。底座中等大，接线月牙形。果肉黄色，质地细腻，味香甜，品质优良，含水分 48.47%，干物质含糖 19.7%、淀粉 51.34%、粗蛋白质 4.43%，耐贮藏。在河北 9 月上旬成熟。始果期早，嫁接苗一般第 2 年挂果，第 3 年开始大量结果。树势强健，早实丰产，嫁接口愈合较好，抗病、抗旱性强。坚果品质优良，成熟期早，适宜炒食。

（22）燕山短枝 燕山短枝原名后韩庄20，又名大叶青。原产河北省迁西县东荒峪乡后韩庄村，河北省农林科学院昌黎果树研究所于1973年从当地实生板栗树中选出。

树冠圆头形，紧凑，树势强健，枝条粗短，短枝性状明显。叶片椭圆形，肥大，叶色浓绿。嫁接幼树结果母枝长21.5厘米，粗0.67厘米，节间短，果前梢中等长。混合芽大，圆形，芽尖褐色。结果母枝萌芽率61%，平均抽生结果枝1.85条，每结果枝平均着生刺苞2.9个，平均每苞含坚果2.8粒。坚果扁圆形，果皮深褐色，光亮，平均单粒质量9.2克，大小整齐。适宜炒食，品质上等，耐贮藏。冠形紧凑，适宜密植。30年母树树高6米，冠幅5.5米×5.5米。经密植栽培试验，幼砧嫁接第3年进入结果期，第4年平均株产0.76千克，第5年平均株产2.23千克，折合产量4 965千克/公顷。果实成熟期为9月上旬。

（23）大板红 大板红原名大板49。母树位于河北省宽城满族自治县碾子峪乡大板村，于1974年在实生树中选出，1993年命名，为河北省推广良种之一。

树势较强，树冠圆头形，开张。结果母枝长29.5厘米，粗0.64厘米，皮色灰绿，皮孔圆形，中密，平均每结果母枝抽生结果枝2.3条，每结果枝平均着生刺苞2.5个。刺苞椭圆形，平均单苞质量46克，刺束密、硬、直立。刺苞皮厚，平均每苞含坚果2.2个，成熟时三裂或“十”字形开裂，出实率35%。坚果圆形，果皮红褐色有光亮，果顶微突，平均单粒质量8.1克，大小整齐。果肉黄色，肉质细糯香甜，含淀粉64.22%、糖20.44%、粗蛋白9.1%，品质优良，耐贮藏。果实成熟期为9月中旬。连续结果能力强，在立地条件较好的情况下，十六年生嫁接树连续3年结果的枝条占80%，连续2年结果的枝条占15%，较丰产，每平方米树冠投影面积产量0.4千克，大小年现象不明显，改接后3～4年产量 3 270 千克/公顷。丰产稳产，抗病虫害及干旱能力较差，自交结实率较低，栽培时应注意配置授粉品种。

（24）燕兴　河北省农林科学院昌黎果树研究所在对燕山野生板栗资源调查搜集的基础上经实生选种途径选育出的抗寒性板栗新品种，母树为河北省承德市兴隆县山地丘陵四十年生实生板栗树。2012 年 1 月通过河北省林木品种审定委员会审定。

树冠自然圆头形，树势中庸，树姿较紧凑。多年生枝灰褐色，一年生枝绿色，皮孔不规则，小而稀。结果母枝平均长 26.4 厘米，粗 0.74 厘米，节间长 1.53 厘米，无茸毛，分枝角度中等，平均抽生结果枝 2.73 条。每结果枝平均着生刺苞 1.83 个。叶片长椭圆形，斜生，浓绿色，叶背茸毛稀疏，叶尖渐尖，叶姿较平展，锯齿小，斜向前，叶柄淡绿色。刺苞椭圆形，平均单苞质量 50.80 克，刺束平均长 1.12 厘米，斜生、中密、硬度中等、分支角度大，成熟时黄绿色。苞皮厚度中等，苞内平均含坚果 2.7 粒，出实率 39.05%，成熟时“十”字形或“一”字形开裂。坚果椭圆形，褐色，有光泽，平均单粒质量 8.20 克，整齐度高，底座大小中等，接线平直；果肉黄色，口感细糯，风味香甜，含水量 49.84%，干样品中可溶性糖 22.23%、淀粉 52.90%、蛋白质 4.85%、脂肪 2.09%。耐贮藏，适宜炒食。在河北燕山地区 4 月 20 日芽萌动，6 月16 日进入雄花盛花期，9 月 15 日进入果实成熟期。幼树结果早，产量高，嫁接第 4 年进入盛果期，平均每亩产量 300 千克。丰产稳产性强，大小年现象不明显。耐旱，耐瘠薄，在干旱缺水的片麻岩山地、土壤贫瘠的河滩沙地均能正常生长结果。抗寒性强，在中国板栗栽培北缘临界区无明显冻害。

（25）燕光　河北省农林科学院昌黎果树研究所从燕山板栗实生资源中选出的适宜密植型品种，母树为河北省迁西县崔家堡村 1 株六十年实生板栗树。2009 年通过河北省林木品种审定委员会审定。

树势较强，树冠紧凑，半开张，树干灰褐色。枝条较粗壮，皮色灰绿色，无茸毛，皮孔不规则，小而稀疏，枝长26.40厘米，粗0.61厘米，节间长1.21厘米，果前梢4.55厘米。叶片长椭圆形，先端渐尖，浓绿色，有光泽，斜生，叶姿较平展。结果母枝较粗壮，连续结果能力强，中庸、较弱枝结果特性明显，每结果母枝平均抽生结果枝2.1条，每结果枝平均着生刺苞3.6个，平均每苞含坚果2.6粒，出实率48%。刺苞椭圆形，平均单苞质量47.9克，苞皮厚度中等，刺束中密、偏硬，长1.12厘米。坚果椭圆形，深褐色，有光泽，平均单粒质量8.12克，大小整齐，底座中等大小，接线平直，内果皮易剥离，果肉黄色，质地细糯，风味香甜，平均含水量50.2%，干样品中可溶性糖21.5%、淀粉45.4%、脂肪1.7%、蛋白质4.9%。耐贮运。在河北省燕山板栗产区，4月10～13日萌芽，6月6～9日进入雄花盛花期，9月10～12日进入果实成熟期。嫁接第4年后进入丰产期，五年生树每亩产量高达441.1千克。

(26) 燕晶 河北省农林科学院昌黎果树研究所于1974年选出，母树为遵化市接官厅村六十年实生树。2009年通过河北省林木品种审定委员会审定。

树势较强，树姿半开张，自然圆头形，树干灰褐色。结果枝健壮，平均长39.2厘米，粗0.72厘米，每结果枝平均着生刺苞2.6个，翌年平均抽生果枝数2.1条，基部芽体饱满，短截后翌年仍能抽生结果枝。叶片长椭圆形，先端急尖，斜生，叶姿较平展，锯齿较小，直向。每结果枝平均着生雄花序6.7条，雄花序平均长12.3厘米。刺苞椭圆形，平均单苞质量59.8克，平均每苞含坚果2.4粒，成熟时呈三裂或“一”字形裂，出实率46%。苞皮厚度中等，刺束中密，平均长1.17厘米，斜生，黄绿色。坚果椭圆形，深褐色，有光泽，平均单粒质量9.0克，整齐度高，果肉黄色，口感细糯，风味香甜，干样品中含可溶性糖15.2%、淀粉46.1%、蛋白质 5.02%、脂肪 2.11%。在河北北部地区 4 月 19～20 日萌芽，6 月 11 日雄花盛花，9 月 10～12 日果实成熟。幼树生长旺盛，雌花易形成，结果早，产量高，嫁接后第 4 年进入盛果期，盛果期树平均每亩产量 344.4 千克。丰产稳产，无大小年现象。适应性和抗逆性强，在干旱缺水的片麻岩山地、土壤贫瘠的河滩沙地均能正常生长结果。

(27) 替码珍珠　河北省农林科学院昌黎果树研究所于 1990 年从迁西县牌楼沟村实生树中选出，母树六十年生。树体结果后有 30%的母枝自然干枯死亡，母枝基部的瘪芽抽生的枝条有 12%当年可形成结果枝（当地栗农称为替码结果），自然更新结果，故名替码珍珠。

树势开张，枝条疏生。刺苞平均含坚果 2.6 粒。坚果单粒质量 7.2～8.8 克，大小整齐，果面有光泽，茸毛少，果肉黄白色，肉质细腻，糯性强，香味浓，涩皮易剥离，含糖量 18.1%、淀粉 53.4%、蛋白质 7.8%、脂肪 7.2%，品质优，适于炒食。果实成熟期在 9 月中旬。嫁接后 1～2 年生长旺盛，第 3 年大量结果。盛果期部分果前梢 1～3 芽出现替码，4～5 芽抽生枝条照常结果，结果后 7～8 年替码率达到 87%。抗旱、耐瘠薄，高产稳产，以二年生幼树为砧木嫁接，在连续 3 年干旱的情况下产量达到每亩 186.7 千克。

(28) 燕明　河北省农林科学院昌黎果树研究所于 1984 年从抚宁县后明山村实生板栗树中选出，2002 年 6 月通过河北省林木品种审定委员会审定。在河北省片麻岩山区、河滩沙地以及北京市昌平区、山东省泰安岱岳区均有较大面积栽培。

树冠呈圆头形，树势较强，半开张，幼树期生长旺盛。结果母枝健壮，枝条疏生，平均抽生结果枝 2.75 个，每结果枝平均着生刺苞 1.75 个，平均每苞含坚果 2.63 粒，出实率为 35.3%。果前梢长 5 厘米，节间长 2.29 厘米。叶片长椭圆形，叶姿平展，有光泽。刺苞椭圆形，平均单苞质量 58.3 克，刺束较密，刺长 1.45 厘米，刺硬，较细，斜生，成熟时刺苞淡黄色，“一”字形开裂。坚果椭圆形，深褐色，有光泽，茸毛少，果顶平，平均单粒质量10克左右，底座中等。果肉香、甜、糯，含可溶性糖16.07%、淀粉60.34%、蛋白质11.01%。成熟期为9月下旬。蛀果性害虫为害少，结果早，产量高，嫁接后翌年结果，第4年平均株产2.33千克。连续结果能力强，常规管理水平下，母枝可连续4～5年结果。有较高的抗旱、抗病性，耐瘠薄，丰产性好。

（29）西沟7号 西沟7号原产河北省遵化市东陵乡西沟村，是1973年入选的实生优株。

树冠较紧密，呈半圆头形，树势中强，结果母枝长29.8厘米，果前梢长7.07厘米，每结果母枝抽生结果枝1.94条，结果枝平均着生刺苞2.22个，出实率39.9%。皮色灰绿色无茸毛，皮孔小，不规则，中密。叶片椭圆形，先端急尖，绿色，有光泽，叶姿较平展，锯齿较大，叶柄黄绿色。刺苞小型，重36.9克，短椭圆形，刺中密，斜生，黄绿色，苞皮厚0.17厘米，“一”字形开裂，平均每苞含坚果2.81粒。坚果圆形，小，平均重6克，果面茸毛少，果皮棕褐色，涩皮易剥离，接线月牙形，底座小，无栗粒。坚果整齐，含糖18.12%、淀粉39.15%、蛋白氮1.16%，耐贮藏。丰产性强，嫁接第3年平均株产1.05千克。在河北4月16日萌芽，6月13日盛花，9月18日果实成熟。

（30）林冠 河北农业大学通过实生选育选出的加工型新品种，母树位于邢台县浆水镇下店村。2009年通过河北省林木品种审定委员会审定。

树势健壮，树姿较直立，树冠圆头形。新梢黄绿色，多年生枝深褐色，皮孔扁圆形、白色、中密，混合芽三角形，芽鳞黄褐色，芽体饱满。叶片长椭圆形或长椭圆状披针形，叶尖渐尖，叶缘刺芒，有锯齿或锯齿芒状，叶基近圆形，叶长15.41厘米，宽4.33厘米，表面绿色，背面灰绿色。雄花序长15.8厘米。每结果母枝平均抽生结果枝 1.3 条，每结果枝平均着生刺苞 3.9 个。刺苞椭圆形，刺束较稀、长，成熟时呈“十”字形开裂，平均每苞含坚果 2.5 粒。坚果扁圆形，深褐色，平均单粒质量 11.91 克，涩皮易剥离，果肉黄色，质地细腻、糯，味香甜，干物质含可溶性糖 26.12%、淀粉 54.62%、粗脂肪 5.79%、总蛋白质 4.62%、可溶性蛋白质 2.51%。适于加工成甘栗仁、栗仁罐头等。在河北邢台 4 月上旬萌芽，5 月中旬至 6 月中旬雄花期，9 月 10 日左右果实成熟。早实丰产，栽植第 2 年可结果，第 5 年进入盛果期，平均每平方米树冠投影面积产量 1.77 千克，每亩产量 400 千克以上。抗病性强，耐干旱，耐瘠薄。

(31) 燕山红栗　燕山红栗又名燕红、北庄 1 号。1975 年选自北京市昌平县黑山寨乡北庄村南沟。因原产燕山山脉且坚果鲜艳呈红棕色得名，1979 年被评为北京市发展品种之一，现已推广至河北、山东、陕西、江苏等地。

树冠紧凑，呈圆头形，树体中等偏小，树姿开张，分枝角度小，较直立。结果母枝灰白色，长 21 厘米，粗 0.47 厘米，皮孔多而明显。混合芽较小，扁圆形，每结果母枝抽生结果枝 2～3 条，每结果枝平均着生刺苞 2 个，平均每苞含坚果 2.4 粒。刺苞球形，平均单苞质量 45 克。刺束稀，分枝角度大，出实率 45%。坚果红棕色，茸毛少，富有光泽，平均单粒质量 8.9 克，整齐美观。果肉细糯香甜，干物质含糖 20.25%、粗蛋白 7.07%、脂肪 2.46%，品质优良，适宜炒食，耐贮藏。果实成熟期为 9 月下旬，成熟一致。早期丰产，嫁接后第 2 年结果，第 4 年平均每株产量为 6.5 千克，每平方米树冠投影面积产坚果 0.5 千克，在土壤瘠薄条件下，易生独粒，同时对缺硼土壤敏感。由于结果枝萌发力强，修剪时要适当控制母枝留量。

(32) 燕昌　原名下庄 4 号。于 1975 年在北京昌平县下庄乡下庄村实生树中选出，1982 年通过鉴定，在京郊昌平、怀柔、密云等地广泛推广。

树势中等，树姿开张，呈扁圆头形或自然开心形，枝条较软，分枝角度大。结果母枝细长，长 29 厘米，粗 0.55 厘米。果前梢长 2.57 厘米，平均着生混合芽 3.3 个。叶片长椭圆形，质地硬，锯齿内向，叶柄中长。雄花序长 16.3 厘米，平均每结果枝着生雄花序 6.8 条。结果母枝萌发率 85%，连续结果能力强，二至三年生结果母枝占枝量总数的 85%，每个结果母枝平均抽生 2.1 个结果枝，每个结果枝平均着生刺苞 2.1 个。刺苞椭圆形，平均单苞质量 67 克，刺束中密，分枝角度较小，平均每苞含坚果 2.6 个，出实率 40.5%。坚果红褐色，平均单粒质量 8.6 克，果面茸毛较多，具光泽，油亮。贮藏 3 个月后，坚果干样品含糖 21.63%、蛋白质 7.80%、脂肪 2.19%，果肉糯性香甜，适于炒食，耐贮藏。成熟期在 9 月中旬。早实丰产，嫁接后第 2 年即可大量结果，空苞率不超过 3%，由于结果母枝细长，树冠不紧凑，栽植密度不宜过大。栽培条件差时，每苞中坚果数减少，坚果变小且色泽差。

(33) 燕丰 燕丰原名西台 3 号，别名蒜鞭。母株为实生树，位于北京市怀柔区黄花城乡西台村老坟后山地梯田上，1979 年秋定名，现在京郊怀柔、密云等地推广生产。

树势中等，树姿开张，树冠圆头形，分枝角度大，结果母枝长 29.5 厘米，粗 0.64 厘米，果前梢一般较长，平均着生混合芽 5.6 个。叶片长 18.0 厘米、宽 7.1 厘米，叶柄中长，质地较硬。每结果母枝平均抽生结果枝 1.6 个，每结果枝平均着生刺苞 3.3 个，有成串结果习性。刺苞椭圆形，苞皮薄，刺束稀、分枝角度大，平均每苞含坚果 2.5 粒，出实率 53.1%。坚果黄褐色，平均单粒质量 6.6 克，果肉糯性、香甜，贮藏 3 个月后干样品含糖 25.26%、蛋白质 6.18%、脂肪 2.53%。在北京怀柔成熟期在 9 月中下旬。嫁接苗栽植第 4 年大量结果，十四年生树平均株产 10.3 千克，最高达 15.05 千克。树体坐果率高，但抗旱能力差，适宜在立地条件较好的地区发展，修剪时结果母枝留量不宜过多，须注意配制授粉树，才能提高单粒重，降低空苞率。

（34）怀丰　北京市农林科学院农业综合发展研究所实生选育而出，母树位于北京市怀柔区九渡河镇山地板栗园，树龄 60 年。2010 年通过北京市林木品种审定委员会审定。

树冠自然开张，幼树生长健壮，结果后生长势缓和，果前梢芽大而饱满。结果母枝粗壮，每结果母枝平均抽生结果枝 3 条，结果枝长 27.32 厘米，粗 0.53 厘米。叶片倒卵状椭圆形，叶色浓绿，叶柄长 1.41 厘米。雄花序长 16.80 厘米。每结果枝着生刺苞 2～4 个。刺苞椭圆形，平均单苞质量 52.1 克，平均每苞含坚果 3 个，成熟时多呈“一”字形开裂，出实率 45.8%，空苞率 1.5%，苞皮厚度中等，刺束中密，长 1.85 厘米。坚果偏圆形，果顶微凸，黑褐色，极少茸毛，整齐度高，平均单粒质量 8.9 克，果肉黄色，煮食质地甜糯，鲜食风味香甜，成熟果含水量 54.80%、总糖 6.73%、淀粉 39.80%、粗纤维 1.30%、脂肪 0.90%、蛋白质 5.25%。适应性强，耐瘠薄。在北京地区 4 月初至 4 月中旬萌芽，4 月下旬至 5 月上旬展叶，6 月上旬盛花，9 月上中旬果实成熟，果实发育期 100 天，11 月上旬落叶。早实性不强，后期丰产。嫁接后第 6 年进入盛果期，六年生树每株产量为 3.5 千克，十二至十五年生树每株产量 6.6～8.7 千克，平均每亩产量 270.1 千克。

（35）京暑红　北京农学院实生选育出的极早熟品种，母株位于北京市怀柔区渤海镇六渡河村，树龄 80 年以上。2011 年通过北京市林木品种审定委员会审定。

该品种树势中庸，树冠扁圆头形，树体较开张，主枝分枝角度 40°～60°。树皮灰褐色，有深纵裂。新梢灰绿色，茸毛少，皮孔圆形至椭圆形，灰白色，小而密，混合芽扁圆形，中大，褐色。叶片长椭圆形，基部楔形，先端渐尖，叶色绿色且质较厚，较平展，叶姿下垂，叶缘锯齿向外。叶柄黄绿色，平均长度 1.6 厘米。结果枝平均长 25.9 厘米，粗 3.6 毫米，每结果枝平均着生混合花序 2.6 个，刺苞 2.8 个。刺苞椭圆形，长 5.8 厘米，宽 4.8 厘米，高 5.4 厘米，平均质量 40.2 克，平均每苞含坚果 2.1 个，苞皮较薄，刺密，出实率 41.2%。坚果整齐，红褐色，光滑美观，有光泽，平均单粒质量 8.2 克，果肉含水量 57.2%，含脂肪 4.5%、蛋白质 5.6%、总糖 20.4%、淀粉 38.2%、氨基酸 1.5%。涩皮易剥离，果肉黄色，质地细糯，风味香甜。在北京地区 4 月中旬萌芽，4 月下旬至 5 月上旬展叶，6 月中旬盛花，8 月下旬果实开始成熟，发育期 75 天左右，11 月上旬落叶。

(36) 怀九 北京怀柔区板栗试验站实生选育而出，母树位于怀柔九渡河镇九渡河村，树龄 40 年左右。2001 年 8 月通过北京市农作物品种审定委员会审定。

树冠半圆形，树姿开张，主枝分枝角度 50°～60°，结果母枝平均长 65 厘米，属长果枝类型，皮孔呈椭圆形，小而稀。每结果母枝平均抽生结果枝 2 条，结果枝占总发枝量的 44.6%，每结果枝平均着生刺苞 2.3 个。刺苞椭圆形，中型，平均单苞质量 64.7 克，刺束中密，苞皮厚，平均每苞含坚果 2.4 个，出实率 48.1%。坚果为圆形，红褐色，有光泽，茸毛较少，单粒质量 7.5～8.3 克，果肉含可溶性糖 5.5%、淀粉 19.35%、脂肪 5%、氨基酸 5%、矿物质 2%，适于炒食。早实性强，丰产稳产。幼树建园 3 年即可结果，盛果期密植园每亩产量 200～250 千克。萌芽力、成枝力强，耐短截，结果母枝短截后抽生结果枝比例高，抗红蜘蛛能力较差。

(37) 焦扎 焦扎原产江苏省宜兴、溧阳及安徽广德，因刺苞成熟后局部刺束变褐色，呈一焦块状，故称焦扎，1993 年通过江苏省品种认定。

树冠较开张，呈圆头形，树势旺盛，结果母枝平均长 29 厘米，粗 0.6 厘米，皮孔圆形，大而较密。成龄树树势旺盛，平均每结果母枝抽生新梢 4.8 条，其中结果枝 0.9 个，每结果枝平均着生刺苞

2.1个，出实率47%左右。刺苞较大，重100克左右，长椭圆形，刺束长，排列密集，平均每苞含坚果2.6粒。坚果椭圆形，紫褐色，平均单粒质量23.7克，果面茸毛长且多，果肉细腻较糯，含水量49.2%，干样品含糖15.58%、淀粉49.28%、蛋白质8.49%，在江苏南京地区9月下旬成熟。丰产稳产，每平方米树冠投影面积产量0.38千克。适应性强，较耐干旱和早春冻害，抗病虫能力强，尤其对桃蛀螟和栗实象甲有较强抗性，采收时好果率达91.8%，极耐贮藏。

(38) 处暑红　处暑红原产于江苏宜兴、溧阳两地。由于果实成熟期早，一般在当地处暑成熟，故名处暑红。

树冠半圆头形，树势较强，树形开张。成龄树平均每结果母枝抽生3.7个新梢，其中结果枝1.1个，雄花枝2个。每结果枝平均着生刺苞1.7个。刺苞大，呈椭圆形，单苞质量100克以上，刺长2.0厘米，密生、硬，出实率40%左右。坚果圆形，红褐色，果面茸毛短而少，明亮美观，果顶平或微凸，平均单粒质量17.9克，果肉含水量49%，干物质中含糖16.4%、淀粉46.3%、蛋白质8.7%，质地细腻，偏粳性，香甜，用作菜食栗。

在江苏省产区果实9月上旬成熟。较丰产，果大而美观，抗逆性和适应性较强，成熟期早。

(39) 金栗王　湖北省农业科学院从日本栗中选育出的加工型栗新品种，2008年通过湖北省林木品种审定委员会审定。

树冠圆头形，树姿直立，树势强健，树干灰褐色。枝条细长，一年生枝长35～80厘米，粗0.65厘米，节间长3.2厘米，褐色，皮孔椭圆形、灰白色、中大而密。叶片长披针形，浓绿色，有光泽，叶缘锯齿明显，中等大小，平均长22.5厘米，宽5.2厘米，叶柄中长，平均1.83厘米。雄花序长15～22厘米，平均每果枝着生雄花序7.4条，每结果枝有1～4个雌花。刺苞椭圆形，较大，平均每苞含坚果2～3粒，苞刺较长，细密，苞皮厚0.31厘米，出实率55%。坚果椭圆形，红褐色，平均单粒质量21.9克，最大单粒质量34.5克；果肉淡黄色，质地粳性，味甜，鲜重含淀粉25.49%、糖13.59%、蛋白质3.74%，品质中上等。

在武汉3月下旬萌芽，4月上旬展叶，5月下旬盛花，果实9月中下旬成熟。丰产稳产，多年生砧木嫁接第五年进入丰产期，平均每亩产量高达511.1千克。抗病虫，耐贮运。

(40) 镇安1号 西北农林科技大学选育的适合于山地栽植的板栗新品种。2005年通过陕西省林木品种审定委员会审定，2006年通过国家林业局审定。

树冠圆头形，树形呈多主枝自然开心形，树姿开张，自然分枝良好。结果母枝长26厘米。刺苞圆形，针刺长2.3厘米，每束8～12根，平均每苞含坚果2.5粒，出实率达35.3%。坚果扁圆形，红褐色，有光泽，平均单粒质量13.5克，涩皮易剥离；果实含糖10.1%、蛋白质3.68%、脂肪1.05%、维生素C 376.5毫克/千克，品质优良，抗病力强。

在陕西商洛地区，4月中旬萌发，6月13日盛花，果实9月24日成熟。嫁接后第2年可以结果，每平方米树冠投影产量为0.25千克，早实、丰产。

(41) 花桥1号 湖南省湘潭市林业科学研究所选育的无性系早熟板栗品种，2006年通过湖南省科技厅组织的科技成果鉴定。

树冠高圆头形，树姿直立，主枝分枝角度小于45°。枝条平均长度40厘米，平均粗度0.5厘米，枝条稀疏，皮色赤褐，皮孔扁圆。果前梢长6厘米，平均节间长2.5厘米，芽体三角形，芽尖黄色。叶片倒卵状椭圆形，叶色深绿，有光泽，斜向着生。每结果枝平均着生雄花序8条。结果母枝平均长58厘米，粗度1.04厘米，每结果母枝平均抽生结果枝2.6条，每结果枝着生刺苞1～6个。刺苞散生分布，是区别于其他品种的重要特征。出实率31.8%。坚果椭圆形，红褐色，油亮，茸毛多，平均单粒质量15.6克，底座大，肉质细腻，香味浓，耐贮藏。

在湘潭地区果实 8 月下旬成熟。早实、丰产性强，正常管理条件下，定植第 2 年开始结果，连续两年平均每平方米冠幅投影面积产量 0.55 千克。对栗疫病、栗瘿蜂、天牛等病虫害有较强的抗性。

(42) 云珍　云南省林业科学研究院通过实生途径选育，母树位于云南省玉溪市峨山彝族自治县，1999 年通过省级鉴定。

树冠偏圆头形，树姿较开张。一年生枝灰绿色，皮孔椭圆形，大而稀，茸毛少，灰白色。每结果母株平均抽生新梢 6.4 条，其中结果枝占 62.5%，发育枝 12.5%，雄花枝 9.4%，纤弱枝 15.6%，每结果枝着生刺苞 2～4 个，连续结果能力强。刺苞椭圆形，平均单苞质量 48 克，刺束稀，出实率 41.0%～55.2%，苞皮厚 0.2 厘米，成熟时“一”字形开裂。坚果椭圆形，紫褐色，光亮，茸毛较多，平均单粒质量 11.2 克，果顶平，底座中等，接线如意状，果肉含水量 49.09%、总糖 19.49%、淀粉 43.78%、粗蛋白 8.35%。

在云南玉溪当地果实 8 月下旬成熟。早实性强，丰产，高接在十二年生大树上，第 2 年单株产量 2.01 千克，第 6 年 13.56 千克。嫁接在二年生实生板栗树上，第 2 年单株产量 0.52 千克，第 4 年平均株产 3.52 千克，结果株率 100%。抗逆性强，适宜云南海拔 1 200～2 100 米广大山区、半山区栽植。

(43) 云良　云南省林业科学研究院从板栗实生群体中选育，1999 年通过省级鉴定。

树冠圆头形，一年生枝绿色，皮孔椭圆形，小，密度中等。叶片宽披针形至稀卵状椭圆形，叶色浓绿。每结果母枝平均抽生新梢 5.4 条，其中结果枝占 74%，雄花枝 11%，纤弱枝 15%，每结果母枝平均着生刺苞 14.2 个，连年结果能力强。刺苞椭圆形，平均重 82.16 克，刺束密度中等，苞皮厚 0.29 厘米，成熟时“十”字形开裂，出实率 41%～58.7%。坚果椭圆形，紫褐色，茸毛较多，果顶微凸，平均单粒质量 11.28 克，底座中等大小，接线如意状；

果肉香糯，含水量为 50.91%，干物质中含淀粉 48.41%、糖 21.87%、蛋白质 7.23%，品质优良。

在玉溪市峨山彝族自治县，3 月上旬萌芽，5 月 11～25 日盛花期，果实 8 月下旬成熟。早实、丰产、适应范围广、抗逆性强，适宜云南海拔 1 200～2 100 米的广大山区、半山区种植。

(44) 辽栗 10 号 辽宁省经济林研究所以丹东栗为母本，日本栗为父本，杂交育成。2002 年通过辽宁省新品种审定。

树姿开张，新梢长势旺，较粗壮。枝干褐绿色，皮孔较大、白色明显。叶片为披针状椭圆形，深绿色，有光泽。一年生枝短截后能抽生结果枝，内膛枝组结果能力较强，每结果母枝平均抽生结果枝 2.4 条，每结果枝平均着生刺苞 1.8 个，平均每苞含坚果 2.4 粒，出实率 65.7%。刺苞椭圆形，苞皮薄，刺束较长，“十”字或“丁”字形开裂。坚果三角状卵圆形，褐色，平均单粒质量 18.9 克，涩皮易剥离，果肉黄色，较甜，有香味，含可溶性糖 28.33%、淀粉 52.59%、粗蛋白质 8.76%。

在辽宁，果实 9 月下旬成熟。早实、丰产，嫁接第 2 年结果株率在 90%以上，嫁接 4 年平均株产 5.3 千克。抗栗瘿蜂和抗寒能力均较强，适合加工。

(二) 园地的选择与规划

1. 园地选择

(1) 土壤选择 板栗对土壤的酸碱度极为敏感，以 pH 为4.6～6.6 的微酸性土壤适宜，对土壤质地要求不严，除极端沙土和黏土外均可以生长。在土壤深厚、排水良好、有机质含量高的地段，板栗生长健壮，其中板栗丰产园要求土壤有机质含量超过 1.2%。

(2) 气候条件 板栗是喜光树种，忌荫蔽，花期光照不足容易引起生理落果，成片郁闭的果园多因光照不足导致刺苞发育迟缓，表现个头小，结果量低。板栗在平均气温 8～22℃，绝对最高气温

35～39℃，绝对低温－25℃，年降水500～1 500毫米的气候条件下都可生长，极端严寒天气下幼树和新梢易遭受冻害。

(3) 地形选择 板栗栽培一般以坡度为25°以下为宜，以阳坡、半阳坡栽植为宜。阴坡栽植一定要求坡度小，土层厚，海拔低。选择地势平坦、土层深厚、土壤肥沃呈微酸性、无严重病虫害、无重茬障碍的沙质壤土或轻黏壤土，最好具备灌溉条件且排水良好。山地园地要根据实地选址，坡地坡度不能太大，不宜超过5°，土层深度一般大于50厘米，多选择阳坡或半阳坡，以东南坡、南坡和西南坡为好。西坡多面朝风口，风害频繁；东坡和北坡日照时间短，苗木孱弱，冬季阴冷，易遭受冻害。

(4) 交通条件 板栗在贮藏和运输中容易腐烂，所以在选择园址的同时以交通便利为主。一般设立在有主干路通过的地方或有铁路、具备通航条件的江河附近，便于果品、苗木的及时装载和运出。

2. 园区规划

(1) 园地区划 区划内容至少包括生产区和辅助区。生产区又分为育苗区和采穗区，育苗区为播种地点，采穗区负责接穗的繁殖与采集功能，生产区的划分可保证品种的来源和种苗纯度。辅助区主要指园地的硬件设施，包括办公室、工具房、仓库、装卸场、道路、排灌系统等。办公室、仓库、装卸场等一般设立在园地周边或主干道的尽头，尽量不占用生产用地，也便于园地管理。道路分为主路、支路，主路贯通整个园区并与办公室或仓库相连，宽度通常2～4米，以能通过运输机械为宜。支路与主路垂直布设，将园地划分为若干个作业小区，宽度1～2米，方便通过小型机械，主要负责机械化耕作和农资运输。

(2) 排灌系统 排灌系统是苗木生产的生命线，保障旱可浇、涝可排。我国北方山地春、秋季节多干旱，设立园地时必须保证灌溉条件。灌溉系统包括水源、蓄水池和引水渠等。园地附近池塘、河流、水库等均可作为水源，水体干净，无化工污染即可。稍具规模的园地也可自打机井，以备不时之需。水源地通常地势较低，需要将水引到地势较高的蓄水池，再通过引水管将水引入田间地头。引水主管道多采用 PE90 给水管，支管道采用 PE63 给水管，出水管采用 PE40 给水管，最后由出水管连接微喷带或滴管实施浇灌。降水多、地势较低、地下水位高的园地需要设置排水渠，防止园地渍涝以及由此诱发病虫害，如栗疫病、栗膏药病等。排水渠依地势由高到低布设，并紧沿道路或地头，既可顺畅排水，又不占用园地。排水渠宽度和深度参照当地降水量确定，一般宽 0.5～1 米，深 0.3～0.8 米。

(3) 防风林建设 在冬、春季风沙大的地区，为减轻风害、减少地面蒸发，可在园地周围或主风向垂直方向栽植 2～3 行防风林。为保护苗木生产安全，还应在园地周围设置绿篱，选择萌芽力强、抽生侧枝多、萌生根蘖少、着生枝刺或皮刺的树种，如枳、沙棘、花椒等，宽度 0.3～0.5 米，高度 2.0～2.5 米。

（三）标准化生产园建设

1. 园地整理

(1) 全园深翻 适用于平地、河滩地和坡度较小的地块。采用机械深翻，深度一般在 50 厘米以上；或采用定植沟改土法，即按照规划好的行向用挖掘机挖宽 1 米、深 0.8 米的壕沟，晾晒一段时间后，撒入有机肥、杂草、秸秆等有机物料进行回填，回填后灌水沉实；还可采用挖定植穴法，定植穴直径 0.8 米，待板栗园建成后，逐年向外扩穴，最终达到全园深翻的目的，在挖定植沟和定植穴时，注意表土和心土分放，回填时先回填表土，再回填心土。

(2) 梯田整地 适于在 30°以下的山地板栗园进行梯面整地，梯面宽一般 3 米以上，梯面外高内低，随着坡度增加梯面变窄。梯田内侧修竹节沟，沟宽 30～40 厘米，深 30～40 厘米，沟内每隔

3～5 米设土埂，便于雨季蓄排兼顾，缓解水势。梯田修整完毕后，按照预先设计的行距开挖壕沟，深 0.5～0.8 米，宽 0.8～1 米，分层压埋绿肥，表土回填时混入有机肥。

（3）修鱼鳞坑　适于在坡度 30°以上修鱼鳞坑，地形破碎的宜林荒山，在山坡上挖半月形的穴，呈“品”字形排列，一般穴横长 0.8～1 米、纵宽 0.6～0.8 米，穴深 0.2～0.4 米，间距 3 米。挖穴时表土、生土分开放置，表土回填坑内，穴外侧用生土、风化石等围成高 20～25 厘米的半环状土埂，穴内侧挖小沟便于引蓄雨水。

2. 栽植技术

（1）定植时期　板栗定植分为春、秋两个时期，春季在土壤解冻后至苗木萌动前进行，此期定植管理期短，管护成本低，通常在这一时期定植。春季定植时间因各地气候不同而略有差异，一般在萌芽前 20 天左右进行，越往南定植期越早。秋季定植在落叶后封冻前进行，最迟在封冻前 20 天，定植过晚则根系恢复时间短，影响成活。此期定植根系恢复期长，成活率高，但管理期长，管护成本较高，秋栽封冻前浇足水，树干涂白或将根茎埋起来才可安全越冬，管护不当容易导致树体失水，因此在冬季严寒的地区不提倡秋季定植。

（2）栽植密度　根据地形差异、土壤条件、管理水平、品种特性等确定栽植密度。河滩、平原地栽植株行距一般为（3～4）米×（4～5）米，丘陵、山地一般以（2～3）米×（3～4）米为宜。定植短枝、矮化品种，如沂蒙短枝、燕山短枝、莱州短枝等，每亩可达到 111 株。采用机械化管理时，可选用（2～3）米×4 米的栽培密度。如果采用计划性密植，应设计好永久株（行）和临时株（行），对临时株做好标记，在修剪时采取限制措施，尽可能促进早结果又不影响永久株的正常生长，待郁闭后实施间伐，按计划一次或多次完成。

（3）品种配置　板栗属于典型的异花授粉树种，自交结实率很低，一般只有10%～40%，建园时应做好授粉树配置。一般一个主栽品种配置2～3个授粉品种，二者比例为（8～10）：1，栽植间距不宜超过20米；当2～3个品种均为主栽品种时，可隔行配置或隔双行配置，互为授粉品种，相互授粉的品种花期应当一致。板栗园面积较小时，为保证主栽品种的数量优势，可采取前一种方式；板栗园面积较大时，可采取后一种方式。在选配授粉品种时，还应注意花粉直感作用。花粉直感是指当代果实或种子具有花粉亲本表现型性状的现象。板栗树的花粉直感现象表现明显，父本的坚果性状如单粒重、品质、果肉颜色、涩皮剥离难易、成熟期早晚等对当年母本所结坚果均有影响。为保证板栗涩皮易剥离这一优良性状，避免使用日本栗作为授粉品种。

（4）定植方法　选择枝条发育充实、芽体饱满、根系发达、须根多、无病虫害和机械伤的苗木。二年生一级苗标准为：嫁接口处茎粗0.8厘米以上，高1米以上，主干充实饱满，根系完整。定植后即浇透水，然后用地膜或稻草覆盖，可明显提高成活率。定植后定干，干高50～70厘米，剪口以下应至少有4～6个饱满芽。剪口用油漆涂抹，防止剪口失水抽干。树体萌动前反复浇水容易导致地温升高缓慢，造成根系沤烂，影响成活。6月高温干燥季节如突降大雨，应注意及时排水，避免烫伤根系。常用的板栗定植方法有以下几种。

①定植实生苗嫁接建园。先定植一至二年生实生苗，待缓苗1～2年后达到嫁接标准时嫁接建园，此方法是目前山区栗农建园的主要方式。这种方式建园成本低，品种搭配比较容易掌握，可根据当地生产、销售等实际情况灵活选择品种，但定植后缓苗困难，嫁接时间延长，进入早果期也较慢，并且苗木成活率较低，短期内缺株少苗，影响林相的整齐度。

为提高苗木成活率和整齐度，可采用纸杯育苗法。具体操作方法如下。

催芽。选用冷库贮藏的板栗，要求大小基本一致，无腐烂、无虫蛀。取出后自然放置1～2天，然后与干净湿沙混合，8～10天板栗开始萌发，当胚根生长至0.5厘米时，掐断生长点0.1～0.2厘米，以促生侧根。处理好的板栗种子准备播种。

播种。选择育苗地做畦，做好畦后提前3～5天灌水，浸透。水干后开沟，沟深20厘米，宽25～30厘米。配制营养土，营养土基质为沙质壤土和腐熟羊粪，二者比例为壤土∶羊粪=4∶1。粪土充分混合后，将混合好的营养土装入纸杯，纸杯规格一般20厘米×16厘米。装土前用刀片在底部划一条缝，装好土后要求纸杯内表土层距离纸杯口2厘米。将装好土的纸杯整齐摆放到沟中，每个杯间距2厘米。然后挑选胚根长度相似的种子进行杯内播种，播种时将种子平放，或将胚根向下放置，播种深度为1.0厘米。播好后用沟两侧的土填实纸杯周围空隙。向纸杯内浇透水，水干后铺盖地膜或草苫，提高地温并防止水分蒸发。播种后10天左右开始出苗，如用地膜覆盖纸杯，出苗时注意及时抠破薄膜，防止薄膜烫伤嫩芽生长点。当出苗率超过80%时，揭除草苫或地膜。干旱时向纸杯喷水或向沟内灌水。

移栽。移栽一般在雨季来临前进行，如山东选择在6月下旬或7月上旬。在园地中提前开挖定植穴，穴直径40厘米，深40厘米，用表土回填。移苗前向园地浇透水，待土壤半干时开始移苗。移苗时带纸杯并在操作过程中防止纸杯和根部土块破碎，尽可能将纸杯苗完整地栽入定植穴，做好栽后管理，确保苗木健壮生长，减少了缓苗期，从而加快建园速度。

嫁接。北方一般在3月底至4月上旬萌芽前嫁接，一般采用双舌接，该方法砧穗形成层接触面相当大，愈合快，接口平滑，有利于成活。接穗成活后，当新梢生长至20厘米左右时解除嫁接布，防止出现缢痕。做好栽后管理和病虫害防治，确保苗木快速生长。

②定植嫁接苗建园。果树栽培最常用的建园方法是定植嫁接苗

建园，适于大规模、计划性建园。此方法优点是省略了嫁接环节，缺点是由于板栗栽植后生根困难、缓苗时间长，故前期树势生长势弱。因此，在选择嫁接苗时，尽量选择根系完整、毛细根多、主根伤口少的苗木。定植时修理根系，剪掉伤根、劈裂根，保留细根，用 ABT 生根粉 3 号水溶液蘸根，提高成活率。定植后浇透水并覆盖地膜保墒，1 个月后揭掉地膜，防止土温过高灼伤根系。新定植的幼树勿反复浇水，避免土壤长期湿度过大导致沤根。

③利用野生砧木就地改接建园。我国的长江流域、秦巴山区等地，有丰富的野生板栗树资源。利用野生板栗就地嫁接，稍加抚育即可建成板栗园。江苏的宜兴、溧阳，浙江的长兴、吴兴，安徽的广德、舒城，湖北的黄冈罗田、宜昌，以及河南的信阳罗山等地早有用野板栗就地嫁接成园的做法。野生栗在山坡、山坞、沟道、台地等 45°以上的陡坡均有分布，为便于管理以选择地势较平缓、土层较厚、避风向阳、易排水的浅山丘陵区建园为宜。利用野生板栗建园一般于冬季或早春嫁接前进行，将园地上所有杂木及多余的野生栗全部清除，按 3～5 米的株行距选留嫁接株，要选择生长良好、树龄适中的植株。

④利用大苗建园。利用大苗建园，尤其是间伐大树建园，有利于节省资源。板栗大树不易生根，成活困难，为保证成活率移栽至少需要一个生长季才能完成。第 1 年选定需要移栽的大树，春季在距离主干 50～60 厘米处挖环状沟断根，然后回填，促进新根生长和大根伤口愈合。秋季落叶后或第 2 年春季萌芽前起苗，起苗前浇水，修整树冠，将主枝距主干 50～100 厘米处锯掉，保留必要的侧枝。在原来断根处起苗，尽量带土球，如不能带土球则要保持根系完整。移栽时，应挖大定植穴。定植后锯口涂抹油漆，或涂抹保护剂后用塑料布包严，防止伤口失水和感染病菌。大树移栽要随起随栽，裸根时间不要过长，以免影响成活率。春季定植后浇足水，2 周后再浇一次水，覆盖地膜。秋季移栽，除定植时浇水外，封冻前

一定要浇防冻水，并用秸秆或地膜覆盖。大树移栽后根系不能及时供给树体养分，叶片长出后要及时进行叶面喷肥，用0.2%尿素或0.2%磷酸二氢钾每隔10天喷施1次，连续喷施3～4次，成活率可达95%以上。

3. 栽后管理

（1）补栽 检查春栽或秋栽的苗木，未成活的要及时补栽。北方7～8月连阴天是补栽的好时机，这时雨水充足，土壤湿润，光照不强，补栽时容易带土球，成活率较好。补栽后短截部分大枝，保留少量枝条和叶片。春季嫁接未成活的大树，可在5～6月采用嵌芽接进行补接，接穗成活后经摘心，当年也能恢复树冠。

（2）保温保墒 新定植的板栗树要及时浇透水，待表层土稍干后用耙耙土，切断毛细孔。北方春季干旱，定植浇水后需覆盖稻草、地膜等，以利保墒。如覆盖物为白地膜，必须在萌芽后15天内揭掉，防止土壤温度急剧升高烫伤根系。新栽的板栗树，尤其是大树，春季勿反复浇水，否则会由于土壤长期低温而导致根系腐烂。春季定植的板栗树，5月根系尚未完全恢复功能，此时如突遇暴雨转晴天气，要及时排干定植穴内的积水，防止烫伤根系。秋季定植的幼树，由于根系较浅，抗寒抗旱能力差，需要在封冻前浇水，封冻前将根颈部用土培起，起到保温保墒的作用，待解冻后再扒去培土，做成树盘。

（3）定干 实生苗定干的目的是增加枝量，促进主干增粗，提高嫁接良种的成活率。实生苗定干不能太高，一般50～60厘米。如果定植的是嫁接苗，定干高度依树形而定，如采用低干矮冠多主枝开心形，定干高度在40～50厘米，采用小冠疏层形，定干高度在60～70厘米。幼树定干时，剪口距离最近的芽体不能太近，一般在距离最上部芽1厘米处剪断即可。定干后及时涂抹油漆，防止剪口抽干。

（4）施肥 刚定植的苗木根系尚未完全恢复功能，因此一般不施肥。施肥必须在树体完全成活后进行，逐渐增加施肥量。当年定植的板栗树，施肥最好在雨季进行，以速效性肥料为主，幼树每株施入尿素20～30克或磷酸二氢钾30～50克，也可喷施0.2%尿素+0.2%磷酸二氢钾，每隔15天一次，连喷2次。

（四）低产园改造技术

1. 低产园产生的原因

（1）立地条件差 板栗多栽植于山地、丘陵、河滩，这些地区土层瘠薄，有机质含量低，保水保肥能力差。在新建板栗园时，没有整地施肥，而直接将树苗栽植在山坡上，由于长期受到雨水冲刷，水土流失严重，土层变薄，进一步加剧了有机质、肥水的流失。

（2）品种混杂 由于群众盲目引种，致使品种良莠不齐，植株分化大，产量、质量差异大。在部分老产区，由于信息闭塞，许多老、劣品种仍在充当主栽品种。

（3）果园郁闭 建板栗园时栽培方式不合理，株行距设置过小，或未按照计划实施间伐，加之修剪不得当，树体内部光秃，顶部枝繁叶茂，争夺光照，造成果园郁闭。

（4）树体老化 20世纪70～80年代建立的板栗园因树龄增加、效益下降等因素，逐步放弃管理，造成树体营养不良，树形紊乱，无效枝增多，树势不断衰弱。

（5）病虫害 板栗园多分布于山区，喷药困难，发生病虫害后得不到及时控制，致使病虫害频繁发生，板栗园减产幅度大。

2. 低产园改造方法

（1）间伐改造法 间伐改造法适于高密度栽植的低产板栗园，建园时密度多为每亩110株以上，树冠内部郁闭，且树冠之间也存在交接。经改造后，密度为每亩约56株，即株行距3米×4米。针对郁闭园、老板栗园，通过间伐、合理修剪改善树体结构，更新复壮树势。对栽植密度过大、枝杈交接、密不透风的郁闭园，通过合理间伐，增加行间或株间距离，引入自然光照，解决通风透光问题。部分板栗园树体老化，枝条营养不良，内膛光秃严重，枯死枝、病虫枝、鸡爪枝逐年增多，可通过中度或重度回缩，逐年轮替更新，降低树体高度，恢复树势，促其萌生健旺新枝，重新培养结果枝组。

(2) 保守改造法 保守改造法即不通过间伐，在原株行距不变的基础上，通过对树体的剪截、复壮，改善光照，达到整个园体的通风透光，重新恢复丰产。此类方法适用于中、低密度板栗园。这类板栗园的特点是树体内部郁闭严重，大枝过多或大枝虽然不多但树冠抱合，逐渐与中央干平行生长。改造此类树，应根据树体高度、骨干枝开角及长度等情况区别处理。

(3) 结合改换良种进行改造 针对老、劣品种为主栽品种的低产园，采取大树高接换头的方式改换优良品种。采用多头嫁接法，嫁接后通过摘心、绑缚、喷施叶面肥等措施，提高嫁接成活率，当年恢复树冠，尽快实现结果。改接前，要充分了解新品种的生长特性及在当地的栽培表现。如果新品种具有一定矮化性状，或进入盛果期后树势中庸，生长势易于控制，则郁闭园一般不需要间移；如果新品种不具备矮化性状，盛果期树势仍然强旺，则在改接前需要做间伐或间移准备。

二、轻简化树形培育与修剪技术

(一) 轻简化树形

随着社会的进步和发展及消费者消费观念的改变，传统的板栗生产行业受到了冲击，从业人员老龄化、高龄化现象日趋明显，尤其是在经济发达地区更为突出。目前，板栗园生产成本随着生产资料、交通运输、劳动力价格的增加不断攀升，经济效益逐渐下降。

因此，迫切需要种植技术和种植方式的创新，以转变种植业经济效益增长方式。研究与推广板栗树的省力化轻简栽培是社会发展的必然趋势，具有十分重要的现实意义。

板栗树干性强，如果任其生长，最终会成为圆头或高圆头的高大乔木，仅有树冠表面少量结果，而内膛因长期缺少光照，细弱枝逐渐枯死，形似“一篷伞”。因此需要对板栗树进行必要的整形修剪，使之成为光照好、易管理、易丰产的树形。根据板栗的生长结果习性及栽培环境特点，板栗树修剪时多采用开心形、低干矮冠多主枝开心形、小冠疏层形、变侧主干延迟开心形等光照条件好、易于控冠、立体结果的轻简化树形。

（二） 树形培育技术

板栗壮枝壮芽结果，枝条顶端优势明显，如放任生长，结果部位容易快速外移、内膛空虚、主次混乱，从而导致树势衰弱，产量和质量下降。因此，需要对板栗树进行整形修剪，将其培育成低干矮冠多主枝开心形、小冠疏层形、变侧主干延迟开心形等树体矮化、光照条件好、修剪简单、易于控冠、同时保持了优质丰产的特点的树形。

1. 低干矮冠多主枝开心形

（1）树体结构特点 低干矮冠多主枝开心形也称多主枝丛状形，适于山地、梯田栽植。该树形没有中央领导干，可由幼树培育成形，也可由自然圆头形树形改造而成。主干高度 20～40 厘米，在主干上选留长势均衡，角度开张，错落有致的主枝 4～5 个，各主枝间距 20～30 厘米，下部 3 个主枝基角 60°～70°，上部 2 个主枝基角 50°～60°。各主枝上选留 2～3 个侧枝，间距 50～70 厘米，左右错落排列，侧枝开张角度稍大于主枝，冠高控制在 2.0～2.5 米。

（2）整形改造技术

①定干。当年苗嫁接后，由接穗抽生的新梢生长至 30～40 厘

米时，摘心定干；直接定植的嫁接苗，在距离地面 40～60 厘米处留 3～4 个饱满芽短截，根据干高和芽的饱满度确定定干高度。定干后促使萌生健壮枝条，以利于整形。

②选留主枝。定干当年从萌发的新梢中选择直立的旺枝，作为主干延长枝，同时选择下部两个较粗壮的斜生枝作为第一和第二主枝，并以最下部的主枝作为第一主枝，依次向上排列。当主干延长枝长至 30～40 厘米时，再进行摘心。从第二次摘心萌发的健旺枝中选择两个斜生枝作为第三和第四主枝，注意第三、第四主枝要与第一、第二主枝错落分布，避免重叠。主干延长枝继续向上生长，不再摘心。如果当年主枝数量无法达到预留数量，则在第 2 年对主干延长枝进行短截，从促生的新梢中再选择主枝。翌年早春进行树形修剪，重点对头年生长超过 80 厘米的第一至第五主枝进行拉枝。拉枝时第一主枝拉至 70°以上，第二至第五主枝基角略微减小，最小至 50°左右。如果头年生长量未达到拉枝长度，则对该主枝进行中短截，待主枝长度超过 80 厘米时，于 6 月、7 月再行拉枝。

③选配侧枝。早春拉枝后，主枝萌生大量侧生枝。从主枝的健壮分枝上选留合理的侧枝。第一侧枝距离主干 50～60 厘米，萌生的其他侧枝每 20～30 厘米选留 1 个，尽量选留基角开张的侧生枝，侧枝基角一般大于主枝基角。对部分旺盛生长的侧枝，生长至 30 厘米时进行摘心，培养成结果枝组。培养结果枝组时，第 2 年冬剪，对第一至第三主枝进行轻短截，截去当年生枝长度的 1/3；对第四和第五主枝进行轻短截或中短截，截去当年生枝长度的 1/3～1/2。第一至第三主枝选留 2～3 个侧枝，第一侧枝距第二侧枝 60 厘米左右，第二侧枝距离第三侧枝 50 厘米左右，其余侧枝全部疏除。第四和第五主枝选留第 1～2 个侧枝，侧枝间距 50 厘米左右，其余侧枝全部疏除。对选留的侧枝进行修剪，在延长头的饱满芽处进行轻短截，促生分枝，形成结果枝组。对于已形成的结果枝组，按照每平方米保留 8～10 条结果枝，同时重截部分发育枝的原

则修剪，以培养翌年的结果母枝。经过3～5年的整形修剪，低干矮冠多主枝开心形树形基本形成。

2. 小冠疏层形

（1）树体结构特点 小冠疏层形树形适于中密度栽植建园。树冠小，干高40～50厘米，树高2.5～3.5米，冠径3米，树冠呈扁圆形。第一层主枝3个，均匀分布，层内间距15厘米左右，主枝基角60°～70°；第二层主枝2个，层间距15厘米，主枝基角略小于第一层，第一层与第二层之间的距离保持在80厘米左右。第一层每个主枝选留2个侧枝，侧枝间距50～60厘米，第二层每个主枝选留1～2个侧枝。

（2）整形改造技术 第1年，在春季定干，定干高度为60～70厘米，剪口下选一直立的新梢作为中央领导干。选择3个伸展方向好的新梢作为第一层主枝，拉枝开角；当主枝长至70厘米以上时，在70厘米处短截，促发第一侧枝。如果第1年培养不足3个主枝，可于第2年在剪截后的中央领导干延长枝上继续培养。对主、侧枝以外的新梢，长至30厘米以上时短截摘心，促发分枝，尽早结果。

第2年，距第三个主枝上部80～100厘米处对领导干短截，促生分枝，选择第二层主枝；对第一层主枝在距主干60～70厘米处短截，培养第一侧枝；主枝继续延长，在距第一侧枝50～60厘米处的另一侧，选留第二侧枝。依此培养第二、第三主枝的侧枝。当侧枝长至50厘米时进行撑角，同时摘心促发分枝，用于培养结果枝组。冬季对中央领导干进行中短截。

第3年，继续选留直立生长的新梢作为中央领导干。选留两个方向较好的新梢，作为第二层主枝；如未达到选留要求，通过刻芽或对中央领导干摘心，促生新梢，继续选留第二层主枝。冬季对长至60厘米以上的第二层主枝短截，促生侧枝，疏除或回缩生长在主枝和中央领导干上的辅养枝。

第 4 年、第 5 年，如主、侧枝已配置完备，对中央领导干落头开心。对主枝延长枝短截或回缩，保持主枝长度的稳定；调整侧枝上的结果枝组，采用交替回缩和短截的修剪方法，在保证结果的同时，避免生长过高影响主枝间和层间的光照。对生长在中央领导干等枝条上的临时结果枝组，适度回缩或疏除，以不影响上下光照为准。

3. 变侧主干延迟开心形

（1）树体结构特点　主干高 40～100 厘米，全树主枝 4 个，不分层，在中央领导干上错落分布，最终形成 4 个主枝 4 个方向，互不影响，最后一个主枝成型后落头开心。主枝间距 50 厘米左右，主枝开张 50°～70°。每个主枝选留侧枝 2～3 个，第一侧枝距中央领导干 50～60 厘米，第二侧枝距第一侧枝 40～50 厘米，左右错落分布，树冠控高 3.0～3.5 米。该树形紧凑，骨架牢固，通风透光，成龄树高产，冠形适中，适用于中小密度园，缺点是成形慢，早期产量低。

（2）整形改造技术　直播苗嫁接后或嫁接苗定植后，于苗木或新梢的 55～110 厘米处进行短截或摘心定干。每年对中央领导干进行短截，从剪口下抽生的强枝中选留直立强壮枝作为中央领导干的延长枝。每年培育一个主枝，从每年中央领导干剪口下抽生的强枝中，选留角度大、生长较旺、方向较好的一个作为主枝的延长枝，第一主枝方向一般朝南，坡地栽培时为下坡上，其他应和已有主枝的方向错开。并在 8～9 月进行枝条角度开张。通过进行夏季摘心或冬季修剪逐步培育出合理的侧枝配备。各主枝要求在方向上错落分布，主、侧枝的角度合理。主枝延长枝的竞争枝，拉枝改变方向加大角度，促进第 2 年结果，其他分枝进行夏季连续摘心 2～4 次，使之形成辅养枝，加速树冠成形和促进早果。随着树体成形后，逐步疏除辅养枝。最上部主枝成形后，对中央领导干落头开心，形成变侧主干延迟开心形。

（三）关键修剪技术

板栗修剪是一个调节树体平衡的过程，树体自身不能敏锐调节其与环境的关系以及树体各器官的均衡关系，更不能合理调节营养生长与生殖生长的比例关系，这些关系的协调通常依靠整形修剪完成。如果依靠板栗树体自然生长，最终导致弱枝增多，壮枝不壮，树体衰弱，产量下降。传统的板栗修剪通过将弱枝全部疏除，使养分集中，壮枝结果，连年反复，壮枝更壮，光秃带加大，养分运输消耗加强，产量依然低下，过壮为弱。目前板栗修剪已经从冬季一次修剪发展为一年四季修剪。其方法也从川树、清膛修剪发展为回缩、短截、拉枝、刻芽、抹芽等综合技术。

1. 休眠季修剪技术

（1）疏剪 疏剪又称疏枝，即将一年生或多年生枝从基部剪去或锯掉，不留隐芽。一般来说，疏剪减少了枝条数量，缓和了树势，改善了树体通风透光条件，增加了养分积累，有利于形成花芽和开花结果。疏剪时重点疏除病虫枝、干枯枝、细弱枝、重叠枝、下垂枝、不能利用的徒长枝、无用竞争枝和无利用价值的临时性辅养枝等，疏剪程度要因树而定。在枝干病害多发的板栗园，疏除大枝留下的锯口要做防病处理，如用0.5波美度石硫合剂涂抹伤口。

（2）回缩 回缩指对二年生以上枝的剪截，主要应用于结果枝组的回缩、辅养枝的回缩、侧枝局部更新、调整主枝腰角、树冠落头、高接换种和下垂枝回缩等，能起到促进生长和更新复壮的作用，可保持旺盛生长势，抑制树冠外移，控制树体高度，改善通风透光状况。生产中多为逐年回缩，轮流更新，不可一次性回缩过重，否则不仅起不到复壮的作用，反而损伤根系功能，导致树体更弱，枝干病害多发。一次回缩的枝量，除树形改造、高接换优、衰老树更新外，占全树枝量的比例一般不超过15%。

（3）缩伐 计划密植板栗园树冠接近或交接时，对预定间伐树进行回缩修剪。修剪量为永久保留株的当年生长量加适当的树冠间隔，以不影响永久植株的正常生长为准。

(4) 间伐　计划密植板栗园对预定间伐树按实际郁闭程度逐年缩伐，在仅剩树干残桩时将其伐除，或将临时植株连同根系一次性整体移除，另作他用。

(5) 轻短截　在发育枝 1/2 处及以上部位短截，或在结果母枝盲节以上果前梢留芽短截。该方法由于留芽多，顶端优势被削弱，剪口下芽体萌发力提高，形成枝条多，有缓和树势的作用，促使形成雌花芽，有利于早结果。

(6) 中短截　在发育枝约 1/2 处短截。用于幼树期主枝延长头的修剪，以及成龄树内膛空虚时用徒长枝培养结果枝组。

(7) 重短截　在发育枝 1/2 处以下短截，或在结果母枝盲节以下隐芽段留桩短截。短截程度越重，对剪口下面芽的刺激越强，新梢生长势越强。常用于对结果母枝的修剪，当母枝过多时，为使其交替结果，控制结果部位外移，常对结果母枝在基部重短截。也可用于将徒长枝培养成结果枝组。部分品种经重短截后仍可结果，是一种优良特性。

(8) 更新　是指对所有大型骨干枝重回缩，而不是对个别大枝回缩修剪。更新多在骨干枝 1/2 处或更短处回缩（大更新），或在骨干枝长度 2/3 处回缩（小更新），刺激隐芽萌发。

2. 生长季修剪技术

(1) 拉枝　利用绳索等牵引枝条，使枝条改变原来的伸展方向，也可用撑角、坠物等方法达到开角的目的。如将直立变成平斜可促花促果，或变向补空，或改变枝条角度。在幼树整形过程中，选留的各层骨干枝，只要达到 80 厘米以上，就要将其拉至预定位置和角度，一般拉至 80°～90°，拉枝的时间宜早不宜迟，拉枝越迟，枝条木质化程度越高，拉枝难度越大。

(2) 刻芽　又称为目伤，萌芽前在芽的上方（或下方）0.2～

0.3 厘米处，用刀刻一月牙形切口，深达木质部，以截流养分运输，达到促芽萌发和抑制枝条的作用。在培养骨干枝和侧枝时，如果在预期的位置没有发枝，则常用刻芽的方法促其萌发。如果在芽的下方刻芽，则会抑制芽的萌发。

(3) 摘心 即摘除新梢先端数芽或者摘除结果新梢先端数芽（果前梢摘心）。摘心能缓和顶端优势，促进分枝，增加枝量，促使幼树早结果、早成形、早丰产。摘心是幼树和高接换头大树当年常用技术。成形前的幼树或新嫁接的大树，夏季以摘心为主，当新梢长至 30 厘米时，将新梢顶端摘除 1 厘米左右，抑制新梢加长生长，促生分枝。北方产区生长季可反复摘心 2～3 次，冷凉地区仅摘心 1 次即可。

(4) 疏芽 当芽体发绿至花生米大小时，根据着生枝条的强弱，于上部外侧选留 4～5 个饱满芽，中下部选留 2～3 个饱满芽，其余芽全部抹掉。疏芽时要综合运用“去小留大，去下留上，去内留外，疏密留空”的原则。

(5) 捋枝 旺长新梢半木质化时，从基部到梢部捋 1～2 次，加大角度。

(6) 环状剥皮 在板栗树枝干基部韧皮部横割两刀，取出韧皮部分，让木质部与韧皮部中间的形成层重新分生韧皮。主要是对于达到结果树龄，但生长势偏旺、推迟结果的树所采取的措施，以削弱生长势、积累光合产物、促进花芽分化为目的。

(7) 长放 即枝条不做任何修剪处理，任其生长，利用自然抽枝，缓和树势、促花促果。

(8) 疏花疏果 板栗疏雄花的时间一般在 5～6 月，此时混合花序已经出现。结果枝上的雄花序，应掌握在混合花序下留 1～2 条，其余疏掉。在具体保留雄花序数量上，掌握树冠上部留 2 条，树冠下部留 1 条，混合花序上的雄花段要保留，雄花枝上的花序全部疏除。疏苞时间在柱头干缩后，一般在 7 月上旬。每枝的留苞量视品种、枝势、结果母枝数量、树体营养以及肥水管理水平而定。通常强旺果枝留 3～4 苞，中庸果枝 2～3 苞，弱果枝 1～2 苞。

(9) 激素处理　多效唑应用于板栗控梢促花，若板栗生长过旺，在 7 月用 300 毫克/升的多效唑溶液喷洒，能有效控梢促花。调花丰产素可用于提高板栗产量，4 月下旬至 5 月上旬，用 100 毫克/升的调花丰产素溶液喷淋树冠，可以增加干粗，减少雄花，增加雌花，提高产量，并使成熟期提前。

(10) 除萌蘖　经过重度修剪的剪口或当年嫁接大树的接口下会萌生大量萌蘖，这些萌蘖生长快，与上部枝条争夺养分，影响上部枝条的发育，因此应适时清除。萌蘖清除不应过急，如果随出随清除，萌蘖会反复萌发，费工费时。可在萌蘖生长至 3～5 厘米时，一次性清除，此时萌蘖新梢基部已经半木质化，稍一用力即可从皮层基部彻底抹掉。

三、提质增效花果管理技术

（一）促花促果技术

1. 促进雌花分化技术　板栗雌花序是春季萌芽期在原有雄花序的芽体内形成的。促进板栗雌花分化是板栗翌年丰产的基础。改善雌花分化和形成条件，可以增加雌花量，达到增产的目的。可以采取选择易成花品种，巧施肥水，合理修剪等方式。

(1) 选择易成花品种　选择适合本地发展、雌花量较多的优良品种或者定向选育雌花量多的品种，是解决板栗雌花量较少的有效办法。

(2) 巧施肥水　秋季新梢停止生长时施基肥，早春萌芽前后施氮肥和磷肥，叶片刚刚展绿时追施氮、钾、硼和钼肥，均有利于雌花形成。干旱板栗园，早春浇水对雌花形成有显著效果。

(3) 合理修剪　拉枝，树液流动后至芽体膨大前，将直立生长的中强发育枝和徒长枝拉成80°；抹芽，芽萌动后，抹除结果母枝中下部多余的芽，使营养集中；去尾枝，当强壮结果枝最前端一个混合花芽露出0.5厘米时，摘去尾枝，节约养分，促进雌花分化；秋剪，板栗果实采收后，剪除过密的发育枝、细弱枝等；冬剪，对结果枝组轮替回缩更新，均衡树势，集中营养促进雌花分化。

（4）疏除多余雄花 减雄增雌是提高产量的关键措施。板栗是雌雄异花植物，雌雄花比例为2 000∶1。疏除雄花是在不影响板栗树正常授粉结实的基础上，疏去过多雄花序，可以为板栗树节省大量的水分和养料，从而使板栗树增产增收。板栗疏雄要掌握好三个关键环节，即时间、方法和数量。

①疏雄时间。以混合花序出现为疏雄最佳时期，即在谷雨至立夏之间，4月下旬板栗雄花序初萌动时进行，雄花序刚冒出时顶端常呈红色。此时，混合花序刚好出现，雌花序与先长出的雄花序相比明显短，容易和雄花序区别，而且此时雄花序已经长到4～7厘米，去雄方便。

②人工疏雄。在雄花序长至1～3厘米时进行，每个结果枝组在果枝下方留2～3条雄花序为宜，其余可全部去除。用修枝剪或剪刀等工具将雄花序从基部剪掉，或者用锋利的平口小刀割掉。较小的雄花序可以直接手动掐掉。疏雄原则是壮树少疏，弱树多疏，短枝少疏，长枝多疏，树冠中下部多疏，树冠上部和外围少疏，切忌疏掉混合花序。一般以疏去雄花序80%～90%为宜，保留树冠顶端和边远枝梢上部的雄花序10%～20%，以供雌花授粉。操作过程动作要轻，避免损伤板栗枝条，削弱树势。疏雄时以早上露水干后操作为好，在雨天禁止疏雄，以免引起伤口感染，疏雄以后叶面及时喷0.3%磷酸二氢钾和0.2%尿素混合液，增产效果更佳。

③化学疏雄。施用板栗疏雄专用药剂板栗疏雄醇。一般5月中下旬树冠喷洒，喷后5天开始落雄，7～8天为落雄高峰，可提早落雄30～40天，疏雄率可达80%～85%。在使用板栗疏雄醇时应

注意以下几个问题：注意品种间差异，试验表明燕山早丰、燕山短枝、燕红、燕昌、大板红等品种疏雄效果较好；掌握喷施的最佳时期，以雄花长出大约 10 厘米、混合花序大约 1～3 厘米（大约 5 月中下旬）效果最好，此时喷施叶片反卷很轻、雄花序脱落也早；喷药浓度要准确，喷药要均匀周到；化学疏雄要谨慎，大面积疏雄前一定要先试验再推广，防止不必要的损失；可以与叶面肥混喷，可加 0.5%的尿素或 0.1%硼砂，也可以加 0.1%的磷酸二氢钾混喷，效果良好，能显著增加产量。

2. 减少落苞与空苞　板栗落苞一般 10%左右，落苞时间一般在 7～8 月。脱落原因很多，除了种类品种之间的差异外，在营养不足、受精不良、机械损伤和病虫危害时，也可导致大量落苞，使栗果减产。

有些栗苞不脱落，但苞内无果实，称为空苞。其原因是授粉受精不良、缺硼栗苞过多或营养不足等。因此，加强前期肥水管理，人工辅助授粉，疏除过多雄花、栗苞等，对减少落苞和空苞也是很重要的。

（1）选择优良品种　改劣换优，选用结实率高、空苞率低的优良板栗品种，对空苞率高、产量低下的山地板栗劣种实生树进行高接换头改良品种。

（2）合理配置授粉树　人工授粉，提高坐果率，板栗自花授粉结实率在 40%以下，为提高产量，建园时需要充分考虑品种搭配问题，生产上选择 2～3 个高产优质良种互为授粉品种，授粉品种需要满足以下要求：一要与主栽品种可互相授粉而结果，果实成熟期一致；二要与主栽品种同时开花，能产生大量发芽率高的花粉；三要丰产稳产性能优，商品价值高。

（3）花后疏苞　栗苞过多并不能达到丰产的目的。板栗坐果较多时要及时疏果，叶果比控制在（20～25）∶1 较为合适。在 7 月中下旬栗苞进入迅速膨大期，当栗苞直径达 0.5 厘米时，疏除过多的栗苞，有利于减少空苞。留苞标准是：强果枝留 3 个苞、中果枝留 2 个、弱果枝留 1 个。无论强弱，同一节位上只留 1 个栗苞。生长强的留中部果，短果枝留先端果，疏去小型、畸形、过密、病虫枝和空苞果。掌握树冠外围多留，内膛少留的原则。

(4) 加强肥水管理 加强肥水管理，保持树体健壮生长。选择适当时期追肥、灌水，尤其在板栗花原基期、授粉期要注重施肥，对成龄树可穴施尿素 2～3 千克或氮、磷复合肥 2 千克，施后灌水；秋季采收后施入有机肥，促进分化的花芽饱满充实，施肥量掌握在每株 100 千克，同时加尿素 0.5～1 千克，加生物钾 250 克。对于无灌溉条件的山区，或者空苞率高而有机肥源不足的山地板栗树，在雨季采用树冠下做盘，盘外浅撩壕的方法，截蓄雨水，壕内可施绿肥，结果大树每株压 50 千克左右，以提高土壤肥力。前期追肥以氮为主，后期氮、磷、钾配合施用。板栗园如果建在山坡沙地，容易缺硼，合理施用硼肥，对防止落苞和空苞有良好的效果。

①土壤施硼。春季板栗萌芽前穴施。在树冠边缘挖 4～6 个穴，穴深 40 厘米左右，将硼砂均匀撒入穴内，浇适量的水，使硼砂溶化，后覆土。秋季结合施基肥施入，第 2 年能充分发挥肥效。施用量为每株板栗树幼树 10～20 克，盛果树 50～150 克，一般隔年施硼 1 次，避免施用过量而产生硼中毒。

②叶面喷硼。在盛花期间隔 7 天喷 0.2%～0.3%的硼砂液两次，对防止板栗空苞效果较好，但需连年喷施。

③喷稀土。在花期和果实膨大期各喷 1 次 2 000 倍的稀土溶液，可显著提高坐果率，坐果率可达 95%以上。

④树干打孔输硼酸。在初花期选主干中部皮层光滑的一面，用手钻钻一个直径 0.5 厘米、斜向下的小孔，深至树心，然后将 0.5 克硼酸兑 10 克水，溶化后装入瓶或者输液袋内，用输液管将硼液输入树孔，将流量调至不溢出为宜。输完后泥封树孔。

(5) 环剥 在板栗旺树和直立旺枝上应用环剥，有显著的增产效果，具体操作为：用钝刀片在树干光滑处环割深达木质部，割缝宽 1.5 毫米左右，然后用薄膜包扎防止病虫侵入。板栗树皮不易愈合，因此环剥时注意切口不要过宽。

3. 预防二次花、二次果　板栗多于 6 月正常开花，而于 8～9 月再次开花、结苞的现象，称为二次花、二次果。引起板栗二次花、二次果主要原因有以下几点：病虫害，栗大蚜、红蜘蛛等食叶害虫及病害等造成树体大量落叶或叶片成为无效叶，致板栗树提前进入休眠，而于秋季水分供应充足、适宜温度条件下，休眠被打破，部分花芽、叶芽萌发，出现二次花、二次果现象；不良天气，秋后高温干旱与温湿多雨交替，易出现秋季二次花、二次果现象，此外灾害性天气如水灾、暴雨、冰雹等也可导致大量落叶或叶片受损从而引起秋季二次花、二次果；管理不当，如秋后施肥量过大，夏剪短截、摘心、疏枝过多，亦可刺激花芽萌发，诱发二次花、二次果。

秋季二次花、二次果打乱板栗正常的物候特性，消耗大量养分，削弱树势，导致树体抗寒越冬能力变差，且使第 2 年花量锐减，病虫害加重，严重影响后续几年的正常开花结果和板栗产量，导致减产甚至绝产。因此，要采取措施预防板栗二次花、二次果。具体措施如下：加强肥水管理，雨水多时及时排水，旱情严重时及时浇水，配方施肥，以有机肥为主，控制氮肥，增施磷、钾肥，采用叶面喷肥；合理修剪，控制夏天修剪量，避免萌发大量新梢；加强病虫害防治，保护好叶片，增强光合作用；补救措施，遇到二次花要及时摘除，以免后续坐果损耗大量树体营养，从而造成更大损失。

（二） 坚果品质提升技术

目前，板栗生产中仍然存在重产量、轻质量的陈旧观念，增产措施中喷药、施肥等技术不规范，造成板栗味道变淡、品质下降、效益滑坡的现象。现在可以通过多种技术配套使用，在提高板栗产量基础上，提高板栗内在品质。

1. 提高单粒重

（1）品种选择 板栗花粉直感现象明显，父本特性可在当代栗果上表现，如栗果大小、形状、涩皮的剥离难易及成熟期早晚等都有显著的直感效应。如果想提高坚果单粒重，可选择亲和力强的大果粒品种作为授粉树，从而得到大粒坚果。

（2）合理施肥 夏秋追肥，促进刺苞发育，保证发育期树体营养充足。可于6月下旬和8月中旬各追肥一次，肥料以有机肥加化肥配施为主。6月下旬追施磷酸二铵，从而利于胚乳形成减少空苞，8月中旬追施氮、磷、钾复合肥，利于充实种仁。用量可参考结果大树每株每次0.5千克，小树0.25千克。在果实成熟前15～20天喷施1～2次0.2%磷酸二氢钾，以增强叶片的光合效能，促进营养向栗果转移，可增产15%左右。

（3）改善板栗生长环境，适期采收 夏秋季节可将树盘覆盖杂草，或将麦穰、秸秆等相关材料盖于树盘，可有效改善根系生长环境，有利于养分吸收及干物质向栗果转移，可增产30%左右。在秋季干旱缺水时，根据叶片萎蔫情况及时补充水分，可保障刺苞皮薄，果实大。板栗成熟前10～15天坚果重量迅速增加，单粒重迅速增加，适期采收对栗果的充实饱满和增产具有很大的作用，适宜的采收期是栗苞由绿转黄并自动开裂时。

2. 提高含糖量 板栗提高含糖量主要通过增施有机肥和磷、钾肥来实现。有机肥富含多种营养元素，包括氮、磷、钾、硼、锰、铁、锌、铜、钼等多种主要元素，施用有机肥的板栗园，树体健壮，枝条粗壮，细弱枝少，坚果含糖量高，因此生产中施用有机肥可以有效提高板栗含糖量。施用钾肥可提高板栗光合作用，促进坚果膨大和成熟，促进糖分转化及运输，从而提高板栗含糖量；施用磷肥，可改善坚果颜色和美观度，提高果肉含糖量和增进风味。

因此，于栗果发育期增施磷、钾肥，地下施用氮、磷、钾复合肥，树上喷施磷酸二氢钾，可有效提高坚果含糖量，改善坚果品质。

3. 提高耐贮性　提高板栗耐贮性可延长板栗的上市周期，对促进产业发展具有重要意义。板栗坚果的耐贮性除与采收期密切相关外，还与栗果中钙含量密切相关。钙可保持细胞膜弹性，提高硬度，增强果实耐贮性，栽培时应采取相关措施，提高板栗坚果中钙含量。

（1）喷施钙肥　可参考的钙肥喷施量为氨基酸钙600～800倍液，于7～8月喷2次，或1%硝酸钙液，两次间隔20～30天。

（2）早春合理灌溉　钙素吸收主要依靠未木质化的幼根，板栗树体内运输主要通过木质部，随蒸腾流向上运送，蒸腾强度很大程度影响钙的运输速率，因此干旱时易引起缺钙。而早春合理灌溉，可使土壤保持湿润，保证新根生长，提高钙的吸收与运转能力，钙含量充足，则会在一定程度上提高栗果的耐贮性。

（3）调节土壤pH　板栗根系对钙的吸收与土壤pH密切相关，pH处于6.0～6.5，可溶性钙含量高，利于钙素吸收。可于板栗园中将硫酸亚铁混合于有机肥中施用以调节pH，用量为每亩10～20千克。

4. 提高坚果洁美度

（1）合理修剪　发育充实的果实，不仅果粒饱满而且茸毛少，果面光滑，具有较高的光亮度。合理的整形修剪和科学的肥水管理，是坚果发育充实的基本条件。同时，根据树体长势合理负担产量，疏除过多总苞以及适期采收也是促使坚果发育充实的重要技术措施。

（2）改变采收方式　刺苞完全成熟后，会自顶部裂开，坚果与刺苞分离，落于树下。拾栗子得到的栗果比打栗子好，不仅具有较强的洁美度，而且发育充实，具有较强的耐贮性，是值得提倡的采收方法。为缩短采收期，可应用乙烯利催熟，待刺苞20%开裂时，向树上喷 1 000～1 300 倍的 40%乙烯利水溶液，喷后可促进叶片及苞皮中的营养向栗果转移，2～3 天则全部成熟。

(3) 改善脱苞方式 常规堆积脱苞是刺苞开裂后用耙推拉，搓掉苞皮，得到果粒。但搓掉了种皮的亮光，严重损坏了种皮的光泽，损坏果面洁美度。采用人工手扒粒，可避免果面洁美度的破坏。方法是手戴劳保皮手套，将开裂的栗苞扒开，便可得到无损的果粒。

5. 克服大小年 板栗大小年现象即一年产量高（大年），一年产量低（小年），一般是一年一轮换，交替出现。放任生长或管理粗放的板栗树，大小年现象特别明显。管理质量高、生长旺盛的板栗树，大小年现象不明显。板栗的大小年现象是由多种因素造成的，其主要因素是板栗营养失调而导致生长与结果产生矛盾。大年结果多，板栗果实生长消耗大量的营养，致使当年结果枝发育数量少，翌年春天缺乏营养无法保证花芽补充分化，故结果少形成小年。而小年时，由于结果数量少，树体内积累的营养增加，有利于翌年春季花芽补充分化，结果多，从而产生了大年。一般壮树大小年结果差异不明显，而盛果期大树和衰老树大小年结果现象较普遍，且比较严重。此外不同品种也存在很大差异，同时受到自然条件的影响，尤其光照、气温、降水及病虫害的影响更为显著。

在板栗生产上，大小年不仅会造成板栗产量不稳，果实品质下降，商品价值降低，还会导致板栗树逐渐衰弱，从而加重病虫害的发生。需要采取措施加以应对。

(1) 合理选择园址和品种 针对当地地区特性，多选择山坡地和丘陵地的阳坡建园，尽量不选择低洼地、风口地和沟谷地建园。选择抗性强、大果、丰产、优质的品种嫁接，做到适地适树。

(2) 合理修剪 针对大小年所表现在花量上的突出矛盾，大年板栗树修剪多留预备枝，适当重剪，每平方米树冠投影保留 6～8 个结果母枝，调整结果量，及时更新、回缩衰老枝，促发新枝，使之形成翌年的结果母枝，疏除细弱枝、过密枝，改善树冠内膛通风透光条件，增加树体营养积累，促进花芽分化和雌花形成。小年板栗树要加强保果措施，轻剪为主，尽量使小年不减产，做到连续平衡、丰产稳产。

（3）增施粪肥　根据板栗树不同年龄和不同物候期的需肥特点施肥，促进树体发育和果实膨大，对增强其抗性、提高产量效果非常明显。对板栗树加强管理，采后及时增施粪肥，每结 5 千克坚果施 1 千克板栗专用肥。

（4）疏果定产　为保证连年丰产稳产，应搞好人工疏果。对坐果多的板栗树于 7 月 20 日之前完成疏果。每个结果母枝最多保留 6 个苞，每个结果枝保留 2 个苞，每个花序保留 1 个苞。

（5）病虫害防治　毁灭性的害虫发生时，必须治早治小，千万不要造成巨大损失后才喷药。例如发生食叶害虫时，应在三龄之前进行防治，此时虫龄小，抗性差，较易防治。气温较高，红蜘蛛发生较重，应及时喷洒阿维菌素，防止板栗树落叶减产。

6. 树体保护　树体保护主要是对树干进行刮皮、涂白、补洞等，以防止不良环境及病虫害等对树体的危害。

（1）刮皮技术要点　用刮刀将主干和主枝基部开裂的老皮、粗皮刮下，集中烧毁。刮皮深度以露出新皮为宜，树皮刮完后集中烧掉并及时涂白。

（2）涂白技术要点　落叶后土壤封冻前和翌年早春对树体各涂白一次，从而杀死越冬的害虫和病菌。涂白剂由生石灰 10 千克、硫酸铜 0.5 千克、水 25 千克组成。用适量热水将硫酸铜于陶盆或塑料盆中溶解，用适量冷水溶解生石灰，然后将硫酸铜溶液倒入石灰水中，充分搅拌即可。

（3）补洞技术要点　首先将洞内已经腐烂的树屑和杂物掏干净，刮去洞口边缘的坏死组织，再用药剂消毒，然后用桐油加 3～4 倍的锯末屑拌匀，将洞填实堵紧；也可用熟石灰拌成糊状堵塞树洞；小洞也可以钉木桩堵塞。

（三）适期采收与贮藏技术

1. 适期采收 板栗最早熟品种约在8月中下旬成熟，最晚熟品种要到10月底，甚至11月上旬才能成熟，而大部分品种是在9月下旬至10月上旬成熟。板栗成熟标准为栗苞由绿变黄再变为黄褐色，自然开裂，苞内坚果变为赤褐色并有光泽，底座与栗苞分离，一触即落为采收适期。但由于每一棵树栗苞不可能在同一时间开裂，所以应在至少有1/3以上的栗苞都开裂后进行采收，以免造成不必要的损失。

2. 采收方法 采收时应选择晴天进行，阴雨天、雨后初晴或早晨露水未干时都不宜采收，否则腐烂严重，不利于贮藏。板栗采收方法主要有两种：即拾栗子和打栗子。在采前要除净树下杂草，松土并保持地面平整，以便收集栗果和栗苞。

（1）打栗子 打栗苞时机为栗苞由绿转黄并有1/3栗苞自动开裂时为最适采收期，用竹竿或棍子把树上的栗苞打下来，再捡回栗苞集中堆放数天，待栗苞开裂后取出栗果。我国大部分板栗产区都采用打栗子方法进行采收，收回的栗苞大多数还没有充分成熟。这些栗苞含水量大、温度高、呼吸作用强烈、栗果也难以取出，因此必须进行堆放以促进后熟和着色，促使栗苞开裂易于脱粒。

（2）拾栗子 在板栗充分成熟，栗苞已经开裂并掉下后进行采拾。由于栗果在夜间脱落较多，为防止日晒失水，所以最好每天上午捡拾一次，捡拾前应先将板栗树摇晃几下。用这种方法采摘的栗果坚果饱满，富有光泽，风味良好、耐贮藏，产量较高。但由于此法又费时费工，所以一般都不采用拾栗子法。

实际生产中，应该将两种采收方式结合运用，先期拾取自然裂果，待十几天后有1/3栗苞变黄开裂时，再一次性打落，要坚决杜绝打青苞的做法。

3. 分级与贮藏　板栗贮藏效果的好坏在很大程度上取决于其采后的预处理。板栗贮藏前应该做好“三防一冷”处理，即防虫、防腐、防发芽和提前预冷。而贮藏前，应先做好板栗分级工作，贮藏坚果应大小均匀、成熟饱满、无杂质、无霉烂、无病虫害。板栗坚果的分级标准可采用《板栗质量等级》（GB/T 22346—2008）进行分级，也可根据市场需求采用人工网筛或机械网筛分级。待分级后再进行贮藏前的防虫、防腐、防发芽等处理。分级完成后进行贮藏前的防虫、防腐、防发芽和提前预冷处理。

（1）防虫处理技术　采用集中熏蒸灭虫。具体做法要根据板栗的数量，在大小不同、密闭不漏气的室内采用二硫化碳、溴甲烷等药剂进行熏蒸。有些山区进行隔氧灭虫，具体做法是把装袋的板栗浸没在流动的溪水中冲洗 2～3 天。板栗的虫害问题也是板栗贮藏中一个关键问题，主要应在板栗生长季节加强管理。

（2）防腐处理技术　可用以下杀菌药剂及方法防止栗果腐烂：1.5%焦亚硫酸钠浸果 36 小时；500 倍甲基硫菌灵浸果 5 分钟或 1%醋酸浸泡 1 分钟捞出沥干；0.1%高锰酸钾溶液浸果 30 分钟；甲醛 10 倍液消毒贮藏环境；每 25 千克栗果使用 10 克二溴四氯乙烷熏蒸；每立方米空间使用 12 克双层包装的磷化铝熏蒸 2～3 天。以上方法均可有效减少果实腐败。也可用辐射处理，一般防腐处理所使用的辐照剂量在 0.5～2 千戈，辐照剂量过低灭菌效果不太好，辐照剂量过高又会导致板栗组织受伤而加速腐烂。

（3）防发芽处理技术　采用 2%的焦亚硫酸钠＋4%氯化钠溶液浸果 30 分钟，氯化钠和碳酸钠混合溶液处理，10 000 毫克/千克青藓素或 1 000 毫克/千克萘乙酸以及 1 000 毫克/千克 B9 浸果 3 分钟，都可显著降低贮藏中栗果的发芽率。采用－4～－2℃的临近冰点超低温贮藏板栗，也可以完全抑制板栗在贮藏中发芽。另外，利用大于 0.2 千戈辐照剂量的 γ 射线辐射板栗，也可对抑制板栗发芽起到显著作用。

（4）预冷处理技术 将栗果摊开风凉，选择温度较低、通风条件好的室内或遮阳棚下，堆放厚度以15～25厘米为宜，在预冷过程中，每天翻动板栗3～4次，以防止板栗发热，一般预冷1～3天即可进行贮藏。预冷处理即发汗散热处理是板栗采收后进入贮藏前必不可少的环节。其目的是加速散发田间热，降低板栗果实温度，降低其呼吸强度而延长保鲜贮藏期，改善保鲜贮藏效果，减少腐烂，提高栗果品质。

（四）板栗保鲜贮藏方法

板栗属于不耐贮藏的干果，在贮藏过程中有“五怕”，即“怕干、怕水、怕闷、怕热、怕冻”。贮藏过程中的贮藏方法、贮藏工艺以及管理措施实施的优劣等对板栗的贮藏起着决定性作用。目前板栗的保鲜贮藏方法很多，有传统的贮藏方法，如沙藏法、窖藏法、窑洞贮藏法等；也有现代贮藏技术，如机械冷库贮藏法、空气离子贮藏法等。随着贮藏技术的不断提高，板栗的贮藏已经很少用传统贮藏方法，大多数采用低温冷藏法或气调贮藏法等现代贮藏法，但育种板栗的贮藏经常使用传统贮藏方法。

1. 传统贮藏方法

（1）带栗苞贮藏法 在板栗贮藏量不大时可采用带栗苞方法进行贮藏。一般选择阴凉、排水良好的场地或室内进行贮藏，要求在晴天时采收栗苞，采回的栗苞应完整无病虫，晾干苞刺上的水分。在贮藏场地上铺一层10厘米厚的沙子，把栗苞堆放上去，栗苞堆放高度一般以40～60厘米为宜，堆好后用事先制好的用高锰酸钾溶液浸泡过或用硫黄熏蒸消毒处理过的秸秆或草帘覆盖。苞堆应每隔25～30天翻动一次，检查堆内是否有发热或出现腐烂等异常现象。一般可贮藏5～6个月。

（2）沙藏法 沙藏法是一种常规贮藏方法。要求在冷凉背阴、排水方便的地方贮藏板栗，或四周及顶部搭遮阳棚，也可在室内贮藏，防止风吹日晒及雨淋。贮藏所用的沙子应是过筛、水洗处理的干净粗河沙，先在阳光下暴晒 2～3 天，用时加入 0.1%的甲基硫菌灵水溶液，一方面可进行加湿，另一方面可起到消毒灭菌的作用，河沙湿度以含水量保持 8%～10%为宜。板栗贮藏前先用 0.03%的高锰酸钾水溶液漂洗，去除浮于水面的不成熟果、风干栗以及病虫果、霉烂果，并拣出受伤有裂口等次果，捞出下沉的成熟栗果，摊开晾干表面水分，进行沙藏。一般栗果与沙的比例为 1∶2，先在地面上铺一层 10 厘米厚的沙子，然后按一层栗果一层沙进行贮藏。沙藏堆高度以 40～50 厘米为宜，最后在上面和四周覆盖 10 厘米厚的湿沙。

沙藏堆应隔 5～7 天翻倒一次，以利散热并拣出烂栗，保持含水量均匀。当气温下降到 0℃左右时，要注意在贮藏堆上进行覆盖保温。另外，在沙藏时可每隔 1～1.5 米埋入一根竹竿或高粱秆进行换气，这样就不用翻堆，一般用作种子的栗果多用此法贮藏。

（3）窖藏法　窖藏法是以贮藏窖为贮藏场所进行板栗的保鲜贮藏法。由于贮藏窖内温度与地温相同，湿度较大，且温湿度一直比较稳定，只要严格把握贮藏工艺和各个环节并加强管理，就能达到很好的贮藏板栗的效果。

在栗果入贮前，首先要打扫干净贮藏窖，再进行消毒灭菌处理。准备入贮的栗果先散热预冷 3～4 天，并拣除病虫果、有裂口以及色泽不良的果实，并要经过灭虫、防腐、防芽处理。把处理好的栗果按 15～20 千克定量装入事先经过消毒处理的藤条筐、竹筐或塑料筐，在贮藏窖内按 3～5 层摆放整齐，中间留有 30～50 厘米的过道，以便随时检查。在板栗贮藏过程中，要定期下窖进行检查，发现问题及时解决。一般窖藏法能贮藏板栗 2～3 个月，其保鲜贮藏效果较好。

（4）窑洞贮藏　窑洞受外界条件影响较小，具有很好的恒温高湿条件和密封性能，所以对贮藏板栗具有较好的效果，山区多采用该种贮藏方式。板栗保鲜贮藏前要对窑洞进行消毒处理。栗果存入窑洞后，在贮藏期间，窑洞内温度和湿度要通过换气进行调整。每次换气时间应以窑洞内温度和湿度而定，在贮藏开始时每次换气时间可控制在8～10小时，随着贮藏时间延长，可适当缩短换气时间。窑洞内的相对湿度也会随着不断的换气而渐渐降低，这时要根据窑洞内相对湿度的变化人工增湿进行调节，使窑洞内湿度始终保持在90%以上。

2. 现代贮藏技术

（1）机械冷库贮藏 机械冷库贮藏通过专门的制冷装置，消耗一定的外界能源，迫使热量转移从而得到果品贮藏所需要的适宜低温，能够抑制板栗发芽，有效减少栗果损耗，许多大型企业和外贸部门一般都采用此法进行板栗保鲜贮藏。但此法投资比较大，在一般小型企业和板栗生产专业户中难以普及。不过现在有些地方经过试验，已建成小型经济实用的板栗保鲜贮藏库，具有占地面积小、投资少、容易建设的优点，而且对板栗有很好的保鲜贮藏效果。

（2）空气离子贮藏法 空气离子法贮藏板栗的基本原理是利用空气离子发生器，使板栗贮藏环境中的空气在电晕放电的情况下电离，产生大量的臭氧和负离子，从而钝化酶的活性，控制板栗果的呼吸强度，杀死病原微生物，实现保鲜贮藏的目的。一般适用阴凉通气的民房、仓库、地下室。板栗存放过程中，定时通电使空气离子发生器工作，以产生负离子和臭氧进行栗果保鲜贮藏。另外，贮藏初期需要间隔5天左右打开塑料帐进行换气，贮藏中期可以不换气，后期每周换气一次。使用此法贮藏板栗具有简便、容易操作、管理方便等特点。

3. 其他板栗保鲜贮藏法

（1）木屑混藏 木屑混藏进行板栗保鲜时，以新鲜的、含水量在30%～35%的木屑为好。如果是干木屑，要用0.5%的高锰酸钾溶液进行加湿并消毒。其保藏方法有两种：一是将完好的栗果与木屑混合，装入箱等盛具内，上面盖木屑 8～10 厘米，置于阴凉通风处；二是在通风凉爽的室内，用砖头围成 1 平方米、高 40 厘米的长方体，先垫上约 5 厘米厚的木屑，然后将板栗与木屑按 1∶1 的比例混合后倒入其中，上面再覆盖约 10 厘米厚的木屑。

（2）塑料袋贮藏　先将微湿沙与新鲜的栗果混合，贮藏 1 个月后装入塑料薄膜袋中贮藏，为防止霉变，装袋前要洗果，用甲基硫菌灵溶液浸果 10 分钟，阴干后装袋，严格控制袋内的氧气量（标准气体含量应为氧气 3%～5%，二氧化碳 5%，其他为氮气），并时常不定期地在低温条件下打开袋口通风换气，尤其在温度高湿度大时，更应及时通风换气，以防霉变。

（3）坛罐保藏　去除板栗虫蛀果、霉烂果以及未熟果，经灭菌处理后，放于干净的坛罐内（切忌用装过油脂、酒及醋等带有咸腥等异味的坛罐），装至 80%满时，上面用栗叶、稻草以及栗苞壳等塞实，然后将坛罐口朝下倒置于水泥地面、木板或干燥的地面上，保证不受阳光照射，一般可保鲜板栗 3～5 个月之久。

（4）缸藏　采用普通大水缸，缸底架空铺上鲜松针，上面放一层有孔塑料编织网，缸中央竖立一根竹编圆筒，缸四周垫鲜松针。板栗放入缸后，上面再覆盖一层 50 厘米厚的松针，可在缸底放入约 5 厘米的 10%高锰酸钾溶液以利于杀菌。

（5）与豆类混藏　秋收时将黄豆、绿豆等杂豆晒干存放于坛内。板栗采收后，将新鲜板栗果实与豆类混合后装于坛内进行存放，可保存板栗 6～8 个月不霉烂、不虫蛀，味甜新鲜。

（6）辐照贮藏　板栗辐射保鲜是利用 β 射线、γ 射线、阴极射线进行辐照，杀死栗果中的害虫及微生物，抑制栗果发芽。一方面通过辐照，可以直接杀菌灭虫，抑制酶活性，起到延缓栗果的新陈代谢、防霉防腐、减少腐烂损失的保鲜效果；另一方面可以减少化学防腐剂、熏蒸剂的使用，从而避免药剂的残留。应用辐照方法来保鲜板栗，也可有效地保持栗果的形状，综合保鲜效果较好。辐照贮藏通常使用钴 60 照射的方法，并与其他方法联合使用。

四、标准化地下管理技术

（一）土壤管理技术

板栗主要栽植在沙石山区、片麻岩山地、丘陵或河滩沙地，这些地方土壤瘠薄、立地条件差、有机质含量低、理化性状不良，另外，树下缺乏水土保持工程，有的甚至根系裸露，树体长期处于缺肥失水的饥渴状态，导致树势衰弱，结实少产量低。为此从地下抓起，利用山地自然资源，改良土壤，培肥地力，修建水土保持工程，建立可持续发展的良性土壤管理机制。加强土壤管理，重点是土壤深翻、改土扩穴、生草覆盖等相关技术措施。

1. 深翻改土 平地栗园可采用机械深翻。山区栗园地形复杂，不便机械进出，可使用小型机械或人工局部深翻（刨树盘），即在垂直树冠范围处深翻树下土壤。在北方春翻宜早，深度 10～15 厘米，促进根系活动。秋季于 8 月中下旬进行，翻土深 20～30 厘米。翻土与施用有机肥和压绿肥相结合，既改良土壤又培肥地力。翻树盘要里浅外深，以免损伤粗根。

2. 扩穴改土 山区栗园土质坚实，尤其是生长在片麻岩风化成山区薄地的栗树，由于栽树时定植穴小，根系生长缓慢，影响地上部分的扩冠和树形结构的培育，甚至有的形成“小老树”。实行扩穴可使根系充分扩展，沃土壮根，培强树势。扩穴尽量采用机械扩穴，机械难以进入时，也可采用人工扩穴。人工扩穴从定植穴左右壁开始，根据土层厚度，挖宽 50～60 厘米的沟，以树干为中心由里向外逐渐外扩。对 0.5 厘米以上的根应尽量保留，沟内填入腐殖土和地表熟土。深翻扩穴可隔年分期分批进行。随树的增大直到全园深翻完毕为止。秋季深翻时如遇土壤干燥，翻后应灌水，使土壤和根系紧密接合。无灌水条件的山地栗园，则应在雨季翻土，既改良土壤，又可保水蓄墒。

3. 生草覆盖　我国传统板栗栽培往往采用清耕和间作的方式，造成栗园生态环境单一，恶化了土壤条件，加剧了有机质含量降低的现象。近年来，我国逐步试验示范了果园行间生草、自然生草和树下覆盖等技术措施。生草可有效提高土壤的有机质含量已被广泛认可，既能改善土壤的物力结构和化学性能，又兼具防止水土流失的作用。在欧美等果树发达国家，生草栽培已经作为主要的土壤管理措施被广泛应用。未来板栗园的发展，也必将逐步采用生草机制，但由于板栗园多在山地丘陵区，选择根系浅、抗旱耐瘠薄的草类更适于栗园的生产。生草刈割后覆盖于树穴下，可代替有机肥，缓解栗园有机肥施用量少的矛盾，也是解决山区栗园交通不便、运肥困难的捷径。

（二） 水肥一体化管理

1. 板栗需肥特点及施肥时期　板栗在生长发育的周期中需要多种元素，其中氮、磷、钾三种元素是主要成分，其次是钙、硼、锰、锌。板栗在不同时期吸收的元素种类、数量不同。氮的吸收从果实采收前一直呈上升趋势，采收后急剧下降。在整个生长过程中，以新梢快速生长期和果实膨大期吸收量最多；磷的吸收开花前较少，开花后到采收期吸收最多；钾的吸收开花前很少，开花后迅速增加，从果实膨大期到采收期吸收最多。一定要在树体需肥前的 10～15 天施肥，以满足树体在不同时期对各种营养元素的需求。

①夏压绿肥。由于山地板栗园施有机肥运输困难，应就地取材充分利用栗园周边杂草、枯枝、落叶以及割草等，可有效解决山地交通不便运输有机肥困难的问题。通过压施绿肥可以增加土壤有机质，改善片麻岩土壤物理结构和化学性能。

②秋施有机肥。栗果采收后，树体内养分匮乏，此时以有机肥

作为基肥施入，有利根系的吸收和有机质的分解。在施入有机肥时，加入适量的磷肥和硼肥，对于增加雌花分化、减少空苞有明显效果。在生产中要根据土壤的肥沃程度和养分含量酌情增减施肥量，成龄树每株施用50～100千克，幼树20千克，一般每生产1千克栗果，施用有机肥10千克左右，硼肥5克。

③追施膨果增重肥。进入8月板栗刺苞生长迅速，氮、磷、钾肥的需求量均大，此时追施板栗专用肥每亩50～100千克，有利于刺苞膨大，增加单粒重。

2. 板栗需水特点及灌溉时期 4～6月，板栗树体从休眠状态转入生长状态，根系开始活动，随之展叶开花结果，新梢生长及器官建造都需要充足的水分供给，但前期降水量少，空气湿度小，树体蒸腾量大，水分消耗多。此时过度干旱，新梢生长量少，雌花量少，不但影响当年产量，也影响翌年产量。7月下旬至9月上旬是板栗果实发育的高峰期，也是板栗需水的高峰期。而此时正值北方全年降水量集中期，一般年份均可满足板栗生长发育的需要。北方降水集中在6～8月，利用率低，因此生长季节常出现春干和秋涝现象。应选择适宜时期灌溉以缓解这一现象。

①春浇促梢增花水。早春浇水有利于新梢生长和雌花分化，不但能提高新梢生长量，增加当年产量，而且对翌年雌花分化有一定效果。

②秋浇膨果增重水。秋季干旱时，及时补充土壤水分，有利于增加栗果重量，提高当年产量和坚果质量。

3. 水肥一体化技术 水肥一体化技术是把液体肥料或者可溶性的固体物质溶解于水中并按照一定比例配制成液体肥料溶液，并借助于设备的压力系统经过过滤后通过管道等设施及时、均匀、定量给果树供肥供水的新型农业技术。与传统的灌溉施肥相比较，水肥一体化技术减少了肥料养分的浪费，增加了水分的利用率，通过滴灌的设施一次性建立设备能够大量节约劳动力成本，并能更好地促进果树的生长发育，因此在板栗树上引用该技术具有良好的应用前景。

（1）微喷灌水肥一体化技术 微喷灌水肥一体化技术必须根据板栗需水需肥规律，将水和肥料按照一定比例混合形成溶液，通过架设的微喷灌管道系统将水分和养分适量均匀地滴入根际土壤。由于微喷灌时肥水溶液是以微小液滴的形式慢慢渗入土壤，灌溉时间延长不会破坏土壤团粒结构，也不会产生地表径流冲蚀土壤，水分分布均匀蒸发量小，不会造成土壤板结，土壤内部始终保持根系生长的水、肥、气、热条件。使用滴灌水肥一体化施肥能够使水分的利用率达到90%以上，比常规灌溉施肥节肥30%～50%。

（2）膜下滴灌水肥一体化技术 膜下滴灌水肥一体化技术指的是将作物覆膜技术和滴灌施肥技术二者相结合起来的一种新型节水灌溉施肥技术，是滴灌水肥一体化技术的升级版。这一技术首先是架设好滴灌设备系统，其次在滴灌设备的上面铺上薄膜，是经改进而成的一种高性能节水灌溉施肥技术，是农艺节水和工程节水相结合的新型农业灌溉技术，集合了滴灌和覆膜的优势，有着得天独厚的优势，是目前节水性能最高的灌水施肥方式之一。膜下滴灌时蒸发损耗降低，在滴灌节水的基础上再次提高水分的利用效率，同时还能提高地表温度、抑制地表杂草生长。应用膜下滴灌水肥一体化技术可以更好地发展有机农业，促使我国农业向现代化设施农业迈进，同时有利于生态保护，为农业的可持续发展奠定基础。尽管目前该技术在经济类果园应用较少，但如果用于有机板栗的生产，将具有良好的发展前景。

（3）水肥一体化技术注意事项

①水肥一体化技术的技术原则。少量多次是水肥一体化技术的技术原则，符合植物根系不间断吸收养分的特点，并可以减少肥料流失。施用水溶肥时，肥料溶液最好现配现用，特别是在水质不好的情况下，更应防止肥料成分与水中物质产生反应。

②灌溉肥液的配制。灌溉肥液浓度 0.1%～0.4%，根据土壤湿度不同而有区别，土壤干燥时浓度可低一些，土壤湿润时浓度可高一些。肥液浓度可适当调节，但浓度较高时更要注意少量多次。在与农药混配灌根或叶面喷肥时，要避免酸性肥与碱性农药混配以及碱性肥与酸性农药混配。滴灌施用水溶肥时，要先滴清水，等管道充满水后开始施肥，施肥结束后继续滴清水将管道中残留的肥液全部排出。

③施肥时间。注意施肥时间，晴天温度高的情况下施肥应该选在上午 10 时之前，下午 4 时以后，避免在阳光强射下施肥。

(4) 简易水肥一体化技术 根据板栗多分布在山区的特点，水源充足的板栗园一般采用浸灌、分区灌溉、沟灌、畦灌和穴灌等方法。但在干旱山区，因水源不足，现代化节水灌溉工程成本较高，不适合小面积栗园应用。采用陶罐贮水，罐内加入速效水溶肥如尿素与磷酸二氢钾 1∶1 配比或者挖蓄水穴覆膜，蓄水穴压入绿肥、有机肥等，可实现简易的节水灌溉。其中陶罐贮水节水灌溉效果最优。陶罐为普通粗质泥土烧制，罐体球形，罐壁厚 0.6 厘米，罐口内径 20 厘米，罐体内径 26 厘米，高 28 厘米，容量 10 千克，自然放置时水分渗出率为 29.5 克/时。埋罐时，每株树埋 2～4 个，以树干为中心对称放置，罐口低于地面 2 厘米，罐口外沿距主干 40 厘米，注满水后用硬塑料板封口，并用土掩埋，水渗完后，可加水或蓄雨水。

五、病虫害绿色防控技术

由于板栗多栽植于山岭薄地，常与其他林木混杂，其生态环境复杂，生物群落丰富。微生物和昆虫是板栗园的主要生物群落，常年栖居在树体、土壤、落叶上，以板栗树的枝叶、花果、根系、主干为食，不断吸取树体养分供其自身生长发育和繁衍后代，同时抑制板栗树生长和开花结果，甚至导致树体死亡。据文献记载，板栗病虫害是影响板栗产量的主要因素，每年造成的损失达 20%～30%，甚至高达 50%。为了板栗生产的高产优质，种植人员不断与多种病虫害做斗争，以控制或减轻其危害。

我国板栗种植范围极广，许多省份都有栽培，由于气候条件和地理位置不同，各地板栗上的病虫害种类及优势种群差异很大。而且，栽培管理措施和品种的差异也会引起板栗园生物群落的变更与种类的增加。同时，随着苗木接穗调运和板栗果实远距离销售，病虫害随之不断向异地扩散，进一步丰富了板栗病虫害的多样性。据《中国果树病虫志》记载，板栗病害有 29 种，虫害有 258 种，但不同地区板栗的病虫害种类与优势种群差异很大，山东省板栗园常发并造成严重危害的病虫害有 15 种。主要病害有板栗疫病、板栗白粉病、板栗炭疽病、板栗叶斑病、栗实腐烂病。主要害虫有为害果实的栗实象甲、桃蛀螟、栗实蛾；为害芽叶的板栗红蜘蛛、栗大蚜、栗瘿蜂、板栗金龟子；为害枝干的云斑天牛、木蠹蛾、透翅蛾、栗绛蚧、板栗剪枝象等。刘惠英等人通过对河北省燕山板栗产区的遵化、兴隆、迁西等地进行调查，初步确定板栗害虫共有 129 种，隶属 6 目 46 科，主要害虫为栗大蚜、栗瘿蜂、桃蛀螟、栗实象甲、针叶小爪螨、透翅蛾。辽宁省为害日本栗的害虫主要有栗实象甲、栗实蛾、栗皮夜蛾、桃蛀螟、栗红蜘蛛、天幕毛虫、舟形毛虫、舞毒蛾、天蚕蛾、栗透翅蛾、栗大蚜、蝙蝠蛾和梨圆蚧 13 种。

尽管板栗病虫害达 300 余种，但在板栗园常发生并造成严重危害的病虫害仅有 20 种左右。随着板栗种植品种、种植方式和周围生态条件的变化，主要病虫害发生种类也随之改变，一些次要病虫害上升为主要病虫害，个别病虫害大暴发。为了合理、有效地防治病虫害，首先应掌握其发生特点和习性，以便在关键时机采取相应的防治措施。通过防治主要病虫害，达到兼治次要病虫害的效果。

（一）主要病害

1. 板栗疫病 板栗疫病主要危害主干、侧枝，成龄树主枝基部或枝杈处易发病。枝干染病，初在树皮上形成红褐色、不规则病斑，稍凸起，病组织松软，常有黄褐色汁液从病斑上流出，树皮腐烂后散发出浓酒糟味，经一段时间扩展，病斑失水干缩纵裂，病皮变成灰白色至青黑色，常产生黑色小粒点，即病菌的分生孢子器。空气湿度大或雨后，分生孢子器上常涌出丝状扭曲的橙黄色孢子角，后病部干缩开裂，或在病部四周产生愈伤组织。幼树染病，多始于树干基部，导致病部以上枯死。高接换头后应及时涂药保护嫁接口，促使其尽快愈合。

防治措施：①结合田间管理，彻底清除重病枝和重病树，及时烧毁，减少病菌来源。②加强检疫，严格检疫板栗的苗木、接穗、带皮原木和枝条，防止病害传播到无病区。从病区调入的苗木，除严格检验外，还需在萌芽前用3～5波美度石硫合剂或波尔多液（1∶1∶160）喷洒，也可用0.5%甲醛水溶液浸种30分钟或用5%次氯酸钠液浸苗。加强板栗林的抚育管理，适当修枝，改良土壤，增强树势。③药剂防治，对主干和枝条上的个别病斑，可进行刮治，然后用药剂涂抹，有效药剂为10%碱水、10%甲基或乙基大蒜素溶液200倍液加0.1%平平加（助渗剂）、石硫合剂原液、5%菌毒清水剂100～200倍液。

2. 板栗白粉病 板栗白粉病主要危害板栗、茅栗、栎类等树种，尤以苗木、幼树受害较重，主要侵害板栗嫩梢、幼叶和叶芽，在发病部位表面着生一层灰白色粉霉状物，嫩芽受害后叶片不能伸长，幼叶局部感病则扭曲变形，后期病斑发黄或枯焦，影响生长，严重时可引起幼苗死亡。

防治措施：①秋冬管理时，注意彻底清除发病园的落叶，剪除病枝，集中烧毁，耕翻林地或园地土壤，以减少病原菌源。②新开发板栗园，应选择抗病、丰产的品种，并采用嫁接苗。③合理施肥，不偏施氮肥，宜增施适量磷、钾肥及硼、硅、铜、锰等微量元素，提高苗木抗病性。④药剂防治，发病初期喷洒 25%三唑酮可湿性粉剂 1 500 倍液，或 80%戊唑醇可湿性粉剂 5 000 倍液，每半月 1 次，连续喷洒 2～3 次。

3. 板栗炭疽病　该病在国内板栗栽培地区均有发生。主要侵害芽、枝梢、叶片、果实。叶片发病时病斑为不规则形至圆形，褐色或暗褐色，常有红褐色的细边缘，上生许多小黑点。芽被害后，病部发褐腐烂，新梢最终枯死，小枝被害，易被风吹折，受害栗苞主要在基部出现褐斑，受害栗果外壳的尖端常变黑，种仁上发生近圆形、黑褐色或黑色的坏死斑，后期果肉腐烂干缩。该病发生轻重与病菌的积累、板栗树生长势、肥水管理、其他病虫害发生情况等关系密切，前期发病重、树势衰弱、病虫害重和果实生长期潮湿多雨的天气条件等都有利于其发生，采后栗苞、坚果大量堆积，若不迅速散热，容易发生病害，造成严重腐烂。

防治措施：①结合冬季修剪，剪除病枯枝，彻底清扫树下落叶、枝梢、果实，集中烧毁或深埋。②春季发芽前树上喷施一次 50%多菌灵可湿性粉剂 600～800 倍液或 5 波美度液石硫合剂，4～5 月和 8 月上旬各喷 1 次杀菌剂，有效药剂为 65%代森锌可湿性粉剂 800 倍液、70%甲基硫菌灵可湿性粉剂。

4. 板栗褐缘叶枯病　该病害主要危害板栗叶片，是近几年报道的一种新病害。发病后叶片上产生不规则的 2～3 毫米褐色斑点，随后病斑迅速扩大为黄褐色 2～3 厘米的大斑，病部中间浅黄褐色，边缘有较宽黑褐缘线。后期几个病斑连在一起导致叶片大面积干枯，叶片提前大量脱落，导致板栗二次发芽抽梢，冬季出现死梢现象。

防治措施：①秋冬季节，清扫栗园内的落叶，集中处理，以减少越冬菌源。②夏季发病初期，树上均匀喷洒 25%戊唑醇可湿性粉剂600～800倍液，或喷洒40%氟硅唑乳油2 000～2 200倍液。

5. 贮藏期病害 栗果贮藏期腐烂主要由多种真菌引起，是在板栗树生长季节侵染、贮运期发病的一种潜伏侵染性病害，特别是用打落法收获的板栗染病率高达52%。在较好的常规贮藏条件下，栗果腐烂的损失约为10%，而贮藏不当时，损失率可达50%。板栗贮藏期病害症状比较复杂，主要特征是栗果外观无异常或种皮变褐，但种仁有各种坏死斑点，后期在种皮病部形成各种霉状物，根据不同症状病害类型可划分为黑腐、褐变、红腐、干腐、湿腐、青腐、点腐7种症状。贮藏前期以褐变、黑腐为主，后期以干腐为主。

防治措施：①避免伤口产生，杜绝病菌侵入。②合理贮藏，根据当地环境采取合适的贮藏方式，贮藏栗果前对冷库用40%甲醛10倍液或硫黄熏蒸消毒。③种子消毒，用于育苗的栗果，沙藏催芽前，先用0.3%高锰酸钾液浸泡消毒20～30分钟，然后用清水冲洗干净，沙藏用的细沙，也要事先喷洒40%的甲醛溶液10倍液，消毒30分钟，待药味散发后，再与栗果混匀，进行沙藏。

（二）主要虫害

1. 栗实象甲 栗实象甲属鞘翅目象甲科。成虫体长5～9毫米，宽2.6～3.7毫米，体深褐色至黑色，背覆黑褐色或灰白色鳞毛，前胸背板有4个白斑、鞘翅具有“亚”字形的白色斑纹，幼虫老熟时体长8～12毫米，头部黄褐色或红褐色，身体乳白色或黄白色，多横皱褶，略弯曲，寄主主要是栗属植物，还有榛、栎等。以幼虫在栗果内取食，形成较大的坑道，内部充满虫粪，被害栗果易霉烂变质，完全失去发芽能力和食用价值，老熟幼虫脱果后在果皮上留下圆形脱果孔。

2. 桃蛀螟 又名桃蛀心虫、豹纹蛾等。属鳞翅目螟蛾科。成虫体长10～14毫米，翅展25～30毫米，体和翅鲜黄色。翅有多个黑色斑点，老熟幼虫体长 20 毫米左右，头部黑褐色，全体背面暗红色，各节有黑绿色毛片 8～10 个。主要为害板栗、桃、李、杏、梅、梨、石榴，还为害向日葵、玉米、大豆等，以幼虫为害板栗栗苞和果实，被害栗苞苞刺干枯、易脱落，被害果被食空，充满虫粪，并有丝状物相粘连。

3. 栗实蛾 又名栗子小卷蛾、栎实卷叶蛾。属鳞翅目卷蛾科。成虫体长 7～8 毫米，体银灰色，前翅灰色，有白色波状纹，后翅黄褐色，外缘灰色。老熟幼虫体长 8～13 毫米，圆筒形，头黄褐色，胴部暗褐至绿色，各节上有毛瘤，上生细毛。以幼虫取食栗苞，稍大蛀入果内为害，从蛀孔处排出灰白色短圆柱状虫粪，堆积在蛀孔处，有的咬断果梗，导致栗苞脱落。

3 种害虫综合防治措施：①板栗收获前，应及时剪除和拾取落地虫果，集中烧毁或投入沼气池，消灭其中的幼虫。②利用栗实象甲成虫的假死习性，在成虫发生期震树促使其迅速落地，然后进行捕杀。③在栗实象甲虫口密度大的栗园，于成虫出土期（7 月下旬），地面喷洒辛硫磷，喷药后用耙划土使药土充分混合，以杀死出土成虫。同时兼治剪枝象甲。④在栗园周围零星种植向日葵，诱集桃蛀螟产卵，之后将葵盘收割烧毁。⑤树上喷药防治。从成虫发生和产卵期来看，7～8 月是 3 种害虫的共同发生期，可以通过树上喷药杀卵和初孵幼虫，有效药剂为 25%灭幼脲悬浮剂2 000倍液或 20%速灭杀丁乳油 1 000～2 000 倍液，最好连续喷洒 2 次，中间隔 15 天左右。⑥采收后，立即用 50～55℃水浸泡板栗 10～15 分钟杀死卵和初孵幼虫，或及时进行脱粒入冷库存放，抑制卵孵化和幼虫取食生长。

4. 板栗剪枝象甲 板栗剪枝象甲又名板栗剪枝象鼻虫、剪枝象甲。成虫体长 6.5～8.2 毫米，体蓝黑色，有光泽，密被银灰色绒毛。成虫产卵前，先在距栗苞 5 厘米处咬断果枝，仅留一部分表皮，然后爬到栗苞上产卵，这一果枝即枯死落地。6 月下旬为其出土盛期，有假死性。

防治措施：成虫发生期，利用其假死性，猛摇树枝使成虫落地，集中消灭；成虫产卵危害期（6～7月）拾净落地果枝，每10天进行一次，集中烧毁，以杀死其内的卵和幼虫。

5. 板栗红蜘蛛 又名栗小爪螨、针叶小爪螨，雌成螨体长0.42～0.48毫米，宽0.26～0.31毫米，椭圆形，红褐色，体背隆起，前端较宽，末端较窄钝圆，足粗壮淡绿色，体背刚毛粗大共24根，体背常有暗褐绿色斑块，卵似圆葱头状，顶端有1根刚毛，初产乳白色，近孵化变红色，越冬卵暗红色。干旱季节易发生，6～7月危害较重。主要为害板栗、山楂及部分针叶林木，以幼螨、若螨、成螨在栗叶正面刺吸汁液，被害处呈黄白色小斑点，虫口密度大时每叶成螨300～500头，多者达千余头，使叶片全部失绿变黄白色至灰白色，逐渐变成褐色枯斑直至全叶变褐枯死。

防治方法：在板栗红蜘蛛卵孵化期，树上喷洒5%吡虫啉可湿性粉剂2 000～3 000倍液加18%阿维螺螨酯悬浮剂2 000～3 000倍液。5月田间释放捕食螨或塔六点蓟马对板栗红蜘蛛进行生物防治。发芽前树上喷洒石硫合剂或机油乳剂+毒死蜱，可同时防治介壳虫、蚜虫等。

6. 栗大蚜 别名板栗大蚜、栗枝黑大蚜。属同翅目大蚜科。无翅成蚜体长5毫米，黑褐色腹部肥大，若蚜黄褐色，逐渐变为黑褐色。越冬卵长椭圆形，长约1.5毫米，初产时暗褐色，后变黑色，有光泽，单层密集排列在枝干背阴处和粗枝基部。国内普遍分布，除为害板栗外，还为害白栎、麻栎等，成蚜、若蚜群集枝梢上或叶背面和栗苞上吸食汁液，影响枝梢生长，蚜虫排出的蜜露招引蚂蚁取食。栗大蚜在旬平均气温约23℃，相对湿度70%左右繁殖适宜，一般7～9天即可完成1代，气温高于25℃，湿度80%以上虫口密度逐渐下降，遇暴风雨冲刷会造成大量蚜虫死亡。

防治措施：冬春季节，结合修剪查找卵块，消灭越冬卵。应在蚜虫初发期喷药防治，用 10%吡虫啉可湿性粉剂 3 000～4 000 倍液或 4%啶虫脒乳油 1 500～2 000 倍液喷洒枝叶。

7. 栗瘿蜂　栗瘿蜂又名栗瘤蜂。属膜翅目瘿蜂科。瘿内老熟幼虫黄白色，体肥胖，略弯曲，无足，头部稍尖，口器淡褐色，末端较圆钝。以幼虫为害板栗芽和叶片，形成各种虫瘿，虫瘿呈绿色或紫红色，到秋季变成枯黄色，每个虫瘿上留下一个或数个圆形出蜂孔，板栗树受害严重时，很少长出新梢，不能结实，树势衰弱，枝条枯死，发生严重的年份，板栗树受害株率可达 100%，是影响板栗生产的主要害虫之一。成虫出瘿期多在 6 月中旬至 7 月底。

防治措施：①剪除虫枝，结合冬季修剪，剪除虫瘿周围的无效枝，尤其是树冠中部的无效枝，集中处理，消灭幼虫。②剪除虫瘿，新虫瘿形成期，及时剪除，消灭其中的幼虫，剪虫瘿的时间越早越好。③合理利用天敌，长尾小蜂是栗瘿蜂的一种主要寄生天敌，该蜂成虫交尾后，寻找有栗瘿蜂幼虫的新虫瘿，把产卵器插入瘿内产卵，幼虫孵出后以吸食栗瘿蜂体液为生，一般一个虫瘿内有 1 头长尾小蜂幼虫。

8. 板栗金龟子　为害板栗的金龟子有很多种，不同板栗产区发生的金龟子优势种不同，在北方板栗上发生的金龟子主要是大黑鳃金龟、铜绿丽金龟、小青花潜金龟，主要在春季和夏季为害嫩梢和幼叶，小青花潜金龟主要为害雄花序。南方板栗产区，4 月上中旬板栗叶初展期，铜绿丽金龟、墨绿彩丽金龟、深绿丽金龟、红脚异丽金龟开始取食嫩叶；到 5 月上旬，4 种金龟子的数量达到高峰期，金龟子群集取食板栗叶至仅剩叶脉；5 月下旬，隆胸平爪鳃金龟、斑青花金龟、棉花弧丽金龟开始取食板栗花；6 月下旬，食花金龟子数量达到高峰期。金龟子多是杂食性害虫，可以取食为害多种林木、农作物和蔬菜，所以，在山上林栗混栽区和平原靠近花生、马铃薯种植区的板栗上，金龟子发生数量较多。

防治措施：①板栗园周围种植蓖麻，引诱金龟子取食蓖麻叶中毒死亡。②施肥，田间施用腐熟后的农家肥、畜禽粪肥。③树上喷药，成虫发生盛期，每隔10天在树上喷1次2.5%溴氰菊酯（敌杀死）乳油或12.5%的高效氟氯氰菊酯（功夫）乳油1 500～2 000倍液，使金龟子食叶后中毒而死，喷药最好于下午或傍晚进行，此时正值金龟子上树为害时期，有利于药剂快速发挥作用。

9. 板栗天牛 天牛是为害板栗树的一类主要蛀干害虫，主要种类有云斑天牛、黑星天牛、蓝墨天牛、锈色粒肩天牛、栗山天牛、薄翅锯天牛、栗长红天牛等，均属鞘翅目天牛科。我国各板栗产区都有天牛分布，不同地区发生种类不同，天牛的寄主范围很广，除寄生果树外，还寄生多种林木，是造成果树和林木死亡的一类重要害虫。所有天牛均以幼虫蛀食树干或枝条，由皮层逐渐深入到木质部，造成各种形状的隧道，其内充满虫粪或木屑，有的种类在蛀道内向外咬通气孔，并由此孔排出木屑和虫粪，成虫可啃食枝条皮层或取食叶片，被害树树势衰弱，枝条枯死，严重时整株死亡。

常见天牛形态特征介绍如下。

①云斑天牛。成虫体长约50毫米，体黑色密布浅灰色绒毛。前胸背板中央有一近肾形黄白色斑，两侧有刺突，鞘翅面上有颗粒状瘤突。卵土黄色，稍弯。老熟幼虫体长约75毫米，乳白色，前胸背板略呈方形，浅棕色，近中线处有2个小黄点，点上有1根刚毛。4月上旬成虫出现，4月下旬至5月中旬为成虫活动盛期，7月产卵盛期。

②黑星天牛。雌成虫体长35～45毫米，漆黑色，有光泽。触角粗壮，略显黑褐色，长于身体3节。前胸背板宽大于长，侧刺突粗壮，顶端尖锐，鞘翅短于腹部，腹部末节外露。雄成虫体长28～39毫米，触角长于身体5节，腹末全部被鞘翅覆盖。卵长卵圆形，长8.0～9.2毫米，宽约2毫米，中间稍弯，初产时为白色，孵化

前逐渐变黄。老熟幼虫体长 47～58 毫米，黄白色，头褐色，前胸背板棕褐色，后缘有“凸”字形骨化棕色纹。成虫发生期为 6 月中旬至 8 月上旬。盛期在 7 月上旬。

③蓝墨天牛。成虫体长 16～24 毫米，宽 6～9 毫米，黑色，全身着生淡蓝色或略带淡绿色绒毛，鞘翅基部具黑色粒状刻点，其余部分均显黑色弯曲微隆起脊纹，同淡蓝色绒毛相间组成细致弯曲状花纹，前胸背板中央有 1 条黑色短纵斑，两侧各有 1 个黑色小斑点。3 月开始活动，5 月下旬至 8 月中下旬为成虫为害期。

防治措施：①在天牛成虫发生期，利用成虫不善飞行的习性，人工捕捉成虫，能收到很好的防治效果。②在成虫产卵期，经常检查树干上有无成虫的产卵痕迹，发现后可用小刀刮除或刺破卵粒。③发现树干上有新排粪孔时，用铁丝掏出虫粪和木屑，刺死其中的幼虫。④冬季结合修剪，清除虫枝，并将被害濒临死亡的树木连根挖出烧毁处理，以减少越冬虫基数，生长期发现虫枝及早剪除集中烧毁。⑤树干涂白，在成虫发生期，用生石灰 12 千克＋食盐2.0～2.5 千克＋大豆汁 0.5 千克＋水 36 千克或生石灰 10 份＋硫黄 1 份＋食盐 1 份＋水 30 份配成涂白剂涂刷树干，或用 80％敌敌畏乳油 10 倍液加黄土拌成的药泥浆涂刷树干，以防成虫产卵以及毒杀卵和初孵幼虫。⑥药剂防治，在成虫产卵盛期，用具有内吸作用的药剂如 40％毒死蜱乳油 5～10 倍液涂刷产卵刻槽，然后用塑料薄膜捆绑包扎，闷杀卵和初孵幼虫，效果很好，亦可用棉球或塑料软泡沫蘸 80％敌敌畏乳油 10 倍液塞入虫孔内，或用注射器吸取药液注入孔内，其外用塑料薄膜包扎或用黄泥封住虫孔，熏杀虫道内幼虫。

10. 板栗赤腰透翅蛾　该虫成虫与黄蜂非常相似。雌成虫体长 14～21 毫米，腹部各节橘黄色或赤黄色。翅透明，翅脉及缘毛茶褐色。足黄褐色，后足胫节赤褐色，毛丛尤其发达。雄成虫体长 13～19 毫米，色泽较为鲜艳，尾部有红褐色毛丛。3 月下旬幼虫活动，8 月下旬至 9 月下旬为成虫羽化盛期，9 月中旬为幼虫孵化盛期。主要在南方板栗产区发生危害，以幼虫在树干或枝干韧皮部内取食为害，受害部位表皮粗糙皱缩、开裂，并出现环状肿瘤隆起，虫道内充满木屑与虫粪，一般不排出树外，危害严重时，大量幼虫环绕韧皮部横向啃食。

防治措施：①加强果园管理，冬季做好树干涂白和培土，及时剪除和烧毁树冠内的受害枝，7～9 月成虫羽化产卵盛期及幼虫孵化时，刮除主干上的老树皮，树皮刮下后立即收集烧毁，刮皮后及时用煤油兑敌敌畏涂抹已刮树皮的枝干。②经常检查树体，发现树干有隆肿鼓疤时及时去除，杀死幼虫，掏尽木屑与虫粪，并涂上保护剂保护伤口。9～10 月，在树干及主枝上喷施 2.5%溴氰菊酯乳油 2 500 倍液，每隔 15 天喷 1 次，连喷 3～4 次，灭杀卵和初孵幼虫。

11. 板栗兴透翅蛾　雌成虫体长约 10 毫米，翅展约 19 毫米，全体黑色，具蓝绿紫色光泽。触角黑褐色，棍棒状，末端稍弯曲，并具有小毛束。足黑色，具黄白色斑。前翅透明，翅端具有黑色宽边，中室端具黑色横带，翅脉均被黑鳞。后翅透明，前缘黄色，翅外缘至后缘均具黑边，缘毛黑灰色。4 月初开始活动，5 月上旬越冬成虫开始羽化。第一代幼虫 5 月底至 6 月初开始孵化，7 月中旬开始化蛹，7 月下旬第一代成虫开始羽化，8 月中下旬为羽化盛期，成虫喜欢在伤口、粗皮和旧虫道产卵。越冬代幼虫孵化盛期在 8 月中下旬。以幼虫蛀食树干大枝造成危害，轻者影响板栗树树体正常生长造成死枝，严重者造成整株死亡，同时还会诱发板栗疫病。

防治措施：①刮除粗糙老树皮，7～9 月成虫羽化产卵盛期及幼虫孵化时，刮除主干上的老树皮，刮皮时不能过深，以免伤及木质部。刮下的树皮要集中烧毁，刮皮后及时用煤油兑敌敌畏涂抹已刮树皮的枝干。②挖杀幼虫，经常检查树体，发现枝干上有隆肿鼓疤时用利刀挖除受害组织，杀死幼虫，掏净木屑与虫粪，并涂上保护剂保护伤口，防治感染板栗疫病，保护剂配方为90%三乙膦酸铝可溶粉剂100倍液加58%甲霜·锰锌可湿性粉剂100倍液或石硫合剂原液。③9～10月，在树干及主枝上喷施2.5%溴氰菊酯乳油2 500倍液，每隔15天喷1次，连喷3～4次，灭杀卵和初孵幼虫。④加强果园管理，合理追肥，增强树势，避免主干伤口形成，冬季做好树干涂白和培土工作，及时剪除和烧毁树冠内受害枝。

12. 栗绛蚧 雌成虫虫体呈球形或半球形，直径5毫米左右，初期为嫩绿色至黄绿色，背面稍扁，体壁软而脆，腹末有一小水珠，称为“吊珠”，至体内卵成熟时小水珠消失，后期体表有光泽，黄褐色或深褐色，上有黑褐色不规则的圆形或椭圆形斑，并有数条黑色或深褐色横纹。一龄初孵若虫长椭圆形，肉黄色，一龄寄生若虫长椭圆形，黄棕色，胸部两侧各具白色蜡粉1块，二龄寄生若虫体椭圆形，肉红色，体背常黏附有一龄若虫的蜕皮壳。栗绛蚧是板栗枝干上主要的刺吸性害虫之一，以若虫和雌成虫寄生于板栗树枝干上刺吸汁液为害，大发生时，枝条上密布蚧虫，轻则导致新芽萌发推迟，影响生长和结实，重则造成枯枝、枯顶，整株甚至成片死树。黑缘红瓢虫、中国花角跳小蜂、绛蚧跳小蜂是控制该虫的重要天敌。

防治措施：当栗绛蚧偏重发生和大发生时，抓住越冬若虫膨大期喷药，此时正好避开了寄生蜂羽化高峰期和黑缘红瓢虫卵孵化期，可避免大量杀伤天敌。药剂防治可用10%高渗吡虫啉可湿性粉剂1 000～2 000倍液或3%啶虫脒乳油1 000～2 000倍液均匀喷洒枝干。

（三） 板栗病虫害绿色防控技术

板栗病虫害绿色防控技术，应本着“预防为主、综合防治”的原则，根据病虫害发展规律，关键时期进行重点防治，并注意保护天敌，改变过去病虫害发生较重才喷药治理的做法，合理确定防治目标，明确高防与全防的差别，采用生物防治、农业防治、物理防治等办法部分替代或完全替代化学防治，必须使用化学防治技术时，要认真做好板栗园病虫害情况调查，做到适时、适药、适量使用，最大限度控制病虫害发生，起到最佳效果。做好板栗病虫害绿色防控，要做好以下几点。

1. 板栗苗木消毒检疫 建园过程中从外地调入苗木、接穗时，严格按照国家植物检疫制度的规定进行检疫，禁止栗瘿蜂、栗实象甲、板栗疫病等检疫性病虫害传入，对于疫区的板栗种子和苗木严禁引入。萌芽前要对引入的苗木或接穗喷洒 3～5 波美度石硫合剂或 1∶1∶160 的波尔多液或浸泡 10～20 分钟再用清水冲洗根部以后再进行栽植。

2. 生物防治 生物防治在农业病虫害中占据越来越重要的位置，生物防治是通过生物间相互依存、相互制约的原理进行病虫害防治。几乎每种昆虫都有制约其发展的天敌，故可充分利用天敌生物生态控制病虫害。已有调查发现板栗害虫的天敌昆虫有 32 种，其中中华长尾小蜂、盘蚧花翅跳小蜂是控制栗瘿蜂和白生盘蚧的重要天敌，除此之外还有瓢虫、草蛉、蜘蛛、寄生蜂、寄生蝇、白僵菌等，自然界中以有害生物和有益生物并存关系维持生态的自然平衡，故在防治病虫害时，必须考虑有益生物的保护和利用，形成一个比较稳定的生态体系。调查板栗园天敌种类、优势天敌的消长规律与发生特点，以避开天敌发生期喷药，并研究优势天敌的人工饲养技术、田间释放技术等。

提倡使用生物农药以及矿物源农药中的硫制剂、铜制剂，在果树生产中常用的主要有石硫合剂和波尔多液。石硫合剂具有杀菌、杀虫和杀螨作用，板栗树休眠期可喷施 3～5 波美度石硫合剂。板栗树生长季节喷施 0.1～0.5 波美度波尔多液可防治多种病害，对很多害虫也有驱避作用和杀卵活性作用，一般在板栗树生长后期使用，能起到很好的保叶作用。生物农药应用后无污染、无残留，是一种无公害农药，目前适用于板栗树的生物农药主要有抗霉菌素120、多抗霉素、白僵菌、抗蚜威等，在喷洒生物农药时，要使农药充分附着在每个枝、叶、果上，以提高防治效果。另外还应注意农药合理混用和农药的交替使用，加强防治害虫。

3. 农业防治　农业防治是绿色综合防治的核心。通过合理耕作制度，优化种植流程，采用科学的方法进行种植和管理，可以有效预防病虫害的发生。这种方法建立在传统耕作基础上，因此在种植户中易于推广和实行。农业防治方法一般为就地取材，仅改变种植方法，成本较低且对环境友好，但其产生效果较慢且对于已发生的病虫害的防治效果有限。可通过以下几点进行科学防治。

(1) 合理选园，优管肥水　选择通风较好、土质较好的地方为园址。种植前先进行清园消毒处理。耕作时尽量降低主干和枝条的损伤以减少病虫害入侵风险。注意施用肥料以及微量元素均衡性，宜采用有机肥。

(2) 科学种修　根据园内种植面积、气候及土壤等条件确定种植密度，确保幼树良好的通风和光照。栽培时应选择抗病虫性较高的优良品种进行母树的嫁接（如日本栗）或选择混种方式（如在板栗园四周种植蓖麻等低作物）降低板栗树虫害发生。对内膛枝、徒长枝、荫枝、病虫枝及虫瘿枝应进行剪修，剪修频率应保持在年均1～2次为宜。及时处理剪修下的病虫害枝条，统一隔离或堆放，待到收果后与落叶、落果一并烧毁处理，以减少病虫源。做好冬季板栗树的涂白越冬处理，以增强板栗树的抵抗力。

(3) 采用较先进方法采果　改进采果方法，选择低伤树果的方式采摘。可采用圈杆方式打果，即用直径为9厘米铁圈固定于竹竿上套住栗果左右扭摘。这样可以保护翌年结果枝，避免伤口处的病虫入侵。

4. 化学防治　化学防治是重要的防治手段，喷施时应注意选择低毒高效药剂。具体用药可参考主要病害和主要虫害部分的介绍。此法对病虫害的防治快速有效，但容易导致环境污染和食品安全等问题。所以化学防治必须遵守以下原则：选择多法局部施药，降低使用率，适量用药，交替喷施、防同源抗性，科学配用、兼祛多病。具体病虫害用药还应根据病虫害的发病时期进行对应防治。

5. 物理防治 物理防治是通过光、热、声等进行病虫害防治。如对种子进行热处理防止病菌和虫卵在种子上寄生；对栗瘿蜂的雄虫采用射线照射使之不孕不育；利用栗实象甲、金龟子成虫的假死性，选择晨暮进行震落捕杀；利用金龟子、桃蛀螟、透翅蛾、天牛等害虫的趋光性，在板栗园周边设置频振式杀虫灯，杀虫灯间距80～100米，有效杀虫面积20～30亩，诱杀期在4月上旬至5月中旬。发生板栗疫病时，将发病部分人工剪除，如果出现大面积的病区，可以采取黑光灯照射以及糖醋液诱杀消灭害虫，在树干、主枝发现蛀孔，用钢丝钩进行钩杀。发现树干有病斑虫疤，及时挖除受害组织并涂抹药剂进行保护。树下种草，对草集中喷药防治害虫，同时保护好天敌，有利于板栗无公害生产。

目前山东板栗园常规采用的具体措施为：多施有机肥，增强树体抗病能力；冬季清洁板栗园消灭越冬病虫；春季刮治病斑，涂抹药剂防治板栗疫病；发芽前树体喷洒5波美度石硫合剂消毒；雄花抽生期喷洒吡虫啉＋阿维螺螨酯＋多菌灵防治叶部病虫害；8月中旬喷洒氯氟氰菊酯＋戊唑醇防治果实病虫害；采收后优选栗果用50～55℃温水浸泡45分钟，捞出晾干，预冷后放入消毒好的0～4℃冷库内存放，可保证板栗既丰产又丰收。此外可根据本地环境有针对性地调整防控措施。全面系统的进行病虫害综合防治有利于板栗的生长发育和板栗林区的健康发展。只有加强普及板栗的病虫害综合防治策略和办法，不断完善技术水平和防治体系，才能保证板栗的稳定持续产出和种植户经济利益不受损。

六、板栗林下经济与增值增效技术

板栗林下经济即借助板栗林下空地和生态环境，发展农林复合经营的高效生产模式，其特点是以林业用地特别是山区林地，包括与之相连的生态文化资源为主要活动范围；以生态学、生态经济学、系统工程为基础理论；以获得经济、生态和社会的综合效益最大化为直接目标；以合理布局、充分利用林下资源发展循环经济为基本思路；以可持续发展为指导原则。不仅能有效提高板栗园光能、土地和空间利用率，促进栗农生产积极性，增加栗农收益，同时还起到防风保土，改善板栗园生态环境，增加生物多样性的作用。

板栗林下经济是近几年新兴的农业耕作方式，一些技术模式已经比较成熟，有些技术模式仍在不断地探索当中。实施板栗林下经济，首先要培植好板栗主导产业，不能本末倒置；其次因地制宜，有效利用板栗产区环境和农业废弃物资源，结合市场特点，结合休闲农业对农产品需求来策划设计；最后应考虑到林下经济的技术全面性，要把板栗管理和林下种养技术有机结合，形成一套配套的完善技术来指导生产，以实现板栗和林下生产双丰收。

（一）板栗林下经济的发展原则

1. 板栗林下种植原则　板栗林下种植以不影响板栗树生长发育为前提，间作物仅限于板栗园行间空地或缺株的隙地种植，要与板栗树保持一定距离，间作物生长期要短，养分和水分吸收量较少，大量需肥、需水时期和板栗树要错开，并且要求植株低矮或匍匐生长，不影响板栗树的光照条件，能提高土壤肥力，且病虫害较少。

2. 板栗林下种植作物的选择　板栗园中常用的间作物有豆科

作物、禾本科植物、甘薯类、中草药类和蔬菜类等。适于间作的豆科作物有大豆、小豆、花生、绿豆、赤豆等，这类作物植株矮小，具有固氮作用，能提高土壤肥力，与板栗树争肥的矛盾较小。花生植株矮小，需肥水较少，是沙地板栗园间作的优良作物；甘薯、马铃薯前期需肥水较少，对板栗树影响较小，而后期需肥水较多，对板栗幼旺树树体生长后期有一定影响；蔬菜类需要耕作精细，保证肥大水足，使板栗树不能按时进入休眠，影响枝条发育充实，对板栗树越冬不利；中草药类一般植株矮小、耐旱、管理粗放，作为板栗园间作物效果较好。

（二）板栗林下经济的主要模式

板栗林下经济按照生产方式可分为林下种植和林下养殖两种类型，按照适当的林下种植或养殖种类的合理搭配，主要可以分为林菌、林禽、林药、林草、林花、林粮等模式，详见表 3-1。

表 3-1　板栗林下经济主要发展模式及特点

林下经济模式	特点
林菌模式	主要利用郁闭较好的林下生态环境发展食用菌，同时探索食用菌野生、仿野生的人工和半人工栽培模式
林禽模式	利用林地空间，大力发展鸡、鸭、鹅等高品质、无公害的蛋禽产品，同时利用禽类粪便等增加林地肥力。该模式应注意控制好单位面积禽类的数量，避免对林地环境造成破坏
林药模式	林间空地间种柴胡、黄芩、板蓝根等药材，实现林药互养互惠。对这些药材实行半野化栽培，管理起来相对简单
林草模式	林间种植苜蓿、二月兰、三叶草、紫叶苏、薄荷等绿肥和趋避植物
林花模式	林花模式主要以林下种植玫瑰、茶菊、食用菊花为主。该模式适用于幼树板栗园
林粮模式	板栗林下间作绿豆、赤豆等特色小杂粮。这些作物属于浅根作物，不与林木争肥争水，且覆盖地表，可防止水土流失。该模式适用于幼树板栗园

（续）

林下经济模式	特点
林菜模式	板栗林下间作特色蔬菜，发展无公害绿色蔬菜种植。该模式适用于幼树板栗园
林油模式	板栗林下种植花生、大豆等油料作物，覆盖地表，防止水土流失；利用其固氮根瘤菌，提高土壤肥力

另外，利用板栗林特有的生态景观和板栗民俗文化，结合以上多种板栗林下经济发展模式，开展休闲旅游、种植采摘、科普教育等丰富多彩的活动，属于林下经济的一种新型发展模式，有人总结为林游模式。该模式恰好迎合了当前休闲农业的发展需要，将单纯板栗生产转变为集休闲、观光、生产于一体的发展模式，有效缓解了部分板栗产区生产相对过剩，板栗种植效益低下的困境。

借助当前休闲农业发展形势的有利时机，大力发展板栗林下经济，开发以板栗为主的休闲农业产品，成为当前板栗产区发展产业融合经济的首选；挖掘板栗栽培史、板栗产区民俗文化、包括稀有板栗古树的特色资源，开发以“观”“食”“玩”为主线的板栗文化产品，可有效促进板栗产业升级以及与板栗结合的旅游业的发展。

（三） 板栗林下栗蘑栽培技术

林下栽培栗蘑可充分利用林下土地，而且投资少、见效快，同时体现了循环农业的精髓。栗蘑又叫灰树花，其子实体形似盛开的莲花，扇形菌盖重重叠叠，因而得名。野生的栗蘑发生于夏秋间的板栗树根部周围及栎、栲等阔叶树的树干及木桩周围，导致木材腐朽，是一种木腐菌。栗蘑是珍贵的食、药两用菌，无论是干品还是鲜品都为人们所喜爱。栗蘑高蛋白、低脂肪，必需氨基酸完全，富含多种维生素，食味清香，肉质脆嫩。栗蘑具有极高的医疗保健功能，相关文献指出，口服栗蘑干粉片剂有抑制高血压和肥胖症的功效。野生栗蘑在我国主要分布于河北、黑龙江、吉林、四川、云南、广西、福建等省，北京板栗产区也可采集到。北京郊区怀柔、密云等地板栗栽培面积较大，板栗林空间宽敞，具备栗蘑生长所需的优越的环境因子，修剪下的废弃枝条能够用作栗蘑菌棒制作原料，同时栗蘑产销不但能够直接带来可观的经济效益，而且能够为乡村休闲旅游增加采摘、种养等体验式项目，促进经济循环，对于农村经济发展有着重要意义。

利用板栗林下空间和板栗树木屑等栽培栗蘑，大大提高了板栗林下经济效益，成为板栗林下经济致富的重要途径之一。利用板栗林地空间，仿野生出菇环境，所得栗蘑品质优，不需要投入较多设施，栗蘑从栽植到出菇结束约 5 个月。一般在春季清明节前后，当地下 5 厘米处向上地温稳定在 10℃左右时开始栽培，各地可根据当地气温条件适时栽培。日光温室栽培的可提前 1～2 个月。

1. 整地做畦 选好栽培场地后，挖东西走向的小畦，长 3～5 米，过长不便管理且通风不好。畦宽 50 厘米，深 25～30 厘米，畦间距 80 厘米，作为走道及排水用。在畦四周筑成宽 15 厘米、高 10 厘米的土埂，以便挡水。挖出的深层土放一边用作覆土。畦做好后暴晒 2～3 天，以消灭病虫害。栽培前一天，畦内灌一次大水，水渗后在畦面撒少许石灰，撒石灰的目的是增加钙和消毒。石灰不宜过多，以地面见白即可，否则影响土壤的酸碱度。

2. 脱袋排放 从上口用小刀纵向划开薄膜袋（先取下顶盖），然后用手撕开袋。如发现有杂菌斑，要用另一把小刀将杂菌块挖除干净，挖下的杂菌块放在一个专用桶或袋内，远离菇场深埋处理。脱过袋的菌块应并排放入畦内。菌块之间要挨紧，做到上平，排完菌块后要及时覆土。覆土前畦壁用塑料薄膜衬上，以防杂土入畦。覆土时应先把四周填完，再向畦面覆土，覆土时要尽量将菌块间隙填满，厚度 1～2 厘米，然后用水管向畦内喷水，使土湿透，这次不要用大水，防止菌块浮起。等水渗透后，菌块缝隙出现，再覆第二层土。把缝隙填满后，菌块上覆土 1～1.5 厘米，再用水淋湿，外不露菌袋即可，然后搭盖小拱棚，罩膜，覆草苫压牢。

3. 出菇管理 出菇前棚内挂温湿度计，以便更好地了解棚内温湿度变化。早春由于温度较低，不能及时出菇，要每隔 7～15 天向畦内上一次水。

经过 20～35 天适宜温湿度的地下培养，菌丝开始扭结形成菇蕾。一般来讲，温度高、覆土薄、畦浅的出菇早，反之则出菇迟。原基形成后要注意增加畦内湿度，加强通风，增强光照。出菇期菌块含水量保持在 55%～65%，棚内空气相对湿度保持在 85%～95%。注意通风换气，原基形成后对氧气需求量迅速增加，此时应注意加大通风量。通风会降低空气相对湿度，通风时间每次半小时左右，每天 2～3 次，无风或阴天时可通风 1 小时。原基形成后，一般棚上草苫斜放（放在南面，北面露着），透光程度以棚内能看书报即可。栗蘑的生长温度范围为 14～34℃，最适温度为 22～26℃，当棚内温度超过 30℃时，就应采取温度调控措施，一是增加喷水次数，二是加盖遮阳物，三是加强通风，四是草苫上喷水以降低环境温度。为防止栗蘑菇体沾染沙土，原基分化后可在菇体周围摆放一些小石子。小石子之间应有 2 厘米左右的空隙，为核桃大小，使用前需用石灰水灭菌处理。

4. 栗蘑采收及采后管理 栗蘑从原基出现到采摘的时间，在其他条件相同的情况下，随温度的不同而有所不同，温度适宜的条件下，一般 18～25 天可以采摘，同时也要根据子实体生长状况确定，以刚出现菌孔尚未释放孢子，菇体达到 70%～80%成熟时为采摘最佳时期。采摘标准一是观察菌孔，幼嫩的栗蘑菌盖背面洁白光滑，成熟时背面形成子实层体，出现菌孔；二是观察菌盖边缘，光线充足时，栗蘑菌盖颜色较深，可以观察到菌盖的边缘有一轮白色的小边，当小边白色变得不明显，其边缘稍向内卷时，即为采摘适期。适时采收，栗蘑香味浓，肉质脆嫩，商品价值高。采摘时注意不能损坏栗蘑根部下方即菌根，且采前不要灌水。栗蘑采摘后用小刀将菇体上沾有的泥沙或杂质去掉，轻放入筐。捡净碎菇片，清理好畦面。畦内 2～3 天不要浇水，让菌丝恢复生长。3 天后浇一次透水，继续按出菇前的方法管理，过 15～30 天出下潮菇。栗蘑全部出菇结束后，需要做好场地处理。清理出所有的废弃菌棒，将其带离出菇场，并对出菇场地进行灭菌消毒，以备来年继续栽培使用。

5. 栗蘑病虫害诊断及防治

(1) 栗蘑病虫害诊断 栽培栗蘑时，杂菌病害有木霉、青霉、毛霉或根霉等，生理病害有栗蘑腐烂病、鹿角菇或空心菇等，害虫有烟灰虫、蛞蝓、鼠妇等。

(2) 栗蘑病虫害物理防治 选择新鲜、洁净、无虫、无霉、无变质培养料，用前露天日光暴晒 3～4 天，利用紫外线杀菌消毒。生产培养中严格无菌操作，调节好温湿度，加强通风换气，定期交叉喷洒消毒药品，保持空气清新和湿润。注意栽培场地要选在卫生、水电、通风条件比较好的地方，避开低洼、畜禽舍厕和垃圾场，清除四周杂草，废料、污染物要深埋。

(3) 栗蘑病虫害药剂防治 严格执行国家有关规定，不使用高毒、高残留农药；科学使用农药，注意施药浓度、方法和时间，不同作用机理的农药要交替使用，以延缓病菌和害虫产生抗药性，提高防效；允许使用高效低毒农药，每潮最多使用 2 次，施药后距采菇期间隔 10 天以上。

主要参考文献

曹均，2014. 2013 全国板栗产业调查报告 [M]. 北京：中国林业出版社.

高海生，常学东，蔡金星，2006. 我国板栗加工产业的现状与发展趋势 [J]. 中国食品学报，6 (1)：429-436.

刘惠英，汤建华，黄大庄，等，2000. 河北省燕山区板栗害虫调查初报 [J].

河北林果研究，15（02）：175-179.

吕平会，何佳林，季志平，等，2008. 板栗标准化生产技术［M］. 北京：金盾出版社.

田寿乐，沈广宁，许林，等，2012. 不同节水灌溉方式对干旱山地板栗生长结实的影响［J］. 应用生态学报，23（3）：639-644.

隗永青，曹均，曹庆昌，2010. 北京郊区板栗林下栗蘑栽培技术及效益分析［J］. 中国食用菌，29（2）：21-23，53.

张铁如，2010. 板栗无公害高效栽培［M］. 北京：金盾出版社.

张毅，田寿乐，薛培生，2008. 板栗园艺工培训教材［M］. 北京：金盾出版社.

张宇和，柳鎏，2005. 中国果树志・板栗榛子卷［M］. 北京：中国林业出版社.

张玉杰，于景华，李荣和，2011. 板栗丰产栽培、管理与贮藏技术［M］. 北京：科学技术文献出版社.

中国农业科学院果树研究所，中国农业科学院柑橘研究所，1994. 中国果树病虫志［M］. 北京：中国农业出版社.

第四章　无花果

无花果（*Ficus carica* L.）又名蜜果、映日果、奶浆果，因其花隐于果内，外观只见果不见花而得名，为桑科（Moraceae）榕属（*Ficus* L.）多年生亚热带落叶果树，是人类栽培的最古老果树之一，原产于小亚细亚及地中海沿岸，我国已有1 000多年的引种栽培历史。其果实、枝、叶都具有很高的营养价值和药用成分，是一种高营养和高药用价值的食疗保健型水果，含有多种氨基酸和有益于人体健康的微量元素、维生素和多糖类物质，还富含增强人体免疫能力的物质。《本草纲目》载："无花果实味甘、平、无毒。主开胃，止泄痢，治五痔、咽喉痛。"《滇南本草》载："实瓤主清利咽喉、开胸膈、消痰化滞。得酸则入肝，通利血脉，清肝胆积热，而令明目也。"无花果的果、茎、根、叶均可入药，具有健脾止泻、消肿止痛的功效，所以常用来治疗消化不良、便秘、咽喉肿痛、干咳无痰、慢性痢疾、痔疮等病症。现代研究表明，无花果对胃癌、肝癌、肺癌等13种癌症均有明显疗效，是抗癌工作者特别注目的抗癌植物之一。据医学研究发现，无花果提取液对肿瘤细胞生长有抑制作用，临床用于抗肿瘤治疗，既能增强其治疗的疗效，又能改善放化疗的副作用，还不会对正常细胞产生毒害，故无副作用，被誉为21世纪人类健康的"守护神"和"抗癌明星"。

无花果花单性，埋藏于隐头花序中，果实是由花托及小花膨大形成的聚合果，单花及由其发育的瘦果隐生于肉质花托内部。其结果习性与其他果树显著不同，几乎每个新梢均可成为结果枝，每个叶腋都是结果部位。果实从枝条基部一直延伸到顶部节上，一张叶片旁结果1个，无须授粉即能结果。无花果每年结果2次，凡在上一年生枝的腋芽上长出的果实，一般在6～7月成熟，果实较大而结果量少，产量低，称为夏果；凡在当年抽生枝条的腋芽上长出的果实，一般8月开始成熟，边抽枝边结果边成熟，可延至霜冻来临之前停止生长，果实较小，结果时间长，数量多，产量高，称为秋果。正常成熟的夏果，一般品质较好。无花果喜温暖湿润的海洋性气候，喜光、喜肥，不耐寒，不抗涝，较耐干旱。在华北内陆地区如遇－12℃低温新梢即易发生冻害，－20℃时地上部分可能死亡，因而冬季防寒极为重要。

无花果的栽培历史虽然悠久，但系统地开展栽培理论和技术研究工作起步较晚，我国自20世纪80年代开始进行无花果的研究工作。随着各国科学家研究工作的进展，尤其是对无花果药用价值和保健价值的逐步认识，人们对无花果的经济价值有了新的认识。90年代以来，无花果在保健和治疗癌症方面的功效日益得到重视。其果实不但可用于鲜食保健，还可加工成多种保健饮料，并可提炼抗癌物质。我国生产的无花果果脯、罐头、果汁、叶粉等产品在国际上市场上逐步成为抢手货，远销日本等地，实现了无花果产品的出口创汇。随着我国农产品精加工技术的进一步发展和我国农村产业结构的优化调整，种植优良的无花果品种效益高、见效快、病虫害少，生长期基本不施用农药，并且抗盐碱、易栽培、果实加工品质极佳。无花果作为优质、高产、高效的创汇果品，将会发展迅猛，为广大农民脱贫致富做巨大贡献。但是，至今我国无花果的发展仍处于起步阶段，许多地区无花果栽培还是粗放经营，果实的包装、运输条件差，贮藏保鲜设备缺乏，无花果的深、精加工产品尚待研制开发，有广阔的发展前景和利润空间。

我国无花果栽培以零星栽培为主，全国成片果园目前约有4 000公顷，且多为新区，产量不足4万吨，主要集中在新疆、江苏、山东和四川等地，新疆阿图什、四川威远、山东荣成被称为我国“无花果之乡”。无花果投产早，收益快，果型大，产量高，食药兼用，管理简单，繁殖快，适应性广，病虫害少，栽培容易，是小杂果中极具开发前途的果树，是开发无公害绿色食品的宝贵资源。但无花果的发展必须走栽培、加工、销售一条龙的产业化道路，才能实现良性循环。随着我国农村产业结构的优化调整，无花果作为优质、高产、高效的创汇农业项目必将得到更快、更稳定的发展。

一、优良品种的选择及育苗技术

（一）优良品种

1. 青皮 夏秋果兼用品种。果实扁圆，倒圆锥形。果实成熟前绿色，熟后黄绿色，果肉紫红色，果目小，开张。夏果平均单果重80～100克，秋果平均单果重40～50克。果面平滑不开裂，果皮韧度较大，成熟果含糖量在20%左右。树势旺盛，树冠圆长形，主干明显，侧枝开张角度大，多年生枝灰白色。叶大粗糙，色深亮绿，背生茸毛，黄绿，掌状分裂，通常3～5浅裂，裂刻长度不足叶长的1/2，少全缘，基部深心形，叶缘具明显的波状锯齿、圆钝。该品种为鲜食、加工兼用的优良品种，适应性广，南方栽培应注意控制旺长。

2. 布兰瑞克 夏秋果兼用品种。果形不整，长卵圆形斜偏一方，果目开张，果皮薄，不开裂。果实熟前黄绿色，熟后黄褐色，果顶不开裂，果实中空，果肉琥珀色到淡粉红色，成熟果含糖量达18%～20%，肉质细，味甘甜，品质极上。树势中庸，树姿开张，分枝力较弱，主干不明显，多丛生，一年生枝条基部灰绿色，上部绿色，叶掌状5～7深裂，裂片窄条形。枝条中上部着果较多，连续结果能力强，单性结实，夏果7月上中旬成熟，秋果8月中旬至10月下旬陆续成熟，11月中下旬落叶。夏果平均单果重100克，数量极少，秋果平均单果重40克，极丰产。该品种抗寒性比较强，果较耐贮，适宜制罐和蜜饯加工，树性耐寒耐盐，目前华东一带有种植，可在华东、华南及沿海滩地区发展。

3. 玛斯义·陶芬 夏秋果兼用品种。原产美国加利福尼亚州，从日本引入我国，果长卵形，单果重100～150克，最大可达200克。夏果从挂果至成熟需60～70天，秋果需70～90天，果颈短，呈倒圆锥形或扁圆形，单果重60～120克。果皮薄而韧，皮色紫红色至褐色，果肉桃红色，肉质粗而松脆，含糖量高，品质中等偏上。树势中庸偏旺，树冠开张。枝条软而分枝多，丰产性好，采收期长。枝梢前端易下垂，冬芽呈紫红色，幼叶黄绿色油渍状，叶片以5～7裂为主、中等大、有叶柄。4月上旬萌芽展叶，5月至7月中旬生长迅速，7～8月高温期几乎停止生长。9～10月继续生长至霜冻落叶为止。5月中旬除基部1～3节外，几乎所有新梢叶腋中都长出1个幼果，当年生新梢单枝挂果5～30个。该品种到盛果期成龄树约有70%的果集中在8～9月成熟。丰产性很好，当年育苗当年挂果，管理得当的，当年株产1.5千克左右，成龄树每亩产量稳定在1 500～2 000千克。该品种鲜食、加工兼用，是目前比较有推广前途的无花果优良品种之一，适宜长江以南地区栽培。

4. 波姬红 夏秋果兼用品种。该品种树势开张，耐寒耐盐，始果部位低，极丰产。果实以秋果为主，果皮鲜红色或紫红色，果肉红色或浅红色，品质口感极佳。该品种是最佳鲜食红色大型品种。树势中庸、健壮，树姿开张，分枝力强，新梢年生长量可达2.5米，枝粗2～3厘米，节间长5厘米。叶片较大，多为掌状5裂，裂刻深而狭，叶径27厘米，基出脉5条，叶缘具有不规则波状锯齿。叶柄长15厘米，黄绿色。耐寒、耐盐碱性较强。始果部位 2～3 节，极丰产。果实夏秋果兼用，以秋果为主，果长卵圆形或长圆锥形，果形指数 1.37，皮色鲜艳，条状褐红或紫红色。果肋较明显。果柄 0.4～0.6 厘米。果目开张径 0.5 厘米。秋果平均单果重 60～90 克，最大单果重 110 克。果肉微中空，浅红色或红色，味甜，汁多，可溶性固形物含量 16%～20%，品质极佳。

5. 金傲芬 夏秋果兼用品种。果实个大，卵圆形，果颈明显，果柄 0.9～1.8 厘米，果径 6～7 厘米，果形指数 0.95，果目微开，果皮金黄色，有光泽，似涂蜡质。果肉淡黄色，致密，单果重70～110 克，最大 160 克，可溶性固形物 18%～20%。鲜食风味极佳，品质上等。极丰产，较耐寒。树势旺盛，枝条粗壮，分枝少，年生长量 2.3～2.9 米，树皮灰褐色、光滑，叶片较大，掌状 5 裂，裂刻深 12～15 厘米，叶缘具微波状锯齿，有叶锯，叶色浓绿，叶脉掌状，叶柄长 14～15 厘米。扦插当年结果，二年生单株最高产量达 9 千克以上。在山东省种植，成熟期为 7 月中旬，发育期约 64 天。秋果 6 月初现果，8 月上旬成熟，发育期 62 天。果熟期为 7 月下旬至 10 月下旬，条件适宜时可延长至 12 月。该品种果实个大，品质上等，极丰产，较耐寒，为黄色鲜食用最佳品种。

6. 新疆早黄 夏秋果兼用品种。果实大，扁圆形，两端平，单果重 50～70 克，全熟后果皮呈黄色，有白色椭圆形果点，果顶不开裂，果肉草莓红色。可溶性固形物含量 15%～17%，风味浓甜，品质上等。树势旺，但树姿开张，萌枝率高，枝粗壮，尤以夏梢更盛，叶大，3～5 浅裂，果大，扁圆形。在原产地新疆阿图什，夏果 7 月中旬成熟，秋果 8 月中旬至 9 月下旬成熟。该品种果中等大，品质佳，丰产性强，耐寒性比较强，为新疆南部阿图什特有鲜食加工用无花果品种，但该品种在江苏南京和河南许昌、新乡等地引种后，表现徒长、结果少、成熟期推迟现象，因此，内陆引种必须采取控制徒长等配套栽培技术措施，以保证果实产量和品质。

7. 日本紫果 秋果专用品种。果扁圆卵形，始果节位 3～6 节或枝干基部。果皮熟前绿色，成熟后深紫红色，果皮薄，韧度大，易产生糖液外溢现象。果颈不明显，果肉鲜艳红色、致密、汁多、甜酸适度，果、叶所含微量元素硒为各优良品种之最。可溶性固形物含量18%～23%，较耐储运，品质极佳。树势较旺，分枝力强，主干不明显，一年生枝长1.5～2.5米。多年生枝枝条灰白色，叶黄绿色，背面无茸毛，掌状3～7裂，裂刻中等，叶柄平均长约1厘米。该品种丰产，较耐寒，耐高温，味甜浓，裂果少，为目前国内外最受欢迎、市场销售前景十分广阔的鲜食、加工兼用型优良品种，是日本目前售价最高、最受欢迎的红色优良无花果品种。

8. 中国紫果 又名红矮生，盆栽无花果专用品种。果实中等大小，近圆形，始果节位3～6节或枝干基部。果皮熟前绿色，成熟后紫红色，果顶易开裂，可溶性固形物含量14%～17%，果肉淡黄色，风味浓郁。树冠矮小，枝条节间短，分枝多，叶中大，掌状5裂；结果性特强，当年生苗木即大量结果，几乎每根枝条都像一串糖葫芦，十分美丽。该品种耐阴，小灌木，因其节间特短、树形优美，极适盆栽或作为矮灌木植于庭院、花园用于观赏。

9. 丰产黄 夏秋果兼用品种。果实中等大，卵圆形，秋果单果重40～60克，果皮黄绿色，有光泽，果柄短，果肉致密，浅草莓色或琥珀色，味浓甜，品质优良。果目小或部分关闭，减少了昆虫侵染和酸败的发生。果皮较厚而有韧性，易于贮运。树势中强，较耐寒，冬季顶芽绿色。叶片较大，掌状3～5裂，下部裂刻浅，叶背茸毛中等，叶色深绿。树体较耐修剪，重剪可促进生长和结果。该品种主要用于加工制干、糖渍和罐藏。

10. 美利亚 夏秋果兼用品种。果实卵圆或倒圆锥形，果径5～6.5厘米，单果重70～110克。熟时果皮金黄色，皮薄，光亮。果肉褐黄或浅黄色，微中空，汁多，味甜，风味佳，品质优良。始果部位低，第1、2、3、5节位均能结果，极丰产。二年生树鲜果每株产量8～11千克。树势强健，分枝力强，树冠较开张。新梢年生长量 1.5～1.8 米，较适合密植，易结果，8 月初开始成熟，该品种丰产、果个比较大，属于鲜食、丰产、大果型优良品种。

11. 中农红（B110） 夏秋果兼用品种。果实长卵圆形，果形指数 1.16。始果节位 1～5 节。夏果单果重 90 克左右，秋果单果重 45～60 克。成熟时果实下垂，果皮黄绿色或浅绿色，果柄0.2～1.2 厘米，果肉红色、汁多、味甜，可溶性固形物含量 18%～22%，品质极佳。树势中庸，分枝较少，树冠较开张。新梢年生长量 1.3～2.3 米。叶片掌状 4～5 裂，裂刻深 14～18 厘米，叶径 19～22 厘米。在山东省种植，3 月中旬萌芽，4 月上中旬展叶，现果期为 4 月上中旬，果熟期为 7 月下旬。该品种丰产性能特别强，较耐寒，果实个头大，产量高，果目小，不易被昆虫侵染，具一定抗病能力，是鲜食和加工制干最佳品种。

12. 中农矮生（B1011） 夏秋果兼用品种。由美国加利福尼亚州引入我国，果实个大长圆形，果形指数 1.06。始果部位 1～5 节，成熟期为 7 月下旬，熟时果皮金黄色，有光泽，果肋明显，果顶部平而凹，果柄长 0.5～1.0 厘米，平均单果重 68 克。果肉粉红色、中空，可溶性固形物含量 17%～20%，味极佳接近纯甜，外形美观，品质极上等。树势中庸，分枝角度大，年生长量 0.7～1 米，枝粗 1.3～1.5 厘米，树势开张，节间短，长 3～5 厘米，分枝力较弱。该品种极丰产，枝条节间短，结果能力强，始果部位低，枝条基部即可连续结果，且成熟期短，果皮金黄色，果微红，外形美观，味极佳，是早期抢占无花果鲜果供应市场的优良品种。其显著矮化丰产特性，适应在我国广大地区进行保护地密植栽培和良种产业化开发利用。具有明显的矮化丰产特征，是密植、保护地栽培用首选，但因成熟较快不宜过熟采摘，属于鲜食、加工用优良品种。

13. 加州黑 夏秋果兼用品种。由美国加利福尼亚州引入，是美国用于商品生产的主要栽培品种之一。夏果个大，果实长卵圆形，单果重 50～60 克，秋果数量多，果个中大，卵圆形，单果重 35～45 克，果颈不明显，果柄短，果目小而闭合。果皮近黑色，果肉致密，琥珀色或浅草莓色，香气浓郁，品质上等。树体高大，生长健旺，大枝分枝处易萌生粗壮的下垂枝，应及时剪除，以利通风透光，促进结实，果熟期为 8 月中旬至 9 月中旬。原产西班牙，极丰产。属于制干、制酱和果汁的优良品种。

14. 福建白蜜双果 夏秋果兼用品种。果实扁、倒圆锥形，果形指数 0.86。果实熟前绿色，成熟后黄绿色，果肉淡紫色，果目小，开张，果面平滑不开裂，果肋明显，果皮韧度较大，果汁较多，含糖量高，夏秋两季果。树势旺盛，树冠圆长形，主干明显，侧枝开张角度大，多年生枝灰白色。叶大粗糙，色深亮绿，背生茸毛，黄绿，掌状分裂，通常 3～5 浅裂，裂刻长度不足叶长的 1/2，少全缘，基部深心形，叶缘具明显的波状锯齿、圆钝，叶形指数 1.12，叶柄平均长 1 厘米。该品种耐寒、耐贫瘠、耐盐碱，为鲜食及加工兼用优良品种。

15. 蓬莱柿 秋果专用品种。果实倒圆锥形或短圆锥形，较大，一般单果重 60～70 克，果顶易开裂，成熟时紫红色，果皮厚，果肉鲜红色，可溶性固形物 16%，较甜，但肉质粗，香气淡，品质中上等为秋果专用种，夏果极少。树冠高大，直立性强，枝条粗壮，生长旺盛，枝稀，丰产性好，耐寒性好。不易发生二次枝。山东地区秋果始现期为 6 月中下旬，果实成熟期为 9 月上旬至 10 月底结束，果实供应期超过 50 天。该品种果大，丰产，耐寒性很强，可适当推广，属于鲜食、加工兼用品种。

16. 绿抗 1 号 夏秋果兼用品种。果实短倒圆锥形，果个大，单果重 60～80 克，最大果重 100 克以上，果柄粗短，果成熟时色泽浅绿，果顶不开裂，但在果肩部有裂纹，果实中空，果肉紫红色，可溶性固形物 16%以上，风味浓甜，品质上等。在江苏南京地区，夏果在 7 月上中旬成熟，秋果采收期为 8 月下旬至 10 月下旬。耐盐力极强，在含盐量0.4%的土壤上生长发育正常，但耐寒性一般，该品种果大质优、耐盐碱，可制果脯、蜜饯、果酱和饮料，属于鲜食加工兼用品种。

17. 中农寒优（A1213） 夏秋果兼用品种。果实长卵形，果颈明显，果柄长1～2厘米，果形指数1.2。果皮薄，表面细嫩，黄绿色或黄色有光泽，外形美观。果肉鲜艳桃红色，汁多，味甜，可溶性固形物含量17%以上，平均单果重50～70克，秋果型，较耐贮运，品质极佳。树势健旺，分枝力强。新梢年生长量达2～2.6米，枝粗2.7厘米，节间长6厘米。叶片掌状3～5深裂，裂深15～18厘米，叶径23～27厘米，叶形指数0.98。山东地区果熟期为8月初至10月上旬。丰产性强。冬剪截留长度10～15厘米，可耐受−13.7℃低温及早春30℃左右日温差考验，仍能正常生长和结果。由美国加利福尼亚州引入我国，在山东、四川、河北等地栽培。该品种抗寒性强、优质丰产，为鲜食无花果商品生产的优良品种。

18. 棕色土耳其 夏秋果兼用品种。原产土耳其，果实中到大型，倒卵圆状或倒圆锥状，纵肋明显，果颈细长，成熟果皮光滑，绿棕色或绿紫色，果目易三角形开裂，果实易遭受昆虫侵染而酸败，果柄长0.8～1.2厘米，果肉草莓色或琥珀色，质黏而甜，品质上等。夏果单果重80克，秋果平均重30克，可溶性固形物含量16%左右。树势中庸，树冠开张，接触地面的枝条极易生根，枝条粗而短，节间短。多年生枝灰绿色。叶片较大，掌状3～5深裂，叶形指数1.26，叶柄长10厘米，基部弯曲。该品种夏果至7月中旬采收，但产量不高，一般只占年产量的30%，秋果自9月下旬开始采收，果大、质佳、丰产，果实产量占年产量的70%，适应性强，栽培管理方便，进入结果期早，丰产性能良好，寿命长，适宜于大面积栽培。该品种外形美观，果皮厚韧性强，较耐运输，栽培容易，为鲜食类专用优良品种。

19. 砂糖（茜莱斯特） 夏秋果兼用品种。果个小，梨形，单果平均重 15～20 克。果梗长，果皮紫褐色，有果粉。果肉黏质，微白或带蔷薇色，柔软多汁，味浓甜，品质极上等。树势强、树姿稍直立，耐寒力强，为秋果专用种。叶稍小，3～5 裂，顶芽呈绿色。秋果 8 月上旬开始成熟，采果期集中，8 月内大部分果可采收，丰产性强。该品种在世界各地均有栽培，在欧美除用其制作干果外，亦用于糖渍和制作罐头。

20. 华丽 茜莱斯特的杂交品种，观赏用品种。果实卵圆形，果颈短，果顶平坦，果目绿色，果皮自现果至成熟呈黄绿两色条状相间，外形非常美观。果肉鲜红色，果实极耐贮运。该品种枝、果黄绿块状或条状相间，色形皆美。树势中庸，树姿较开张，一年生枝金黄色，少有绿色纵条纹。分枝力强，节间短，外形美。叶片中大，卵圆形，掌状半裂，基础叶脉 5 条，绿黄色。该品种适应性强，较耐寒，易繁殖，是园林绿化、盆景制作的优良观赏型品种。

21. 果王 夏果专用品种。由美国加利福尼亚州引入我国，在日本等国家也有栽培。果实卵圆形，果皮薄、绿色，果肉致密、甘甜、鲜桃红色，肉质柔软，细腻光滑。味道淡，宜食。以夏果为主，7 月果实成熟，单果重 50～150 克，最大单果重 200 克。树势强壮，分枝直立，枝条褐绿色，新梢生长量可达 2.7 米，枝径 2.4 厘米，节间长 4～6 厘米。叶片大，掌状 4～5 深裂，叶径 18～22 厘米，叶柄长 6～10 厘米。该品种丰产性强、较耐寒，品质优良。可作为商品果供应鲜果市场。

22. 白马赛 夏秋果兼用，以秋果为主的品种。1998 年山东省林业科学研究院引自美国得克萨斯州。果实小到中型，卵圆形。果径 2.7～3.5 厘米，果柄长 0.6～2 厘米。果肉浅红色或琥珀色，多汁，味甘，浓甜，品质极佳，是鲜食、加工的优良品种。树势健壮，分枝直立，干性强，分枝力强，年生长量平均 2.2～3 米，枝粗 2～2.4 厘米。叶片厚，中大，掌状 4～5 裂，裂刻深 10～13 厘米，革质，两面粗糙，叶柄长 11～17 厘米，基出脉 5 条，叶浓绿，叶痕三角形。山东地区种植，初果期为 5 月下旬至 6 月上旬，果熟期为 8 月上旬至 10 月上旬。该品种生物产量高，对环境适应性强，耐盐碱，耐寒，繁殖容易，是鲜食、加工兼用型优良品种。

23. 卡利亚那（A38） 由美国加利福尼亚州引入我国，为美国加利福尼亚州栽培面积最多品种，约占总栽培面积的 40%。该品种果实必须由无花果小黄蜂作为媒介，将原生型无花果花粉传到花序托内壁上的无数枚雌花柱头上完成受精过程，才能获得成熟可食用果实，否则只长到果径长的 1/2～3/4 大小，即变黄、干瘪、脱落。成熟果实大型，果皮金黄色，果肉琥珀色至浅草莓色，果目大，可溶性固形物含量高、品质佳、丰产，是鲜食加工优良品种，果熟期为 8 月下旬至 10 月上旬。树势中庸，分枝角度小，成枝力弱。盛果后期枝条易下垂，成龄树应注意抬高枝条角度，除去下垂枝，短截结果枝。同时应控制氮肥和灌水量，采用隔年施氮肥和果熟前不用水的方法，提高果品产量和品质。

24. 白圣比罗 夏果专用品种。原产尼罗河流域的古老品种。果实近圆形，果顶稍平，果大型，单果重 80～120 克。果皮黄绿色，果肉琥珀色，质黏而柔软多汁，味甜。芳香味浓、品质极优。树势强，枝条开张，叶片掌状 3～5 裂。夏果 6 月下旬至 7 月下旬成熟，不需授粉，秋果经授粉才能成熟。生产上常以夏果为主进行栽培利用。该品种鲜食、制干均可。

25. A813 由美国加利福尼亚州引入我国。该品种果实中可产生大量花粉，并寄生为斯密尔那类型无花果传粉的小黄蜂。在山东地区，3 月中旬现果，成熟期为 5 月中旬，熟时扁卵形，果皮由绿色变为黄色，微失水状，果内充满花粉，花粉浅粉色。树势健壮，树冠开张，分枝年生长量为 2.1～2.7 米，枝粗 2.8～3.3 厘米，节间 5～7 厘米。叶片大，掌状 3～5 深裂，叶柄长 12～15 厘米。

（二）育苗技术

无花果的繁殖方式有多种，一般多采用扦插繁殖，一年中大多月份里都可扦插，成活率很高。扦插苗翌年早春定植即可结果，有的甚至当年就可结果，很快进入结果盛期，产量很高，亩产可达1 000千克以上。

1. 硬枝扦插育苗

（1）扦插枝条的沙藏 选临近小雪节气之前，大地即将封冻，地温较为冷凉时，随着冬季修剪，剪取直径1～1.5厘米、长30～60厘米的组织充实、芽眼饱满的当年生壮枝，捆成长捆。在室内或室外挖沙藏坑，深达0.5米以上，底部填埋10厘米以上的沙子。对捆扎好的枝条进行消毒杀菌处理，利用70%的多菌灵可湿性粉剂800倍液或70%甲基硫菌灵可湿性粉剂800倍配制成消毒液，将成捆的枝条浸泡片刻，捞出沥干水分。将成捆的枝条，竖立放置在坑底，一捆挨一捆并排着放好。将枝条用湿沙埋起来，沙子湿润度以手握成团而不出水为宜，厚度以10厘米以上为宜，其上再覆盖一层塑料薄膜防止水分蒸发，上面再覆盖些柴草。如果规模较大，可每隔1米竖立放置一个草把，利于透气。等到春暖花开，地温稳定在5℃以上，就可以挖出枝条直接扦插了。

（2）畦床的准备 土壤以沙质土为宜，一般宽度为1～1.2米。应以足量的底肥、厩肥等有机肥和适量的过磷酸钙或石灰作为基肥；苗圃应有排灌条件。将畦床疏松平整后，即可进行扦插，在畦面上铺黑色地膜以增加地温，促进生根，也防止杂草生长。

（3）硬枝扦插 取出冬藏的枝条，剪成15厘米长含2～3个饱满芽的枝条。剪插条时，把枝条上端芽的上方剪成平口，剪口离芽1厘米；下端剪成斜口，以增加与土壤的接触面，有利于生根，又便于识别插条的上下端，以免倒插。将插条下端在1 500毫升/千克的吲哚丁酸或萘乙酸溶液里浸泡1～3分钟，取出阴干后，即可插入苗床。插条密度以株距 15～20 厘米，行距 20～25 厘米为宜，每公顷育苗株数为 9 万～15 万株。插条时，将插条斜插入土（45°～80°），上芽略粗，并要露出地面，插完后浇透水。1 个月后即可生根，保护地育苗一般生根率达 80%以上，大田成活率较低。

（4）扦插后的管理 无花果虽插穗易愈合生根，但也要注意扦插后的管理。其愈合组织形成期对温度要求较高，应及时提高地温，并同时加强水分供应。愈合生根后期插穗长出大量的毛细根，此时气温逐渐升高，应注意增加土壤水分。愈合生根后和发叶期要避免浇泥浆水，切防糊叶现象出现，对低床扦插的更应注意。坚持观察土壤墒情浇水，土壤潮湿要少浇或不浇，土壤干旱要多浇水，以保持土壤湿润状态为宜。无花果幼苗不耐寒，在初冻或倒春寒前要做好防寒（冻）保温工作，简单的方法是埋好土或盖好草帘、树叶、稻草等覆盖物。当幼苗进入营养生长期后，坚持每个月轻施一次以氮肥为主的复合肥，施肥量随苗长大而逐渐增加，并且随着苗根系扎深，以深沟施效果为好，但要注意施肥时避免伤根。

2. 大棚绿枝扦插育苗技术

（1）苗床准备 苗床宽 1.0～1.2 米、深 25～30 厘米，长短视需要而定。床内铺经 70%甲基硫菌灵可湿性粉剂 500 倍液消毒灭菌的腐殖质土和河沙，比例为 2∶1，厚度 20 厘米左右，其上再覆以 5～10 厘米的细沙或锯末，平整备用。

（2）选择插条 5 月至 9 月中下旬，选择当年生半木质化枝作插条，插条长 20～25 厘米，保留 2～3 片叶，插条的上剪口距芽 2 厘米左右，下剪口在节下 1 厘米处，每 30～50 根捆成 1 捆，先用 0.2%高锰酸钾浸泡下端 5 秒，再换用生根粉 50 毫克/升浸泡 30 分钟。

（3）扦插 用稍粗于插条的竹棍在苗床上按 20 厘米×15 厘米的株行距插孔，再将插条插入孔中，压实、喷水。每插完一畦立即喷施 70%甲基硫菌灵可湿性粉剂 1 000 倍液，然后扣上小拱棚。

（4）苗床管理 棚内温度控制在 20～30℃，保持土壤湿润，5～9 月时要注意进行遮阳覆盖防止高温伤害，同时要不间断喷施 70%甲基硫菌灵可湿性粉剂 1 000 倍液进行消毒杀菌。10 月中下旬揭开拱棚，在苗床上覆盖 5～10 厘米的麦糠或锯末，喷透水，再扣上拱棚。冬季和早春每日晚间拱棚上加盖草苫，保持棚内温度适宜。3～4 月及时除草、拔除病株。逐渐揭开拱棚炼苗。移栽前喷施 0.2%磷酸二氢钾或光合微肥。4 月下旬至 5 月上旬起苗定植，起苗时尽量保留根际土壤，栽后及时灌水，以提高移栽成活率。

3. 嫁接繁殖 因无花果木质较疏松，且髓心大，所以嫁接容易成活。一般采用以下两种嫁接的方法。

（1）春季枝接 选取木质化程度高、节间长度适中、芽眼饱满的一年生枝条做接穗，可选择沙藏备用枝，也可春季随采、随用。砧木植株的萌动期是嫁接的适宜时期。枝接一般采用 V 形贴接法或榫接法。接穗长度 4～5 厘米，要有 1 个芽，把接穗基部削成 V 形，削面长度 1～1.5 厘米，选取粗度与接穗相近或稍粗的砧木，在距地面 10～15 厘米处横截，并在断面向下切成相应的 V 形切口，切面长也为 1～1.5 厘米，将接穗切口与砧木切口贴接，使形成层对准、吻合，然后将接口用塑料带包紧，芽外露，待愈合成活后要及时解绑。

（2）生长季嫩枝接 在 6～8 月，选取嫩枝作为接穗和砧木，采用劈接法容易成活。该法是采用尚未木质化的当年扦插苗或需嫁接换种植株的嫩梢作为砧木，接穗长度为 3 厘米左右，夏季的嫩枝嫁接成活率较高。

二、标准化建园及高效土肥水管理技术

（一）无花果标准化建园

1. 生长结果习性 无花果为亚热带落叶性灌木或小乔木，在

适宜条件下也可长成大树。无花果根系发达，抗旱耐盐，好氧忌渍。枝条生长快，分枝少，每年仅枝端数芽向上、向外延伸。新梢上除基部数节外，每个叶腋间多数能形成2～3个芽，其中一个圆大者为花芽。进入结果期后，除徒长枝外，几乎树冠中所有的新梢都能成为结果枝。故栽植后2～3年即可开始结果，7～10年可进入盛果期。

花芽进一步分化发育，就成为特有的花序托果实。花序托果实肉质囊状，顶端有一小孔，为周围鳞片所掩闭。花序托内壁上排列有数以千计的小花，成一隐头花序，故外观只见果而不见花。小花不需授粉能单性结实。食用部分实际上是由花序托和由花序托所裹生的多数小果共同肥大形成的聚花果。

果实发育期50～60天。在长江流域新梢中下部的果实于当年秋季成熟，称为秋果。新梢上部发育较迟的果实，多来不及成熟，遇寒即皱缩脱落。新梢先端数节上的花芽在秋末分化，外覆鳞片，在冬暖地区能安全越冬，翌年春天天气回暖后继续分化发育即成为夏果。正常成熟的夏果，一般品质较好。品种间依夏果、秋果形成的能力而分属于不同的类型。

2. 园地选择 无花果抗旱不抗涝，喜光不耐寒，在园地选择时应特别考虑到选址的气温、地势、地下水位等因素。

种植无花果对气温有一定的要求，以年平均气温15℃为宜，夏季平均温度应不高于20℃，冬季平均温度应不低于8℃。冬季气温降到－12℃时，新梢顶部开始发生冻害，气温降到－20℃时，整个植株死亡。无花果喜光，不耐阴，果实成熟期遇到阴雨天，果实含糖量显著下降。坡地种植应选择向阳面，保障果实糖分积累，且土壤增温快，有利于保护树体越冬。

无花果树体生长速度快，韧性较差，不抗风。如遇大风，有可能导致树体折断。所以，在无花果建园时避免在有大风的地区选址，若必须要在这样的地区建园，应选址在背风向阳处。

无花果根系的生长对氧气需求高，对缺氧敏感，极不耐涝，浸水 2～4 天就会窒息死亡，选址时应注意避免将果园建在地下水位高或易于积水的低洼处。虽然无花果抗旱，但生产园仍需要良好的灌溉条件才可以保障树体健壮成长以及果实的正常发育。

无花果的连作障碍较为明显，在苗圃或旧园栽植无花果树，树体生长发育常常受阻，严重时导致树体死亡。所以建园选址时应当避免连作。如果无法更换选址，则必须进行换土，以保障顺利建园。

综上所述，无花果建园选址时，应当选择地势较高、排水良好、有灌溉条件、背风向阳、土壤肥沃无连作障碍的地方。

3. 园区规划 无花果不耐贮运，且采收期长，果园规划设计应当充分考虑到采摘以及运输的便利。根据果园面积设置道路，以利于灌溉、施肥、喷药、采摘以及运输工作的顺利进行。主干道应宽 6 米左右，园区内作业道路宽 3 米左右。

园区应充分考虑到灌溉、排水以及防风的需求。安装喷灌或滴灌设施保障果园用水，并建设排水沟以防果园内涝。有条件的可设置防风林，避免遇到风灾导致树体折断死亡。

灌溉、排水措施。无花果抗涝性差，建园时应充分考虑灌溉与排水措施，以防发生果园内涝，造成无花果树根系窒息死亡。灌溉尽量避免使用大水漫灌的方式，而应选用喷灌或滴灌的方式进行灌水，以保持土壤透气性，防止土壤板结。同时，建园时建造排水沟，在园区内部挖浅沟，园区周围挖深沟，园区内部径流水汇入周围深沟排出果园。

防风林。无花果枝干韧性差、根系浅、树体不抗风，遇大风枝干易被吹断，甚至导致结果大树被吹到。在风大的地区种植无花果，应当建设防风林。防风林应当建在迎风面，与主风向垂直，或在园区周边建造一圈防风林对园区进行保护。防风林应当选择生长速度快、树体高大、固地性好、不与果木争肥争水、不存在同种病虫害的树木。在迎风面，防风林有效防风范围为林高的6倍；而在背风面，防风林的有效防风范围为林高的25～30倍。无花果喜光，防风林应以挡风不挡光为原则。防风林与无花果的种植区域距离应为5～10米，可以栽植2行。若园区面积大，可在园区内部每隔200～300米栽种一道防风林带，加强防风效果。防风林树种以乔木为主，主要有杨树、杉树、柏树、苦楝、湿地松、桑树等。防风林成型后，每年在靠近园区一侧进行断根处理，防止防风林与无花果树体争肥争水，同时除去下垂枝与开张角度大的枝条，避免防风林对无花果树体造成遮阳，从而保障无花果树体对光照的需求。

4. 品种选择 目前我国市场上的无花果品种多为单性结实的普通无花果（*Ficus carica* var. *hortensis*），不需要配置授粉树便可结实。如果引进其他3个变种：原生型无花果（*Ficus carica* var. *sylvestris*）、斯密尔娜无花果（*Ficus carica* var. *smyrnica*）、中间型无花果（*Ficus carica* var. *intermedia*），则需要配置授粉树，授粉树比例以1∶8为宜。品种的选择应当以满足市场需求为目的。由于无花果与其他果品的典型区别之一在于采摘期长，所以对于早、中、晚熟品种需求的差异并不那么明显，市场更倾向于大果、丰产、果形整齐、含糖量高的品种。当然，品种的选择也要取决于栽培目的。以销售鲜果为目的进行栽种的，应当选择果个大、品质好、耐贮运的品种；以生产加工为目的进行栽种的，应当选择大小适中、色泽较淡、可溶性固形物高的品种。具有特点的品种，如红肉类型也可获得市场的青睐。

在寒冷地区栽种，要考虑选用抗寒的品种，避免冻害，如青皮、布兰瑞克、蓬莱柿、中农寒优等。在盐碱地区栽种，要考虑耐盐碱的品种，如绿抗1号、绿抗2号和布兰瑞克等。

5. 株行距 无花果栽植密度取决于选择的树形结构。采用灌木丛生型的栽植方式，株距较小，可以选择1～3米；如果采用乔化的栽植方式，株距可以到5～8米；随着矮化密植栽培方式的兴起，株距可以选择 2～3 米。

由于无花果树体生长迅速，当年结果，冠幅扩张快，也可以采取起始密植、后期间伐的方式。起始的株行距可选择（1～2）米×（2～3）米，以后逐年间伐，最后株行距为 4 米×6 米。由于行距较宽，在行间也可采用间作的方式，提高土地利用率，并改善土壤结构。

6. 立架 无花果根系浅，枝干韧性差，栽植前应当在果园进行立架，确保树体生长安全，并有利于形成树形。

将水泥柱或镀锌钢管顺栽培行埋入土中，立柱长 3.5 米，埋入地下 50 厘米，地上高 3 米，每相隔 5～6 米立一根立柱。立柱之间拉 8～10 号镀锌钢丝，距地面每隔约 50 厘米拉一根，以利于修整树形。

7. 栽植时间 无花果栽植时间应当充分考虑当地气温条件。无花果发芽和新根生长较其他果树迟，在地温达到 9～10℃时开始发根。栽植通常选在春季进行，但在气候温暖的南方地区，秋、冬季也可以进行栽植。在较冷地区，春季栽植较冬季栽植树体增重快，长势旺盛；早春栽植较晚春栽植发芽早，但长势差。且冬季栽植易发生冻害，应当及时培土防寒。晚春应当是无花果栽植的最佳时期。

8. 定植 由于无花果为扦插种植，没有主根，且须根多，根系浅。定植时，应当深挖定植坑令土壤疏松，浅埋苗木保障根系透气性。定植穴深 50～70 厘米、直径 60～80 厘米，穴底部铺垫草、麦秸秆，每穴施入有机肥 25～30 千克、过磷酸钙 2 千克，与土壤混匀。定植后培土压实，灌足底水，在树盘覆草或覆盖地膜，保墒增温，促进成活。在盐碱地栽植时，土壤表层使用稻草、麦秆进行覆盖，或者间作紫花苜蓿、黑木草、荠菜等耐盐绿肥以抑制土壤返盐。

定植后，根据选用的不同树形进行定干，丛状形树形 10～15

厘米定干，X形、Y形、“一”字形、自然开心形40～50厘米定干。及时定干有利于减少植株水分蒸发，促进植株早发芽和侧枝旺盛生长，结果株率和成熟果率也将有所提高。无花果定干后，可促进剪口下1～6节发枝，其中剪口下1～2节萌发的枝条生长最为旺盛。

（二）高效土肥水管理技术

无花果原产于阿拉伯半岛的半沙漠地区，适应干燥的生长环境，根系发达，抗旱不抗涝。生产上使用的无花果苗木均为扦插自根苗，主根少而侧根发达，根系不深，主要分布在30～40厘米。无花果年生长量大，养分需求量高，对肥料有较高要求。

1. 土壤管理 无花果根系发达，对土壤适应性强，在沙土、壤土、黏土中均能生长，在弱酸性或弱碱性土中也可正常生长。但更偏爱土质深厚肥沃、排水良好、pH在7.2～7.5的沙壤土。无花果生产中多采用扦插育苗的方式，所育扦插自根苗没有主根，只有发达的侧根，根系主要分布在30～40厘米的土层，属于浅根系果树。建造适合无花果生长的果园，要求土壤疏松、透水、透气、保肥、保水，以利于根系发育。果园土壤全盐量在0.2%以下时对无花果生长没有影响，0.3%时有轻度危害，0.4%以上时有严重危害，生长受抑制、叶片发黄、边缘干枯。

（1）土壤深翻 优质的土壤结构有利于根系的生长以及植株的发育。在果园种植之前，应当深翻土壤，令土壤透水、透气，改善土壤生长环境。尤其是无花果根系的生长对氧气需求高，对缺氧敏感，极不耐涝，对土壤透气性有较高要求。土壤深翻在无花果园中尤为重要。

在山岭丘地和黏土区种植无花果，初果期也应进行深翻。采用隔行或隔株方式深翻2～3次，深度40～50厘米，熟化根际土壤。土壤深翻结合秋冬季施基肥进行，可有效增加土壤有机质以及氮、磷、钾含量，有利于根系生长。还可采用扩穴深翻、全园深翻或开沟深翻等方式进行。无花果根系浅，深翻易断根，但由于其根系发达，成龄果树的断根率控制在20%以下，便不会对树体生长造成影响。

（2）中耕除草 无花果采收期长，果园长期有工作人员进入，地面受到踩踏易发生板结，破坏土壤结构，影响土壤透水、透气性。对土壤及时进行中耕除草，可以改善土壤结构，恢复上壤透水、透气性，减少土壤水分蒸发，防止土壤盐碱化，以保持良好的根系生存环境。同时，中耕除草可防止杂草与树体争夺水分和养分，以保障树体生长需求。幼年果园可在春、夏、初冬分别进行一次中耕除草。初冬中耕同时进行培土，防止冻害。成年果园在休眠期间进行一次中耕工作，在干旱、半干旱的果园应在浇水后进行中耕松土，在雨水多的果园应结合除草进行中耕。

需要注意的是，无花果对除草剂敏感，若使用除草剂进行除草，要选无风晴朗天气进行喷药，避免药液喷洒到枝叶上发生药害。

（3）覆盖 夏季对果园实行覆草，可以降低地表高温，抑制杂草生长，减少土壤水分蒸发，防止水土流失，避免土壤干旱。无花果抗寒性差，冬季在果园及时进行土壤覆盖，有利于保持地温，降低寒冷天气的不良影响，保障无花果正常生长发育。中耕杂草也可以覆盖在树盘上，协助树体顺利越冬。

覆盖材料可以使用杂草、稻草、树叶、锯末、麦糠皮、绿肥、塘泥等，厚度为20厘米左右。根据园区情况，可采用树盘覆盖、行间覆盖或全园覆盖等模式。

（4）行间生草 行间生草可以改善土壤结构，增加土壤含氮量和有机质含量。盐地种植无花果，通过行间生草还可以达到抑制土壤返盐和降低土壤含盐量的目的。山丘地果园进行行间生草，可以改善墒情，保持水分，防止水土流失。

2. 肥料管理 无花果植株年生长量大，枝条粗壮，叶片肥大，营养生长旺盛，且结实率高，当年枝可结果，果实负载量大，对养分需求高。所以，种植无花果需要大量的肥料以满足植株生长需求。无花果植株对钙需求较高，对磷需求较低。无花果对养分元素的吸收比例为 N∶P∶K∶Ga∶Mg＝10∶3∶12∶15∶3。施肥量可按照目标产量计算，每 100 千克果实需要施氮 1.06 千克、磷 0.8 千克、钾 1.06 千克。具体施肥量根据土壤情况进行调整，即在同一片园区内，树势强的植株应少施，树势弱的植株应多施。幼树期要注意不要施肥过多，避免新梢徒长，枝条不充实，耐寒力下降。

(1) 基肥 基肥施用量占全年施肥量的 50%～70%，宜在休眠期施用，通常在叶片脱落前后施入，即每年的 10 月中旬至 12 月。在行间或株间挖宽 30 厘米、深 30～50 厘米的条状沟或环状沟施入基肥。基肥一般采用有机肥与化肥配合使用方式，以有机肥为主、化肥为辅。幼树单株可施用纯氮 30～50 克、五氧化二磷 40～50 克、氧化钾 20～30 克，成年无花果园每亩补充纯氮 6～13 千克、五氧化二磷 8～10 千克、氧化钾 5～10 千克。

(2) 追肥 无花果的营养生长与生殖生长同步进行。同一新梢自下而上的叶腋内能持续发育出果实，果实成熟期不一致。枝梢生长伸展期和果实收获期均很长，施肥同样需要一个长期且稳定的过程。故每年应多次追肥，追肥次数可达 7～8 次，夏果及秋果果实迅速生长期之前追肥尤为重要，3 月下旬追肥量最大，以氮肥为主，约为 3 000 千克/公顷，以促进萌芽及新梢生长。果实成熟期在 8～10 月，应追肥 2～3 次，以磷、钾肥为主，每次用量为 225～300 千克/公顷。

土壤追肥采用与基肥相同的方式，在行间或株间挖施肥沟施入。同时可以喷施叶面肥作为补充。叶面喷施 0.3%～0.5%磷酸二氢钾或以氮、钾为主的复合肥，可达到增大果实、减少裂果的目的。

由于无花果树体生长量大，每年生长初期都需要大量氮肥，4月下旬至5月上旬追氮肥可以促进秋果发育，但7月下旬以后应减少肥水，控制枝条过快生长，避免产生过多秋果。过晚发育的果实有可能在降温前尚不能成熟，这是无花果有别于其他树种的典型特点。控制秋果产量，还可保持来年夏果密度，以免造成树体内膛空虚。入秋以后不宜再施用速效氮肥，防止延迟秋梢生长期，这将不利于树体停止生长并落叶进入休眠期，对于北方种植无花果来说尤为重要。

3. 水分管理 无花果原产于半沙漠地区，根系发达，抗旱性强。但由于其叶片大，夏季高温时水分蒸腾量也高，若遇长期干旱，土壤水分供应不足，也会影响植株生长。为保障树体正常生长，维持果实的生长发育，实现高产优产，仍需要及时补充水分。但无花果根系的生长对氧气需求高，对缺氧敏感，极不耐涝，浸水2～4天就能窒息死亡，所以在降水量高的地区建立的无花果园应注意及时排水，防止产生涝害。

(1) 灌溉方式 选择灌溉方式应当充分考虑无花果树体对水分需求的生理特点、当地气候环境条件、果园水源条件以及地形地势的因素，因地制宜进行选择。灌溉方式主要有地面灌水、滴灌和喷灌。

①地面灌水。该方法操作简单，投资低，但耗水量大，土壤易板结。由于无花果根系对氧气需求高、对缺氧敏感、不耐涝，若使用大水漫灌的方式，容易造成无花果根系缺氧窒息，影响树体生长。在无花果园应尽量避免使用大水漫灌的方式。如果缺少滴灌或喷灌条件，可使用沟灌或穴灌的方式进行。一次浇水不可过多，应注意保持土壤透气性，维护根系的生长环境。

②滴灌。在果园内安装管道系统，管道顺着树行方向排布，管道上布有滴头，水流通过滴头持续浸润土壤，令土壤保持湿润，满

足树体生长发育对水分的需求。采用滴灌方式，可显著减少用水量，且不会因水量过大导致土壤板结。

③喷灌。利用高压喷头向果园喷水。喷灌不但可以节约用水量，还可以调节果园小气候以及生态环境，令空气保持湿润，并可降低夏季高温。使用喷灌的方式，土壤不易积水和板结，可保持透气，在高温干旱地区和地形复杂的山地丘陵缺水地区尤其适用。

（2）灌溉时间

①发芽与新梢抽生期。每年4～5月，夏果迅速膨大，枝芽萌发，也是新梢、幼叶生长和秋果花芽分化的时期。这个时候如果水分不足，则会影响夏果发育，使产量和品质降低，并影响树体萌芽数、新梢长度以及全年收成，是无花果需水临界期。有春旱的地区或年份，应及时为无花果植株灌水，满足树体水分需求。

②新梢快速生长期。夏季高温季节的7～9月是无花果新梢生长最快的时期。新梢基部果实开始成熟，中上部的果实也逐渐膨大，树体对水分的需求量大。如果遇到降水少的年份，应及时补水，保障新梢生长与果实发育的正常需求。

③树体越冬前。由于无花果树体抗寒性差，在冬季气温骤降之前，应及时补充冻水，令树体经受低温锻炼，减轻树体低温伤害。

（3）排水　无花果树抗旱但不抗涝，如遇连续降水，土壤排水不畅，会对树体生长造成严重影响。如果果园积水或地下水位过高，无花果树根系缺氧窒息死亡，叶片凋零脱落，严重者会造成树体死亡。若在果实成熟期降水量过高，会导致果实含糖量降低，品质下降，也可造成裂果，失去商品价值。所以在雨季需要特别注重无花果园排水工作。

果园不要建在洼地或地下水位过高的地方。园地规划时合理规划排水沟，在降水量大的时候可以及时将积水排出果园，避免果园积水对树体根系造成不利影响，保障适宜的树体生长环境。

三、省力化树形及整形修剪技术

整形修剪是无花果栽培中不可或缺的重要环节，不同的整形修剪方式将会对无花果生长、果实发育、果实产量品质等有着不同的影响。在生产上应根据无花果的栽培方式、植株所在地、品种特性等因素选择适宜的整形修剪方式，避免树体营养生长与生殖生长失衡和树冠郁闭，改善光照条件和空气流通状况，提高光能利用率，合理调节营养物质分配，促进树体生长和提高果实产量及品质。培养合理的无花果树体结构是获得持续丰产的关键因素。

（一）整形修剪原则

1. 因树修剪，灵活造型 无花果修剪时根据每株果树的实际情况，灵活运用适宜的整形修剪方法，合理利用空间。

2. 统筹兼顾，长远打算 统筹兼顾营养生长和生殖生长，既要长树也要结果。树形不是一年就可以最终形成的，往往要3～4年，应采用兼顾当前和长远的修剪措施。

3. 三稀三密 树冠上部枝条稀，下部枝条密；树冠外围枝条稀，内膛枝条密；大枝条稀，小枝条密。

4. 各级枝条分布合理，平衡树势 各级枝条要有主有从，保持良好的主从关系，树势均衡，侧枝弱于主枝，上层弱于下层。

5. 轻重结合，以轻为主 根据每株树的实际情况确定修剪程度，轻剪与重剪相结合，以轻剪为主。

（二）无花果常见树形及修剪方法

1. “一”字形树形

(1) 树体结构 北方地区栽培生产中主要推广的一种栽培树

形。主干高 40～50 厘米，主枝 2 个，分别向两边行间呈 180°伸展（图 4-1）。

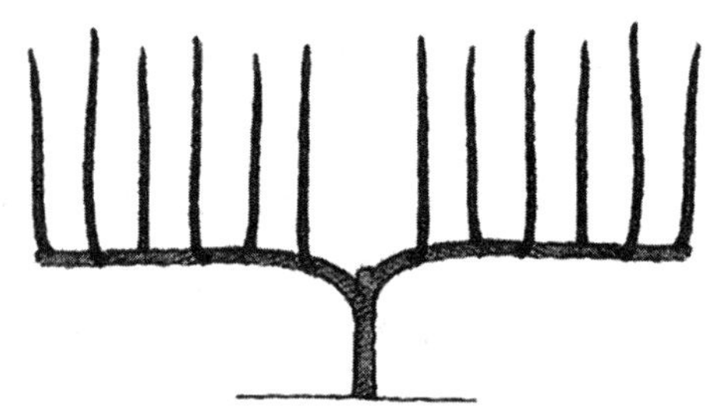

图 4-1 “一”字形树形

（大森直树，2013）

（2）优缺点 适用于密植园、保护地、庭院和行道两侧栽培，树势较强、枝条生长旺盛、易结果的品种可以采用该树形。该树形树冠矮小紧凑，便于采摘，抗风害，较易管理；但结果部位易外移，树势衰弱快，树冠下部光照差，早成熟果实着色不良。低干“一”字形整枝，适合北方无花果园培土防寒越冬，也可用作物秸秆或毛毡包裹枝干后再用塑料薄膜包裹，既可防冻又可保持树体水分。

（3）整形修剪方法 苗木定植后，当新梢生长到 15 厘米时，顺行保留 2 个长势较强的新梢使其分别向两边行间呈 180°伸展培养为主枝，其余全部抹除。可用竹竿或铁丝固定两大主枝以确定其延伸方向和开张角度，两主枝的生长势尽量保持平衡。当年冬季修剪时，保留枝长约 2/3 进行短截，剪口处留饱满侧芽。翌年春季树液流动前（4 月中旬），在地上约 20 厘米高处架设 8～10 号铁丝引缚主枝，将主枝用布带绑缚于铁丝上，撤去之前牵引用的竹竿或铁丝。主枝上的芽萌发后，间隔 20 厘米交叉选留萌芽培养为结果枝，其余芽尽早抹除，两大主枝最先端发生的新梢作为主枝延长枝，用支柱斜向上引导，防止先端下垂早衰。选留的结果枝长至 1.0～

1.2 米时，架设第二层铁丝引导固定。夏季可视生长情况及时除萌蘖、除副梢，通过摘心控制生长势，促进果实成熟。冬季修剪时，主枝延长枝视株距在饱满芽处回缩控制（以相邻主枝接近但不重叠为准），主枝上的结果枝在基部保留 1～2 个芽重截，剪口芽留外芽。第 3 年春季，主枝延长头继续延伸，结果母枝上的芽萌发后，间隔 20 厘米左右交叉选留稍有开角的结果枝进行配置。冬剪时，对主枝延长头继续进行回缩控制，结果母枝在基部留 1～2 个芽重截。此后，每年对结果母枝保留 1～2 个芽重截或回缩，同时防止结果母枝远离主枝。此种修剪方式适宜于需要进行埋土防寒或进行保护地栽培的不耐寒但耐修剪品种，如玛斯义·陶芬等。

2. 丛状形树形

（1）树体结构 植株比较矮小，无主干，呈丛生状（图 4-2）。

图 4-2 丛状形树形

（曹尚银，2002）

（2）优缺点 该树形适用于发枝旺、枝条生长量大、抗寒性较弱、较耐修剪的品种，如布兰瑞克。树冠低矮适用于风大地区以及北方保护地栽培，便于密植，但是通风透光性较差，结果部位低，影响果实品质。

（3）整形修剪方法 苗木定植后在基部高 10 厘米处重截，促进基部发枝，从所发枝条中选留 3～5 个作为丛生主枝，并依次培养侧枝和结果枝组，当年就可结果。以后再在各条主枝上进行短截，促其再发新枝，用以扩大树冠和培养结果枝组。

3. X 形树形

（1）树体结构 主干高度约 50 厘米，树高 1.5～2.0 米，由 4 个斜平主干构成，呈 X 形。两侧间隔 20 厘米配置结果母枝，同侧间隔 40 厘米配置结果母枝（图 4-3）。

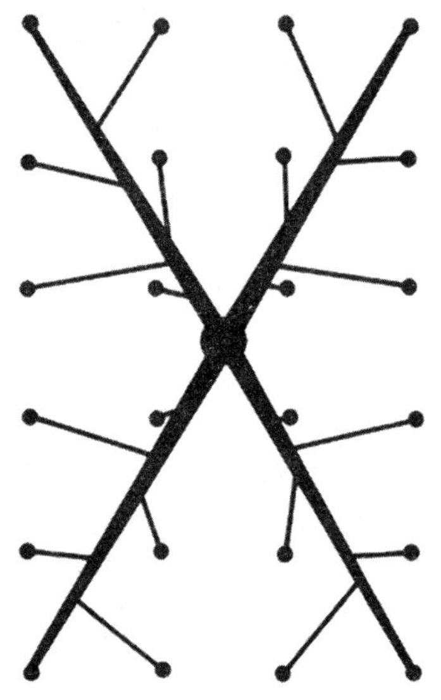

图 4-3 X 形树形

（株本辉久，1996）

（2）优缺点 通风透光性较好，结果面积大，产量高，但整形要求严格，更新难，枝条在株间交叉严重时应适时间伐。

（3）整形修剪方法 苗木定植后于距地面约 50 厘米处定干。萌芽抽枝后，选留 4 个方位角度合理且对称的健壮新梢作为主枝培养。当主枝长度大于 50 厘米时，将主枝分别向 4 个不同方向拉成平枝，呈 X 形，主枝前端稍高，以利于主枝延长生长。第 2 年春季，分别在 4 个主枝上对若干侧枝进行短截，作为当年结果枝或补充翌年结果母枝的数量。从第 3 年开始每年短截延长枝，同时剪除过密枝、无用枝及干枯枝。对高位结果母枝短截，留较弱的枝或芽当头，抑制生长势；低位结果母枝长放修剪，促进生长平衡。主枝基部的结果母枝必须留内芽或侧芽，否则侧枝伸出畦外，操作管理不方便。

4. Y 形树形

（1）树体结构 该树形树高 50～60 厘米，主干高 40～50 厘米，在主干上培养 2 个与行向呈 45°夹角的主枝，每个主枝培养1～3 个侧枝，数量依定植密度而定（图 4-4）。

图 4-4 Y 形树形

（大森直树，2013）

（2）优缺点 适于密植栽培，易于修剪和采摘，但坐果过多时树易劈裂，需控制果实数量。

（3）整形修剪方法 苗木定植后于距地面 40～50 厘米处定干。萌发抽条后，选留 2 个方位角和生长势较理想的分枝作为主枝培养，及早疏除其他芽，主枝方向角度尽可能与行向呈 45°夹角。当主枝长度超过 40 厘米时，重摘心以促发二级主枝。翌年春季，对外侧长有饱满芽的二级主枝进行短截以促发侧枝，每主枝选留 3～4 个新梢。从第 3 年开始每年对主枝延长枝进行短截，以促发健壮枝，侧生枝按 20 厘米间距交叉配置，同时剪除过密枝、无用枝及干枯枝。

5. 多主枝开心形树形

（1）树体结构 主干高度40～60厘米，无中心干，树高2.5～3.5米，全树3～4个主枝，均匀向3～4个方向伸展，树冠呈圆头状。主枝按二叉式分枝，可分级成4～6个二级主枝。每个主枝上均培养2个外侧枝。主枝与主干成30°～45°，侧枝与主枝成50°（图4-5）。

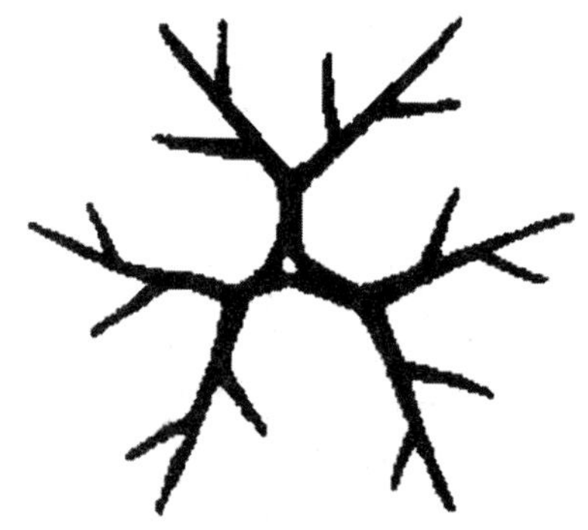

图4-5 多主枝开心形树形

（曹尚银，2002）

（2）优缺点 适用于夏秋果兼用、生长势强的品种，如青皮。侧枝寿命长，成型快，早期丰产，骨架牢固，通风透光性较好，果实着色好，结果面积大；但是风大地区不宜采用该树形，随生长量增加，树体易过大，采收不方便，下部不易结果，结果部位严重外移，果实品质下降。

（3）整形修剪方法 幼苗定植后，于40～60厘米高度定干。如果为庭院栽培，定干可适当高些；作为盆景观赏栽培，可根据不同需要进行定干和选择适宜的、有观赏价值的树形。新定植的幼苗抽生新梢后，选择3个角度和方位适宜的新梢作为主枝，其余新梢摘心后用作辅养枝，多余的疏除。所选留的3个主枝，应相互错落，不能重叠，分枝角度也不宜小于 60°，以免与主干结合不牢而造成劈裂。第 2 年冬季修剪时，应注意调整各主枝间的长势使其平衡，强枝修剪宜稍重，弱枝修剪宜略轻，年生长量小于 40 厘米的，可不短截。主枝延长枝的剪口芽，一般多留外芽，但弱枝或开张角度较大的枝条，也可选留内向芽。为使各主枝间的长势均衡且各主枝生长健壮，应及时控制或疏除主枝延长枝附近的强旺新梢，其余新梢，可选角度适宜的留作侧枝。第 3 年及其以后的修剪，主要是促进树冠扩大，调整主、侧枝的平衡长势，选留辅养枝，充分利用空间和光、热资源。树形形成后，则主要是通过修剪，维持树势均衡。及时疏除无用的徒长枝；准备利用的徒长枝，则应及早摘心，促进枝梢充实和萌发分枝。

6. 自然开心形树形

(1) 树体结构 主干高 40～50 厘米，主枝 3～4 个，分别向四方延伸。枝间夹角，三主枝为 120°，四主枝为 90°。主枝上再配侧枝和结果枝组，树高 2.5～3.5 米（图 4-6）。

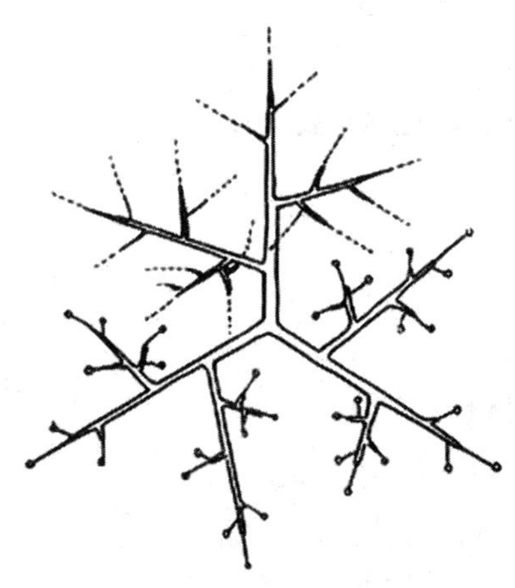

图 4-6 自然开心形树形
（株本辉久，1996）

（2）优缺点 适用于无风害或风害较轻的地区，可早产丰产。优点是骨架牢固，通风透光好，果实着色好，结果面积大；缺点是随着生长量的增加，树体过大采收不太方便，下部光秃严重，结果部位严重外移，果实品质下降，需要注意回缩更新。自然开心形树形适用于夏秋果兼用、生长势强的品种（如青皮），但风大地区不宜采用。

（3）整形修剪方法 苗木栽植当年，于距地面40～60厘米处定干。萌发抽条后，选留方位角和生长势较理想的3个分枝作为主枝培养，均匀分配在主干3个方向，主枝开张角度40°～45°，及早疏除其他芽。冬剪时每个主枝上选留两个相对侧生枝作为主枝延长枝，在饱满芽处剪留，其余枝条，距离主枝近的疏除，远的进行短截。第2年主枝长度约40厘米时摘心以培养结果枝组，冬剪时主枝延长枝留60厘米短截，其余枝条留2～3个芽进行短截。第3年每个主枝留3～4个内侧枝，冬剪时主枝延长枝于40厘米处短截，其他枝于20厘米处短截。第4年，新梢按第3年处理，每株选留25～30个结果枝，主枝上侧生枝按20厘米间距交叉配置。冬剪时主枝和侧枝前端于20～30厘米处短截，其余结果母枝留2～3个芽进行短截。5年以后，每株保持50～60个结果枝。

7. 杯状形树形

（1）树体结构 主干高30～40厘米，整形带15～20厘米，主干上端错落分布3个主枝，其中1个主枝朝向正北方，主枝呈仰角45°～50°，主枝间平面夹角各120°，同一级侧枝选留要在各主枝的同一侧（图4-7）。

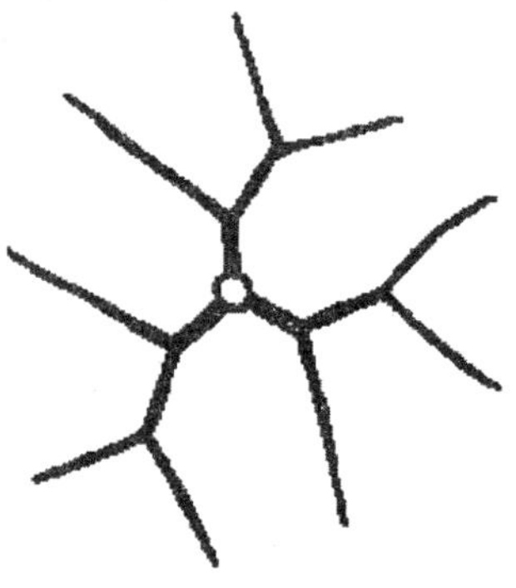

图4-7 杯状形树形

（曹尚银，2002）

（2）优缺点 树冠较低，不易受风害，管理和采收方便，但结果部位平面化，结果量较低，生长过旺容易导致成熟期推迟，果实小且着色不佳。

(3) 整形修剪方法 苗木定植后于距地面50～60厘米处定干。抽梢后选留3个主枝，其中1个主枝朝正北方伸延，主枝长至70厘米时，在60厘米处摘心促发侧枝。第1年冬剪时，每个主枝上留两个相对侧生枝条作为主枝延长枝，6个主枝延长枝在饱满芽处短截。同时疏除距离分枝处近的枝条，短截距离稍远的枝条促进三股部位抽生结果枝。第2年夏天疏除主枝上的徒长枝和直立枝及6个主枝延长枝上过密的副梢，保留的枝条长至25～30厘米时摘心以培养结果枝组。第2年冬剪时疏除徒长枝和扰乱树形、影响骨干枝的枝条。主枝延长枝在2/3处短截或剪留约50厘米萌发副梢，以外向副梢取代原主枝延长枝，副梢短截时要保证能够抽发新的枝条。在主枝外侧间隔约1米处留1个侧枝。剩余枝条按各类枝组要求修剪。第3年夏剪时，疏除直立枝、徒长枝和过密枝，控制竞争枝的生长，在主枝上选留内侧枝，其余枝按结果枝修剪，培养成各级枝组。第3年冬剪和第2年基本相同，选留好内、外侧枝，在侧枝上培养好结果枝组。第4年树形已初步成形，骨干枝的延长枝短截长度适度加长，内侧枝长度不宜过长，外侧枝长度控制在100～120厘米。主枝上可分布全部类型结果枝组，侧枝以中、小型结果枝组为主。

8. 主干无层形

(1) 树体结构 由主干和主枝构成，干高40～50厘米，一般有10～15个主枝，主枝不分层，呈螺旋状排列，开张角度45°～60°，主枝一般再分2～3个侧枝（图4-8）。

图4-8 主干无层形

（曹尚银，2009）

(2) 优缺点 该树形属中冠树形，常用于稀植园，树体能够充分发育，主枝稀疏交错排列，透光性好，产量高，但修剪量较大，耗时较长。

（3）整形修剪方法 定植后定干高度约为60厘米，翌年选留主干和不同方向的主枝。主干一般选用剪口附近第一芽萌发的枝条，在主干约60厘米饱满芽处进行短截。选留方向、位置、角度适合及生长势强的新枝作为主枝并进行短截，截留长度约为50厘米，剩余枝条不剪。以后每年继续培养主干和不同方向、部位的主枝，每个主枝选留2～3个侧枝。

9. 自由小冠疏层形

（1）树体结构 干高60厘米以上，树高3～3.5米，全树有8个主枝，分2～3层排列，第一层3个，第二层1～2个，第三层1个（或无第三层）。第一层和第二层层间距40～70厘米，第二层和第三层层间距60～80厘米。第一层的层内间距15～20厘米，第一层主枝上有1～2个小侧枝（也可没有侧枝）。第二层以上各主枝上不留侧枝，只保留较大的枝组。没有第三层时，可适当加大层内和层间间距。这种树形结构与过去的疏散分层形相似，但留枝量少，对主、侧枝的处理和修剪程度及方式等都与纺锤形树形相近。

（2）优缺点 树体矮小，骨架紧凑，通风透光，管理容易，适宜密植园。但需注意负载合理，防止形成大小年，维持中庸健壮树势。

（3）整形修剪方法 定植后定干约40厘米，选留上部直立新梢作为中心干，同时选留方位角和生长势较理想的3个分枝作为主枝培养，并将第一主枝以下萌芽全部抹去。第2年在第一层主枝上方约100厘米处选留3个方向与第一层主枝相互错开的新梢做第二层主枝。第一层主枝每个主枝两侧各留1个侧枝，间距约40厘米。第3年在第二层主枝上方约80厘米处选留2个较水平的新梢做第三层主枝，同时剪除中心干延长枝。第二层主枝每个主枝两侧各留1个侧枝，间距约40厘米。第4年，第三层主枝可培养1个较小的侧枝或直接培养结果枝组。

（三） 无花果不同季节修剪技术

1. 无花果冬季修剪常用技术

（1）短截 剪去一年生枝一部分的修剪方法称为短截。短截以利于在适当部位抽生分枝，可促进新梢的长势，增加分枝的生长长度，加强营养生长，有利于形成理想树形。

（2）回缩 将多年生枝剪除一部分称为回缩。回缩修剪主要在弱树弱枝上应用，通过回缩，减少枝条外围或先端的枝芽量，引光照深入内膛，改善树冠的光照条件，对留下来的枝芽生长和开花坐果有促进的作用。这种促进作用因回缩剪量大小、回缩程度和枝条强弱不同而异。回缩剪量大、回缩程度重，促进作用也大；反之，促进作用则小。回缩多用于无花果主干枝、结果枝组的培养和更新。

（3）缓放 放任一年生枝条自由生长即为缓放。缓放能够缓和树势，增加结果枝组。

（4）疏枝 从基部剪除枝条称为疏枝。疏枝可以改善冠内通风透光条件，减轻和缓和先端的极性优势，减少营养的无益消耗，集中养分促进花序分化和果实发育。疏枝主要疏除背上旺枝、过密侧枝、细弱枝和徒长枝。无花果幼树整形期间宜少疏，锯除盛果期对于必须疏除的大枝时要修光伤面，并涂抹伤口保护剂，以利于伤口及早愈合。同时，一年内一次，不宜疏除过多，以免削弱树势。

2. 无花果夏季修剪常用技术

（1）摘心 新梢未木质化时摘除先端部分即为摘心。摘心能抑制新梢生长，减少枝条长度，促进萌芽分枝，增加大枝或骨干枝基部的分枝。新梢旺长时期摘心可促生二次枝，有利于扩大树冠，多用于幼树。此外，为了促进当年新梢生长成熟充实，可在新梢缓慢生长期摘心，促进花芽的分化，有利于果实的提早成熟，并能提高单果重。摘心时期一般在 7 月中旬至 8 月上旬为宜。

(2)截梢 剪去较长一段新梢尖端称为截梢。截梢可抑制枝梢生长，节约养分，提高坐果率，促进枝干增粗。

(3)抹芽 抹芽即将侧芽从枝条上去除。抹芽目的主要是减少养分消耗，防止萌发芽抽生的枝着生在不利部位而影响树冠光照。抹芽时期宜早，可减少贮藏养分的消耗，树势中、弱的树更应尽量抹芽，以利贮藏养分集中供应留芽抽生壮枝。树势强的树，发芽期稍迟，而且往往参差不齐，抹芽时期可适当推迟，待长一段时间后，去除过强的芽，选留生长一致、中偏强的芽生长。

(4)疏梢 新梢生长时，疏除位置不当的、过密的嫩梢称为疏梢。疏梢能调节树冠枝叶花果分布，提高坐果率。

(四)不同树龄无花果树的修剪技术

1. 幼树的修剪 对幼树枝条的修剪尽量从轻。夏季对旺枝进行摘心以促进形成结果母枝，利用延长枝外芽开张角度。建立牢固的骨架是幼树期修剪的主要目的之一，修剪时枝条分布要合理，使各级枝组从属关系分明。

2. 初果期树的修剪 初果期树的修剪应尽快完成树形的构建，扩大树冠并培养结果枝组。冬季短截骨干枝和延长枝以促发新枝；夏季多运用摘心和短截，促进树体中下部多发枝，培养结果母枝。

3. 盛果期树的修剪 这一时期应综合利用多种修剪方法平衡树体营养生长和生殖生长，适当增加修剪量，强化结果母枝的生长并培养新结果母枝。骨干枝缩剪到二年生枝或三年生枝，在此基础上促生一年生枝，2～3年后再进行缩剪，保持树体生长旺盛。结果母枝可适当重剪，及时进行更新，以稳定产量。

4. 衰老树的修剪 衰老树应及时更新复壮，对潜伏芽和徒长枝进行培养，2～3年即可恢复树冠，截除大枝时要保留方向和角度适宜的分枝。

四、北方地区越冬防护技术

（一）露地栽培越冬防护技术

无花果耐旱、耐盐碱，但不耐严寒。当气温降至－10～－3℃时幼树和当年生枝易受冻，气温下降到－15℃左右时，成龄树地上部全部冻死。在新疆地区，气温下降至－15～－12℃时地上部受冻，－22～－20℃时根系受冻，严重的将整株死亡。若无花果生长前期管理措施不当，则枝条发育不充实、贮存营养不足，导致抗寒能力下降，冬季和早春极易发生冻害。因此，加强无花果抗寒越冬防护是生产中的重中之重。

在北方地区，无花果防寒措施不可或缺，不同地区可因地制宜采用多重防护措施，可更好地提高无花果防冻抗冻能力。

1. 冻害及抽条产生的原因 冻害是农业气象灾害之一。植物越冬期间，在低于0℃的严寒条件下，植物原生质遭到破坏，导致植株受害或死亡，称为冻害。果树冻害主要是受寒潮的影响，果树未经抗寒锻炼时出现强降温天气会造成严重冻害。另外，由于冬季白天阳光照射，树体枝干向阳面温度上升，皮层组织细胞解冻，夜间温度又急剧下降，组织冻结。如此一化一冻引起树体损伤，冬季日灼实际上就是一种冻害。还有果树蒸腾要消耗许多热量，失水后抗寒能力降低，也易产生果树冻害。

抽条的原因主要有三点。一是气候因素。晚秋初冬低温来临早，突然降温使枝条得不到充分的抗寒锻炼；冬季气温变化频繁，忽高忽低；早春空气干燥多风，加剧了枝条蒸腾失水，根系吸水供不应求。二是肥水管理不当。观察发现，抽条较重的树多是生长后期未控制氮肥的使用、灌水频繁或降水量大而排水不及时的徒长树，这些树枝梢停长晚，养分积累少，发育不充实，抗寒、抗旱能力弱，极易抽条。此外，早春灌水早且次数多，地温回升慢，影响了根系对水分的吸收，水分代谢失调，也会加重抽条。三是保护措施不当。幼树不采取任何防寒措施，容易发生抽条。有的无花果园在树干周围培土防寒，但由于春季去除培土不及时，延缓了地温的回升，加剧了树体地下部和地上部水分的供需矛盾，也会导致抽条。冻害与抽条有内在联系。由于果树蒸发失水消耗本身热量，同时失水后抗寒能力降低，产生冻害的概率就大；由于果树枝条受冻，原生质遭到破坏，细胞组织失去生活能力，也极易失水产生抽条现象。

2. 冻害防范措施

(1) 栽种抗寒品种 北方地区露天栽培无花果时，不仅要考虑风味、成熟期和经济效益，还要考虑品种的适应性和抗寒性，青皮、布兰瑞克、波姬红等品种抗寒能力相对较强，适于露天种植。抗寒能力较差的品种需谨慎种植。

(2) 加强树体管理 无花果植株的抗寒能力与植株的营养水平有关。枝条充实、贮藏营养充足，植株抗寒能力强，反之则弱。在无花果生长期的肥水管理中应前促后控，即生长前期保证肥水供应，促使春梢健壮生长，生长后期合理调节肥水供应，并配合摘心、环剥等措施，避免新梢旺长、不充实，缓和树势，增加树体贮藏营养，增强植株抗寒能力。

(3) 埋土越冬 土壤封冻前，无花果经修剪后埋土越冬，埋土前需灌封冻水，可以稳定土壤温度，预防冻害发生。灌水方法可采用全园漫灌或树盘浸灌。

埋土防寒越冬可分为根部埋土、压倒直接埋土、压倒后盖草埋土和挖坑后压倒盖草埋土。

①根部埋土。结合封冻水封堰，在无花果根部培起直径 50～60 厘米、高度 20～30 厘米的土堆。

②压倒直接埋土。当年定植的幼树或树体较小的树，压倒植株用土将整个植株埋严，避免透风，一般土层厚度约 20 厘米。

③压倒后盖草埋土。将植株压倒，用干草完全覆盖，覆盖厚度8～10厘米，最后再将整个植株用干土埋严。

④挖坑后压倒盖草埋土。埋土时，先按树体大小挖1个坑，坑深20～30厘米，将植株压倒，从植株基部向上逐渐用力压弯，防止枝条折断，然后用树叶或干草等覆盖，覆盖厚度8～10厘米，最后把整个植株用干土埋严。

埋土时根据树形、树龄和当地多年最低温度选择适宜埋土方式。埋土不能有枝条裸露，也不能出现空腔，埋土上面可再加盖草苫、塑料薄膜等，以增强防寒效果。埋土越冬在北方地区适用，操作简单，但挖坑、埋土、撤土等操作劳动强度大，较费时费力。

（4）树干主枝涂白 冬季和早春无花果植株没有树叶遮挡，树干和大枝向阳面白天受阳光照射，温度上升，细胞解冻，夜晚温度下降，细胞重新冻结，造成树皮组织死亡。白色石灰可反射40%～70%的阳光，使树干昼夜温差不大，保持枝干内水分，减少冻害发生。

一般使用石灰硫黄涂白剂，配料比例为食盐∶硫黄∶生石灰∶水＝1∶5∶50∶200，先用水化开石灰，除去残渣，倒入溶解的食盐，再拌入硫黄充分搅拌均匀，为延长涂白效果可适量加入油脂或黏土等黏着剂。

涂白的方法：落叶后，用刷子将涂白剂从上到下均匀地涂在主干和大型分枝上，树干高度在0.6～0.8米为宜，大型分枝涂抹中下部。力求涂抹均匀，不能漏刷，以免降低防寒能力。涂白宜在晴天中午进行，雨、雪、大风降温天气不宜涂白，否则会降低防寒效果。

（5）树干包扎 在寒流到来前，用稻草绳、橡塑保温塑料薄膜等保温材料棉缠绕树干、主枝或用草把捆绑树干，预防严寒侵袭，减轻冻害。捆草时将草顶部用绳在树干上捆紧，下面撒开，不要整草扎紧，以防树干结冰，反而遭受冻害。在冻害严重的地区可采用 20 厘米低主干整形，将枝条捆绑下压，用草苫或地布覆盖防寒。

(6) 设置防风障 入冬封冻前可在树木的上风向架设风障。架设风障可阻挡寒风，降低风速，减轻无花果植株冻害的发生。风障采用的材料因地制宜，可用草苫、无纺布、彩条布、塑料布及阳光板等，也可用玉米秆捆编成篱或用竹篱加芦席。风障高度要超过树高，常用竹竿等支牢或钉以木桩绑住，以防大风吹倒。

(7) 营造防风林 在果园迎风面营造防风林，防风林与主风向垂直，乔木和灌木搭配合理，树墙高度 4 米以上，防风林是一项长期有效的抗寒防冻措施。

(8) 喷施防冻剂 果树防冻剂一般由石蜡、植物油、聚丁烯、黄腐酸、愈创木酚类物质组成，可提高果树抗寒能力，避免或减轻冻害。在寒流到来前或天气寒冷时，根据寒冷程度喷施浓度适宜的果树防冻剂，树干和枝条上也可涂刷 50～100 倍果树防冻剂，防止冻害发生。

(9) 熏烟法 春季发生倒春寒时，可采用熏烟法应对，熏烟法即利用烟雾减少土壤热量散失，可显著预防－5℃以上的低温产生的伤害。烟堆可使用锯末、秸秆、杂草等易发烟可燃材料，每亩果园至少设置 5 堆，均匀分布在各个方位。烟熏法要注意控制火势，避免烤伤树体，造成二次伤害。

3. 冻害补救措施

(1) 轻微冻害补救措施 结合冻害发生情况进行合理修剪，加强肥水管理促进树体生长。发芽前喷施多效灭腐灵防止枝干腐烂病，展叶后 7～10 天连续喷施 2～3 次生命素加少量尿素，减轻冻害损失。

(2) 严重冻害补救措施 如果地上部分已冻死，不要轻易挖除，地下部有可能未受冻害，可在距地面 5 厘米处全部剪除，使其重新抽生枝条，形成新的树冠。

（二）保护地栽培的保护措施

无花果栽培可利用加温温室、日光温室、塑料棚等保护设施调控环境因素，保证无花果生长所需的光、热等条件使无花果能够在北方地区正常生长并实现提前上市，创造更高的经济效益。保护地栽培控温时间可根据当地气候、品种特性以及果实成熟上市时间等灵活掌握。

1. 无花果保护地栽培方式

（1）加温温室 加温温室栽培对温湿度要求极为严格，生产过程中应加以注意。10 月下旬至翌年 3 月根据降温程度适时覆膜和加温，以保证无花果生长所需热量。展叶期间白天温度应保持在 30℃左右，夜间温度控制在 15℃以上。8 月下旬进行秋剪，促发结果枝。12 月下旬及时摘心，翌年 1～3 月即可采收上市。生产中应注意灌水，避免过于干燥与高温。

（2）日光温室 一般在 9 月上旬覆盖棚膜，10 月上旬夜间盖草苫、保温被等防寒材料保温，促进果实成熟。采收完毕后于 12 月上旬进行修剪，白天盖草苫、保温被等防寒材料降温，12 月下旬移除防寒材料升温。第 2 年 4～5 月进行疏芽和引缚，5 月上旬去除棚膜，6 月中旬进行摘心。7 月上旬至 11 月底采收果实。

（3）塑料棚

①小拱棚。可用于无花果越冬及前期生长，适用于较低矮的树形，一般可使采收提前半个月。

②塑料大棚。可用于无花果越冬、前期生长或整个生长期，根据实际情况合理选择棚膜覆盖时间。具有造价低、土地利用率较高、生产操作方便等优点，可提前上市或延后上市。

（4）枝芽套袋 3 月上旬无花果修剪后，可用强度较好的白色纸袋套入枝条 3～5 节，促使无花果提前发芽，避免枝条抽干。撤袋时不宜一次取下，应逐渐破袋以避免嫩叶受害。

2. 无花果保护地栽培温度调控

（1）无花果休眠期温度调控 秋冬季节，保护设施内平均温度不低于20℃时，无花果仍正常生长。果实采收后必须降温强制其休眠，可白天覆盖草苫使设施内温度保持在5℃左右，休眠期一般在12月上旬结束。

（2）无花果催芽期温度调控 保护地设施不同早春内部气温、地温回升速度也不同。不同地区要根据各自情况确定适宜的升温催芽时间。

催芽期前半个月保护地设施内温度不宜过高，白天温度保持在15～20℃，夜间加盖保温材料，温度保持在10℃左右。15天以后逐渐提高设施内温度，白天温度保持在28～30℃，夜间维持在15℃左右。催芽期间设施内湿度应保持在80%～90%，避免湿度过低引起枝条、芽眼失水，影响发芽率。

（3）无花果新梢生长期温度调控 无花果新梢生长期需调整好新梢生长和花芽分化的关系。需要进行低温管理，以利于花芽分化。

设施内升温的第2～3个月内，白天温度维持在25～28℃，夜间温度维持在13～15℃，平均温度在20℃左右。设施外气温逐渐升高，白天要注意通风降温，同时要注意设施内湿度保持在60%～80%。

（4）无花果果实膨大期温度调控 果实进入膨大期，设施外气温升高，昼夜温差缩小，夜间气温大于14℃时即可除去草苫等保温材料，加强通风降温或覆盖遮阳网降温，白天设施内温度不能超过30℃，白天气温过高时可采用叶面喷水降温。

（5）无花果延迟栽培温度调控 无花果秋果可进行延迟栽培。延迟栽培时设施内温度应达到果实发育所需温度，白天温度过高时放风降温、夜间加盖草苫等防寒材料保温。

3. 无花果保护地栽培提高地温的措施

（1）地膜覆盖 地膜覆盖可与加温温室、日光温室、塑料棚等保护地栽培配合使用，提高前期地温，促进根系生长，使无花果提早发芽。覆膜前要适量浇灌，清除杂草，透明地膜最佳。

（2）合理利用太阳光 白天太阳辐射是提高地温的关键措施，揭帘升温时应避免出现高气温、低地温，距离地面 20 厘米的土层温度不能低于 10℃。

（3）地下热交换系统 地下热交换系统可使设施内上层热空气通过高压通风机进入地下管道，降低设施内温度，从而有效利用热能提高地温。

五、主要病虫害防控技术

（一）常见病害

1. 炭疽病

（1）危害症状 炭疽病可危害叶片和果实。叶片发病时产生近圆形至不规则形褐色病斑，边缘颜色稍深，叶柄染病初变暗褐色；果实染病在果面上产生圆形褐色凹陷斑，病斑四周黑褐色，中央浅褐色，表面呈现颜色深浅交错的轮状纹，病斑增大后，病斑中心产生突起的小粒点，初为褐色，后变为黑色，呈同心轮纹状排列，逐渐向外扩展，果实软腐直到腐烂，有时干缩在树上形成僵果。

（2）发病规律 病原菌以菌丝体在无花果病梢组织内和树上僵果中越冬，翌年春天，在适宜的温湿度条件下即可产生分生孢子。在低温多雨的环境中，借助风雨、昆虫传播，侵害新梢和幼果，进行重复侵染。此病在整个生长期间均可发生。天气潮湿、阴雨连绵能促使病害大面积发生。果实最初感病，由于症状不明显，较难被察觉到，直至 9 月果实接近成熟，病斑迅速扩展，田间发病明显加重。

（3）防治方法 疏松土壤，保持果园通风透光良好；及时清除病叶落叶、僵果、落果，剪除病枝并集中烧毁或深埋；施足腐熟有机肥，增施磷、钾肥，增强树势；果树休眠期可选择的药剂有 3～5 波美度石硫合剂或 30％戊唑·多菌灵悬浮剂 600 倍液；果树生长期可选择的药剂有 10％苯醚甲环唑水分散粒剂 1 000 倍液、70％百菌清可湿性粉剂 800 倍液、80％福·福锌可湿性粉剂 500～600 倍液或 1∶2∶250 的波尔多液等，药剂可轮换喷洒，喷洒的重点为已经结果的母枝。

2. 枝枯病

（1）危害症状 该病主要发生在主干和大枝上。发病初期症状不易被发现，病部稍凹陷，可见米粒大小的胶点，逐渐出现紫红色的椭圆形凹陷病斑。以后胶点增多，胶量增大，胶点初呈黄白色，渐变为褐色、棕色和黑色，胶点处的病皮组织腐烂、湿润、黄褐色、有酒糟味，可深达木质部，后期病部干缩凹陷，表面密生黑色小粒点。发病严重时，可导致结果枝生长不良，落叶枯死。冻害往往是诱发该病的重要因素。

（2）发病规律 病原菌主要以菌丝体、分生孢子器在树干病部组织中越冬。翌年 4 月，病部溢出孢子角，借风雨和昆虫传播，主要经伤口侵入，也可通过皮孔、叶痕侵入。4～5 月为病害发生盛期，6 月以后因树势生长旺盛病原菌受到抑制，8～9 月病害发展严重。冻害往往是诱发该病的重要因素。土壤黏重、排水不良、缺乏农家肥的果园，该病危害严重。

（3）防治方法 选用抗病性强的优良品种；新植和改植时杜绝使用患病苗木，及时清除并烧毁病枝，减少侵染源；疏松土壤，及时排水，保持果园通风透光良好，必要时要对土壤进行消毒；发芽前为保护树干，可施用 3～5 波美度石硫合剂、70％甲基硫菌灵可湿性粉剂 800～1 200 倍液、80％代森锰锌可湿性粉剂 400～600 倍液等药剂。

3. 锈病

（1）危害症状 该病主要危害叶片、幼果及嫩枝。叶背面初生黄白色至黄褐色小疱斑，后疱斑表皮破裂，散出锈褐色粉状物。严重时病斑融合成斑块，造成叶片卷缩、焦枯或脱落。幼叶感染后，叶片变小。嫩枝受害时，病部橙黄色，稍隆起，呈纺锤形。染病后的幼果表面发生圆形病斑，初为黄色，后变褐色，病果局部生长停滞，多畸形，阻碍果实增大。

(2) 发病规律 以当年生菌丝体在桧柏病部越冬，翌年春季2～3月形成冬孢子角，吸水膨胀，萌发产生担孢子，随风传播，有效距离5千米。担孢子落到无花果树上，萌发后直接侵入，也可从气孔侵入。一般潜伏期10～13天，1年1次侵染。病害的轻重与桧柏的多少和距离远近有关。在孢子传播的有效距离内，一般是桧柏多，病害发生重，反之，病害发生轻。当芽萌发、幼叶初展时，如遇多雨、多风、温度适宜天气，更有利于担孢子的传播，则病害更为严重，反之，发病就轻。

(3) 防治方法 适当修剪过密枝条，雨后及时排水，避免果园高湿；做好冬季清园工作，把病枝叶集中烧毁，并喷0.3%石硫合剂；春梢萌动时，喷15%三唑酮可湿性粉剂2 500～3 000倍液，隔10～15天喷1次，连喷2～3次；发病初期可使用的药剂有43%戊唑醇悬浮剂3 000倍液、5%己唑醇悬浮剂2 000倍液、25%丙环唑乳油3 000倍液等。

4. 叶斑病

(1) 危害症状 叶片病斑初期为淡褐色或深褐色。病斑扩展受叶脉限制，呈不规则多角形，直径为2～8毫米。后期病斑上产生少量黑色茸状粒点，叶片黄化脱落。发病严重时可引起大量落叶和落果。

(2) 发病规律 叶斑病菌主要以菌丝体在病叶上越冬，翌年在温湿度条件适合时，分生孢子通过风雨传播侵害新梢、叶片，引起初侵染，无花果整个生长期均可受其侵染。

(3) 防治方法 保持通风透气，降低果园湿度；清除病叶、落叶，减少越冬菌源；春季萌芽期喷波尔多液 1～2 次，发病初期可用 65%代森锌可湿性粉 500～600 倍液或 65%福美锌可湿性粉剂 300～500 倍液喷雾，每 5～7 天喷 1 次，连喷 2～3 次。

（二） 常见虫害

1. 天牛类

（1）危害症状 常见的天牛类有桑天牛和星天牛，是为害无花果的主要害虫。幼虫蛀食主干和主枝，受害枝干被蛀中空，蛀孔外堆满红褐色的木屑、虫粪；成虫啃食无花果叶柄、新梢嫩皮和枝干，被害处呈不规则条状伤疤。受害植株轻则枝梢被风吹折、树势衰弱，重则可全株枯死。

（2）生活习性 1 年发生 1 代，以幼虫在蛀道内越冬。翌年老熟幼虫化蛹，天气回暖后逐渐羽化为成虫。成虫出洞后先啃食嫩枝，严重时可造成嫩枝枯萎。成虫羽化后 1 周内进行交配产卵，产卵时，雌成虫先在枝干上啃咬树皮，形成与枝干平行的长方形产卵伤痕，深达木质部，然后于伤痕中部的下方产卵，产卵盛期为 6 月中旬至 7 月上中旬，初孵幼虫就近蛀食，然后经木质部向下逐渐深入髓部，将枝干蛀空，并在同方位隔一定距离向外蛀多个排粪孔。成虫常栖息于枝干上啃食嫩枝树皮，遇惊动时即跌落地面，有假死性，极易捕捉。晴天午间则躲藏于主干根部或枝干上静伏不动，闷热、阴雨天活动频繁。

（3）防治方法 远离桑树和桃树建园，防止天牛迁入。于 6 月中旬，树干涂白（涂白剂的配方为生石灰∶硫黄∶水＝10∶1∶40），防止成虫产卵。人工捕杀：成虫在枝条上补充营养时，用木棍敲打树干，震落后捕杀；也可在三至四年生枝阳面产卵槽上刺杀卵粒；提倡使用天牛钩杀器钩杀幼虫。药剂防治：可选用 3%高效氯氰菊酯微囊悬浮剂 1 000 倍液喷洒在树干或主枝上，触杀天牛成虫；如果发现枝干内有幼虫可采用注射药物、用带有药剂的棉花堵孔或毒签熏蒸的方法杀虫，而发现有新鲜虫粪排出后，在最后一个排粪孔内灌注杀虫剂并用湿泥土封堵虫孔，同时也要把上部老排粪孔堵住，再用聚碳酸酯薄膜缠裹虫蛀树干。

2. 金龟子类

(1) 危害症状 常见的金龟子类有白纹铜花金龟、东方绢金龟和铜绿丽金龟。金龟子的幼虫取食无花果树根，成虫主要取食无花果树的嫩枝、叶片和果实，特别是在果实成熟期将果实吃成大孔洞，尤以被鸟啄食后的和易裂品种的果实上严重。

(2) 生活习性 1 年发生 1 代，以成虫或老熟幼虫在土壤中越冬，翌年春天当土层解冻后，出土活动取食嫩芽、叶。成虫在日落前后从土中爬出取食为害，并进行交尾活动，多于温暖无风、湿度大的天气中出现，大发生期间往往成群飞入果园暴食，造成较大损失。成虫会从树上自动落地，钻进土里潜伏。卵一般产在果园间作地富含腐殖质的泥土或杂草落叶中，以 5～10 厘米深的表土层内为最多。幼虫取食无花果的幼根，严重时导致整株死亡。至秋季，老熟幼虫钻入 20～30 厘米的土中化蛹，羽化出来的成虫则不再出土而进入越冬状态。

(3) 防治方法 选择栽植不易裂果的品种，适时采收，防止采前果实流蜜和果皮受伤。利用成虫假死性特点进行人工捕杀，也可利用其趋化性，在无花果园地周围放上三脚架，悬挂熟烂酸臭无花果或含蜜糖食物比如烂西瓜等进行诱杀。在成虫出土初期，以 70%辛硫磷乳油 200 倍液或 40%毒死蜱乳油 12.5 升/米^{2}喷撒地面，然后浅锄入土，毒杀出土及潜伏成虫；成虫大量发生期，进行树上喷药，可施用 45%马拉硫磷乳油 2 000 倍液或每亩使用 80%敌百虫可溶粉剂 85～100 克。

3. 叶螨类

(1) 危害症状 常见的叶螨类主要是二斑叶螨。该虫以成螨或若螨聚集在叶背主脉两侧吸汁为害，使叶片失绿或变褐，并有很强的吐丝结网聚集栖息特性，虫口密度大时叶面上结薄层白色丝网，或上千头虫体在新梢顶端群聚成“虫球”，严重时可造成落叶。

（2）生活习性 由于该虫成虫体长0.2～0.4毫米，很难发现，一年发生多代，以雌成螨在果树根颈部、翘皮、裂缝、落叶下和杂草根部越冬。在地面越冬的雌成螨3月上旬开始出蛰，集中在宿根杂草上活动、取食，出蛰盛期在3月下旬，4月上中旬陆续上树为害。在树上越冬的雌成螨于3月下旬开始出蛰，出蛰后直接上树为害，盛期在4月上中旬。4月中旬，越冬后的雌成螨开始产第一代卵，5月上旬出现第一代成螨，以后世代重叠。10～11月气温降低，二斑叶螨繁殖速度减缓，加之寄主营养条件恶化，陆续出现越冬型雌成螨，潜入越冬场所越冬。若遇高温干燥的气候条件，容易大量发生。

（3）防治方法 病叶、冬季的杂草和落叶及时烧毁；保护利用天敌资源，比如大草蛉、瓢虫、花蝽等，不用对天敌昆虫杀伤力强的广谱性农药，不用不具杀螨作用的菊酯类农药；化学防治时可选药剂有43%联苯肼酯悬浮剂3 000倍液、24%螺螨酯悬浮剂3 000倍液或4 000倍液、1%甲氨基阿维菌素苯甲酸盐乳油3 300～5 000倍液、20%哒螨灵（扫螨净）可湿性粉剂4 000倍液等。喷药必须细致周到，树冠上下内外、叶片正面反面都要喷到。

4. 黏虫

（1）危害症状 黏虫是一种暴发性的毁灭性害虫，俗称行军虫，属鳞翅目夜蛾科。食性杂，主要为害麦、稻、玉米等禾谷类粮食作物及棉花、豆类、蔬菜等16科104种以上植物。一至二龄幼虫多隐藏在作物心叶或叶鞘中昼夜取食，但食量很小，啃食叶肉残留表皮，造成半透明的小条斑。五至六龄幼虫为暴食阶段，蚕食叶片，啃食穗轴，大发生时可将作物叶片全部食光。成虫群集吸食成熟果及成熟裂果，受害果果目处变褐，果实发生腐烂，失去商品价值。

（2）生活习性 黏虫无滞育现象，只要条件适宜，可连续繁育。世代数和发生期因地区、气候而异，我国从北到南，1 年发生 2～8 代。成虫具有趋光性，昼伏夜出取食、交尾、产卵。取食各种植物的花蜜，也吸食蚜虫、介壳虫排出的蜜露及腐果汁液，对糖醋液有趋性。喜产卵于干枯苗叶的尖部，具有迁飞的特性。幼虫有假死性，对农药的抗性随虫龄的增加而增加。温湿度及风等气候条件对黏虫的发生量影响很大。黏虫对温湿度要求较严格，产卵适温为 15～30℃，高于 30℃或低于 15℃成虫产卵数量减少或不能产卵。风也是影响黏虫数量的重要因素，迁飞的黏虫遇风雨，被迫降落，则当地黏虫发生危害就重。天敌对黏虫发生有很大的抑制作用，黏虫的主要天敌有寄生蝇、寄生蜂、线虫、蚂蚁、步行甲、花蜘蛛及一些寄生菌。

（3）防治方法 在成虫产卵之前采用杀虫灯、谷草把、糖醋液等物理防治方法进行诱杀。糖醋酒诱杀剂的配方为：糖 375 克，醋 500 毫升，白酒 125 毫升，水 250 毫升，90%敌百虫 12.5 克。酒糟诱杀剂的配方为：酒糟 1 份，醋 2 份，水 8 份，另加上述总量 0.1%的敌百虫。诱杀剂可盛于散放田间的诱杀盆中或喷在稻田草把上以诱杀成虫。及时采收成熟果，清理裂果和烂果，减少损失。利用黏虫成块产卵的习性，把卵块消灭于孵化之前。成虫产卵初期，在田间插设谷草把，洒上糖醋酒液，诱蛾产卵，及时采集卵块杀灭，预防效果很好。化学防治时可选药剂有 2.5%溴氰菊酯乳油或 20%氰戊菊酯乳油 1 500～2 000 倍液喷洒受害作物，以杀卵灭虫。

5. 线虫

（1）危害症状 在国外，根结线虫病已成为无花果生产中最主要病害，其中无花果胞囊线虫的致病力最强，当虫口密度达 64 条/毫升时，寄主死亡率达 100%，而在国内报道的主要是南方根结线虫。根结线虫寄生在无花果根部，为害幼根组织，呈结节状，引起腐烂、肿大、根系缩小，并导致植株矮小，叶片黄化，嫩枝嫩芽萎蔫，并从上至下变黑，结果率较低，提早落果，进一步发展至整株甚至传染相邻的植株，重者死亡。

（2）生活习性 一年可发生多代，有世代重叠现象。根结线虫多以卵或低龄幼虫的形式在无花果根部或土壤中越冬。翌年春季，虫卵开始孵化，幼虫侵入寄主后，在寄主植物的中柱内诱生巨型细胞。幼虫的分泌物刺激根部形成小瘤结，阻断根部水和营养物质的运输，使植株生长受阻，甚至死亡。雌虫可在寄主体内或土中连续产卵 2～4 个月，当土温适宜时，幼虫能存活数月，由于有很强的繁殖能力，无花果树一旦染病，则长期受害。离开寄主的幼虫主要在地面下 10～40 厘米的浅土层中活动，土壤湿度在 10%～17%、温度在 20～27℃最适合其生存，当温度超过 40℃或低于 5℃时，即不再适合生存，带病土壤和病根是第 2 年主要初侵染来源。根结线虫在田间呈季节性消长动态，虫口密度的高峰期在 6 月、10 月和 12 月。无花果株龄越大，受害越严重。

（3）防治方法 选用无线虫苗木种植，避免连作。每年 4 月上旬和 9 月进行化学防治，以此来压低虫口密度，降低初侵染虫口密度和越冬虫口密度，可选药剂有：福气多颗粒 30～50 克/株、98%～100%必速微粒剂 50～70 克/株、1.5%菌线威可湿性粉剂 4 000～6 000 倍液灌根等。

化学防治是病虫害防治的重要手段之一，但良好的田间栽培管理措施对预防和控制病虫害的发生至关重要，所以应以预防为主，加强田间栽培管理，提高树体抗逆性。同时，应结合生物防治，保护天敌，通过综合治理措施，实现无花果产业绿色无公害健康发展。

六、采后贮藏加工关键技术

（一）果实的采收

1. 采收时间 无花果果实的采收一定要掌握适时、适度，过早过晚都对果实品质有很大影响，与其他浆果不同，其果实未成熟或成熟不充分时轻，成熟后重。这是由于未成熟果实内部由一些多孔的絮状物组成，成熟后水分、糖分增加，故果重增加。此外，不同成熟度的果实糖分含量也有差别。

无花果果实采收适期应是成熟充分而不能过熟。充分成熟的聚合果顶部凹陷处果目开，有蜜露状分泌物溢出，果实深黄。过熟时果皮呈棕色，采收不及时果实下垂，甚至发霉变质。

无花果果实成熟度与食味品质关系很大（表 4-1）。成熟果实清香浓郁，软甜可口，而未成熟果实则食味不佳，两者截然不同。在生产实践中，果实着色程度是判断果实成熟和品质的简要方法。果实着色程度常受光照、温度、树势和氮素营养等条件的影响。成熟期温度高，果内成熟快于果皮着色，果实贮藏性差；温度低，果内成熟慢于果皮着色，果实贮藏性好。根据着色程度判断采收适期。当气温高，着果部位光照较差的下位节果实为收获主体，8 月中旬着色度达 60%～70%就可采收；温度低，着果部位光照较好的上位节果实，9 月上旬以后着色度为 80%～90%时采收。

表 4-1 玛斯义·陶芬果实成熟度与品质

成熟度	果重（克）	糖分（%）	着色	果汁
未成熟果	80	9.5	3	少
适熟果	100	12	4	中
过熟果	130	14	5	多

无花果鲜果采收应尽可能在清晨或傍晚，因为早晚气温低，果实较硬，果梗较脆，易于采摘，运输中也不易碰破果皮。尽量避免在上午 10 点以后或下午 3 点前采摘。如采收期遇阴雨天，果实顶部易开裂，可能诱发或加重炭疽病、黑霉病的危害，影响品质。下雨时或下雨后采收的果实，贮藏性差，要尽可能在雨前采收。

2. 采收方式 采收方式对无花果的采后质量和贮藏效果有很

大的影响，目前采收方式主要是人工采收。采摘人员最好戴上薄型橡胶手套，以免手指接触白色乳汁，引起皮肤过敏或痛痒。采摘时需保留一小段果梗，以免撕裂果皮。无花果采收容器不宜过深，宜选用平底浅塑料盘，下铺薄层塑料、海绵或纱布。一手托盘一手采摘，边采边装。也可用小盘采收后运到固定地点，在室内选果、包装或直接上市。果实要轻放，顺向一边，防止果皮上沾有果梗伤口流出的白色乳汁。搬运时要尽量避免果实滚动。

（二） 果实的包装和贮藏

1. 包装运输 无花果果实不耐贮运，且采后易腐烂变质，如不具备贮藏条件，应立即包装上市或运到加工场所。

为便于直接销售，可应用透明塑料盒包装，内放SM保鲜剂，或用硬纸箱，内铺设泡沫托果盘，每箱15～25千克。亦可用聚苯乙烯做成的保鲜箱，延长无花果贮藏时间，便于长途运输。

2. 保鲜贮藏 无花果果实采收后在室内常温（25℃）下只能保持新鲜度1～2天，必须入库冷藏才能延长保鲜时间。美国加利福尼亚州产的加州黑的果实在普通冷藏条件下能贮藏1～2周，气调贮藏条件下可贮藏3～4周，而入库前的预冷环节是保鲜技术中的一个重要环节。

无花果采后会带有大量田间热，不经预冷就包装袋内将出现大量结露使袋底积水。同时，田间热会加速无花果的呼吸与蒸腾作用，促进水分蒸发和微生物繁殖，加速其衰老。预冷可以有效降低无花果采后呼吸强度，抑制酶活性和乙烯释放，对果蔬品质、价值及贮运过程具有重要意义。预冷的果蔬进入冷库或冷藏车，可减少贮运能耗。因此预冷是入库前的重要环节，必须重视。无花果果实保鲜贮藏有以下方法。

（1）物理保鲜法 物理保鲜法主要是采用降温、控湿、气调包装等方法来抑制果实的呼吸强度，降低呼吸消耗，达到保持产品品质、延长贮藏期的目的。无花果的物理贮藏方法主要有以下几种。

①臭氧处理。臭氧处理法是将臭氧的强氧化能力应用于果蔬保鲜，主要作用是抑制乙烯和乙醛等不良气体产生、破坏或抑制病原菌的生长以及调节果蔬组织新陈代谢。利用臭氧处理无花果可以降低果实腐烂率和失重率，维持无花果品质。臭氧冰膜处理能够有效降低无花果果实呼吸强度，抑制乙烯释放并推迟呼吸高峰和乙烯释放高峰的到来，从而延长无花果贮藏期。有研究发现臭氧处理能够保持果实硬度，减少营养成分损失，在 30 天的贮藏期内，12.84 毫克/米^{3}臭氧处理效果最佳。

②低温冷藏。低温冷藏是以控制温度条件为主要措施来抑制果蔬生理活性的贮藏方法，低温可降低果蔬呼吸作用并抑制微生物繁殖。无花果的代谢速率与温度有关，且在所有环境因素中温度对果实的影响最大也最重要。有研究认为无花果在 5℃以下的环境中保鲜效果最佳，5℃条件下贮藏的果实乙醇含量高于 0℃条件贮藏的果实，而且贮藏环境温度高于 5℃时，无花果果实对乙烯的敏感性增加。此外无花果对低温不很敏感，不易产生冷害，最低贮藏温度可达−2.4℃。因此无花果的适宜贮藏温度应控制在−2～4℃。

③变温贮藏。无花果变温技术主要有热激处理和冷激处理。热激处理是指采后以适宜温度（35～50℃）处理果蔬，以杀死或抑制病原菌活动，改变酶活性，改变果蔬表面结构特性，诱导果蔬的抗逆性，从而达到贮藏保鲜的效果。热激处理可以起到杀菌作用并且降低果实呼吸强度及乙烯释放水平，有效减轻果实采后生理病害。应铁进等分别用 6%$CaCl_2$溶液浸果 15 分钟，或 43℃热水浸果对无花果果实进行热激处理，然后在 1℃下保存无花果果实，发现果实腐烂率明显降低，且热激处理效果优于钙处理。冷激处理是指通过短时间低温处理，改变果实正常的生理活动，延缓其成熟，以达到延长贮藏期的目的。欧高政等选用天然安全保鲜方法热水处理、冷

激处理和大蒜提取液处理对无花果的保鲜效果进行研究，表明冷激处理1.5小时后低温贮藏效果明显优于其他处理。

④气调包装。气调包装贮藏是将无花果装入小包装盒后充入一定量的氮气或二氧化碳调节包装容器中的氧气含量，加以密封后低温保存，从而抑制霉菌等微生物生长，降低果实呼吸强度，抑制果实腐烂达到延长保质期的目的。利用气调包装贮藏保鲜无花果主要有高二氧化碳低氧气和高氮气低氧气两种方法，而且气调包装最好结合低温冷藏处理，这样果实品质更好。虽然有研究认为室温条件下，二氧化碳气体增加至60%以上时可抑制无花果产生乙烯和霉菌生长，但很多学者认为无花果在低于2%的氧气和（或）高于25%的二氧化碳的气体环境中会失去固有香气。也有研究表明气调贮藏期间二氧化碳含量越接近20%越好，大于20%无花果易产生异味。氮气气调处理也可以减少无花果表面霉菌引起的腐烂，还可以降低乙烯释放量，延缓果实成熟并维持果实良好外观且不产生异味。

（2）化学保鲜法 化学方法主要是采用一些高效无毒化学药剂或生理调节剂处理果实，从而抑制病原微生物的生长，降低果实腐烂率，或者控制果实的新陈代谢抑制果实衰老，延长果实的贮藏保鲜期。而无花果的化学保鲜方法的报道主要在控制果实采后生理代谢的方面。无花果的化学贮藏方法主要有以下几方面。

①1-MCP（1-甲基环丙烯）处理。1-MCP是一种新型、无味、无毒、生理效应明显的乙烯作用抑制剂，可与果实组织中的乙烯受体发生不可逆转结合而阻断乙烯与受体结合，从而延缓果实的成熟与衰老。采前应在果实乙烯释放量最大前使用1-MCP，采后使用1-MCP处理无花果可以使贮藏时间延长到7天左右。有研究表明1-MCP对无花果的适宜处理时间为12小时，最适1-MCP处理浓度为1.5微升/升。25℃条件下对无花果进行1-MCP处理，发现1-MCP具有抑制果实乙烯释放和降低呼吸强度、推迟无花果软化

的作用。但与苹果、猕猴桃、鳄梨等相比，1-MCP 延缓无花果软化和后熟的作用有限，且对于无花果而言，贮藏温度比 1-MCP 的影响作用更大。

②钙处理。钙是植物生长发育必需营养元素之一，在植物生理活动中，起着结构组成的作用，也是酶的辅助因素。不少研究表明，钙处理可提高果实的抗逆性，钙还能影响果实中乙烯的合成，推迟成熟，延缓衰老。故增加果实中钙的含量，可提高果实的硬度，延长贮藏期，减少贮藏期的生理病害。有研究认为在无花果果实生长发育期喷施 1.0% $CaCl_2$ 和 30 毫克/升萘乙酸时无花果的贮藏品质最佳。

③二氧化硫处理。二氧化硫处理无花果能够有效减轻果实病害，既能抑制果实表面交链孢霉和根霉的生长繁殖，还能降低青霉和葡萄孢菌对无花果果实造成的伤害。二氧化硫熏蒸和二氧化硫缓释片处理均能降低无花果果实腐烂率，而且与臭氧、乙烯和高二氧化碳等处理相比，二氧化硫的保鲜效果最好。

(3) 生物保鲜法 生物保鲜方法主要有天然植物与聚合物/衍生物保鲜方法、微生物保鲜方法、基因工程保鲜方法及酶工程保鲜方法。由于天然植物与聚合物/衍生物保鲜剂具有安全无毒、易提取、抗菌性强、应用范围广等优点，被广泛应用于果蔬保鲜。该方法主要是利用传统中草药植物浸提液及动物源提取物防腐保鲜，如：壳聚糖、蜂胶等。

①壳聚糖涂膜。壳聚糖又称几丁聚糖，是从动物的外壳中提取的果蔬保鲜剂，该保鲜剂无毒、无味，可被生物降解，不存在残留毒性问题，在果蔬保鲜方面的应用已有较多报道。壳聚糖以氢键相互交联形成网状结构，利用适当溶剂溶解，可形成透明具有多孔结构的薄膜。无花果涂膜处理可增加果皮致密度，减少果蔬失水，还可调节果蔬内外气体交换形成低氧高二氧化碳环境，降低果蔬采后呼吸强度，减少真菌侵染，有效抑制果蔬的蒸腾作

用和水分散发，并且减少机体内活性氧的形成，延缓果蔬衰老。大量研究表明：低温（3℃）条件下，浓度 1.5%的壳聚糖溶液保鲜效果最好，能够延长无花果的保质期。在 1～3℃下，壳聚糖涂膜的无花果果实货架期达 6～8 天。目前，壳聚糖的应用仍然存在很多问题，如制膜强度较差，难以干燥，其保鲜剂产品黏度不高、质量不太稳定等。

②天然植物中草药保鲜。中草药提取物能对果蔬进行保鲜主要是由于提取的有效成分能抑制微生物活动，减弱微生物对果蔬的影响，降低果蔬中酶的活力及果蔬的生理生化反应。赵贵红等分别对无花果采用中草药提取液处理、植酸处理、氯化钙处理，通过对比感官和好果率，表明从试验复杂程度、成本和对环境及人体的危害来讲，天然植物中草药保鲜明显优于其他两种保鲜处理方式，具有良好的开发前景。

中草药提取液提取方法：分别称取中草药丁香、五倍子干品 40 克，装入 1 000 毫升圆底烧瓶中，加入蒸馏水，浸泡过夜。采用水蒸气蒸馏方法充分蒸馏中草药，获得馏出液，然后将所得到的提取液的体积调至 40 毫升，得到中草药提取原液。

（三） 果实的加工利用

1. 制果干茶片

（1）工艺流程 采果→清洗→切片→护色→烘制→提香→覆膜→包装。

（2）加工要点

①采果。采取无病虫害、无腐烂、果形完整、带果蒂的无花果青果。

②清洗。将采取的无花果青果放置在筛篮中，用流水冲洗，冲洗后将筛篮置于干净的环境中将无花果青果自然晾干。

③切片。将晾干的无花果青果置于切片机中进行切片得到无花

果片。

④护色。将无花果果实倒入含有0.5%维生素C和2%蜂蜜的水溶液中，在10~25℃下保持5~10分钟。

⑤烘制。将无花果片均匀地平铺在金属网格托盘中，然后将金属网格托盘置于温度为55~65℃、湿度为35%~45%的烘箱中4~5小时，最大程度保留了无花果的营养和药用成分。

⑥提香。将烘箱温度调至85~90℃，2~3小时后得到含水量为11%~13%的无花果干茶片。

⑦覆膜。在纯净水中加入质量分数为1%~6%的琼脂、2%~10%的白砂糖和质量分数为0.1%~0.3%的柠檬酸，加热使琼脂、白砂糖溶解后将无花果干茶片快速浸入取出。覆膜在无花果干茶片的表面形成无色无味透明的一层薄层，且在冲泡过程中溶解在水中，不会改变所泡的茶的口感，并能增加无花果干茶片的贮藏时间。

⑧包装。无花果干茶片置于干净干燥的环境中常温冷却后并装入密闭干燥的包装盒内。

2. 制果干 将采摘的无花果清洗干净，晾干表面水分后，置于−20~−10℃条件下冷冻2~3小时，去除冷冻后的无花果的外皮，并进行冷冻干燥，使其含水量为10%~12%，最后将冷冻干燥后的无花果用防潮袋进行包装。制得的无花果干外形完整，质地松脆，气味芬芳，香甜可口。

3. 制果粉 将采收后的成熟果实洗净脱皮，放入不锈钢密封容器内，在−80℃超低温下，很快粉碎成3~4微米的超细粉粒即成果粉。

4. 制果酱 挑选成熟果实，洗净，去果皮，加入果实重量10%的水后预煮软化（或用蒸汽软化），软化后用打酱机打酱，或用木棍捣烂后备用。

将蔗糖配成75%的糖液过滤后备用，将打成酱的果肉放锅内熬煮，不断搅拌，注意火力适中以免烧焦。熬煮过程中分 3～4 次加入糖液（果：糖=1：1）。果酱温度达 100～104℃，其固形物含量达 50%以上时出锅。散装出售的，需加入成品重量 0.1%的山梨酸钾防腐。或趁热装罐、封罐后，用沸水杀菌 15 分钟。

5. 制蜜饯

（1）工艺流程 制果坯→制备混合液 A→浸渍 A→制备混合液 B→浸渍 B→晾干→包装。

（2）加工要点

①制果坯。用清水洗净并沥干水分，然后进行热浸提并榨汁，将榨汁后的果渣切块清洗，用离心压榨机脱水后，在 70～75℃烘 6～8 小时，制成果坯。

②制备混合液 A。计量无花果叶片、白糖、柠檬酸（总用量的 1/2）、甜蜜素（总用量的 2/3）、精盐（总用量的 1/3）、山梨酸、肉桂、公丁香、茴香及甘草，加水浸提，并将提取液浓缩后制成混合液 A。

③浸渍 A。将混合液 A 加热后倒入果坯内，搅拌均匀，浸渍至果坯吸干混合液 A，取出果坯在 65℃烘 4～6 小时。

④制备混合液 B。计量柠檬酸、甜蜜素、精盐，加水溶解，浓缩成混合液 B。

⑤浸渍 B。将混合液 B 加热后倒入果坯内，搅拌均匀，待汁液完全被吸干后，取出果坯在 65℃烘 3～5 小时，冷却。

⑥包装。将无花果蜜饯置于干净干燥的环境中真空包装。

（3）成品质量标准

①理化指标。总糖 60%～70%；还原糖 45%～60%；总酸（以柠檬酸计）4%～8%；盐分（以 NaCl 计）≤10%；水分15%～25%；甜味剂符合 GB 2760—2014 规定。

②微生物指标。细菌总数≤1 000 个/克；每 100 克蜜饯中大肠杆菌群≤30 个；不得检出致病菌。

6. 制果脯

（1）工艺流程 选果→清洗→削果蒂→纵剖→热烫→漂洗→糖煮→糖浸→干制→封口→杀菌→冷却→包装→成品。

（2）加工要点 洗净的果实置锅内加清水煮开，捞出后滤尽余水，再用制酱的方法将煮过的果实加糖煮，使糖分在高温下渗入果实，然后捞出阴干，互不粘连时装袋备用。

①选果，洗果。选果形完好、大小适中、不过分成熟的果实，剔除虫果、烂果、黑果、青果。选好的果在0.5%的盐水中漂洗20分钟。

②去果蒂，切割。用刀削除果蒂，要把木质部削除干净并削平，否则加工后带有异味。为使在糖煮和浸渍期间能更好地均匀渗透，在果的中部纵切四刀，以切破外果皮为度，要保持果的完整性。

③热烫。将切割好的果在90～100℃、含0.1%亚硫酸氢钠的水中热烫2分钟，起到钝化酶、软化果及护色作用，并除去从果蒂处流出的胶液及异味。烫后倒入流动清水中漂洗。

④糖制。糖液配比：水80千克，糖20千克，柠檬酸0.6千克，山梨酸钾0.3千克。糖液煮开后，将果按与糖液比例为1∶1的量倒入糖液中，煮开后起锅浸渍。浸渍24小时后（糖度为14.5度），进行第二次糖煮，即把浸渍的糖水抽出煮开，加糖10千克搅拌溶解后，再倒入果中浸渍。以后按此法每48小时糖煮浸渍一次，直至糖度达40～41度时停止用糖。最后，在浸渍液中加入0.5千克的蛋白糖，再浸渍7～8天。

⑤干制。糖渍浸透的果捞起沥干后，放在竹匾上日晒，或于烘房60～70℃烘至含水18%～20%，果脯外干内湿不粘手，外观呈金黄色半透明时即可。

⑥包装、杀菌。低糖果脯因糖度低，微生物易繁殖使其变质。为了贮藏，将果脯装在蒸煮袋中，在700毫米汞柱下真空封口，放

入 90℃的水中保持 30 分钟进行杀菌，而后冷却，外包彩印袋即为成品。

7. 制果汁

（1）工艺流程 浸泡清洗→打浆→磨浆→酶解→调配→过滤→灌装→杀菌→冷却→检验→成品。

（2）加工要点

①浸泡清洗。成熟的无花果皮薄质软，不宜机械清洗，取无花果鲜果放入浸泡缸中，加入一定量水进行小批量淋洗除去附着在果皮表面的污泥杂质，果实原料的洗涤方法可根据原料的性质、形状和设备条件加以选择，洗涤之后由专人剔除病害果、未成熟果、受伤果。

②打浆。将上述软化果块缓缓倒入打浆机，使无花果果籽、果皮与果肉进行分离。

③磨浆。使用 600 目胶体磨磨浆，将果肉进一步细化，得到无花果果汁。

④酶解。将无花果果汁用酸味剂调 pH 至 3～3.3，加入果汁量的 0.075%的果胶酶（20 000 单位/克），在 50℃下酶解 2 小时。

⑤调配。

水处理：自来水经砂芯过滤，再经阴阳离子交换及微孔过滤并通过紫外线杀菌，即得软化纯净水。

糖浆制备：称取优质白砂糖，加入 30%的软化纯净水，煮沸 5～10 分钟可得 50%的糖浆。

按配方进行调配，配料表如下：原料果汁 1 000 克＋糖浆（50%）163 克＋柠檬酸（10%）8 克＋苹果酸（10%）4 克。

⑥灌装、杀菌、冷却、检验。由灌装机将调配好的果汁装入洗净的 250 毫升玻璃瓶中，95℃以上保持 30 分钟，然后冷却至 40～45℃，进行目测检验，将灌装量不足的产品挑出，并进行贴标。

(3) 成品质量标准

①感官指标。色泽接近无花果的天然颜色；应具有无花果原有的滋味与香气，无异味；外观形态呈均匀透明状；无杂质及沉淀。

②理化指标。可溶性固形物（20℃折光计法）≥8%；总酸（以一分子水柠檬酸计）≥0.1%；铜≤5.0毫克/千克；铅≤1.0毫克/千克；砷≤0.5毫克/千克。

③微生物指标。细菌总数≤100个/毫升；大肠杆菌群≤6个/毫升；不得检出致病菌。

（四） 叶片的加工利用

无花果叶可用于制果茶，无花果叶中含有佛手柑内酯、补骨脂素、黄酮、果胶、树脂、糖类、维生素、β-谷甾醇、β-香树脂醇和蛇麻醇酯，以及棕榈酸、缬草酸、愈创木酚、廿八烷、芸香苷等化学成分，另含挥发油及锶、锰、铜、锌、铬、镍、硒等微量元素。现代医学研究证实，无花果叶提取物具有多种生物活性，比如抗癌、抗肿瘤、抑菌、抗病毒、抗氧化、镇静催眠等。但无花果叶与茶树叶不同，其叶片肥厚、质脆、不易卷曲，更不容易揉搓成团，传统炒茶工艺不适合无花果叶茶的炒制，还会因无花果叶与空气接触时间长而损失叶绿素与维生素C，使无花果叶中所含的营养成分减少，导致颜色发黑，品相变差，所以无花果叶片的炒制工艺与一般茶树叶的制作过程大不相同。

(1) 工艺流程 鲜叶清洗→萎凋→杀青→揉捻→二次杀青→炒制→提香→包装。

(2) 加工要点

①鲜叶清洗。采摘无花果叶片，用清水洗掉表面泥沙，去水。

②萎凋。将无花果叶去梗，切成长条，摊开晾在阴凉处。

③杀青。将摊青叶用滚筒式杀青机进行杀青。进料口筒温180～200℃，中段150～160℃，出料口90～100℃，叶温70～75℃。杀

青程度：叶质柔软，叶面失去光泽，叶片略有焦边，含水量70%～75%。杀青投放量为春季嫩叶投叶量150～200千克/时，夏秋老叶投叶量200～250千克/时。

④揉捻。将杀青叶进行摊晾回软，回软后用手反复揉捻做形，时间15～20分钟。揉捻程度：果叶成条索状，茶汁稍有溢出，有粘手感。

⑤二次杀青。重复前3个步骤，杀青程度：叶色暗绿，有刺手感，茶香显露，含水量55%～60%。

⑥炒制。炒干温度设定在105℃，翻炒果叶的同时用手掌均匀揉捻，使其在受热过程中定型，果叶均匀受热，在手捻情况下能成粉末的程度时倒出。

⑦提香。将烘干机温度快速提升至145～155℃，不断翻炒，待叶边缘出现焦黄色、茶香溢出时停止。

⑧包装。将提香后的茶叶摊放、自然冷却后，揉碎，进行小袋包装。

(3) 成品质量标准

①外形。条索紧实、均匀。

②香气。具有无花果叶特有的香气。

③滋味。香气浓郁，醇正稍厚。

④汤色。绿黄明亮。

⑤叶底。绿色较匀整、稍亮、质稍软。

主要参考文献

艾合买提江·艾海提，邢军，茹鲜古丽，等，2003. 无花果果汁饮料最佳调配工艺技术的研究［J］. 新疆大学学报（自然科学版），20（4）：432-435.

曹尚银，2003. 无花果无公害高效栽培［M］. 北京：金盾出版社.

曹尚银，2009. 无花果栽培技术［M］. 北京：金盾出版社.

陈兰海，唐明亮，张建梅，等，2015. 无花果幼树抗寒越冬技术研究［J］. 河北果树（6）：10-11.
褚方钢，2011. 无花果三大病害的发生与防治［J］. 烟台果树（4）：53-54.
范昆，张雪丹，余贤美，等，2013. 无花果炭疽病菌的生物学特性及8种杀菌剂对其抑制作用［J］. 植物病理学报，43（1）：75-81.
黄鹏，2008. 采前钙和萘乙酸处理对无花果贮藏品质的影响［J］. 中南林业科技大学学报，28（5）：97-101.
黄鹏，2010. 无花果冻害抽条与抗寒保水乳液涂膜的应用［J］. 山西农业科学，38（11）：29-31.
焦连成，陈永杰，徐建兵，等，2015. 无花果越冬防寒方法比较试验［J］. 河北果树（4）：7-8.
李静一，2016. 中原地区无花果抗寒栽培技术规程［J］. 中国园艺文摘，32（8）：176-178.
李月，朱启忠，张立霞，等，2008. 壳聚糖涂膜对无花果的保鲜效应研究［J］. 安徽农业科学，36（35）：15691-15692.
孟艳玲，杨鹤，薛玉平，等，2011. 无花果露地栽培越冬防寒技术研究［J］. 北方园艺（19）：54-55.
帕提古丽·沙吾提，阿不都卡迪尔·艾海提，2014. 不同埋土方式对无花果越冬效果的影响试验［J］. 中国园艺文摘（8）：43-44.
孙锐，贾明，孙蕾，2015. 世界无花果资源发展现状及应用研究［J］. 世界林业研究，28（3）：33-36.
汤慧民，2012. 澄清无花果果汁饮料的研制［J］. 饮料工业，15（4）：18-20.
杨金生，束兆林，1995. 无花果桑天牛危害规律与药剂防治技术［J］. 江苏农业科学（4）：63-64.
杨蓉，2015. 无花果采后商业化处理技术初探［D］. 南京：南京农业大学.
应铁进，傅红霞，程文虹，2003. 钙和热激处理对无花果的采后生理效应和保鲜效果［J］. 食品科学，24（7）：149-152.
张宝贵，2009. 树干涂白的作用与方法——兼答甘肃读者赵志强［J］. 山西果树（5）：60-61.
张倩，杨鹤，孙瑞红，等，2012. 威海无花果产区黏虫暴发及防治［J］. 落叶果树（6）：38-39.
张倩，张雪丹，杨鹤，等，2014. 无花果叶的生物活性和无花果叶袋泡绿茶的加工工艺［J］. 山东农业科学（2）：116-118.

张小燕，李国栋，张建国，2016. 无花果病虫害鉴别及防治［J］. 中国果菜，36（4）：45-47.

张晓娜，2011. 1-MCP 和臭氧处理对无花果贮藏生理及品质的影响［D］. 保定：河北农业大学.

赵贵红，2005. 化学保鲜剂和中草药提取物对无花果保鲜效果的探讨［J］. 中国果菜（2）：32.

赵瑞雪，蒋永贵，2005. 无花果栽培与贮藏加工新技术［M］. 北京：中国农业出版社.

第五章 茶

一、现代茶园建园技术

山东茶区的物候条件不同于南方。山东茶区所处纬度高，冬季气温低，常年雨水较少而气候干燥，为茶树次适宜生长区域。山东茶园的建园，必须在考虑自身物候条件的前提下，按照生态、优质、可持续的原则以及适合山东物候条件的茶苗栽植模式，方能顺利成园。

（一）茶园的环境

1. 茶园选址 茶属南方热带亚热带物种，大多为灌木形态。茶树性喜潮湿，需要多量而均匀的雨水，湿度太低或降水量少于1 500毫米都不适合茶树生长。茶树适宜温度为18～25℃，低于5℃茶树停止生长，高于40℃容易死亡。光照强弱直接影响茶叶品质产量，光照充足茶树茶多酚增多，适于制红茶；弱光适当遮阳则抑制鲜叶内的组织发育，叶质较软，叶绿素含氮量提高，适于制绿茶。对土壤要求排水良好，表土深厚，富含腐殖质及矿物质，pH以4.5～6为宜。因此，茶园建设时必须考虑茶树的生物特性，满足茶树生长需求。

茶树怕碱、涝、旱、寒、强光。选园应选在背风向阳、土层深厚、土壤呈酸性（pH 为 4～6.5）、有浇水条件的缓坡地，新建茶园坡度不超过 25°，原则上不用平地发展茶园。从水土保持和茶园管理学角度考虑，一般 30°以上陡坡地不宜开垦种植茶树；在 15°以上、30°以下坡地修筑等高梯地，可保留部分杉木或其他灌木树蔸，以增加茶园生态系统生物多样性，为害虫天敌提供栖息地；15°以下缓坡地开垦成缓坡茶园的等高性梯田，翻垦深度 50 厘米以上，清除土层内的竹鞭、茅草根等，如土壤中有隔层则应破除。发展机械化耕作的茶园，要求选择坡度不超过 15°的较大的平整地块。

茶园种植应与自然和生态法则相协调，生产技术的应用强调使茶园的生态系统保持稳定性和可持续性。茶园必须符合生态环境质量，要求远离城市和工业区以及村庄与公路，以防止城乡垃圾、灰尘、废水、废气及过多人为活动给茶叶带来污染。茶园周围应林木繁茂，具有生物多样性；空气清新，水质纯净；无空气、土壤、水的污染源存在；土壤未受污染，土质肥沃。具体要求如下。

（1）茶园的大气环境质量要求　茶园的大气环境质量应符合《环境空气质量标准》（GB 3095—2012）中规定的一级标准的要求。

（2）茶园的灌溉水质量要求　茶园的灌溉水质量应符合《农田灌溉水质标准》（GB 5084—2005）中规定的旱作农田灌溉水质要求。

（3）茶园的土壤环境质量要求　茶园的土壤环境质量应符合《土壤环境质量农用地土壤污染风险管控标准（试行）》（GB 15618—2018）中规定的Ⅰ类土壤环境质量，主要污染物的含量限值为：镉≤0.20 毫克/千克，汞≤0.15 毫克/千克，砷≤15.00 毫克/千克，铜≤50.00 毫克/千克，铅≤35.00 毫克/千克，铬≤90.00 毫克/千克。

2. 茶园的生态环境建设　茶园与常规农业区之间必须有隔离

带。隔离带以山、河流、湖泊、自然植被等天然屏障为宜，也可以是道路、人工树林和作物，但缓冲区或隔离带宽度应达到 100 米左右。

加强防护林网建设，对基地周围原有的林木要严格实行保护，使其成为基地的一道防护林带，基地周围原有的林木稀少时，需营造防护林带。防护林网分为主林带和副林带，副林带南北距离以 50 米左右较为合适。防护林可使用黑松、侧柏、塔柏等树种。在地埂可以间作枝叶繁茂有经济价值的速生树种，如板栗、柿树、核桃、桂花等，根据树种树冠大小确定株行距。对茶园中原有的树木，只要对茶树生长无不良影响，应当保留并加以护育，茶园中原有树木稀少的，要适当补种行道树或遮阳树。

在山坡上种植茶树，山顶、山谷、溪边须留自然植被，不得开垦或消除。在坡地种植茶树要沿等高线修梯田进行栽种，对梯田茶园梯壁上的杂草要以割代锄，或在梯壁上种植绿肥、护梯植物，实现生物多样性。

（1）复合生态茶园的建设　茶树的光饱和点及光补偿点均较低，茶树生长要求空气湿度在 80%～90%，最适生长气温为 20～30℃，在－5℃以下就会出现冻害，超过 35℃生长受抑制或停止生长，如果同时受到干旱胁迫时则发生热害。因此茶树适合于荫蔽、湿润、温暖的环境。目前常见的大面积成片的纯茶园，其生态结构单一，生态系统的稳定性差，导致茶树对外界环境的适应性也较差，常会出现过强辐射，干旱、冷、热等灾害时常发生，病虫害发生也较为频繁。复合生态茶园的建设是以生态经济学理论为指导，按照生态经济规模适度原则，以适度的组分和结构获得最佳的综合效益。根据茶树喜阴、湿、温等自然特性，选用速生乔木树种进行复合建园，在幼树期加入绿肥植物，形成周边防护林、中央林茶肥的复合景观。

防护林一般建于上风侧，也可建于周边或按规划形成一定的条块布局。林茶间作可将林木均匀栽培于茶行中间，形成混生型格局，这种格局生态效益较好，但会对机械化作业造成一定的阻碍。机械化茶园建设时一般按一定距离规划，林茶分条块相间种植，形成条块型格局。绿肥种植可以在幼树期的行间进行。梯田茶园可选蔓性绿肥植于梯壁，如果计划长期种植绿肥，应将茶行适当增宽，留出一定距离种植。

（2）复合生态茶园的生态效益 复合生态茶园的建设是依照自然生态系统进行的，具有生态科学性。复合生态茶园内气候环境优越，土壤含水量大、空气湿度大，夏季地温、气温较纯茶园低但冬季略升、风速降低，更适于茶树生长，减少了茶树常遇的干旱、热灼及冷冻等灾害。同时复合生态茶园可增加物种多样性、减轻虫害的发生。复合生态茶园引进了乔木，环境优良，给鸟、益虫等的生长提供了条件，增加了鸟、益虫的多样性，使害虫数量得以减少，最后益虫、害虫可能维持在一个低水平的平衡态。复合生态茶园还可防止水土流失，增加土壤肥力，改善土壤结构。复合生态茶园中由于加入林木及绿肥，可以较好地防止水土流失、提高土壤有机质含量、改善土壤结构（团粒及土壤生物），使土壤结构趋于合理和相对稳定，从而提高了持续利用度。

（3）复合生态茶园的经济效益 由于复合生态茶园茶叶产量、品质的提高，加上林木等多样的产品产值，经济效益明显地增加；同时因土壤肥力提高、茶园气候改善、灾害减少等因素，可以减少投入，提高经济效益。

（4）复合生态茶园的社会效益 复合生态茶园可以提供多样的产品，更多地满足社会需求，具有很高的社会效益。如枝条疏伐可以部分解决能源问题，间伐的林木可以提供木材，果树可提供果品，药用植物可提供药材等。经济收入的提高，极大地增加了茶园建设的积极性。同时茶叶品质的提高，特别是复合生态茶园的茶叶生产符合无公害或有机茶叶的生产要求，有益于人类的健康。

复合生态茶园建设为我国茶叶生产开辟了一条高效的持续发展之路，因此，新发展茶园应该走复合生态茶园的建设道路。

3. 茶园规划

（1）设置道路系统 为使茶园管理和运输方便，茶园中需设置主道、支道和步道，并相互连接成网。主道连接各个作业区和初制所，是输送肥料、鲜叶的主要道路，一般路宽 6～7 米。支道贯穿各片茶园，与主道连接，是为手扶拖拉机等小型车辆送肥入园而设置的，路宽 3～5 米。步道是为茶园管理人员进出茶园而设置的，又是茶园分块的界限，路宽一般在 1.5～2.0 米。

（2）设置排灌水系统 在茶园上方与山林交界处设置等高隔离沟，拦截山林洪水，防止冲毁茶园，两端与自然冲刷形成的水沟相连，沿自然水沟设置纵排水沟，并接通池塘、水库等蓄水库。在茶园中每隔 30～40 行茶树等高设置横沟，两端与纵排水沟相连，可蓄积雨水，并排泄茶园中多余雨水。做到小雨不出园，中雨、大雨能蓄能排。有条件的应建立中喷、拟雾或滴灌系统，创造茶树适宜生长的肥水条件。

（3）茶园地块划分 要求茶园集中连片，面积在 500～1 000 亩，茶块面积以不超过 10 亩，茶行长度以 50 米左右为宜，依地形而定。坡度在 25°以上的划为林地。坡地茶园宜开成等高梯级茶园，梯面宽度不低于 1.5 米。在茶园中种植遮阳树，可选择树种矮小的速生经济树种，行距×株距为 10 米×5 米，每亩种植 6～8 株。使整个茶区园林化，形成不同层次的主体结构和复合生态系统。

（二）茶园开垦

1. 整地 最好在秋冬季或早春进行。根据规划，将坡度小于 15°的园地整成大块田，坡度在 15°～20°的建成等高梯田，深翻 80 厘米以上，做到底上两平，上为平整，底为水平。

园地开垦前，要清理地面，刈除杂草，清除石头、树桩、土堆等，进行土地平整。按有机茶园模式建成梯形等高茶园，种植沟深×宽为50厘米×60厘米，由下往上开沟，杂草及表土回沟。较适宜的模式是双行，一般是大行距100～120厘米，小行距30厘米。

(1) 山地开垦 山地开垦以增加茶园生态系统生物多样性和治水改土为中心，实行山、水、林、园综合调控。在规划时山脚、山顶、山凹及茶园四周保持原有植被，对于山地坡度大于30°地块不宜开垦，在地段和堤壁宽度小于1.5米的地块保持原有植被，将山下地脚树林宽度保持10～15米，且路边、沟边、地脚种植绿化带，茶园全局布置为“头戴帽、腰系带、脚穿鞋”的生态植被。

(2) 平地开垦 平地开垦一般采用表土回填法开垦。将经初垦、复垦、平整好的地块划直条型线条带。

(3) 开垦时间 将种茶土壤进行深翻、开沟、裸露暴晒，伏天高温暴晒可挥发土壤里面有害物质如重金属和病菌衣原体，还可杀死地下害虫，另外既可起到熟化土壤作用又能增加土壤疏松度使土壤呈粉粒状，这样一来茶苗根系与粉尘土壤密切结合，能够提高茶苗定植成活率，开垦时间宜选在4月中旬至5月下旬。

2. 施足基肥 每亩施2 000～3 000千克经无害化处理的有机肥或经认证的商品有机肥200～300千克、豆饼200～1 000千克。钙、镁、磷肥150千克/亩作为茶园底肥。当土壤pH大于6.5时，每亩施硫酸亚铁100千克或硫黄粉50千克改土。具体方法为将各种肥料加硫酸亚铁加土，拌匀施入沟内，深度在30厘米以下可用未腐熟好的有机肥与生土拌在一起施入；12～30厘米必须用腐熟好的有机肥与熟土拌匀施入；7～12厘米用熟土回填。灌水沉实，待土壤适宜时，将畦整平，深度保持在7厘米左右，整平待移栽。

（三） 品种选择

良种是农业最基本的生产资料之一，据统计，良种在农业增产中的贡献率达到43%以上，远超其他生产资料的贡献率。茶树良种指在适宜的地区，采用优良的栽培和加工技术，能够生产出优质、高产茶叶产品的茶树品种。良种是高效的，但也具有一定的生态区域适应性以及生产需求的时间跨度。因此，因地制宜地选择合适的茶树良种，是茶园建设中的关键一环。

茶园栽种品种应适应当地的环境条件，并表现出多样性，根据生产需要考虑品种搭配，优先使用无性系良种和抗逆性强的品种。禁止使用基因改良工程生产的种子、种苗，引进茶苗、种子应严格按《茶树种子和苗木》（GB 111767—2003）标准检疫。引进品种需注意以下环节。

1. 注意引进品种的适应性能 不同绿茶品种有不同的最适生态条件，其中最主要的是气温。如果引进地区的生态条件超出了品种的最适范围，良种就不能充分表现其优良性状，使引种失败而造成损失。一般来说，引进地区与良种原产地的地理位置和纬度应尽可能相近，并选用抗寒性强、适应能力强的品种，这样引种比较容易成功。根据近年来的种植经验以及科研成果，山东地区较为适宜的茶树品种有福鼎大白、中茶108、平阳特早、农抗早等，鸠坑和黄山群体种在山东也有大面积种植。

2. 要考虑品种适制性 茶树不同品种的芽叶外部形态特性及化学成分含量与比例不同，制成茶叶外形和内质特点也有差别，各个品种都有特定的适制性，选择适宜的茶树品种，对加工名优茶至关重要。据不完全统计，目前通过国家农作物品种审定委员会的国家级茶树良种有100多个，而且各重点产茶省（自治区、直辖市）还有大批省级良种。这些茶树品种都有一定的适制性。如有的适制绿茶，有的适制红茶，有的适制乌龙茶等；有的品种是产量型或抗性品种，多茶类兼制，这些品种不可能做出特别优异的产品；有些名茶的品质特征本身就出自品种特征，如绿茶中的龙井 43、乌龙茶中的铁观音、红茶中的正山小种等。在名优绿茶产区引进应尽量选择具有芽叶小、发芽密、芽头壮、早生、抗寒性强等特性的品种。

3. 做好多品种合理搭配 在一个生产单位中将不同发芽期和不同特性的品种按一定比例搭配种植，这种栽培方式可提高茶叶品质，显著增加经济效益。品种的搭配首先可按发芽期的早、中、晚搭配，以利于错开春茶开采期；其次不同品种的品质各有特色，适制的茶类也不尽相同，按品种的品质进行合理搭配，可以取长补短，提高品质；最后，种植单一的无性系品种容易遭受病虫害和气象灾害。一般就品种的萌芽期来说，特早生品种占 40%，早生品种、中生品种各占 30%左右，这样的结构比较合理。

（四） 茶树种植

由于山东地区茶树种苗繁育较少，大部分新建茶园所需茶苗要从南方调运，从种苗基地到新建茶园路途较远，种苗离土时间较长，因此，茶苗调运时机及种植时间必须做好统筹安排。选择在 3 月中旬至 5 月中旬或 9 月中旬至 10 月中旬较为适宜，秋季移栽一定要做好越冬防护措施，采取适当措施保持地温。苗木在运输前要做好产地危险性病虫害的检疫工作；途中要防止日晒风吹，最好使用专车运输，在苗木上覆以稻草和蓬布防日晒风吹；长途运输时，苗木根部还要用黄泥水浆蘸根或填充苔藓、地衣等物保湿。此外，苗木到达目的地后应及时移栽，尽量缩短自起苗到移栽完毕的时间，以保证成活。

1. 种子种植 茶籽应当适时采收，妥善贮存（在 5℃左右，相对湿度 60%～65%，茶籽含水率 30%～40%条件下贮存）。将经贮藏的茶籽在播种前用化学、物理和生物的方法，给予种子有利的刺激，促使种子萌芽迅速、生长健壮，减少病虫害和增强抗逆能力等。一般采取层积催芽的方式催发，提高出苗率。方法如下：将浸水饱和的茶籽和湿润的沙（以手攥不出水为宜）按一层沙一层茶籽堆藏，沙堆不要高于 60 厘米，否则透气性差，容易沤烂茶籽。堆藏 20 天左右，随时检查茶籽发芽情况，待一半的茶籽露出胚根时就可播种。

播种盖土深度为 3～5 厘米，秋冬播比春播稍深，而沙土比黏土深。穴播为宜，穴的行距为 30 厘米，穴距可在 10～30 厘米，可根据密植需要适当缩短穴距，每穴播大叶种茶籽 2～3 粒，中小叶种 3～5 粒。播种后要达到壮苗、齐苗和全苗，需做好苗期的除草、施肥、遮阳、防旱、防寒害和防治病虫害等管理工作。

2. 茶苗种植 种植方式为单行条栽或双行条栽，大行距应达到 150 厘米。单行条栽：株距 20～25 厘米。双行条栽：小行距×株距＝30 厘米×30 厘米。两行呈交叉栽植，栽种密度以每亩 3 000～7 000棵为宜。

茶苗运抵后应放在阴凉潮湿之处，且必须在 2 天之内栽完，对不能及时栽植的茶苗应在地势平坦、背风阴凉之处开挖假植沟，按茶苗品种进行分区假植，假植时间不宜超过 10 天。移栽时要尽量减少毛细根的伤根，根部蘸泥浆。栽种后茶苗根系应自然舒展，根际土壤要压实，浇足定根水。在离地 15 厘米处剪去主枝，过 2～3 天浇第二遍水，土壤不黏时用土回填 2～3 厘米，留苗高 15～18 厘米。浇水后及时喷一遍 56％石硫合剂 200 倍液。行间铺 10 厘米厚的作物秸秆或用地膜覆盖，覆盖宽度不低于 1 米，露苗口及地膜四周用土压实。

3. 苗期管理 移栽后的苗期管理是提高无性系茶苗成园率的关键，也是茶园今后能够优质高产的关键。

（1）定型修剪 幼龄茶园（1～4 年）一般需三次定型修剪。第一次在茶苗达二足龄时进行，苗好情况下可提前到一足龄进行。当苗高达 30 厘米时，离地 12～15 厘米剪去主枝，侧枝不剪。第二次在茶苗达三足龄时进行，当苗高达 40 厘米时，剪口高度 25～

30 厘米。第三次在茶苗达四足龄时进行，当苗高达 40 厘米时，剪口高度 35～40 厘米，要求剪平，剪去弱枝和病虫枝。三次定型修剪后开始采用成龄茶园管理方法进行管理。

（2）施药及肥水管理 移栽后的茶苗要加强肥水管理和病虫害防治，确保土壤充分湿润，成活后夏秋季重视抗旱。无性系良种茶园对肥料的需求较大，施肥量随着施肥次数的增加而增加。第 1 年每亩施尿素 20 千克，第 2 年每亩施尿素 40 千克并配合磷、钾肥，比例控制在 3∶1∶1，过冬施足基肥。另外，坚持物理防治、农业防治和生物防治相结合的原则，不得使用毒性强或茶园禁止使用的农药。

（3）及时补苗，做好防护 无性系茶苗根系分布浅，抗旱能力差，遇到高温干旱天气，容易死苗造成缺株断行，可采用同龄预备苗带土移植或同龄苗归并带土移植两种方法补救。幼苗期，夏季应适当遮阳或间作适宜密度的玉米或豆科植物；冬季则应以保护地栽培方式保证茶苗安全越冬。

4. 茶园间作遮阳 茶树是一种亚热带常绿植物，具有耐阴、喜温、好湿、喜酸的生态特性。新建茶园生态系统单一，地表裸露面积大，新生茶苗抵抗力弱，致使茶园更易受到冷、热、旱、虫、草等自然灾害的影响。使用茶园间作或覆盖遮阳等农艺措施，有利于改善茶园的生态条件，建成符合茶树生物特性的生态系统。间作与覆盖遮阳相比更能提高茶园的空气湿度；但在南北走向下覆盖遮阳较间作更能有效降低茶园的光照和温度。

（1）茶-草本植物间作 草本植物的生长时间短、更新快、成本低，且幼龄茶树树低、树幅小，占地面积小，土地裸露面积大，土地利用率不高，茶-草本植物间作是幼龄茶园最理想的栽培模式。草本植物间作时高、矮秆植物间作密度不同，且不同年龄茶园间作密度也有差异。一年生茶园可适当加大间作密度，二年生茶园应适当缩小间作密度。茶园间作不宜过密，同时要注意间作物与茶树争肥争水的问题。试验证明，幼龄茶园内间作草本植物，可以有效改善茶园生态环境，有利于茶苗生长发育，还可增加经济效益。

（2）高秆作物间作 山东茶园实行间作时，高秆作物一般选择玉米。不同年龄的茶园，间作玉米密度有所差异，一年生茶园可适当加大间作密度，二年生茶园应适当缩小间作密度，间作时应始终贯彻实施以茶为主、玉米稀植的原则。一般在茶园周边及行间间作一行玉米，茶园周边间作玉米窝距为 40 厘米左右，茶园行间间作玉米窝距为 50 厘米左右。每亩间作玉米 1 500～2 000 株为宜。过了高温干旱季节，玉米秸秆铺在茶行，还有一定的保温、控草作用，腐烂后可转化为有机质。南北走向下以间作玉米的效果最好，间作玉米时茶园温度可降低 1.7～3.8℃，日均光照度降低为对照的 47.6%，日均湿度增加 15.77%，土壤含水量增加 27.1%，日均光合速率为对照的 7.1 倍，茶苗的发芽期及全盛期分别提早了 8 天和 11 天，茶苗成活率增加了 22.4%，株高、茎粗、节间长、叶面积各时期测定均表现最好。

（3）中、矮秆作物间作 中、矮秆作物，如花生、黄豆等，应与茶行保持 30 厘米以上的距离种植，若在 1.5～1.67 米行距茶园里套种作物，可采用定植后第 1 年套种 2 行作物、第 2 年套种 1 行作物、第 3 年不套种的间作模式。

研究证明，茶行东西走向下以间作大豆的效果最好。间作大豆下茶园温度可降低 3.1～3.6℃，光照度降低为对照的 86.4%～90.4%，日均湿度增加 10.6%，土壤含水量增加 13.0%，日均光合速率为对照的 2.7 倍，成活率、株高、茎粗、单株叶面积分别增加了 32.3%、60.5%、33.1%、218.9%。

二、成龄茶园生产管理技术

茶园的盛产与茶园管理息息相关，成龄茶园的管理包括耕作、施肥、灌溉、修剪等操作，成龄茶园的管理是茶园主要的农事活动。

（一）茶园耕作

茶园土壤耕作是指用农机具对土壤进行耕翻、整地、中耕、培土等田间作业。

耕作会改变土壤孔隙度，改变土壤中水分和空气状况。通过耕作土壤颗粒变细，排列紧密，土壤孔隙度变小，对进入土壤的固体物质的机械阻留作用增大，保蓄养分的能力就增大。土壤经过耕作后，通气性改变，好气性微生物活跃，提高迟效性养分向速效性养分转化的速率，使茶树保持良好的养分供应状态。

茶园耕作可耕锄杂草，改良熟化土壤。茶园杂草与茶树争夺水分和养分，严重的使茶树生长衰弱，影响茶叶产量和品质。通过中耕除草，可减少土壤水分和养分的消耗。通过耕作将较深土层翻到土表，表层土以及部分杂草、枯枝及茶园覆盖物等翻至深层，有利于好气性微生物的生长繁衍，加速土壤中的有机物质的转化、提高土壤肥力、增加活性土壤厚度。

耕作还可起到杀虫灭菌、减少病虫害的作用。通过耕翻，把地表的好气性害虫卵、蛹以及有害的病菌翻入土壤下层；把下层土壤中的厌气性害虫卵、蛹以及病菌翻到土表，改变了病虫害及虫卵等的生活环境，不利于它们的生长繁殖，从而减轻病虫害。

此外，耕作还能将茶树的部分根系破坏，适当时机的耕作，有利于茶树根系的更新复壮。深耕对少数部分根系的损伤有利于根系的更新复壮，诱发新根，增强整个根系的吸收能力。对于建园时未深耕、松土层太浅的茶园，在行间进行深翻改土，是大幅度提高茶叶产量的一项根本性措施。

茶园耕作的作用是多方面的，合理耕作，有利于茶园的生产。但如果耕作不合理，则会破坏土壤结构，引起水土流失等不良后果。尤其是一些水土保持设施条件差的坡地茶园，如果耕作不合理，地表径流冲刷疏松的土壤，茶树根系裸露，茶树生长不良，影响茶叶产量。

1. 茶园耕作程度 茶园耕作因耕作深度不同，可分为浅耕和深耕两种。

(1) 浅耕 浅耕的耕作深度通常不超过 15 厘米。浅耕一般起到铲除杂草，疏松表土层土壤，加强土壤的透水、透气性，切断土壤毛细管减少水分蒸发，稳定下面耕作层的水热状态等作用。

浅耕需要每年都进行，冬季和春季浅耕以松土为主，春耕耕作深度 10 厘米左右，冬耕 10～15 厘米。夏季和秋季浅耕以除草为主，又叫夏锄和秋锄。锄草深度以 5 厘米左右为宜，锄草次数一般根据杂草生长来确定。新茶园栽植的第 1 年，为了避免带动茶籽和茶苗，距茶苗 30 厘米以内的杂草宜手动拔除，30 厘米以外再进行浅耕。一般等待茶苗长大后方可手动除草或浅耕。

幼龄期茶园行间空隙较大，杂草容易生长。一般在追肥之前安排一次浅耕，防止杂草争夺土壤水分和养分。浅耕后要将杂草铺在地面晒干或耙出园外，堆集一处制作堆肥，在多雨季节更要注意将杂草清理出园外。

壮年茶园如果树冠覆盖度高、生长好、产量高，采摘、施肥、防虫等作业较频繁，茶行间土壤容易板结，浅耕以松土为主，次数可适当减少 1～2 次。

(2) 深耕 深耕的耕作深度一般超过 15 厘米。通过深耕改善土壤的物理性质，可减轻土壤的容重，增加土壤孔隙度，提高土壤蓄水量；同时加深和熟化耕作层，加速下层土壤风化分解，将水不溶性养分转化为可溶性养分。深耕花费劳动力多，应当结合有机肥施用及机械化深耕进行。依茶园管理水平、种植方式、品种、树龄等不同，即茶树生长势及根系发展程度不同，对深耕要求也不同。一般来说，管理水平高长势好的茶园，可以浅耕或免耕；条栽密植茶园行间根系分布较多，深耕程度可浅些，不能年年深耕；疏植茶园、丛栽茶园深耕程度可深些，一般可掌握在25～30厘米；大叶种根系分布较深可深耕，而中小叶种则可适当浅些；幼龄茶园浅耕，老龄茶园可深耕；土壤结构良好，土壤肥沃的茶园可以免耕。

种植前深垦过的幼龄茶园，一般结合施基肥进行深耕。早期在离茶树根部20～30厘米以外处开沟30厘米左右，随着茶树长大开沟的部位向行中间逐步转移。开垦时仅在种植行中深垦的茶园，一般要结合施基肥进行。一般在茶行间宽1米左右深耕50厘米，深挖的土壤先放置道路上，然后将基肥与心土混合施入沟中，再将第二段表土翻入第一段，依次深耕，逐行完成。

对于成龄茶园，过去已深垦过的，若土壤疏松可不再深耕；若土壤很黏重，在尽量减少伤根的前提下，适当缩小宽度深耕30厘米左右，以后不再深耕。深耕时期，北方区宜在8～9月，长江中下游茶区宜在9～10月，华南茶区还可适当推迟。

衰老茶园通常结合低产低效茶园特点改造，在秋末冬初离开茶根30厘米处进行50厘米深耕。深耕时要结合施用有机肥料，将肥料与土壤混合，使土肥相融。

2. 茶园耕作时间 常规茶园中一般每年进行三次生产季节耕作，分别在春茶前、春茶后和夏茶后进行。

(1) 春茶前中耕 每年当气温升至10℃以上时，茶树便开始萌发。与此同时茶行中的杂草也开始萌发，杂草的萌发会与茶树争水争肥，影响春茶的产量和品质。同时，早春土温较低，春茶萌发迟缓，此时耕作可以疏松土壤，使表土易于干燥且使土温升高，有利于促进春茶提早萌发。为此，制定了在春茶前进行耕锄的制度，以抑制杂草生长，提高地面温度。

此次耕作一般在3月上中旬进行（惊蛰至春分）。春耕的深度较深一些，为10～15厘米，不能太深，有“春山挖破皮”的说法。

(2) 春茶后浅锄 春茶后气温较高，地面蒸发量大，也正是夏季杂草旺盛萌发的时期，又正值追肥时期。所以，在春茶采摘结束后即5月中下旬进行一次浅锄。耕作深度约10厘米，以能达到锄去杂草根系，切断毛细管，保蓄肥水为限，不宜太深，过深反而会使下层土壤水分蒸发。

（3）夏茶后浅锄 在夏茶结束后立即进行浅锄，时间大致在6月下旬。此时天气炎热，夏季杂草生长旺盛，土壤水分蒸发量大，为了切断毛细管减少水分蒸发消灭杂草，同时促进土壤细菌活动要及时浅锄，深度4～7厘米。

（4）非生产季节的深耕 秋茶结束后，往往进行一次较深的耕作——非生产季节的深耕。这次深耕可以增加土壤的孔隙度，改善土壤的渗透性，增加土壤含水量，提高土壤肥力，增加土壤的通透性，改善土壤通气状况。山东地区茶园深耕一般在秋茶生产结束时，即9月左右，此时气温也不是很低，杂草种子尚未成熟，是较好的深耕季节。

（二） 茶园施肥

茶树是多年生经济作物，以幼嫩芽叶为生产物。每年多次从茶树上采摘新生营养嫩梢，不仅耗损茶树的营养，而且必然影响茶树本身的光合生理。同时，茶树本身还需要不断地建造根、茎、叶等营养器官以维持树体的正常生长和继续繁育、开花结实繁衍后代等，因此必须适时地给予茶树合理的营养补充，才能满足茶树健壮生长的需要，保证茶园优质、稳产、高产。茶园施肥是为了补充茶树因采摘而被带走的养分以保持茶树的正常生长发育以及茶叶产量的稳定增长，在提供茶树营养物质的同时，改良土壤，提高土壤肥力，为茶树生长创造良好的土壤生态条件，使茶叶获得高产、优质、高效益。因此茶园施肥是茶园生产中的一项重要管理措施。

1. 营养元素对茶树生长发育的作用 茶树生育所必需的营养

元素有氮、磷、钾、钙、铁、镁、硫等大量元素和锰、锌、铜、硼、钼、铝、氟等微量元素，其中氮、磷、钾消耗量最大，被称为肥料三要素。由于茶树的生产特性消耗氮素是最多的，磷、钾次之，因此，常需要将氮、磷、钾作为肥料而加以补给。

（1）氮 氮是合成蛋白质和叶绿素的重要组成成分。正常茶树鲜叶含氮量为4%～5%，老叶为3%～4%，若新叶含氮量降到4%以下，老叶下降到3%以下，则标志着氮肥严重不足。施用氮肥可以促进茶树根系生长，使茶树枝叶繁茂，同时促进茶树对其他养分的吸收，提高茶树光合效率。

氮肥供应充足时，茶树发芽多，新梢生长快，节间长，叶片多，叶面积大，持嫩期延长，并能抑制生殖生长，从而提高鲜叶的产量和质量；氮肥不足则树势减弱，叶片发黄，芽叶瘦小，对夹叶比例增大，叶质粗老，成叶寿命缩短，开花结果多，既影响茶叶产量又降低茶叶品质。

（2）磷 磷肥主要能促进茶树根系发育，增强茶树对养分的吸收，促进淀粉合成和提高叶绿素的生理机能。从而提高茶叶中茶多酚、儿茶素、蛋白质和水浸出物的含量，较全面地提高茶叶品质。茶树缺磷时，新生芽叶黄瘦，节间不易伸长，老叶暗绿无光泽，进而枯黄脱落，根系呈黑褐色。

（3）钾 钾对碳水化合物的形成、转化和贮藏有积极作用，还能促进光合作用，补充日照在弱光下光合作用的不足，促进根系发育，调节水代谢，增强对冻害和病虫害的抵抗力。缺钾时，茶树下部叶片早期变老，提前脱落；茶树分枝稀疏纤弱，树冠不开展，嫩叶焦边并伴有不规则的缺绿；茶树抵抗病虫和其他自然灾害的能力降低。

2. 茶园常用肥料

（1）有机肥 指各种农家肥与以农家肥或其他有机质为原料加工而成的商品有机肥。有机肥是主要来源于植物或动物，施于土壤以提供植物营养为其主要功能的含碳物料，富含多种有机酸、肽类以及包括氮、磷、钾在内的营养元素。有机肥具有茶树生长所必需的各种大量元素和微量元素，不仅能为其提供全面营养，而且肥效长，可增加和更新土壤有机质，促进微生物繁殖，改善土壤的理化性质和生物活性，促进植物生长及土壤生态系统的循环。有机肥有以下这些种类。

①堆肥。以各类秸秆、落叶、青草、动植物残体、人畜粪便为原料，按比例相互混合或与少量泥土混合进行好氧发酵腐熟而成的一种肥料。

②沤肥。沤肥所用原料与堆肥基本相同，不同之处在于要在淹水条件下进行发酵而成。

③厩肥。以猪、牛、马、羊、鸡、鸭等畜禽的粪尿与秸秆垫料堆沤制成的肥料。

④沼气肥。在密封的沼气池中，有机物腐解产生沼气后的副产物，包括沼气液和残渣。

⑤绿肥。利用栽培或野生的绿色植物体作为肥料。如豆科的绿豆、蚕豆、草木樨、田菁、苜蓿、苕子等。非豆科绿肥有黑麦草、肥田萝卜、小葵子、满江红、水葫芦、水花生等。

⑥作物秸秆。作物秸秆是重要的肥料品种之一，作物秸秆含有作物所必需的营养元素氮、磷、钾、钙、硫等，在适宜条件下通过土壤微生物的作用，这些元素经过矿化再回到土壤中被作物吸收利用。

⑦纯天然矿物质肥。包括钾矿粉、磷矿粉、氯化钙、天然硫酸钾镁肥等没有经过化学加工的天然物质。此类产品要通过有机认证，并严格按照有机标准生产才可用于有机农业。

⑧饼肥。菜籽饼、棉籽饼、豆饼、芝麻饼、蓖麻饼、茶籽饼等。

⑨泥肥。未经污染的河泥、塘泥、沟泥、港泥、湖泥等。

（2）无机肥　无机肥又称为化学肥料，其特点是养分含量高，主要成分易溶于水，易转化为被茶树吸收的状态。目前茶树常用化肥品种有以下几种。

①氮肥。茶园中最常用的无机氮肥为尿素。尿素呈中性，有较强吸湿性，易被茶树吸收利用，一般5～6天便可分解并被茶树吸收，可土壤施用也可作为叶面肥施用；硫酸铵为铵态氮肥，含氮量为20.5%～21.0%，硫酸铵肥效快，2～3天即可被茶树吸收，一般最好用作春肥。硫酸铵长期单独施用会使土壤pH更低，山东茶区有较多土壤pH较高的茶园，可多施硫酸铵以改善土壤酸碱度使其符合茶树生长需要。

②磷肥。过磷酸钙呈酸性，易溶于水，但易与土中的铁、铝等反应生成不溶性中性盐，作为基肥时最好与农家肥配合施用；钙镁磷肥一般含有效磷14%～19%，属弱酸溶性肥料，施入茶园土中后，在茶根分泌的有机酸和土壤中酸性物质的作用下，逐步溶解释放出有效磷，肥效长而持久，宜作为基肥施用。

③钾肥。适宜于茶树施用的化学钾肥主要为硫酸钾，含有效钾48%～52%，易溶于水，为生理酸性肥料，使用时最好与磷矿粉等碱性肥配合施用，并主要施在茶树吸收根分布多的部位，以减少土壤对钾的固定。

④复合肥。复合肥是含有氮、磷、钾等主要营养元素中的两种或两种以上成分的一类肥料。复合肥分化合和混合两种，其中化合复合肥有氢化过磷酸钙、硝酸磷肥、磷酸铵、磷酸二氢钾、硝酸钾、硝酸铵等；混合复合肥是用单种肥根据不同时期的需要灵活配制而成的。另外，在一些复合肥中还可添加适当的微量元素制成更为完善的多元复合肥。

肥料是茶叶生产的物质基础，茶树具有喜铵性，在生长季节对肥料吸收表现出连续性和阶段性，即春茶期吸收量最多。茶树还可对营养贮藏和再利用，对营养元素的吸收表现出明显的适应性，还具有与菌根共生的吸收特性。茶树是“忌氯”作物，特别是幼年茶树对氯十分敏感，因此，一般茶园应避免施用含氯元素的肥料如氯化钾及相关的复合肥等。部分茶园土壤 pH 偏高（5.8～6.5），这类茶园在肥料的选择上最好选用酸性肥料，如硫基复合肥、茶园专用有机生物肥、硫酸铵、过磷酸钙等，避免使用火土、草木灰等碱性肥料。

3. 茶园施肥的原则

（1）以有机肥为主，配施无机肥 有机肥能提供协调、完全的营养元素，能改善土壤的理化性状和生物性状，而且肥效持久。但有机肥养分含量低，且释放缓慢，不能完全、及时地满足茶树需要。无机肥养分含量高，肥效快，但长期施用易引起土壤板结，而且流失严重。一般基肥以有机肥为主，追肥以无机肥为主。

（2）平衡施肥，以氮肥为主 幼龄茶园氮、磷、钾的比例以1∶1∶1为宜。幼龄茶树需培养根系和健壮骨架枝，增加侧枝分生密度，扩大树冠覆盖度等，对氮、磷、钾等养分的需求均较高；成龄茶园以收获鲜叶为主，对氮肥需求量大，氮、磷、钾的比例以3∶1∶1为好；茶树所需的钙、镁、硫等大量元素要注意适当补充，铁、锰、锌、铜、钼、硼等微量元素要保证不缺。

（3）重视基肥，分期追肥 一般要求基肥占年施肥量的50%左右，追肥占50%左右，且有机肥和磷、钾肥最好全部以基肥的方式施入。

（4）以根际施肥为主，适当结合叶面施肥 茶树吸收养分的主要器官是根，因此茶园施肥无疑应以根际施肥为主，同时茶树叶片也具备吸收功能，尤其是在茶树遭遇干旱、湿涝、根病等根部吸收障碍时，叶面施肥效果更好；同时施用微量营养元素时，也应以叶面施肥的方式进行。

4. 茶园施肥时间与方法 成龄茶园每年除秋冬重施一次基肥外，生产季节还需多次进行追肥。施肥量是根据茶树的年龄、树势和产量而定的，茶园年施肥量主要以“目标产量法”来确定，即根据茶园鲜叶产量来确定肥料用量，在生产实际中，成龄茶园可按每生产 100 千克鲜叶要施用 4 千克纯氮标准控制，氮：磷：钾比例以 3：1：1 为好，其他大量和微量元素适当补充。如每亩产 100 千克干茶，则需施入尿素 30～40 千克（含纯氮 14～18 千克），过磷酸钙40～50 千克，硫酸钾 10 千克。产量高则依比例多施，产量低则依比例减少。

(1) 施基肥 茶园施基肥宜早不宜迟，一般在进入秋季后茶树地上部分停止生长时结合冬耕除草施用。山东地区茶园基肥一般在秋茶后的 9 月、10 月进行。茶园使用的基肥主要是有机肥（腐熟农家肥），养分释放比较缓慢，为了及时给茶树提供营养物质，必须适当早施基肥，使其在土壤中早分解释放养分，以提高茶树对肥料的利用率，增加茶树对养分的吸收与积累，有利于茶树抗寒越冬和第 2 年春茶新梢的形成与萌发，从而提高茶叶的产量和质量。

生产茶园通过基肥施入的养分一般占全年用量的 50%左右，施用厩肥、饼肥、复合肥、农家肥和茶树专用肥等有机肥。由于农家肥大多是缓效的有机肥，营养元素含量低，只有施入足够的肥料才能达到改良土壤、满足茶树生长对养分的需求等目的。幼龄茶园一般每亩施 1～2 吨堆肥、厩肥或 100～150 千克饼肥，加上 15～25 千克过磷酸钙、7.5～10 千克硫酸钾。成龄茶园每亩施入有机肥 1 500～2 500 千克，饼肥 100～150 千克，过磷酸钙 25～50 千克，硫酸钾 15～25 千克。

施用方法：茶树是深根植物，其根系有向肥性的特点，深施可以起到把茶树根系引向土壤深层和扩展根系的吸收容量的作用，这样可以提高茶树的抗逆能力，确保茶树安全越冬。一般成龄茶园施基肥深度 20～30 厘米，一至二年生茶树 15～20 厘米，三至四年生茶树 20～25 厘米，并要随即盖土，以防肥料挥发而影响其肥效。

成龄茶园施基肥位置应在树冠边缘垂直下方，采用沟施，沟深20～30 厘米。未形成蓬面的幼龄茶园按苗穴施，施肥穴与根颈的距离：一至二年生茶树为 5～10 厘米，三至四年生为 10～15 厘米。平地茶园一边或两边施肥，坡地茶园或梯田茶园，要在茶行上方一边施肥，以防肥料流失。

(2) 追肥 追肥一般分为春肥、夏肥和秋肥 3 次，即在春茶前（采春茶前 30 天）、夏茶前（4 月底至 5 月初）和秋茶前（7 月中下旬），以在每轮茶的鳞片开展期至鱼叶开展期施入最为适宜，全年 70%的氮肥以追肥的方式施用，春夏秋三季施肥量分别占 40%、35%与 25%为宜。

第一次追肥是在春茶前，通常在 2 月、3 月，此时正值新梢正要展叶时，这次追肥又叫催芽肥，其目的是供应越冬芽萌发所需的营养。

第二次追肥通常在春茶后进行，也就是在 5 月、6 月施用。其作用是补充春茶所消耗的营养和保证夏茶的正常萌发。

第三次追肥则在夏茶后进行，一般在 7 月、8 月，应避开高温天气。

施用方法：施肥方法可分为开沟施和蓬心土面撒施两种。常规单行条植茶园应开沟施肥然后盖土，避免肥料流失，密植茶园则可采用蓬心土面撒施法，即将肥料撒在小行间的蓬心土面上。无论开沟施或撒施都是把肥料施在茶树吸收根最集中的部位，便于茶树吸收利用。提倡使用施肥器近地面撒肥。结合除草开浅沟施，或者撒肥后用中耕机浅耕松土，效果更佳。

幼龄茶园应在距树冠外沿 10 厘米处开沟；成龄茶园可沿树冠垂直开沟。沟深视肥料种类而异，移动性小或挥发性强的肥料，如碳酸氢铵、氨水和复合肥等应深施，沟深 10 厘米左右。易流失而不易挥发的肥料如硝酸铵、硫酸铵和尿素等可浅施，沟深 3～5 厘米，施后及时盖土。

(3) 根外追肥 为了及时补给茶树更多的营养和微量元素，在地面追肥的前提下还可多次进行根外追肥，即叶面喷肥。根外追肥具有吸收快、利用率高、用量少的特点，是及时补充茶树肥力的有效办法，一些受冻、旱、湿害的茶园根外追肥效果更佳。茶树根外追肥一般以氮肥为主，亦可与其他营养元素配合使用，但配合时必须注意化学性质（如酸碱性）相同的才能相配合，与农药混用时也应注意这一点。茶树根外追肥在整个茶叶新梢生长季节都可使用。追肥时间一般是在阴天或晴天的早上和傍晚进行。追肥主要部位是叶子背面，只有叶背的气孔才能吸收溶解的液体状肥料，叶的正面主要为角质层，难以吸收根外追肥。茶叶采摘前10天要停止施用。一般采摘茶园每亩叶面追肥的肥液量为50～100千克，覆盖度大的可增加，覆盖度小的应减少，以喷湿茶丛叶片为宜。宜在傍晚喷施，阴天不限，下雨天和刮大风时不能喷施。

（三） 茶园灌溉

茶树的水分主要来源于土壤所含水、空气湿度和降水三个方面。据研究，茶树正常生长所需要的土壤相对含水量在70%～80%，空气相对湿度在70%以上，年降水量在1 500毫米左右，当茶树水分供给不能满足其生长需要时，就会影响茶叶的产量和品质，应及时采取措施对其进行有计划供水即茶园灌溉。山东茶区气候对茶树生长来说较为干旱，自然降水无法满足茶树高产优质的需要，应及时采取旱季茶园补充性灌溉措施，有利于稳定茶叶产量和品质。实践证明，凡在干旱季节对茶园进行合理灌溉的，都能取得不同程度的增产提质效果。

1. 茶园灌溉分类

(1) 茶园地面流灌 地面流灌是利用抽水泵或其他方式，把水通过沟渠引入茶园的灌溉方式，包括沟灌和漫灌。沟灌是在茶园行间开沟，水在沟内借土壤毛细管作用，边流动边渗透到茶园土壤根层中，供茶树吸收利用。

地面流灌能一次彻底解除土壤干旱，但流灌的有效利用率低，灌溉均匀度差，因而造成茶园局部积水、土壤板结和养分流失等问题。茶园流灌对地形要求严格，一般只适宜于平地茶园和水平梯式茶园，在进行流灌时，一定要控制适当的流量，并注意及时松土整地。

（2）茶园喷灌 茶园喷灌系统主要由水源、输水渠系、水泵、压力输水管道及喷头等部分组成。茶园喷灌与地面灌水方法相比，灌水量分布均匀，可省水50%，水的利用率达80%左右。

喷灌分固定喷灌和移动喷灌两种形式。固定喷灌是将喷灌的喷头按一定距离固定在茶园中，这种形式操作比较方便，效果也好，但投资相对较大；移动喷灌是使用水箱盛水，通过水泵和软管将水压至可移动的喷头进行喷灌，这种形式投资虽然相对较低，但操作不是十分方便。

（3）茶园滴灌 将灌溉水或液肥在低压力作用下通过主、支管道系统，送达毛管滴头，由滴头形成水滴，定时定量地向茶树根际供应水分和养分，使根系土层经常保持适宜的土壤湿度，能提高茶树养分与肥料的利用率，从而达到省水增产的目的。

滴灌即滴水灌溉，是一种新的灌水技术。滴灌系统分枢纽和管道两部分。枢纽部分包括动力、水泵、水池、压力调节阀、肥料混合罐、过滤器等。管道部分包括干管、支管、毛管、滴头管。灌水时为了形成水压，滴头系统通常用低扬程离心泵加压。在有条件的地方，可以利用自然水势落差或者在高处修建蓄水池、水塔进行滴灌。

与喷灌相比较，地面流灌投资少，但用水量大，如果水源紧缺往往灌溉不均匀；喷灌虽然投资大一些，但用水量少，灌溉均匀，水分直接喷洒到茶树上，同时可以提高空气湿度，效果佳。

由于滴灌是控制在低压小流量条件下进行根际灌水，提高了水分利用率，大大减少了株行间土面水分蒸发的损耗，因此比喷灌和地面流灌更省水。在茶园生产实践中，滴灌有比微喷灌造价低、比微喷灌用水量少、施肥方便可控、节约人工等优势。通常喷灌水量是地面沟灌用水的1/2，而滴灌用水仅是喷灌用水量的1/2左右。越是高温干旱季节，其省水效果越显著。滴灌可以把肥水直接送到茶树根系集中的土层，在旱季滴灌，对幼龄茶园可起到抗旱保苗、速生快长的作用，对成龄茶园具有增产效果，而且茶叶品质也有所提高。因此，山东茶区的缺水茶园应尽量选择喷灌和滴灌。

2. 茶园灌溉时机判断 茶园灌溉的时机可以从以下几个方面判断。

(1) 根据土壤含水量判断 茶园土壤含水量降低到130克/千克时，茶树新梢萌发和生长就会受到影响，这时需要灌溉。但土壤性质不同，土壤有效持水量也有差异，按照绝对含水量判断也不是非常准确，最好根据土壤有效持水量判断更为科学合理。

(2) 根据茶树的树相判断 早晨观察茶树，如果叶片上没有露水，叶片失去光泽，用手触碰茶树叶片时发出沙沙响声，表明茶树已经缺水，需要及时灌溉补充水分；如果茶树出现萎蔫现象，说明茶树已经严重缺水，这时进行灌溉已经过迟。

(四) 茶树修剪

成龄茶树的修剪，是茶园管理的一个重要措施，通过修剪剪去鸡爪枝，以利于新梢正常萌发，促进芽头健壮，有利于采摘，恢复茶树生长势等。成龄茶园修剪，一般有以下几种方式：轻修剪、深修剪、重修剪、台刈等，根据不同的茶树生长情况及生产需求选择不同的修剪方法。

1. 修剪的种类

(1) 轻修剪 轻修剪分为修面和修平。修平只是将茶树冠面上突出的部分枝叶剪去，整平树冠面，修剪程度较浅。修面则是普遍剪去生长年度内部分枝叶，程度稍重。轻修剪一般每年或隔年进行一次。一般掌握顶端优势强的品种，生长势旺盛、留叶较多的茶园或树龄较大的茶园可进行每年修剪；而采摘强度大、留叶少的茶园和树龄不大、鸡爪枝少的茶园可以隔年剪。

（2）深修剪 深修剪的目的是除去鸡爪枝层，并恢复提高产量和品质。深修剪依鸡爪枝的深度而确定修剪深度，一般为 5～15 厘米，采用篱剪或修剪机修剪。应注意修剪器具要锋利，避免修剪后枝条破损。一般每隔 5 年左右进行一次，可视实际情况延长或缩短间隔期。

（3）重修剪 重修剪是一种针对衰老茶园恢复树势，较深修剪重的修剪方式。其修剪对象是未老先衰的茶树和一些树冠虽然衰老，但骨干枝及有效分枝仍有较强生育能力、树冠上有一定绿叶层的茶树，以及旧茶园中树龄虽老，但管理水平尚高，主枝和一、二级分枝尚壮，而上层分枝枯枝多，树冠灰白，新梢细小，对夹叶形成比例高，采用深修剪已不能恢复生长势的茶树。重修剪一般剪去树高的 1/2 或多一些，留下离地面高度 30～45 厘米的主要骨干枝。中小叶种 20 年左右进行重修剪，大叶种在 15 年左右进行，以后每隔 8～10 年进行一次。

（4）台刈 台刈针对树势衰老严重，采用重修剪方法已不能恢复树势，即使增强培肥管理产量仍然不高，茶树内部都是粗老枝干，枯枝率高，起骨架作用的茎秆上地衣苔藓多，芽叶稀少，枝干灰褐色，不台刈不足以改变树势的茶树。

台刈一般采取离地 5～10 厘米处剪去全部地上部分枝干，注意台刈后茶芽萌发时采取措施降低茶树枝条密度并做好树形培养。

2. 修剪时间

（1）定型修剪 以早春为佳，一年两次，可调整到夏季或秋茶后。

（2）轻修剪 春茶前、春茶后、秋茶后均可，名优茶生产园宜安排在春茶后或秋茶后。

（3）深修剪、重修剪、台刈 应在春茶前或春茶后进行。

3. 修剪后管理

（1）重施肥料 修剪程度越深，施肥量应越多。修剪前，要施入较多的有机肥和磷、钾肥；修剪后待新梢萌发时，及时追施催芽肥，以促进新梢健壮，并尽快转入旺盛生长期，使修剪充分发挥应有的效果。

（2）合理剪、采、留以培育树冠

①幼龄茶树。完成第二次定型修剪前不可采摘，以后以养为主，经 2～3 年的打顶和留叶采摘后才正式投产。

②深修剪茶树。留养 1～2 个茶季。

③重修建茶树。当年发出的新梢长到 25 厘米时，从重修剪剪口上提高 15 厘米左右剪，第 2 年春打顶轻采，春茶后提高 10 厘米左右轻剪一次，即可正式投产。

④台刈茶树。剪后当年，秋茶后离地 40 厘米左右剪，剪后2～3 年内逐年在上次剪口上提高 5～10 厘米修剪。

（五）茶园管理年历

成年茶园的管理主要周年管理，茶园的周年管理活动主要有耕锄、施肥、采摘、修剪、病虫害防治等（表 5-1）。

表 5-1 茶园管理年历

月份	周年管理活动
1～2 月	①春暖式大棚追肥（以速效氮肥为主）； ②冬暖式大棚管理：追肥、浇灌、温湿度调控、人工补光、叶面喷肥、补充二氧化碳气肥； ③采摘制作大棚茶

（续）

月份	周年管理活动
3 月	①撤除越冬防护物料（一般 3 月中下旬）：其中对培土越冬的幼龄茶园春分后退土一半，扣拱棚茶园及时通风换气； ②浇返青水； ③追施催芽肥（以速效氮肥为主）； ④浅耕松土（7～10 厘米），保墒提温； ⑤修剪（剪除冻害枝、病枯枝、鸡爪枝）； ⑥清园（清除园内枯枝、落叶、杂草）； ⑦惊蛰至春分茶籽催芽备播； ⑧植树造林，建设防护林带林网
4 月	①喷施叶面肥； ②大棚茶园（设施栽培茶园）揭膜； ③对培土越冬的幼园彻底退土、清墩（清明前后）； ④茶籽播种（谷雨前播种完毕）； ⑤适时浇水，防止春旱
6～7 月	①第二次追肥（速效氮肥、复合肥、活性生物肥）； ②浅耕松土（10 厘米）； ③行间铺草（15 厘米以上）； ④加盖遮阳网； ⑤夏季修剪； ⑥雨季造林，建设防护林带林网
8 月	①第三次追肥； ②适时浇水，防止秋旱
9 月	①白露前后追施基肥（土杂肥、饼肥等各类有机肥），开沟 20 厘米深施； ②结合施基肥（越冬肥）对行间深耕（15～20 厘米）
10 月	①封园； ②普喷 1～2 遍 0.3～0.5 波美度石硫合剂

（续）

月份	周年管理活动
11月	①立冬至大雪前浇足浇透越冬水； ②立冬至小雪间对幼龄茶园培土至苗高的一半，大雪前培至只剩1～2片叶，也可搭棚越冬； ③对成龄茶园大雪前搭防风障、围帐，行间铺草，蓬面撒草，搭盖薄膜，喷施防冻液等，冬暖式大棚盖膜； ④新开垦茶园深翻改土，茶园水利配套建设
12月	①春暖式大棚盖膜； ②冬暖式大棚管理：追肥、浇灌、温湿度调控、人工补光、叶面喷肥、补充二氧化碳气肥

三、低产低效茶园改造技术

山东省从南茶北引开始即有茶园建园，部分茶园由于时间较久，管理水平较低，茶树生产机能衰退，茶园产量降低，形成低产低效茶园。低产低效茶园树势衰弱，茶树育芽能力减弱，易产生驻芽，芽叶持嫩性差；茶树树冠结构差，覆盖度低，采摘面小。同时，施肥、病虫害防治等用工多，单位面积投入大，收益少，降低了茶叶生产的经济效益。

（一）低产低效茶园的成因

低产低效茶园的成因复杂，不同茶园各具特色，茶树品种、立地条件、生态环境、管理技术等的不适宜都会造成茶园低产低效。造成低产低效茶园的原因可归纳为自然低产型和胁迫低产型。自然低产型是因为茶树年龄大，生理机能减弱，树势衰退而导致生产力低下；胁迫低产型是因为生产环境和管理技术对茶树造成生理胁迫，引发茶树生理机能衰退，导致产量明显下降或长期处于低产状态。低产低效茶园改造是茶叶生产中的一项重要技术，对低产低效茶园形成的原因进行分析和对低产低效茶园进行改造，是保持山东茶叶持续发展的重要措施。

1. 茶树老化 茶树同其他植物一样，也具有一定的寿命，也会经历幼、青、壮、衰等生理过程。茶树的有效经济年龄一般在40～50年，栽培条件下的茶树生理机能衰退比自然生长条件下快，随树龄增大树势逐渐衰弱。即使培育高水平的茶园，高产期也只能维持30年左右。山东早期茶园一般是在南茶北引时建园的，已进入茶园衰老期，茶园骨干枝逐渐衰老或干枯，远离根颈部的根大量衰亡。随着茶树老化，光合作用、呼吸作用减弱；叶张变小，对夹叶增多，节间变短；营养生长、生殖生长都弱，但生殖生长比营养生长旺盛，即开花量多，枝叶生长量小。

2. 生态条件恶劣 茶树在长期的系统发育中形成了自身的生育规律，茶树对于环境条件有一定的要求，只有生存在适生的条件下，才能达到高产优质高效。山东茶园立地条件一般较恶劣，冬季气候严寒，夏季气候干燥，相对于茶树适生环境条件，土壤pH以及钙离子含量等往往较高，同时部分茶园坡度较大，水土保持能力较差，这些原因都会造成茶树生理机能的衰退。

3. 茶园管理水平低，重采轻管 茶树种植后未曾定型修剪，致使树冠零乱；茶园投产过早，粗放采摘以及掠夺式的强采、滥采，严重损伤了树体，造成枝稀芽少，导致茶树营养生长差、干物质积累少、单产量低，引起早衰；茶园后天失管，造成缺株断垄、茶丛稀疏，降低了土地与光能的利用率；茶园肥水管理跟不上，土壤营养不足，肥力低，导致根系活动减弱。

4. 重施化肥，忽视有机肥 春茶前猛追氮肥，夏茶和秋茶不施、不耕，忽视有机肥施用，造成土壤理化性状改变，土壤浅薄板结，透气性和保水性不良，茶叶品质受到影响。

5. 病虫害防治水平低 茶园病虫害侵害茶树，致使茶树营养失衡、生理机能紊乱，防治不当造成新芽新梢枯萎停长、落叶，树势衰弱。

（二）低产低效茶园改造技术措施

栽培年份较长，树势衰老或因管理不善、采摘不合理导致茶树未老先衰的茶园产量都低，但尚具有一定的生产潜力，如改造得法还可以增加短期的收益。低产低效茶园改造是提高茶叶产量和茶叶生产经济效益的重要途径，应根据低产低效茶园的成因及其不同表现情况，从茶树、土壤和环境等方面因地制宜地采取相应技术措施。

1. 清园除草 杂草野树生长快，生命力极强，是茶树生长的大敌。由于多年来对低老茶园管理粗放，造成杂草野树丛生，茶树衰老，除草便成为茶园管理的重要任务，其方法有人工锄草和化学锄草两种。

（1）人工锄草 用锄头或镰刀除去茶园内的全部杂草和野树，集中堆积成肥，腐熟后可回施茶园。

（2）化学除草 主要采用灭生性除草剂，在喷施除草剂时，必须带喷雾罩，防止药液喷洒在茶树叶面层。选择除草剂时，应当根据除草程度的需要，选择符合茶园生产标准的类型。草甘膦除草剂有内吸传导性，对杂草根系有较大的杀伤作用，持效较长，一般用于一年生杂草或禾本科杂草较多，无须保留小草的茶园适用；克无踪除草剂为触杀型除草剂，无内吸性，可杀死杂草的地上绿色部分，对根系伤害小，持效期短，由于根系存活，有利于茶园的水土保持，一般用于地势较高的茶园，保留小草根系以保持水土。根据茶园杂草发生期的早晚，大致可分为春（6 月以前）和夏草（7 月以后）两大类，喷药次数一般每年 1～2 次，若春草和夏草较多可在 5 月中旬和 7 月下旬各喷一次，若杂草较少，可在 7 月喷药一次即可。喷洒除草剂一定要均匀，严禁将药液喷到茶树枝、干、叶上。喷药时间以杂草无露水为宜，喷后 12 小时不能遇雨，否则，需重喷。草甘膦对茶园也有很大影响，若喷到树上会使当年茶树死枝、死树或使翌年叶片呈柳叶状生长。注意有风不能喷除草剂，防止除草剂飞散到茶园，同时尽量不使用机动喷雾器，而改用背负式喷雾器，喷雾器喷头处安装一个塑料小碗；以保证定向喷雾。

2. 改造园地 主要目的是使跑土、跑肥、跑水的“三跑”茶园变为保土、保肥、保水的“三保”茶园，以改善茶树根系生长发育的条件。水土冲刷严重的茶园，茶根裸露，梯壁内移，表层土变浅，腐殖质贫乏，肥力下降。

(1) 砌坎保土 按新茶园的要求，修建排蓄水系统，加强水土保持。在梯地低产低效茶园内侧挖 15 厘米深的“竹节式”横沟，梯地前沿用草皮砖或石子筑成 20 厘米高的梯埂，保持梯层外高内低，茶园地面向内倾斜，达到“小雨不出园，大雨不冲刷”，提高茶园保水、保肥、保土的能力。

(2) 深耕施肥 针对长年失耕、土壤板结的低产低效茶园，采取深翻改土、增施有机肥的措施，来创建深厚肥沃耕作层。该措施放在改树前进行，9～10 月较好，一般深耕 30 厘米以上，每亩施优质有机肥 3 000～5 000 千克，磷肥 25～40 千克，尽量做到表土和底土置换，使其进一步熟化以增进肥力。

在秋末冬初结合茶园施基肥，对未经过深耕的茶园行间 80 厘米左右宽度的土壤，深挖 40～50 厘米。方法是先在茶行一端，挖宽 83～85 厘米、深 40～50 厘米、长 1.5 米的深耕当，并将表土和底土分放两处，接着在挖第二个深耕当时便将其表土和肥料混合，放在第一个深耕当靠近茶根两侧，底土挖起平铺上面，依此类推。茶园的行间土壤补耕，可分年完成或每年隔行进行；大面积茶园在深耕时，为了便于就近取土回填每条行间最后一个深耕当，相邻两行要相反方向进行。新建茶园，若是采用全垦方法开垦，在丰产前不必进行深耕，其间如果要施有机肥，开沟施肥时也要注意少伤茶根。对投产茶园的深耕要慎重，长期不深耕、不施有机肥，土壤的性状会恶化，茶树生长不良，产量不高；深耕频繁，茶根伤损太多，亦会造成茶叶减产。

(3) 培土客土 对于土层特别浅薄，石砾多，肥力差，土壤流失严重的低产低效茶园，必须添加客土，培厚土层。客土应选择富含有机质的肥沃土壤，如森林表土、塘泥、水库泥等。此外，可视茶园土壤质地情况，采用黏土掺沙，沙土加泥的办法改善土壤结构，加深活土层，促进茶树根系的生长。

3. 根系更新 茶树是多年生作物，根部多年定位且占地有限，根际环境更新慢。长期肥水等补充不足以及根际环境逐步恶化造成茶树根部萎缩衰老，从而引起地上部生长势弱。茶树地上部和地下部的生育关系既是相互促进的，又是相互制约的。根系愈发达，茶叶产量也随之逐步增高；树冠衰老，产量下降，这与根系萎缩、粗根比重显著增加、有效根系大量死亡和吸收功能衰退是紧密相关的，同时与茶园土壤理化性状恶化、表土冲刷、盐基流失、肥力下降也有直接关系。粗根或老根在剪断愈合后能够很快发出新生白色幼嫩细根，且这种新根增长极为迅速，一般在剪后半年就可以形成健全的有效吸收根群，两年后就能形成完整的新根系，每条粗侧根断口上所长出的新根分布范围达 30 厘米×30 厘米。

根系的更新是结合茶园深耕进行的。深耕不仅是一种改土措施，而且在耕作过程中，不可避免地要断伤部分根系，有直接激发新根生长的作用。在根系更新后，再进行枝干更新比仅更新枝干的产量可提高 30%以上。根系更新的时间一般可在枝干更新前。深耕位置距主根 20 厘米外，深度 40～50 厘米，结合施用有机肥和磷肥效果最好。

4. 改造树冠 改造树冠即对茶树地上部已经衰老或结构不好的部分进行改造，提高其生理功能，复壮树势，重新培养良好的枝干和树冠面。改造宜在 5～8 月进行，以春茶结束时为最好，选择晴天修剪、台刈最好，改造后及时喷一次石硫合剂或波尔多液清园消毒。因夏季气温高，光照强，雨水充足，茶树芽梢生长快，有利于恢复茶蓬，促进来年春茶产量和质量的提高。

更新树冠的主要技术措施是修剪，依据茶树不同的树势和衰老程度，采取不同的修剪方式。

（1）先留后剪

对象：离地面只有 15～30 厘米，没有明显骨干枝，大量形成对夹叶的茶树。

措施：采取先封园留养，后修剪培养树冠的方法。留养春茶和夏茶 1～2 季。春梢留养后在离原树冠面 10 厘米高度剪平，夏梢在春梢切口上再提高 10 厘米剪平。

（2）整冠修剪

对象：树冠矮小，采摘层次高低不平，形成“二层楼”，但又有一定产量的茶树。

措施：保留其采摘面最宽的层次，高于此层次的枝条一律剪除和剪平。剪口要平滑，防止破裂，影响潜伏芽萌发。修剪宜在春茶采摘后 10 天内进行。

（3）深修剪 深修剪是一种改造树冠绿叶层的措施，可使树冠重新形成新的枝叶层，恢复并提高产量。对当前茶园普遍存在的树冠郁闭、行间狭窄的现象，结合清蔸亮脚或进行边缘修剪，有利于茶园行间通风透光，促进茶树健康生长。清蔸亮脚即用整枝剪剪去树冠内部和下部的病虫枝、细长的徒长枝、枯老枝，疏去密集的丛生枝。边缘修剪是剪除两茶行间过密的枝条，保持茶行间有 20～30 厘米的通道。修剪宜在立春前或春茶采摘后 10 天内进行。

对象：生长仍然健壮，但经多年采摘树冠枝梢过密或过细形成鸡爪枝、结节枝，育芽能力下降，芽瘦叶薄，对夹叶增多的茶树。

措施：依据树冠绿叶层的细弱枝、枯枝、鸡爪枝的深度作基准线确定剪位。一般以剪去树冠面绿叶层 10～15 厘米的枝叶为宜，刺激切口下骨干枝潜伏芽萌发新梢，更新树冠以形成新的枝叶层。

（4）重修剪 重修剪是一种改造和更新树冠的手段。重修剪后，衰老的树冠重新恢复生机，枝叶茂盛，形成高产优质的新树冠。修剪时间宜在立春前后或春茶采摘后10天内进行。

对象：树势趋向衰老或未老先衰，出现枯枝、虫蛀枝，主干枝退化呈灰白色，分枝稀疏，枝条细弱，新梢萌发无力细小，对夹叶多，产量逐年下降，但骨干枝及有效分枝仍有较强活力，采取深修剪已不能恢复生长势的茶树。

措施：可依据树高、生长势和品种特性而灵活掌握。常剪去原树高的1/2或2/3，即将离地面30～45厘米处剪平，并剪去下部的枯枝和部分细弱枝，重新培养枝干和树冠。对个别衰老枝条，结合抽割修剪，即将茶丛中较衰老的枝条，在离地面10～15厘米处砍去，而保留生长较强壮的枝条和徒长枝。切口要平滑，严防破裂。

（5）台刈 台刈是彻底改造树冠的方法，最佳时间在立春前后，其次是春茶后。

对象：树势严重衰老，多枯枝、病虫枝、细弱枝、白化枝、披生地衣和苔藓，芽叶稀少细弱，对夹叶多，产量严重下降，采用重修剪仍不能恢复树势的茶树。

措施：在离地面5～10厘米处台刈，枝干粗的用锯锯除，切口要求平滑削斜，切忌破裂和滞留雨水，否则会影响发芽。根颈部有更新枝的，应留2～3个枝梢，以利水分和养分的输导。

（6）改造树冠注意事项 改造树冠必须合理操作，才能获得增产效果。剪后及时供应水分，重施肥料。施肥中注意氮、磷、钾的配合，促进剪口的愈合及根系生长和根茎分枝。

改造树冠时间一般在春季进行较好，尤其是立春前不但茶树体内贮存的营养物质丰富，而且此时气温正在逐步回升，降水较多，有利于茶树芽叶萌发和树势恢复。若在春茶后修剪，应在修剪前重施肥料，修剪后加强管理。高山严寒茶区，冬季不宜改造树冠，以防冻伤茶树。重修剪和台刈不宜在高温季节进行，以防新梢生育不健壮。

对整冠修剪、深修剪的茶树：春梢在修剪口上留 1～2 片新叶采齐；夏、暑茶各在前季的采摘高度上再留 1 叶采齐；秋留鱼叶采齐；冬季封园时，有突出枝的应剪除剪平，保证越冬茶树树冠整齐一致，控制茶树高度在 50～70 厘米。

对重修剪的茶树：当年以养为主，以采为辅，更新枝梢中长势强的突出枝可适度打顶，控制顶端优势；秋茶打顶采摘；翌年立春前进行一次定型修剪，然后采用定高平面采摘法投采，培肥管理好、新梢抽发旺盛的，可直接采用定高平面采摘法，逐步投采，培养树冠。准备施行重修剪的低产低效茶园，修剪前要增施有机肥和磷肥，重剪后依照茶树可能达到的产量，追施氮肥，抓住夏季有利的气候因素，促进新枝生长。重剪后当年以留养为主，11 月由剪口提高 5～10 厘米修剪，第 2 年起实行留叶采。

改造后的茶树，当年以不实行采摘为原则，第 2 年实行打头轻采，以养为重。对台刈的茶树，当年一律留养，翌年立春前及秋茶后分别进行一次定型修剪，然后按定高平面采摘法逐步投采。

5. 补植和改植换种

（1）补植 对稀植、缺株、断行或行间裸露面积大的茶园，应重新挖沟挖穴，把底土翻上，填下表土或填上新土，并施上基肥，选择同一品种补植。补植时期最好在改造树冠后的当年秋冬或第 2 年早春进行。

（2）改植换种 改植换种是彻底改变原来茶园基础，重新建立新茶园的改造方法。对四五十年以上树龄的生产茶园，通过人为更新和加强培肥管理仍得不到相应效益或者品种不良、混杂的低产低效茶园，则进行改植换种。老茶园的土壤因长期连作，土壤微生物活力减弱，茶树根系分泌的有害物质积累，有害病原体增加。特别是长期施用酸性肥料，使盐基流失，酸性增强，土壤营养元素贫乏、失调，尤其茶树需要的微量元素奇缺。因此，改植换种时应掌握以下要求。

挖除老茶树时，先将茶树地上部砍掉，然后挖除树头并捡净残根，集中烧毁，消除病虫源。

园土强调全面深翻晒白，也可喷施二溴乙烷或氯化苦等消毒剂进行土壤消毒。对土壤酸化严重的茶园，施用适量白云石粉或石灰与土翻拌，白云石粉效果比石灰好。

重新整园时，应严格按新建茶园标准进行，因地制宜，园地外高内低，梯沿做埂，内侧开蓄水沟，中间挖好深、宽各 50 厘米左右的种植沟，于沟中填入杂草或稻草熏烧。然后平整沟土于离地面 35 厘米左右时，施入农家粪肥和钙、镁、磷肥（磷肥每亩约 50 千克）与土拌匀，再填上新红壤客土整平，以利定植。

种植时，避免茶苗根系与肥料直接接触而引起烧苗。每穴种植 2～3 株，株与株之间距离 30 厘米。栽种时，一手扶直茶苗，一手将土填入沟中，土盖到苗的根颈处后把茶苗往上一提，使根系舒展，再覆土压紧，随后浇足定苗水，并在茶苗的两边盖土，形成凹形，利于蓄水。最后，最好能铺草覆盖。

6. 改善茶园生态环境 茶园周围具有丰富植被的生态条件十分有利于茶树的生长，也能为提高茶叶的自然品质创造条件。对立地条件恶劣且品种混杂、低产的茶园坚决退茶还林，遵循“山顶育林，山腰种茶”的原则。对没有套种遮阳树的茶园，应合理布局，以每亩套种 7～9 株为好，可选择套种豆科乔木的银合欢、大叶相思树或落叶果树等。对改植换种或台刈更新的茶园进行铺草覆盖和套种绿肥。道路种植行道林。尽可能建立多层次、多种组合的人工植物群落生态系统，其技术效应是既增加土壤有机质，又可防止水土流失，涵养水分，也可保护天敌。

低产低效茶园改造后管理是关键，必须依靠常年性技术管理，才能充分发挥改造的作用，达到变低产为持续高产的要求。因此，必须重视以下几点：一是合理增施肥料尤其是有机肥料，加速树冠复壮提质；二是修剪养蓬，形成合理的分枝结构；三是合理采摘，培养丰产树冠；四是加强生态环境优化和病虫害科学防治。

四、现代茶园病虫害综合防治技术

山东是我国秦岭淮河以北最大的茶区，也是我国纬度最高的茶区，其茶园主要分布在日照、临沂、青岛、泰安等地，总面积达40多万亩，可采摘面积达30万亩，总产茶量约2.2万吨。由于山东种茶历史较南方茶区短，气候条件特殊，病虫害发生的种类相对较少。但在茶树种苗的引进过程中，一些病虫害也随之传入。随着茶叶种植面积的不断扩大和全球气候持续变暖，茶园病虫害发生种类增多，部分病虫害发生严重。化学农药的频繁使用造成了农药残留问题，既影响茶叶出口，又直接影响饮用者的身体健康。

随着社会的发展、科技的进步和人民生活水平的提高，人类的健康意识逐渐增强，对茶叶的品质和质量安全的要求也越来越高。因此，做好茶园病虫害的综合防治特别是推广绿色无公害防控技术，生产无公害优质茶叶是保证茶产业健康发展的前提。

（一）主要病虫害的种类及危害特点

1. 茶园害虫 山东省茶园害虫主要以刺吸式口器的害虫为主，代表种类有小贯小绿叶蝉、黑刺粉虱、绿盲蝽、茶蚜、茶橙瘿螨、茶叶瘿螨等。

（1）小贯小绿叶蝉 小贯小绿叶蝉（*Empoasca onukii*），属半翅目叶蝉科，是山东省各茶区普遍发生的优势种。主要以成虫、若虫刺吸茶树嫩梢、芽叶汁液为害。受害芽叶叶缘泛黄，叶脉变红，进而叶缘叶尖萎缩焦枯，生长停滞，芽叶脱落，严重影响茶叶产量和品质。

形态特征：小贯小绿叶蝉成虫体长约3.5毫米，包括翅长约3.8毫米。全体黄绿色。头顶中部隐约有2个暗绿色斑点，其前方还有2个绿色小圆圈。前翅黄绿色半透明，整个腹部鲜绿色。卵香蕉形，孵化前头端出现一对红点。若虫浅黄色至黄绿色，共5龄，翅随龄期增大而加长，喜在嫩梢芽叶上爬行。

发生规律：各地年发生代数不一，山东茶区一年发生9代左右，以成虫在茶丛下老叶上或茶园杂草上越冬。多数年份仅在9月中旬发生一个高峰，峰始出现在7月中旬以后，峰末在10月上中旬。高峰的早晚和长短与1月、2月和6月、7月的降水和温度关系密切。一般来说，2月中旬后气温在10℃以上时就有小贯小绿叶蝉在茶树蓬面上开始活动，4月后越冬成虫产卵并死亡，5月上中旬后第一代若虫孵化，以后每隔20～30天繁殖一次。山东茶区冬季较南方茶区寒冷，越冬成虫基数较少，翌年虫口增长较慢，对茶的危害要比南方茶区轻。成虫、若虫怕阳光直射，多栖息在嫩叶背面为害，成虫产卵在嫩梢表皮组织内。

（2）黑刺粉虱 黑刺粉虱（*Aleurocanthus spiniferus*）属半翅目粉虱科，是山东省茶树的主要害虫之一。若虫寄生在茶树叶背刺吸汁液，并诱发严重的烟霉病。病虫交加，养分丧失，光合作用受阻，树势衰弱，芽叶稀瘦，以致枝叶枯竭，严重发生时甚至引起枯枝死树。

形态特征：成虫体长约1.2毫米，橙黄色，复眼红色。前翅紫褐色，周缘有7个白斑。后翅淡紫色，无斑纹。体表薄覆白色蜡粉。卵香蕉形，一端较圆钝，并有一短柄固着在叶背上，初产时乳白色，后渐转为黄褐色、紫褐色。幼虫初孵时长椭圆形，淡黄色，有足，能爬行，固定后很快转黑色，背面出现2条白色蜡线呈“8”字形。随着虫体增大，背面出现黑色粗刺，周围出现白色蜡圈。蛹壳黑色有光泽，椭圆形，长约1毫米。背面及周缘共有29～30对黑刺，背部常附有 2 个若虫蜕皮壳。

发生规律：黑刺粉虱在山东地区 1 年发生 4 代，以三龄幼虫在叶片背面越冬；成虫盛发期分别在 6 月、7 月、8 月、9 月。由于干旱条件有利于黑刺粉虱的暴发，因此夏秋茶期间黑刺粉虱的数量达到全年最大值。黑刺粉虱第一代发生整齐，其他各代世代重叠现象严重，在生长季节各月份都可见其成虫和若虫为害茶树。成虫羽化时，蛹壳背面呈“⊥”形裂孔。卵多产在成叶或嫩叶背面。若虫固定泌蜡后，终生在原处取食，若虫老熟后在原处化蛹。

成虫白天活动，羽化后便能交配产卵。孤雌生殖的后代均为雄虫，成虫期 1～6 天，卵多散产在叶背面，卵基部有一短柄与叶片相连，使卵倒立在叶片上。每一雌虫产卵约 20 粒，卵期第一代 20 天左右，其他各代为 10～15 天。初孵幼虫能爬行，但活动范围不大，常在卵壳上停留数分钟，然后固定在卵壳附近吸汁为害，各幼虫均固定在叶片一处取食。成虫寿命 2～4 天，喜湿度较高的环境，常在树冠内幼嫩枝叶上活动，该虫在杂草丛生、树冠过密、叶层厚、通风不良的茶园中发生严重。

(3) 茶蚜 茶蚜（*Toxoptera aurantii* Boyer）又名橘二叉蚜、可可蚜，属半翅目蚜科。山东省各产茶区均有分布。成虫、若虫群集在芽梢和嫩叶背面刺吸茶树汁液，致使新梢发育不良，芽叶细弱、卷缩、并排泄蜜露诱发烟霉病。蚜群随芽叶采制成茶，汤色浑暗，略带腥味，影响茶叶产量和品质。

形态特征：茶蚜有多型现象。有翅成蚜体长约 2 毫米，黑褐色有光泽。前翅中脉分二叉，腹背两侧各有 4 个黑斑。有翅若蚜棕褐色，翅芽乳白色。无翅成蚜肥大，近卵圆形，棕褐色至黑褐色，触角黑色，各节基部乳白色。无翅若蚜体小色较淡，浅棕色或浅黄色。卵长椭圆形，一端稍细，背面显著隆起。

发生规律：山东茶区一年发生 20 多代，以卵在茶树叶背部越冬。在早春 2 月下旬日平均气温维持在 4℃以上时越冬卵开始孵化，3 月上中旬可达到孵化高峰，经连续孤雌生殖，到 4 月下旬至 5 月上中旬出现为害高峰，此后随气温升高而虫口数量骤降，直至 9 月下旬以后随着气温下降虫口数量又有回升，但远不及春茶发生严重。

(4) 绿盲蝽 绿盲蝽（*Apolygus lucorum*），又名小臭虫，属半翅目盲蝽科。绿盲蝽原为我国茶区偶发性害虫，随着转基因棉花在中国的大面积应用以及农药种类变化，盲蝽在黄河流域和长江流域棉区暴发成灾，其种群也不断扩张，成为农业生产上的主要害虫。目前，绿盲蝽在北方绿茶产区普遍发生，30%左右的茶园受害，受害严重的茶园春茶减产 70%以上。成虫、若虫均可为害，以刺吸式口器刺吸茶树嫩梢、芽叶、茶果的汁液，造成树势衰弱、芽叶破损、变色，对茶叶的产量和品质均有影响。

形态特征：成虫呈长椭圆形，体长约 5 毫米，宽约 2.2 毫米，绿色。头部三角形，黄绿色，复眼黑色突出，触角 4 节，淡褐色，第二节最长。前胸背板绿色，有许多小黑点。前翅膜质暗灰色，半透明。小盾片三角形微突，黄绿色。后足腿节末端具褐色环斑。

若虫 5 龄，特征与成虫相似。

一龄若虫体长 1.04 毫米，宽 0.50 毫米，头大。唇基突出。眼小，黑色。触角灰色被细毛，第一、二节粗短，第三节较细，端节最长且膨大。喙末端达腹部第二节。胸部环节宽度一致，第一节较长，第三节最短。背片骨化部分深绿色，周围及背中线绿色，腹背中央有暗色圆斑。头胸部之长大于腹部。

二龄若虫体长 1.36 毫米，宽 0.68 毫米。眼小，黑色。触角灰色，被细毛，第四节长而膨大，细毛密集。头部，前、中胸背中央有纵凹陷。胸背骨化部分深绿色，边缘及中线浅绿色，中、后胸和后缘凹入，侧边具极微小的翅芽。头胸部之长小于腹部。

三龄若虫体长 1.63 毫米，宽 0.88 毫米。眼红褐色。触角基部两节绿色，端部两节褐色，第一节粗短，第四节略膨大。前胸背板梯形，背中线凹陷。翅芽与中胸分界清晰，中胸翅芽盖于后胸翅上，后胸翅芽末端达腹部第一节中部。腹部比胸部宽，第一、二节每节有一排黑色刚毛，第三节至第十节每节有两排黑色刚毛。

四龄若虫体长 2.55 毫米，宽 1.36 毫米。前胸背板梯形，背中线浅绿色，两侧具有深绿色方形骨化部分，盾片三角形。翅芽绿色，末端达腹部第三节。腹部第四节最宽。足绿色，胫节绿色。

五龄若虫体长 3.4 毫米，宽 1.78 毫米。触角红褐色，端部颜色深。端部两节较基部两节细。盾片三角形，边缘深绿色。中胸翅芽绿色。脉纹处深绿色。膜区黑绿色，末端达腹部第五节。后胸翅芽浅绿色，覆于前翅之下。足绿色，胫节被黑色微毛，有刺。

卵长形，长约 1 毫米，端部钝圆，中部略弯曲，颈部较细，卵盖黄白色，前、后端隆起，中央稍微凹陷。初产时为白色，后逐渐变为黄绿色。越冬卵乳黄色。

发生规律：在北方茶园绿盲蝽 1 年发生 5 代，主要以滞育卵在茶树枯腐的鸡爪枝或冬芽鳞片缝隙处越冬。4 月下旬越冬卵开始孵化，初孵若虫爬到就近茶芽上取食为害，5 月下旬第一代成虫随着茶叶幼嫩组织的减少，陆续从茶园迁移到周边杂草上生活。10 月上旬，第五代成虫迁回茶园产卵越冬。

(5) 茶橙瘿螨 茶橙瘿螨（*Acaphylla theae* Watt），属蜱螨目瘿螨科，体积小，肉眼不易识别。以成虫和若虫为害叶片幼嫩部位，使被害叶叶背粗糙，叶色暗绿，芽叶僵化，后期大量落叶。

形态特征：成螨体形小，长约 0.15 毫米，橙红色，前段体稍宽，由前向后渐细，呈圆锥形或胡萝卜形，体前段有 2 对足，伸向头部前方，腹背平滑，后体段有许多环纹，背面约有 30 环，尾端有 1 对尾毛。卵为球形，乳白色，水珠状。幼螨初孵化时乳白色，后变橙黄色；足 2 对，形状与成螨相似，但腹部环纹不明显。

发生规律：全年发生代数随区域不同而异，长江流域茶区 1 年发生 20 代，世代重叠，虫态混杂，以成螨在叶背越冬。翌年 3 月中下旬气温回升后，成螨由叶背转向叶面为害。成螨有陆续孕卵及分次产卵的习性，卵散产于叶背，成螨趋嫩性极强，多为害新梢一芽二、三叶，占总螨口的70%以上。全年有两次明显的为害高峰期，第一次在5月中旬至6月下旬（广西桂林为5月下旬），第二次在8～10月高温干旱季节，对夏茶和秋茶影响极大。

(6) 茶叶瘿螨 茶叶瘿螨（*Calacarus carinatus*），属蜱螨目瘿螨科。

形态特征：体长约0.2毫米，紫黑色，腹部近圆柱形，由前向后稍细，腹背部有环纹，背面约60环，背部有5条白色纵列的絮状物，体两侧各有排成一列的刚毛4根，腹部末端有刚毛1对，向后伸出，足2对。卵黄白色，圆形，半透明，散生于叶表。若螨体黄褐色，近菱形，长0.05～0.1毫米，有白色蜡状物，若螨与成螨相似。

发生规律：每年均有发生，以成螨、若螨在叶部越冬，1年发生10多代，且世代重叠，7～10月为盛发期；成螨常栖息于叶面并产卵于叶面。高温干旱、荫蔽的茶园，苗圃苗木以及叶片平展、隆起度大的大叶种易受为害。

2. 茶园病害 与虫害相比，茶园病害较少，只有局部地区零星发生。主要有炭疽病、煤污病、茶云纹叶枯病和茶轮斑病。

(1) 茶炭疽病 主要危害成叶，也可危害嫩叶和老叶。病斑多从叶缘或叶尖产生，水渍状，暗绿色圆形，后渐扩大成不规则形大型病斑，色泽黄褐色或淡褐色，最后变灰白色，上面散生小形黑色粒点。病斑上无轮纹，边缘有黄褐色隆起线，与健全部分界明显。

(2) 茶煤污病 主要危害叶片，枝叶表面初生黑色、近圆形至不规则形小斑，后扩展至全叶，致叶面上覆盖一层煤烟状黑霉，茶煤烟病有近十种，其颜色、厚薄、紧密度略有不同，其中浓色茶煤病的霉层厚较疏松，后期长出黑色短刺毛状物，病叶背面有时可见黑刺粉虱、介壳虫、蚜虫等。头茶期和四茶期发生重，严重时茶园污黑一片，仅剩顶端茶芽保持绿色，芽叶生长受抑制，光合作用受阻，影响茶叶产量和质量。

（3）茶云纹叶枯病 危害叶片，新梢、枝条和果实上也可发生。老叶和成叶上的病斑多发生在叶缘或叶尖，初为黄褐色水浸状，半圆形或不规则形，后变褐色，1 周后病斑由中央向外渐变灰白色，边缘黄绿色，形成深浅褐色、灰白色相间的不规则形病斑，并生有波状、云纹状轮纹，后期病斑上产生灰黑色扁平圆形小粒点，沿轮纹排列。嫩叶和芽上的病斑褐色、圆形，以后逐渐扩大，呈黑褐色枯死。嫩枝发病后引起灰枯，并向下发展到枝条。枝条上的病斑灰褐色，稍下陷，上生灰黑色扁圆形小粒点。果实上的病斑黄褐色，圆形，后呈灰色，上生灰黑色小粒点，有时病部开裂。

（4）茶轮斑病 茶轮斑病又名茶梢枯死病。主要危害叶片和新梢。叶片染病嫩叶、成叶、老叶均见发病，先在叶尖或叶缘上生出黄绿色小病斑，后扩展为圆形至椭圆形或不规则形褐色大病斑，成叶和老叶上的病斑具明显的同心轮纹，后期病斑中间变成灰白色，湿度大出现呈轮纹状排列的黑色小粒点，即病原菌的子实体。嫩叶染病时从叶尖向叶缘渐变黑褐色，病斑不整齐、焦枯状，病斑正面散生煤污状小点，病斑上没有轮纹，病斑多时常相互融合致叶片大部分布满褐色枯斑。嫩梢染病尖端先发病，后变黑枯死，继续向下扩展引起枝枯，发生严重时叶片大量脱落或扦插苗成片死亡。

（二）茶园病虫害综合防治技术

茶园病虫害的绿色防控手段目前主要包括生态调控、农业防治、生物防治、物理防治和化学防治，其中农业防治是基础，适当的选用物理防治和生物防治方法即可达到防治指标。

1. 生态调控 茶园周围种植防护林、绿化带。防护林、绿化带尽量选择不易滋生害虫的植物，例如桂花树、香樟树等高大乔木。保护茶园的生物多样性，利于茶园天敌的生存和繁殖，比如蚜虫、蓟马的天敌瓢虫、食蚜蝇、蚜茧蜂、草蛉、蜘蛛等。在茶行套种三叶草、紫云英等绿肥作物，增加茶园的土地肥力，减少化肥使用量。另外，利用“推-拉策略”防治原理，种植一些薰衣草、葎草、艾蒿等可以对茶树上的小贯小绿叶蝉、绿盲蝽等进行种群调控；间作大豆可以吸引小贯小绿叶蝉在大豆上取食以起到保护茶树嫩叶的目的，还可作为绿肥改善土壤。

2. 农业防治 农业防治是一项具有长久效益和预防作用的重要方法，是综合防治的基础。主要通过改变茶园栽培管理、改进栽培技术等农业技术措施，直接或间接减少病害虫的发生。

（1）选择抗性良种 选择群体种中经济形状表现良好的单株或品种，抗性良种不仅产量高，品质好，而且抗病虫能力较强，应注意选择和繁育推广，充分发挥本地良种的优势。其次，注意选择引进与本地生态环境相近，抗病虫能力较强的品种。

（2）合理种植 种植单一茶树品种或群落结构简单的茶园，病虫害的发生概率较高，容易导致炭疽病、茶橙瘿螨等病虫害的发生，而群落结构丰富的茶园自身的自然调控能力强，病虫害发生少。熟地、菜园地因病虫种类较多，且易发生根结线虫病，不宜用作茶园苗圃或生产园。有些果树害虫，如蚧类、刺蛾、蓑蛾、卷叶蛾也会为害茶树，故应注意间作和遮阳树的选择。

（3）深耕和除草 深耕可将表土和落叶中病虫的越冬虫卵、害虫、病原物等深埋土中，同时使土壤深层越冬的害虫暴露地面，既有利于改良土壤理化性状，又能使病虫失去生存条件而死亡。茶园培土，可增厚土层、利于根系发育和茶树生长。同时，除草可以消灭病虫的滋生场所，还能减轻杂草与茶树争夺肥水的矛盾，通风透光，促进茶树的生长。

（4）科学施肥 偏施氮肥可以促使茶树枝叶徒长，抗病力减弱，加重茶饼病、茶炭疽病的危害。增施磷、钾肥有利于提高茶树抗病力。减少化肥的施用，增施有机肥，化肥和有机肥配合使用。利用测土配方施肥，有利于土壤养分的平衡供应，可避免盲目施肥和环境污染。科学合理的施肥可以改善茶园土壤养分状况，进而增强茶树体质，提高茶树的抗病虫害能力。

（5）合理采摘 及时、分批、多次、按采摘标准进行合理的采摘，既可以提高茶叶产量和品质，又可以减轻病虫害。例如，对于在芽叶上栖息和取食的茶蚜、茶小绿叶蝉等害虫，分批多次采摘可压低其虫口密度；对主要为害新梢嫩叶的茶芽枯病、茶饼病等病害，分批多次及时按标准采摘芽叶可采除病原物，减轻危害。

（6）科学修剪 对茶树进行适度的修剪除了可以强壮树势，促进茶树生长发育，还能改善茶园通风透光条件，减轻病虫害。对衰老或者严重感染病虫的茶园，可通过台刈复壮更新。修剪下的病虫枝条要及时清理出园，集中销毁。

3. 生物防治 生物防治是利用害虫天敌、微生物或其他有益生物天敌及其代谢产物对病虫害进行防治的措施。生物防治具有对人畜无毒、不污染环境以及对天敌、作物无不良影响且效果持久等特点。天敌包括病原微生物（病毒、细菌、真菌、原生动物和立克次体）、线虫、捕食或寄生性昆虫、蜘蛛、青蛙、鸟类等。

（1）保护和利用天敌 采用合理的茶果间作、茶林间作模式，创造良好的茶园生物群落多样性结构，改善茶园的生态环境和生态系统，可给茶园害虫天敌创造良好的栖息、繁殖场所，使天敌得到有效的保护。此外，在茶园用药时要注意保护天敌，选择天敌种群密度低的时期防治以减少对天敌的伤害。

当本地的天敌自然控制力不足时，需通过人工大量繁殖和释放天敌方可取得良好的防治效果，尤其是在病虫发生前期。可大量繁殖的天敌昆虫有赤眼蜂、草蛉、食虫瓢虫、农田蜘蛛、捕食螨（如植绥螨、大赤螨）等。

（2）施用生物农药 生物农药包括微生物源农药和植物源农药。微生物源农药主要有以下几种。

①细菌。以苏云金杆菌（BT）最普遍，主要防治鳞翅目害虫的幼虫。

②真菌。绿僵菌、青虫菌、白僵菌等。

③昆虫病毒。主要有核型多角体病毒（如NPV）、颗粒体病毒（如GV）等，其特点是寄主专一性强，且在自然界中滞留时间长，常能引起流行病。

④农用抗生素。多抗霉素、井冈霉素等对茶饼病、方纹叶病均有防治效果。另外，植物源农药鱼藤酮、苦参碱对茶小绿叶蝉、茶蚜、绿盲蝽、茶尺蠖、茶毛虫等防效良好。

（3）充分利用天然生物资源 天然生物资源中含有的很多具有生物活性的物质对病虫害防控具有良好效果，而且可以就地取材、操作简单、成本低。如韭菜、生姜、鲜乌桕叶、鲜辣椒以及苦楝树的叶、皮、果等榨出的汁或浸出液对多种真菌性病害有防效；大蒜、泽漆、烟草废弃物、桃叶、椿树根皮、巴豆、皂角、葛藤、野艾蒿、雷公藤、核桃树叶等榨出的汁或浸出液对多种害虫和螨类具有很好的杀灭作用；马桑叶、野棉花叶、梧桐树叶等榨出的汁对多种害虫具有诱杀作用；将受核型多角体病毒感染而死的害虫尸体粉碎，取浸出液稀释喷雾，可感染多种鳞翅目害虫使其发病死亡。

4. 物理防治 物理防治主要是利用人工直接、间接捕杀害虫或使用灯光诱杀、色板诱杀、糖醋诱杀、性诱杀等技术消灭害虫。

（1）人工捕杀法防治病虫害 人工采除染病严重的病叶，摘除茶尺蠖卵块、卷叶蛾虫苞、击碎枝秆上茶叶刺蛾的茧；震动茶树，将假死的象甲成虫抖落然后集中消灭；放养土鸡可以捕食多种茶园害虫的幼虫、蛹、成虫；用竹刀刮除被害枝秆上的蜡蚧类害虫、苔藓类病害。另外，可以利用喷水法消灭茶小绿叶蝉等。

（2）利用害虫的趋性进行诱杀 多种茶园害虫都有趋性，可利用害虫间的化学信息或趋化性、趋光性等诱杀害虫。可用酒、糖、醋及一些有特殊气味的叶、草对具有趋化性的卷叶蛾、地老虎成虫等害虫进行诱杀；在茶园中安装黑光灯、频振式杀虫灯来诱杀害虫成虫；在田间悬挂有色黏胶板，诱杀小贯小绿叶蝉、茶蚜、蓟马以及许多鳞翅目害虫的成虫；利用昆虫性信息素来诱杀和干扰昆虫的正常行为，破坏害虫田间交尾，减少下一代虫量；利用害虫的寄主定位机制的研究发现人工合成植物挥发物以诱杀害虫或吸引天敌进行害虫防治。

5. 化学防治 化学防治的优点是高效、快速、使用简便，但在无公害茶叶生产中必须注意要使用安全、高效、低毒、低残留的化学农药的用药原则，适时适量施用高效、低毒、低残留化学农药防治茶树病虫害。在低龄幼虫暴发期，选用联苯菊酯、虫螨腈、唑虫酰胺、甲维·噻虫嗪等药剂防治茶小绿叶蝉。在病害发生初期，选用百菌清、甲基硫菌灵等药剂防治茶云纹叶枯病。在防治策略上，做到适期施药、按照防治指标施药、在天敌隐蔽期施药，采取一药多治或合理混用农药，减少用药量和用药次数，以提高药效，而且采摘环节必须严格按照安全间隔期执行。

五、茶叶加工技术

茶树是多年生的叶用植物，茶树收获所采下的是鲜叶，如果不及时加工，就会因变质而失去应用价值。茶叶加工指使用必要技术，将采摘下的茶树鲜叶制成可供人们直接饮用的成品茶或成为食品及医药等产品的添加原料的过程。通过先进的科学技术加工使鲜叶中的香气成分及内含物质逐步优化，成为具有良好的色香味的成品茶，鲜叶也只有通过初制加工，使叶内的水分逐步蒸发而形成干茶才可贮藏和保存。

（一）鲜叶采摘

茶树是多年生常绿木本植物，一年中茶树可分若干次采摘，当季采茶对下季的芽叶萌发及产量、质量有影响，而当年的采摘又会对下一年度甚至更长时间的茶树生长发育及产量、质量产生影响，所以必须高度重视合理科学采茶。

1. 采摘原则

（1）按照采摘标准采摘 根据不同茶叶类别及品质要求，对鲜叶的采摘标准也不同。为保证加工的茶叶产量与品质，需要按各种茶类的标准采摘。从茶树采下来的鲜叶称为茶青，茶青过嫩，成茶易形成苦涩味；茶青过老，香气粗劣、味淡欠醇。

（2）采茶与养树两者兼顾 种茶的目的是为了多采摘芽叶，获得更高产量，而芽叶又是茶叶的营养器官，茶树通过芽叶吸收二氧化碳进行光合作用，进而合成蛋白质和脂肪等有机物，以满足茶树生长发育需要，采摘必然会对茶树造成一定的影响。

过度采摘芽叶，会严重影响茶树的光合作用，不利于有机物的形成和积累，影响茶树的正常生长和发育；而适当的采摘芽叶，能刺激腋芽抽发。要使采摘和养树两者兼顾，在新梢生长发育过程中按照茶叶生产要求采摘芽叶，在主要生产季节之后的适当时间采取留叶采，保持一定的叶层厚度，满足茶树生长发育的需求。

留叶时期：一般可在春茶后期采取留叶采，并根据春茶留叶情况，再在采夏茶时适当留叶。

留叶数量：留叶过多或过少都不好。留叶过多分枝少，发芽稀，花果多，产量不高；留叶过少，虽然短期内早发芽，多发芽，能获得较高产量，但光合作用面积减少，养分积累不足，茶树容易未老先衰。留叶数一般以“不露骨”为宜，即以树冠的叶片互相密接，看不到枝干为适宜，一般叶面积指数为3～4。

留叶方法：茶树留叶方法可分为分批留和集中留两种，一般青年茶树以分批留为好，壮年茶树则可采用集中留叶的方法。

（3）及时分批采 茶树芽叶的着生部位不同，萌芽次序有先后，为了符合各种茶类加工对鲜叶的要求，及时分批采摘非常重要。特别是气温较高的季节更应多次分批勤采，即采摘达到加工标准的芽叶留养未达到加工标准的芽叶，达到标准一批采摘一批。这样，既可以缓解采摘洪峰，避免短时间内产量过大而无法及时加工造成损失，又有利于提高茶叶加工产品的产量与品质。

2. 鲜叶采摘方法 采茶是种茶的目的，养树是种茶的手段，留叶是为了更多地采叶。只有根据茶树的树龄和树势不同采取相适应的采摘方法，并与其他栽培措施密切配合，才能收到合理采摘的增产提质效果。采摘应根据树龄树势不同采取不同的采摘方式。

（1）幼龄茶树 幼龄茶树的采摘应掌握以养为主、以采为辅、采高留低、多留少采、轻采养蓬的原则，如采用打顶采。

（2）成年茶树 成年茶树应掌握以采为主，采养结合的原则，采用留部分芽叶的采摘法。具体还应根据各地的自然环境、气候、季节及栽培条件来决定。通常只采摘90%的芽叶，留下10%。但春夏季降水充足、茶叶生长迅速时，可采摘95%～98%芽叶；秋季多干旱，适当预留多一些芽叶，采80%～85%，冬季则可考虑不采或少量采摘。

茶芽发育到一定的成熟度再行采摘，注意避免出现极端的过于细嫩时采摘，严格按标准采，采大养小，分批轮次采，绝不能不分芽叶的大小、长短“一遍光”。并要注意几个“不采”“不带”，即不采雨水叶、露水叶、紫芽叶、病虫叶、冻伤叶，不带鱼叶、鳞片、老叶、茶籽。

（3）老年茶树 老年茶树的采摘留叶必须视树势强弱及衰老程度不同而用不同的采茶方法。对于生理机能衰退，光合作用减弱，育芽力降低，芽叶瘦小，对夹叶大量出现的老年茶树，在采摘时要酌情多留叶；树势好的一般可按成年茶树的采法进行。树势较老的可采取集中留养的采法，即停采一个季节留养，让其恢复生长量后再进行采摘。

(4) 衰老严重的茶树 衰老严重的茶树需要实施重修剪或台刈更新树冠，因为茶树重新抽发生长，开始可按幼年茶树的打顶采法；到第2年、第3年时少采多留，采用留3叶和留1叶相结合的采摘法；当冠高达70厘米以上，蓬宽100厘米以上时，可用成年茶树的采摘法。

（二）鲜叶管理

鲜叶的采摘，不仅仅是获得茶叶加工的原料，必然会对茶树造成一定的影响。采摘鲜叶时，一定要根据不同气候环境、季节变化采取不同的采摘策略，才能做到茶叶生产与茶树健康生长相兼顾。

1. 鲜叶采摘要求 春茶一般要求顶叶小开面30%～40%成熟即开采，采摘主芽2～3叶，以3叶为最佳。春茶生长季节较长，气候温和，降水量充足，营养物质贮藏丰富，遇气温升高容易粗老，因此应掌握初采适当早，中期大量采，晚期不粗老的原则。

夏、暑茶生长季节较短，气温高，生长速度快，细胞组织发达，纤维素含量多，叶质易老化，应适当嫩采。

秋冬茶生长季节温度、湿度均较低，气候较为凉爽，芽叶生长较慢，为了促进秋茶形成高香气质，宜掌握适宜成熟度采摘，但适当嫩采可提高滋味的醇厚度。

低温和高温天气，若茶树进入休眠状态，生长缓慢或生长停止，不适宜采摘，应尽量少采注意保护茶树生长。

2. 开采期、采摘周期和封园期

(1) 开采期 开采期指每季茶采摘第一批芽叶的日期。开采期的掌握，一般是宜早不宜迟，以略早为好，采用手工分批采摘的，春季当茶蓬上有5%～10%的新梢达到采摘标准、夏秋季有10%左右新梢达到采摘标准时，及时开采。

（2）采摘周期 采摘周期指采批之间的间隔期。春茶前期采摘，周期一般为2～3天，早发优势明显的良种茶园甚至可以缩短至1～2天。大宗茶手工采摘，春茶的周期为3～5天，夏、秋茶5～7天。机采茶园一般每季采摘1～2次。

（3）封园期 封园期指秋季停止采茶的日期。一般在10月霜降前后封园。培肥管理水平高、茶树长势强的可稍迟封园，反之，则提早封园。

3. 鲜叶采摘技术

（1）采摘时间 除夏季外，一天当中，上午9～11时，下午2～5时为宜，以晴天下午2～4时最优。此时气温较高，氧化酶活性较强，有利于茶青发酵。茶青要分批进行采摘，先熟先采，上午采次茶，下午采好茶，采下鲜叶要及时送到初制厂，在阴凉地方摊晾1～2小时。

（2）开采时节 春茶在谷雨至立夏后（4月15日至5月15日）、夏茶在芒种至小暑（6月5日至7月5日）、暑茶在大暑至处暑（7月25日至8月20日）、秋茶在秋分前至寒露后（9月15日至10月15日）、冬茶在霜降至立冬（10月25日至11月15日）。

（3）采摘手法 茶叶采摘方法有手采法、刀割法、机采法等，一般生产名优茶采取手采。

手采的基本方法是用拇指和食指捏住芽叶，轻轻向上提采或折断，即通常所说的“提手采”，熟练者可以双手采摘。不能用指甲掐采，也不能抓采，撸采，要保证芽叶完整成朵，避免芽叶断碎。手采时一采一放，轻采轻放，避免芽叶挤压损伤。手采可分打顶采、留大叶采和留鱼叶采等。分别在幼龄茶树、成年茶树、老年茶树上结合养树目的，灵活运用。

茶叶机采技术近年来发展较快，机采可降低采摘成本和劳动强度，是今后大宗茶生产的必然趋势。机采茶园要求有较好的园相园貌、较高的培肥管理水平、发芽整齐的品种、强壮的树势和平整的树冠面等条件。泰顺茶区可采用春茶手工采制名优茶，春茶结束时进行轻修剪，夏、秋茶机采大宗茶的模式，实行手采与机采结合。

4. 采摘后的茶鲜叶管理 鲜叶采摘后，要及时进厂、验收、分级、摊放。装运鲜叶可采用竹编网眼篓筐，盛装时切忌紧压，要及时运送到厂。鲜叶必须分级、分批、分类，分别摊放。鲜叶验收主要从鲜叶的嫩度、匀净度、鲜度等三方面进行定级。即使同一级别的鲜叶，也要求区分上下午采、晴雨天采，来自壮龄茶园还是衰老茶园，不同品种茶树的鲜叶更要分别摊放，分别付制。

鲜叶摊放不宜直接接触地面，要用专用的竹匾、竹簟等摊放。一般摊放厚度为10～30厘米，摊放时间5～12小时，最长不能超过18小时。在摊放过程中，要及时进行翻青，其目的是使鲜叶失水均匀和散发鲜叶因呼吸作用产生的大量热量，防止鲜叶红变。

（三）茶叶分类

茶叶分类方法必须考虑品质的系统性及制法的系统性，同时要抓住主要内含物变化的系统性。安徽农业大学陈椽教授（1908—1999年）以茶多酚氧化程度为序把初制茶分为绿茶、黄茶、黑茶、白茶、青茶、红茶六大茶类，该种分类按照制法建立，成为目前常用的六大茶类分类系统。再加工茶类即以基本茶类的茶叶作为原料，进行再加工形成各种各样的茶，如花茶、紧压茶、萃取茶、果味茶和含茶饮料等，再加工茶类如各类花茶其品质虽稍有变异，但品质基本上未越出该茶类的系统性，仍应归属原来的茶类（图 6-1）。

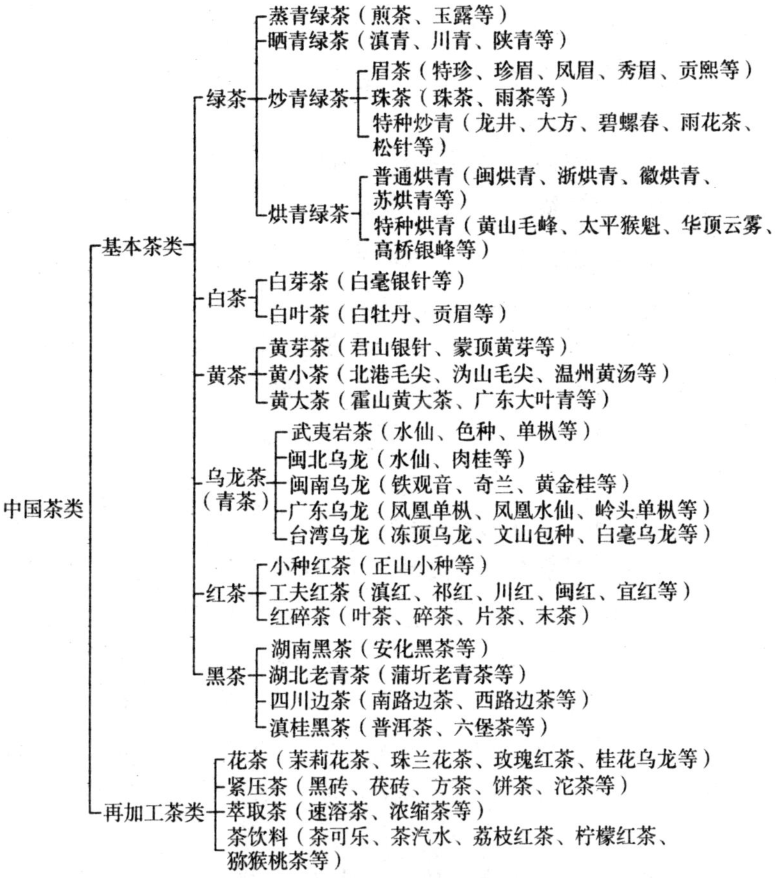

图 6-1　中国茶叶分类

（四）六大茶类基本工艺

1. 白茶　鲜叶→萎凋→干燥（新工艺白茶：萎凋→轻揉→干燥）。

白茶属轻微发酵茶类。制造工艺独特，分为萎凋和干燥两大部分。干茶表面密布白色茸毛，这一品质的形成，一是采摘多毫的幼嫩芽叶制成；二是制法上采取不炒不揉的晾晒烘干工艺。白茶的最大特点是“银叶白汤”。白茶按照茶树品种与鲜叶采摘的不同可以分为芽茶和叶茶，芽茶主要有白毫银针等，叶茶主要有白牡丹、寿眉、贡眉等。

2. 绿茶 鲜叶→杀青→揉捻（做形）→干燥。

绿茶是以采摘鲜叶为原料，绿茶的制作流程主要包括杀青、揉捻、干燥三道工艺。绿茶的最大的品质特点就是“三绿”，即叶绿、汤绿、叶底绿。绿茶的花色品种有很多，按照杀青方法的不同可以分为炒青绿茶和蒸青绿茶；按照干燥方法不同，又可以分为炒青绿茶、晒青绿茶以及烘青绿茶；按品质的不同又可以分为名优绿茶和大宗绿茶。绿茶又分为炒青绿茶、烘青绿茶、晒青绿茶、蒸青绿茶。

3. 黄茶 鲜叶→杀青→揉捻→闷黄→干燥。

黄茶属轻发酵茶类，是我国特有的茶类，其最主要特点是“黄汤黄叶”。基本工艺近似绿茶，但在制造过程中加以闷黄，因此具有黄汤黄叶的品质特点，按照采摘鲜叶的嫩度以及芽叶的大小可将黄茶分为三类，即黄芽茶、黄小茶、黄大茶。黄芽茶的代表主要有君山银针、蒙顶黄芽、霍山黄芽等，黄小茶的代表有北港毛尖、鹿苑毛尖、平阳黄汤、蔚山白毛尖等，黄大茶的代表有霍山黄大茶、广东大叶青灯。

4. 黑茶 鲜叶→杀青→揉捻→渥堆→干燥。

黑茶属轻发酵茶类。黑茶是在六大茶类中原料最为粗老的，成茶色泽呈黑褐色或黝黑色，主要是因为堆积发酵时间较长造成的。黑茶制造工序大同小异，其基本特征是都经过渥堆，这是形成黑茶品质的关键性工序。经过这一道特殊工序后叶肉的内含物发生一系列复杂的化学变化，形成了黑茶特有的色、香、味。黑茶根据产区和制作工艺的不同，可以分为湖南黑茶、四川边茶、湖北老青茶以及滇桂黑茶等。湖南黑茶、湖北老青茶、四川边茶、广西六堡茶和云南的普洱茶等都属黑茶。

5. 乌龙茶 萎凋→做青→炒青→揉捻（做形）→干燥。

乌龙茶属于半发酵茶类，是我国特色茶之一，综合了绿茶和红茶的特点，既有绿茶的清香，同时又有红茶的浓郁花香。“绿叶红镶边”是乌龙茶叶最显著的特征。乌龙茶分闽北、闽南和台式乌龙茶等几种。根据产地以及制作工艺的不同，乌龙茶可以分为闽北乌龙茶、闽南乌龙茶、广东乌龙茶以及台湾乌龙茶。

6. 红茶 萎凋→揉捻→发酵→干燥。

红茶属全发酵茶，“红汤红叶”是其品质特征。目前，我国生产的红茶有小种红茶、工夫红茶和红碎茶等三个类型。小种红茶：产地福建省，分正山小种和人工小种两种。工夫红茶：有安徽的祁红、云南的滇红、四川的川红、贵州的黔红、江苏的苏红、广东的粤红等，外形色泽乌润，条索直匀而齐，香气馥郁，滋味浓醇，汤色叶底红艳而明亮。红碎茶：1964 年后才发展起来的一个红茶新品种，依外形和内质特点可分为叶茶（条形）、碎茶（颗粒形）、片茶（皱褶状）、末茶（沙粒状）四种，品质表现为叶色红润、汤色红亮、香味浓强鲜爽。

（五） 茶叶加工关键技术

山东茶区生产的主要茶类是绿茶，近年来，红茶也开始兴盛，但其他茶类则较少。制作名优茶是打造茶叶品牌、提升茶叶产业效益的重要措施之一。

1. 绿茶加工关键技术 绿茶属不发酵茶类，有炒青绿茶、烘青绿茶、晒青绿茶和蒸青绿茶四种。无论何种绿茶，其基本工序为：杀青（或蒸青）→揉捻→干燥（晒干或烘干），以炒青为最多，烘青、晒青及蒸青数量较少。山东绿茶以炒青为主，基本工艺为：鲜叶→摊放→杀青→（揉捻）→做形→干燥提香→产品。

（1）鲜叶摊放　摊放是茶叶加工第一道工序。通过摊放使鲜叶散失部分水分，促进内含物转化，青臭气消失，清香气显露。

鲜叶摊放时，应按采摘地、品种、采摘时间、老嫩度、晴雨叶分开摊放。鲜叶不宜直接摊放在水泥地面上，应摊放在软匾、篾席或专用的摊放设备上。摊放厚度要适当，春季气温低可以适当厚些，高级鲜叶摊放厚度一般为2～3厘米，不宜超过3.5厘米；中档茶叶可摊5～10厘米厚；低档茶叶可以适当厚摊，但最厚不超过20厘米。晴天可以适当厚摊，以防止鲜叶失水过多，影响炒制。雨水叶、上午10时以前采摘的茶叶应适当薄摊，以便加速水分散发。鲜叶经过摊放，叶质发软，发出清香，含水量以68%～70%为宜。若鲜叶呈挺直状态，表示失水太少；若芽梢弯曲，叶片发皱，整个芽叶萎缩，表示失水太多。以上两种状态均不符合摊放的要求，摊放过程中应该经常观察失水程度。

（2）杀青　杀青是绿茶加工的关键性和特征性工序，对绿茶品质起至关重要的作用。通过杀青，破坏酶活性，散失水分，散失青臭气，发展香气，从而使鲜叶保持“三绿”特征并有利于后续加工。

杀透杀匀是绿茶杀青的中心问题。一般要求杀青锅温度在260～380℃，下锅温度可视叶质、产地、采摘时间、鲜叶含水量而定。含水量高，叶质肥厚的茶鲜叶，下锅温度要高些；春茶早期嫩叶下锅温度要高些；夏秋茶可低些；雨水叶和露水叶的下锅温度也要高些。杀青适度为杀青叶达到手捏较软，略带黏性，紧握成团，稍有弹性，嫩梗不易折断；色泽墨绿，叶面失去光泽，无红梗红叶，青气消失，清香显露；叶减重率约40%时。

（3）揉捻　是条形绿茶塑造条状外形的一道工序，并对提高成品茶滋味有重要作用。通过适当破碎叶细胞，使茶汁溢出，有利于冲泡，并紧结茶条，使外形美观。

揉捻机转速以每分钟48～50转为宜，投叶量以揉筒的4/5为宜。要做到逐步加压，应掌握“轻—重—轻”的原则。开始揉捻的5分钟内不应加压，待叶片逐渐沿着主脉初卷成条后再加压。加压程度要根据叶的老嫩而定，嫩叶以轻压、中压为主，三级以下的叶子加压要逐步加重，时间可适当延长。一至二级原料揉捻历时25～30分钟，三级以下原料历时40～45分钟。揉捻程度：要求茶汁黏附叶面，有润滑黏手之感，80%以上嫩叶成条索，60%以上老叶成条索。

(4) 干燥 其目的是继续蒸发水分，紧结条索，便于贮运，透发香气，增进色泽。

干燥是炒青绿茶加工的最后工序。包括二青、三青和熏干三个过程。目的是继续做形，发展香气，固定品质，达到足干。干燥工艺的几种方法：全炒法、全滚法、滚炒法、炒滚法、烘（滚）——炒——滚法（广泛应用）。

炒二青：用瓶式炒干机炒二青的，温度宜高，火要烧旺。投入17～20千克揉捻叶，约炒20分钟，使水分快速蒸发，以叶子不黏，手捏成团，松开即弹散为适宜。

烘二青：如果用烘干机烘二青，机温控制在110～120℃。烘后的茶叶要摊放1小时，使叶子回潮后再炒三青。二青叶的含水率以35%～45%为宜。

炒三青：用锅式炒干机炒三青，每锅投叶量为7～10千克二青叶，锅温100～110℃为宜。一般炒三青需要25～30分钟，待筒内水蒸气有沙沙响声，手捏茶条不断碎，有触手感，条索紧卷，色泽乌绿，即可起锅。

烘足火：方法同烘二青，烘到含水量为5%～6%，手捏成粉状，即干燥完成。

2. 红茶加工关键技术 红茶属于全发酵茶，山东生产的红茶主要以工夫红茶为主，关键技术如下。

(1) 萎凋 萎凋是指鲜叶经过一段时间失水，梗叶呈萎蔫凋谢状况的过程。萎凋既有物理方面的失水作用，也有内含物质的化学变化的过程。萎凋的目的，其一是蒸发部分水分，降低茶叶细胞的张力，使叶梗由脆变软，增加芽叶的韧性，便于揉捻成条；其二是由于水分的散失而引起茶梢中的内含物质的一系列化学变化，为形成红茶色香味的特定品质奠定物质变化的基础。

萎凋方法有自然萎凋和萎凋槽萎凋两种。自然萎凋又分室外日光萎凋和室内自然萎凋。室外日光萎凋只能在阳光不太强烈的情况下进行。有时在树荫下进行萎凋，也称为荫蔽萎凋。在上午 10 时前及下午 3 时后的阳光下，薄摊晒青 30 分钟，收回萎凋叶放在阴凉通风处摊放 1～2 小时。待萎凋适度，即行揉捻。日光萎凋的萎凋叶常有一种特殊的花香，但凋萎进程快，难以掌握，往往因摊晒过度产生焦尖、焦边及红变现象，而造成品质低劣。

室内自然萎凋是将鲜叶摊放在萎凋架上进行萎凋。萎凋架每架分 8～12 层，每层间距约 20 厘米，每层铺设一竹篾织成的萎凋帘，帘的面积一般为 1.5 平方米，要求每平方米摊叶 0.5～0.6 千克。萎凋过程要经常检查，及时注意萎凋的均匀程度。一般情况是上、下层温度不一，上层帘高 1～2℃。门窗处通风较好的帘架萎凋叶失水较快，应适当厚摊。晴天要及时敞开门窗，加快萎凋速度，阴雨天要适当关闭门窗，保持室内温度。萎凋时间因季节、萎凋叶老嫩和晴雨不同而有较大差异。春茶晴天，一至二级鲜叶经 15～20 小时即可完成萎凋，阴雨天有时延至 36～48 小时才能完成。

萎凋槽萎凋是将鲜叶置于通气槽体中，通以热空气加速萎凋进程的方法。萎凋槽由槽体和通风设备两大部分组成，一般槽长 10 米，宽 1～1.5 米，高 80 厘米，槽底有匀温坡及加热鼓风设备，槽面有盛叶的铁质或竹篾织成的盛叶帘（盒），每平方米可摊叶 2～2.5 千克，摊叶厚度约 20 厘米，下送热（或凉）风，加速水分蒸发。春季多阴雨，需加温萎凋，但一般温度不宜超过 30℃，萎凋时间一般为 6～12 小时。夏季气温较高，空气相对干燥，鼓冷风即可。

红茶的萎凋程度，一般是以萎凋叶的含水量为指标，结合叶相的变化、色泽及萎凋叶的香气判断其适宜程度。在大生产中，萎凋分为重萎凋、中度萎凋和轻萎凋三种。经试验，重萎凋的含水量一般为56%～58%，中度萎凋含水量为60%左右，轻萎凋含水量为62%～64%。重萎凋的毛茶条索紧细，香味稍淡，汤色及叶底色泽稍浅暗。轻萎凋的毛茶条索稍松扁多片，但香味较鲜醇，汤色叶底色泽较鲜艳。中度萎凋居中。适度萎凋一般掌握含水量为60%～62%，此时叶片柔软，摩擦叶片无响声，手握成团。松手不易弹散，嫩茎折不断，叶色由鲜绿变为暗绿，叶面失去光泽，无焦边焦尖现象，并且有清香。

适度萎凋后即可进行揉捻。

（2）揉捻 使萎凋叶在一定的压力下进行旋转运动，茶叶细胞组织破损，溢出茶汁，紧卷条索的过程称为揉捻。通过揉捻，破坏叶细胞组织，使茶汁溢出，便于在酶的作用下进行必要的氧化作用，增进色香味浓度，使芽叶紧卷成条。

揉捻方法一般视萎凋叶的老嫩度而异。一般来说嫩叶揉时宜短，加压宜轻；老叶揉时宜长，加压宜重。轻萎叶适当轻压；重萎叶适当重压。气温高揉时宜短；气温低揉时宜长。加压应掌握轻、重、轻原则，萎凋叶装桶后空揉5分钟再加轻压；待萎凋叶完全柔软再适当加以重压，促使条索紧结，揉出茶汁；待揉盘中有茶汁溢出，茶条紧卷，再松压，使茶条略有回松，吸附溢出茶汁于条表，再下机解块筛分散热。

揉捻适度的标志有二：其一芽叶紧卷成条，无松散折叠现象；其二以手紧握茶坯，有茶汁向外溢出，松手后茶团不松散，茶坯局部发红，有较浓的青草气味，此时80%以上的细胞破损。

（3）发酵 发酵是指将揉捻叶呈一定厚度摊放，茶坯中化学成分在有氧的情况下继续氧化变色的过程。揉捻叶经过发酵，从而形成红茶红叶红汤的品质特点。发酵的目的在于使芽叶中的多酚类物质在酶促作用下发生氧化聚合作用，其他化学成分亦相应地发生深刻的变化，使绿色的茶坯产生红变，形成红茶的色香味品质。

目前山东红茶一般将揉捻叶放置于发酵箱内发酵，运行温度设置在25～30℃，湿度90%～95%，发酵时间3～4小时。

（4）干燥 干燥是将发酵好的茶坯，采用高温烘焙，迅速蒸发水分，达到保质干度的过程。通过高温迅速钝化酶的活性，停止发酵，并蒸发水分，固定外形，散发大部分低沸点青草气味，激化并保留高沸点芳香物质，获得红茶特有的甜香。

3. 白茶加工关键技术 白茶是所有茶类中，加工工艺最自然，加工步骤最少的一种茶类，把采下的新鲜茶叶薄薄地摊放在竹席上置于微弱的阳光下，或置于通风透光效果好的室内，让其自然萎凋，晾晒至70%～80%干时，再用文火慢慢烘干即可。制作过程简单，然而加工技术并不简单。南方白茶生产区生产季节雨水较多，需要烘焙辅助干燥；而山东茶区气候干燥，生产季节温暖少雨，加工白茶时室内完全可以达到自然干燥的要求。经实践验证，在山东地区自然干燥加工制成的白茶，颜色嫩翠，白毫显著，汤色浅亮，滋味鲜醇，香气清新自然。白茶是山东地区适宜发展的一种茶类。

白茶一般多采摘自福鼎大白茶、福鼎大毫茶。采用单芽为原料按白茶加工工艺加工而成的称为银针白毫；采用政和大白茶及福安大白茶等茶树品种的一芽一二叶按白茶加工工艺加工制作而成的为白牡丹或新白茶；采用菜茶的一芽一二叶加工而成的白茶为贡眉；采用抽针后的鲜叶制成的白茶称寿眉。白茶的制作工艺一般分为萎凋和干燥两道工序，制茶关键在于萎凋。萎凋分为室内自然萎凋、复式萎凋和加温萎凋。要根据气候灵活掌握，如春秋晴天或夏季不闷热的晴朗天气，采取室内萎凋或复式萎凋为佳。其精制工艺是在剔除梗、片、蜡叶、红张、暗张之后，以文火进行烘焙至足干，只宜以火香衬托茶香，待水分含量为4%～5%时，趁热装箱。白茶制法的特点是既不破坏酶的活性，又不促进氧化作用，且能保持毫香显现，汤味鲜爽。

山东地区白茶加工的关键技术如下。

(1) 采摘 白茶对原料的要求很严格，因此在采摘时就应当加以注意。白茶采摘时注意根据需要采摘一芽一叶初展鲜叶或一芽二叶嫩叶，要求采摘的鲜叶芽头完整，白毫显著。采摘应该早采、嫩采、勤采、净采。芽叶成朵，大小均匀，留柄要短。轻采轻放，竹篓盛装，竹筐贮运。严格分清等级，并及时按进厂先后、级别分开摊放。摊青是在1米直径的水筛内，放鲜叶0.25～0.3千克，用手转动水筛，使之均匀薄摊于筛内，互不重叠，俗称“开青”。放置在萎凋架上，摊青过程中不须翻动、手摸，以防鲜叶因损伤红变，或因重叠而变黑。

(2) 萎凋 摊青后，根据气候条件和鲜叶等级，灵活选用室内自然萎凋、复式萎凋或加温萎凋。当茶叶达70%～80%干时，室内自然萎凋和复式萎凋都需进行并筛。正常萎凋过程，叶色与叶态变化同步进行。叶色由鲜绿转青绿、黛绿、绿泛灰、泛微红。叶态由平卷转波卷、显毫、翘尾、垂卷、定形。

白茶萎凋鲜叶失水速率和内含物质变化方向与萎凋方法、萎凋温度、时间、摊叶厚度及室内相对湿度等密切相关。在正常环境条件下，36小时以前萎凋叶失水较快，后期失水较慢。当室内相对湿度90%以上，萎凋叶失水极慢，加之室内空气不流通，萎凋时有时会出现回潮现象，易引起萎凋叶变红、变黑，对品质有不利影响。

白茶萎凋可分为自然萎凋和加温萎凋。自然萎凋有室内萎凋和日光萎凋两种方法。南方地区湿热，在日光萎凋时，放置时间较久，如产于福鼎地“北路银针”，将采下的芽薄摊于萎凋帘上，置阳光下暴晒一天，达80%～90%干，移入室内继续萎凋，至翌日再移至日光下晒至90%干，后再用文火烘干。但在山东地区，由于气候干燥，阳光下暴晒则可能会造成鲜叶“晒死”现象，即鲜叶失水过快，鲜叶内物质来不及转化即干燥或部分干燥，造成加工而成的白茶青涩味过重的现象。

室内自然萎凋，是白茶萎凋最常用的方法，尤其是在日光强烈高温天或阴雨天，室内自然萎凋更容易控制。萎凋车间要求宽敞卫生，无日光直射，既通风透气，又便于控制温湿度。春季室温控制在20～25℃，相对湿度70%～80%，正常萎凋36小时后进行第一次并筛，48小时后进行第二次并筛。夏秋气温高，室温控制在30～32℃，相对湿度控制在20%为宜。萎凋总历时45～60小时最适宜，不得少于36小时，或多于72小时。萎凋总历时少于36小时带青气，滋味青涩；萎凋总历时多于72小时易转黑霉变，品质下降。

室内加温萎凋常因室温不匀，芽叶萎凋程度不一致，因此一般只用于中、低级白茶。在萎凋设备条件好的工厂，可以采用人工气候调控萎凋，应具备自控去湿机、电热升温机、通风机、风幕机和鲜叶脱水机等。人工气候调控萎凋是今后白茶生产发展的方向。鲜叶采摘后，如遇阴雨连绵或低温高湿天气，须加温萎凋，室温控制在28～30℃，相对湿度控制在70%为宜，通风必须良好，切忌高温密闭，否则易引起芽叶红变。

相对于传统白茶制法而言，新工艺白茶制法的工艺特点为轻萎凋、轻发酵、轻揉捻等，形成外形卷缩，略带条形，内质滋味甘和，色、味趋浓，品质自成一格的新白茶。揉捻是新白茶区别于传统白茶的特有工序，是形成新白茶的折条外形及色、味趋浓的重要工序，揉捻以短时轻压为主。高嫩度萎凋叶以不压，揉时3～5分钟；中档叶轻压5～10分钟；低档叶重压10～20分钟，至叶片卷缩呈指条形即可下机烘焙。

(3) 干燥 干燥是白茶定色阶段，也是白茶固定品质、提高香气的关键工序，此阶段白茶含水量达到一定的标准，可防止成品茶在贮运过程中发生质变。白茶干燥过程中采、晒、烘结合，如福鼎、北路银针、政和南路银针，基本工艺为“晒干”，故亦称“晒针”。

初烘时，烘干机温度100～120℃，时间为10分钟，摊晾时间为15分钟；复烘时，温度80～90℃，低温长烘温度为70℃左右。萎凋适度的萎凋叶及时上烘，以防变色、变质，高级白茶一般采用焙笼烘焙，中低级白茶采用烘干机烘焙。

焙笼烘焙：焙笼烘焙温度视萎凋叶含水率高低而定。萎凋叶达90%干时，烘温70～80℃，每笼摊叶约0.75千克，15～20分钟可达足干。萎凋叶70%～80%干，则先用明火（90～100℃）初烘，至90%干时下笼，摊晾后再用暗火（70～80℃），复烘10～15分钟，可达足干。中间可翻动2～3次，动作要轻，以防芽叶断碎，梗叶脱离。

机械烘焙：90%干的萎凋叶采用80℃风温，摊叶厚4厘米，慢速烘焙，历时20分钟，一次干燥。60%～70%干的萎凋叶分两次干燥，初烘100℃，历时10分钟，摊晾后以80～90℃慢速复烘可达足干。成品茶含水率应控制在5%以下。

新白茶采用机械高温、薄摊、快速烘焙，可及时抑制酶活性，固定品质，显露白毫。烘温100～105℃，10分钟下即为毛茶。

山东地区干燥少雨，在干燥时可采用阳光暴晒的方式。

(4) 保存 茶叶含水率控制在5%以内，放入冰库，温度为1～5℃。从冰库中取出的茶叶3小时后打开，进行包装。

六、茶园设施越冬及生产技术

茶树经过一年的采摘，树体的营养损失及损伤很大。加强秋冬季管理，加快恢复树体，培壮树势，对茶园翌年优质高产至关重要。茶园秋冬季管理的技术措施如下。

（一）秋季停采封园

鲜叶采摘能促进芽叶萌发，降低茶树的抗寒性，必须留出足够的时间让芽叶成熟，以便提高茶树的抗寒能力。常规越冬的茶园，在9月底之前应停止采茶；使用设施栽培进行防护越冬的茶园，如使用塑料小拱棚、大棚等保温措施较好的茶园，采摘期可延迟到10月中旬。

（二）秋施基肥

基肥的施用关系到茶树的越冬，施用目的是在根系活跃的时期让茶树充分吸收，补充当年因为采摘茶叶而损失的养分，增强茶树的光合作用和养分贮备，成为翌年春茶的物质基础，促进春茶的早发、旺发和肥壮，同时还能改善土壤理化性质，提高土壤温度。

1. 基肥施用时间　9～10月是茶树根系的一次生长高峰，土壤温度适宜，伤根易于愈合。此时施用，有利于有机肥的腐熟分解和根部吸收，增加肥料的利用率。该时期施基肥能提高养分贮备水平，增加抗逆性，特别是抗寒力，并且有助于芽继续分化和充实。

但注意施用基肥时间不能过早，如晚秋温度偏高的年份，过早施用基肥会使部分越冬芽萌发，不利于茶树安全越冬，同时也影响翌年春茶产量。基肥施用也不能太迟，太迟施肥缩短了根对养分的吸收时间，错过吸收高峰期，使越冬期内根系的养分贮量减少，降低了基肥的作用，同时伤根难以愈合，易使茶树遭受冻害。尤其不能冬季施肥，不仅基肥无法被茶树吸收，而且根部的损伤也难以愈合。

2. 基肥的种类　秋施基肥以有机肥为主。饼肥含氮量高，对提高茶树的营养能力较好，但碳氮比较低，改土培肥能力较弱；堆肥和厩肥的含氮量较低，但碳氮比较高，在提高土壤有机质方面作用较为明显。可采用混合施用厩肥、饼肥和复合肥，适当配施磷、钾肥或低氮的三元复合肥。这样基肥具有速效性，有利于茶树越冬前吸收足够的养分，又有改善土壤质量的功能，同时逐渐分解养分，以使茶树在越冬期间缓慢吸收。

3. 基肥的用量 基肥的用量取决于茶园的生产水平，一般生产茶园基肥中氮肥的用量占全年用量的 30%～40%，磷肥和微量元素可全部作为基肥施用，钾、镁等在用量不大时也可作为基肥一次施用。幼龄茶园一般每亩施用农家肥 1 000～1 500 千克，配施磷肥 20 千克；成年茶园为每亩施用农家肥 2 000～2 500 千克，再加磷肥 50 千克。

4. 基肥施用位置 应适当深施，一般施用深度为 20 厘米左右，便于茶树的吸收，减少养分流失，诱导茶树根系向土壤深层发展，加强茶树的抗旱和抗寒的能力。一至二年生茶园茶树根系水平生长范围在 10 厘米左右，深度为 15～20 厘米，基肥施用在离根颈 10～15 厘米、深度 10～15 厘米部位；三至四年生茶园茶树根系水平生长范围一般离根颈 20 厘米左右，吸收根主要分布在 20～30 厘米土层中，基肥施用在离根颈 20～25 厘米、深度 20～30 厘米部位；成年茶树根系水平生长范围一般离根颈 35 厘米以上，吸收根主要分布在 20～40 厘米土层中，基肥可施用于沿树冠边缘垂直下方深 20 厘米左右部位。

5. 基肥施用原则 基肥施用原则为“净”“早”“深”“足”“好”。

“净”，指茶园基肥应当安全无公害。禁止施用不符合国家标准所规定的城乡垃圾、淤泥；禁止施用未经发酵处理的人、畜、禽粪便；禁止施用含有传染病毒、病菌及有害、有毒的一切其他有机物和无机物；禁止施用未经农业农村部登记过的肥料、土壤改良剂及生长调节剂。

“早”，指基肥施用时期适当提早。早施基肥可提高茶树对肥料的利用率，能增加茶树对养分的吸收与积累，有利于茶树抗寒和春茶新梢的形成和萌芽，有利于提高名优茶产量和质量。过迟施肥因气温低、根系吸收能力弱会影响肥效。

“深”，指施肥深度要超过 25 厘米。茶树是深根系作物，根系生长比较深，具有明显的向肥性，深施基肥可把茶根引向深层和扩大根系活动范围与吸收容量，以提高茶树抗逆能力。

“足”，指基肥数量要多。施用足够数量的基肥，才能满足茶树生长对养分的需求，起到改土的效果，一般基肥用量不得少于全年用量的 50%。

“好”，就是基肥质量要好。要选择既能改良土壤，又能缓慢地为茶树提供营养物质的基肥。

（三） 秋冬季茶园修剪

1. 修剪时期 应选择在地上部相对休眠，根部积累的养分最多时进行。山东地区冬季修剪一般安排在 11 月中旬前完成。茶树冬季修剪对春茶优质高产有重要的作用，剪去当年未木质化的嫩枝有利于茶树的顺利越冬。对于成龄茶树应采取轻修剪、深修剪及边缘修剪相结合的方法；对于幼龄茶树则应以养为主，定型修剪，培育树冠。霜降前后剪去蓬面上的秋枝嫩芽，翌年 3 月下旬至 4 月上旬春芽萌发前 25～30 天再进行一次复剪，剪去冻害枝、鸡爪枝和病虫枝，修平蓬面，以利茶芽多发旺长。采用塑料大棚保护越冬的茶园，为提高春茶产量，可不进行春剪。

2. 轻修剪 目的是控制树高和培养树冠采摘面。一般剪去树冠面 3～5 厘米，达到树冠表面平整，使茶树高度控制在 50 厘米左右。

3. 边缘修剪 对已封行形成无行间通风道的茶园还要进行边缘修剪，剪除行间交叉枝条，保持茶园行间留出 20～30 厘米的整齐的通风道及操作行间，有利于防止茶园病虫害。

4. 深修剪 对于有较多细弱枝、鸡爪枝，产量开始下降的茶园，应进行深修剪，可将超出树冠面 10～15 厘米的枝条剪除，并将全部鸡爪枝剪掉，以利于翌年发芽粗壮整齐。

（四）秋冬病虫害防治

1. 全面清园 茶树行间的杂草及枯枝落叶均是害虫、病菌隐藏的地方，及时清园有利于减少茶园内越冬病虫的基数。修剪和深耕过程中应及时清除树冠上的病枝、病叶以及虫蛹，扫除行间和四周的枯枝落叶，然后集中烧毁，消除越冬病菌和虫源。

2. 喷药封园 对整个茶园用 0.7%石灰半量式波尔多液或0.3～0.5 波美度的石硫合剂进行防治。喷药时要将茶丛上下、内外，叶片正面背面都喷到，地面的杂草及蓬内的枝条也要喷。封园工作要在 11 月底结束。

封园时应严格控制药液使用浓度，以免产生药害。使用时应注意以下事项：一是使用石硫合剂时应全园喷湿喷透，包括梯壁和四周空缺、园中生态树等；二是以气温不超过 15℃，石硫合剂使用浓度控制在 0.3～0.5 波美度为宜，因为气温和使用浓度过高，常会引起茶树药害，造成大量落叶；三是石硫合剂呈碱性不能与一般农药（特别是弱酸性农药）以及波尔多液混用，提倡单独使用，一般在 11 月下旬至 12 月下旬使用，喷后应及时清洗农具防止被药液腐蚀，防治蚧类、粉虱类，每亩用 45%石硫合剂晶体 500～700 克用水稀释 100 倍，防治叶病、茎病、螨类每亩用 45%石硫合剂晶体 300～500 克稀释 150～200 倍。

（五）浇越冬水

越冬水对提高茶树抗寒能力十分重要。越冬水应在大雪前 1 周完成，土壤封冻后不能再浇越冬水，否则会加重茶树冻害。浇越冬水一般于立冬前后进行，采用大水漫灌，浇足浇透。灌溉后的茶园，土壤导热率提高，下层热向上传导，有利于提高地温。

（六）露天茶园防冻措施

1. 茶园铺草 茶园土壤封冻之前在行间铺草，厚度20厘米左右，可使冬季地温提高2.5℃左右，对减小土壤冻土层深度，保护茶树根系效果十分显著。减小冻土层深度，同时也有利于保持土层水分。铺草可就地取材，利用柴草、稻草、秸秆等铺盖茶树行间及根部。

2. 蓬面撒草及蓬面覆盖 茶树蓬面撒草是防止霜冻和干旱（寒）风的危害的有效措施。一般在小雪后进行，材料可选用杂草、稻草、麦秆、玉米秸、松枝等物料撒在茶树蓬面，覆盖率达70%，遮而不严、透光见叶为宜。开春后及时清除蓬面草，并将草铺于行间。在大寒潮来临前，对于幼龄茶园还可用稻草、杂草或薄膜等进行蓬面覆盖，开春后及时揭去覆盖物，以达到防止茶树受冻，促进茶树春季早发芽、发壮芽，实现春茶优质高产。

3. 搭防风障 在茶树行间搭设防风障可减轻茶树冻害，防风障要高于茶蓬15～20厘米，防止平流霜冻的发生。要求搭成的防风障前不压茶树、后不遮茶蓬。翌春气温回升后，及时撤除。

4. 设置围障 在茶园风口处设置围障，围障高度在2米左右，至少不低于1.5米。这一措施也应在大雪前完成。

5. 其他防护措施 茶园越冬防护除以上措施外，还有熏烟防冻、喷水结冰防霜等措施。

（七）设施防护及越冬管理

山东地区冬季干旱寒冷，是茶叶生长的次适宜地区，采用各种棚架结构以塑料薄膜覆盖越冬，是保护茶树安全越冬的有效方法。通过这种防护设施，改变局部小气候，在一定范围内调节茶树生长的环境条件，确保茶树安全越冬的同时，还能提早春茶上市时间，技术操作得当还能有效提高茶叶质量。

1. 塑料大棚建造 塑料大棚类型很多。按照骨架材料分，有简易竹木结构、钢架结构、钢架混凝土柱结构和钢竹混合结构等。塑料大棚的方向以坐北朝南为好，以便最大限度地利用冬季阳光。大棚长度以30～50米为宜，小于20米的保温效果差，太长则棚内温度不易控制，而且棚内温差大，也不利于管理。大棚宽度以6～12米为宜。大棚高度以2.2～2.8米为宜，最高不应超过3米，棚越高，承受风荷载越大，越易损坏。塑料大棚建造应考虑预留与茶蓬面的距离，防止茶树叶面灼伤。

2. 塑料大棚覆膜 在山东地区，茶园塑料大棚在11月中旬即可着手进行棚膜覆盖。在大棚覆膜前1周，对茶园浇灌越冬水。此时期大棚覆膜后，可将侧面两侧棚膜收起1米左右，使塑料大棚两头保持通风。进入11月下旬或12月上旬即可将侧面两侧棚膜放下，用土压实，固定大棚的压膜线，塑料大棚两头仍可保持通风。待日最高温度低于5℃时，即可将两侧通风口闭紧，并注意随时根据天气变化采取通风降温措施，防止棚内温度过高。棚内前期温度过高，不利于茶树安全越冬及春季生产。翌年春季，可适当提高塑料大棚内温度，以有利于春茶提前上市。

3. 大棚冬季管理 保温、增温和通风散热是大棚管理的主要环节。当大棚冬季气温上升至25℃、春季气温上升至30℃时就应及时通风降温，当气温下降到20℃以下时再关闭通风道保温。一般晴天可在上午10时前后开启通风道，下午3时左右关闭。另外，为充分利用大棚的温室效应，塑料大棚要牢固、密封，发现棚顶有积水应及时清除，棚膜有破损及时用宽条黏胶带修补，以防冷空气侵入。

（八）茶园春季管理

茶树属叶用作物，春季产量占全年总产量的50%以上，是一年中名优茶生产的关键季节，春茶自然品质最佳，经济效益最好。

1. 合理浅耕 春茶期间茶园耕作可分春茶前浅耕和春茶后浅耕各1次。春茶前浅耕1次，有利于疏松土壤，提高地温，清除冬春杂草，促进春芽提早萌动，一般在雨水至春分进行。春茶后浅耕一次，春茶后是杂草开始萌发生长的时期，此时浅耕可提高土壤保水蓄水能力，减少夏季杂草滋生。

2. 早施催芽肥 催芽肥是在开采前的第一次追肥，能够促进茶树早发、多发、快长。施催芽肥时间宜早不宜迟，春追肥一般在2月施入，最迟不得超过3月上旬，每亩施茶树专用肥30～35千克。

3. 叶面追肥 茶树叶能直接吸收利用低浓度的水溶性肥料，通过叶面施肥，可部分弥补根部吸收养分的不足，促进茶芽早发、多发。一般在茶芽萌动后于晴天下午3时以后（阴天全天均可）用喷雾器喷施叶面肥，每隔7天左右喷施1次，连续喷施2～3次，效果更佳。喷施要均匀，特别茶树上、中部叶层一定要喷到，最好将叶片正面、背面都喷湿。

4. 春季修剪 一般成龄茶园不进行春茶前的修剪，而将春茶前修剪推迟到春茶采制结束后，修剪程度应根据茶树生长势强弱和衰老程度不同，而采取轻修剪、深修剪、重修剪、台刈。

5. 预防倒春寒 越冬芽在萌动之前经过了长时间的越冬准备，营养充足，春茶特别是头轮茶发育时期最短；又因为早春气候较低，而且又常有不适宜的生产气候，生长比较慢，所以极易受倒春寒的侵袭，造成早春名优茶减产。可在寒潮来临前，进行覆盖防冻和熏烟防冻，如有积雪，应及时清除树冠上的积雪。

6. 合理采摘 春茶时，茶园中有5%达到采摘标准就应组织开采。在春芽先期，成龄茶园茶叶品质优异，应及时采摘，以抓质量为主，每隔3～4天采1次；中后期抓产量，每隔5～6天采1次。幼龄茶园，以养为主，适当采摘。

（九） 大棚春季管理

以塑料大棚防护的茶园，由于处在封闭的小环境中，供茶树光合作用的二氧化碳严重不足，成为茶叶产量和品质的主要限制因素，因此，需及时补充二氧化碳。

具体方法为：每亩茶园均匀放置 10 个塑料桶，放置高度为 1.5 米，每桶盛有稀硫酸 3.5 千克（5 天的用量），稀硫酸是将浓硫酸与水按 1∶4 体积比配制的，配制时将浓硫酸缓慢倒入水中，边倒边搅拌；每天每桶分次投施碳酸氢铵，总用量为 0.35 千克，这样就能保证大棚内二氧化碳的供应。5 天后，更换新的稀硫酸，废水中含有硫酸铵，可作为肥料施入茶园。

塑料大棚内的茶园，在雨水前后，可进行茶园追肥。一般每亩产 50 千克名优茶配施 150 千克饼肥做基肥，加 50 千克尿素做追肥，并及时浇水。施肥同时可配合浅耕，浅耕深度 10 厘米。

主要参考文献

曹雨，崔晓明，罗显扬，2012. 修剪施肥相结合对低产低效茶园茶叶品质的影响 [J]. 安徽农业科学（27）：13311-13312.

曹雨，崔晓明，罗显扬，等，2011. 非常规茶园修剪方式对低产低效茶园产质量的影响 [J]. 贵州农业科学，39（10）：87-89.

常笑君，周子维，朱晨，等，2016. 工夫红茶加工新工艺研究进展 [J]. 安徽农业科学，44（24）：66-68.

陈根生，2016. 针芽形名优绿茶连续化加工关键技术研究 [D]. 杭州：浙江大学.

陈娟，段学艺，王家伦，等，2012. 不同采摘方式和施肥措施对茶鲜叶机械组成的影响 [J]. 安徽农业科学，40（26）：12797-12799.

陈军如，2012. 塑料大棚茶园生产技术概述 [J]. 茶叶学报（1）：12-14.

陈宗懋，1993. 我国茶树病虫发生与防治的现状与问题 [J]. 中国植保导刊（3）：17-19.

董照锋，2017. 茶树修剪技术对北方茶园病虫控制的效应［J］. 茶叶，43（4）：207-209.

杜守建，刘泉汝，王娟，2018. 干旱胁迫下茶园节水灌溉技术研究进展［J］. 农业工程，8（09）：81-85.

郭见早，段家祥，崔敏，2010. 低产低效茶园成因与改造技术措施［J］. 茶业通报（4）：168-170.

中国农业科学院茶叶研究所，1986. 中国茶树栽培学［M］. 上海：上海科学技术出版社.

李小飞，孙永明，叶川，等，2018. 不同耕作深度对茶园土壤理化性状的影响［J］. 南方农业学报，49（5）.

刘耀平，李永祥，2008. 微灌技术在茶园的试验示范［J］. 现代农机（4）：31.

毛平生，阮建云，李延升，2014. 茶园不同施肥方式对茶树养分和鲜叶品质相关成分的影响［J］. 热带农业科学，34（3）：4-7.

沈宝国，董春旺，蒋修定，2016. 茶树鲜叶分选研究现状与展望［J］. 中国农机化学报，37（8）：87-90.

施兆鹏，黄建安，2010. 茶叶审评与检验［M］. 北京：中国农业出版社.

石元值，马立锋，伊晓云，等，2018. 名优绿茶机采茶园肥培管理技术［J］. 中国茶叶（4）.

苏火贵，郑靖雅，吴月德，等，2015. 茶园水肥一体化技术应用及发展前景［J］. 广东茶业（1）：38-40.

肖宏儒，韩余，宋志禹，等，2018. 茶园机械化耕作技术［J］. 中国茶叶（1）：5-9.

肖秀丹，黄延政，郑政，等，2018. 不同配方施肥对夷陵区茶园土壤、茶叶品质和效益的影响初探［J］. 中国茶叶，40（3）.

熊飞，2018. 新建无性系茶园快速成园技术［J］. 中国茶叶（5）：78-79.

徐秀秀，2015. 茶树挥发物对假眼小绿叶蝉的引诱作用及影响因子研究［D］. 北京：中国农业科学院.

银霞，周凌云，黄静，等，2017. 施肥对茶园土壤肥力及茶叶品质影响研究进展［J］. 贵州茶叶，44（4）.

俞少娟，李鑫磊，王婷婷，等，2015. 白茶香气及萎凋工艺对其形成影响的研究进展［J］. 茶叶通讯，42（4）：14-18.

张永利，廖万有，王烨军，等，2015. 不同机械耕作方式对茶园土壤物理性状的影响［J］. 安徽农业大学学报，42（6）：873-878.

张正群，2013. 非生境植物挥发物对茶树害虫的行为调控功能［D］. 北京：中国农业科学院.

金珊，2012. 不同茶树品种抗假眼小绿叶蝉机理研究［D］. 杨凌：西北农林科技大学.

赵晓楠，李玉红，芦阿虔，2018. 有机肥不同施肥量对茶园土壤微生物区系的影响［J］. 江苏农业科学，46（24）：311-314.

朱留刚，孙君，张文锦，2016. 修剪深度对茶树修剪枝叶生物量及其组分持水特性的影响［J］. 福建农业学报，31（11）：1210-1215.

图书在版编目（CIP）数据

山东特色果茶提质增效新技术 / 王少敏主编 .—北京：中国农业出版社，2019.10
ISBN 978-7-109-25887-7

Ⅰ．①山…　Ⅱ．①王…　Ⅲ．①果树园艺　Ⅳ．①S66

中国版本图书馆 CIP 数据核字（2019）第 192918 号

中国农业出版社出版
地址：北京市朝阳区麦子店街 18 号楼
邮编：100125
责任编辑：舒　薇　王琦瑢　李　蕊　　文字编辑：冯英华
版式设计：杜　然　　责任校对：张楚翘
印刷：中农印务有限公司
版次：2019 年 10 月第 1 版
印次：2019 年 10 月北京第 1 次印刷
发行：新华书店北京发行所
开本：880mm×1230mm　1/32
印张：12.75
字数：330 千字
定价：48.00 元